dtv
premium

Marcus Chown

Auf der Suche nach dem Ursprung der Atome

Wie und von wem das
Universum entziffert wurde

Aus dem Englischen von Kurt Neff

Deutscher Taschenbuch Verlag

Deutsche Erstausgabe
Juli 2002
Deutscher Taschenbuch Verlag GmbH & Co. KG,
München
www.dtv.de

Titel der englischen Originalausgabe: ›The Magic Furnace.
The Search for the Origins of Atoms‹ (Jonathan Cape, London 1999)

Umschlagkonzept: Balk & Brumshagen
Umschlagbild: © Tullio Pericoli
Satz: Fotosatz Reinhard Amann, Aichstetten
Gesetzt aus der Bembo 10/11,75˙ und der Gill Sans
Druck und Bindung: Kösel, Kempten
Gedruckt auf säurefreiem, chlorfrei gebleichtem Papier
Printed in Germany · ISBN 3-423-24323-0

Inhalt

Meinem Dad und meiner Mum, die nie daran gezweifelt haben, dass ich einmal ein Albert Einstein werden, den Nobelpreis einheimsen und aus meiner Schreibmaschine einen Bestseller heraushämmern würde

PROLOG

Die kosmische Verbindung

Ich glaube, ein Grashalm ist nicht geringer als das Tagwerk der Sterne.
Walt Whitman

Jeder Atemzug, den Sie tun, enthält Atome, die in der höllenheißen Glut tief im Inneren von Sternen erzeugt wurden. Jede Blume, die Sie pflücken, enthält Atome, die bei Sternexplosionen, heller als eine Milliarde Sonnen, ins All geschleudert wurden. Jedes Buch, das Sie lesen, enthält Atome, die vom interstellaren Wind über unvorstellbare Raum- und Zeitdistanzen hinweg geweht wurden.

Astronomen reden oft über Schwarze Löcher und explodierende Sterne, Pulsare, Quasare und den gigantischen Urknall wie über die größten Selbstverständlichkeiten. Aber seien wir ehrlich: Von all diesen Dingen kann man sich nur äußerst schwer vorstellen, dass sie im eigentlichen Wortsinn wirklich sind – so wirklich wie ein Berg oder ein Baum oder ein neugeborenes Kind. Sie sind einfach zu entlegen, zu weit weg von unserer vertrauten Erfahrungswelt. Es scheint undenkbar, dass sie in irgendeinem auch noch so entfernten Zusammenhang mit unserem Alltag stehen könnten.

Doch das ist eine Täuschung.

Viele der dramatischsten und Ehrfurcht gebietendsten kosmischen Ereignisse – von dem heftigen Todeskampf eines Sterns bis zu der gigantischen Feuerkugel, aus der vor 15 Milliarden Jahren das gesamte Universum entsprang – hängen durch die Atome, aus denen unser Körper aufgebaut ist, *in direkter Linie* mit uns zusammen.

Könnten die Atome, aus denen die Welt um uns herum aufgebaut ist, ihre Geschichte erzählen, würde jedes von ihnen vor unseren Augen einen Bilderbogen entrollen, neben dem die größten Epen der Weltliteratur verblassen müssten. Vom Kohlenstoff, gehärtet in aufgeblähten roten Riesen – Sternen so ungeheuer groß, als hätten sie eine Million Sonnen verschluckt –, bis zum Uran aus der Hexenküche der Supernova-Explosionen, der wohl schwersten Naturkatastrophen in der ganzen Schöpfung. Vom Bor, aus atomzertrümmernden Kollisionen in der Kältehölle des interstellaren Raums hervorgegangen, bis zum Helium, erzeugt im Inferno der ersten Minuten nach dem Urknall selbst.

Das Eisen in Ihrem Blut, das Calcium in Ihren Knochen, der Sauerstoff, der bei jedem Atemzug Ihre Lunge bläht – alles wurde in den Feuern tief im Inneren von Sternen geschaffen, und dann, wenn diese Sterne alterten und untergingen, in den Raum hinausgeschleudert. Jeder von uns ist ein Erinnerungsstück an längst erloschene Sterne. Jeder von uns wurde buchstäblich im Himmel gemacht.

Seit Jahrtausenden erzählen uns die Astrologen, dass unser Leben unter dem Einfluss der Gestirne steht. Nun ja, sie haben Recht, wenn auch in anderem Sinn, als sie selber meinen. Die Naturwissenschaft des zwanzigsten Jahrhunderts hat enthüllt, dass wir in einer Verbindung zum kosmischen Geschehen stehen, die inniger ist, als irgendein Mensch je zu träumen gewagt hätte: Wir sind allesamt Fleisch gewordener Sternenstaub.

Die Chronik der Entdeckungen, die Schritt für Schritt zu der verblüffenden Wahrheit über unsere kosmischen Ursprünge führten – zur Erkenntnis der magischen Gluten, in denen die Atome entstanden –, ist eine noch nicht erzählte grandiose Geschichte aus den Annalen der Wissenschaft. Genau genommen sind es zwei Geschichten, ineinander verwoben: die Geschichte von den Atomen und die Geschichte von den Sternen. Aber keine von beiden kann ohne die andere erzählt werden. Denn in den Sternen liegt der Schlüssel zum Geheimnis der Atome und in den Atomen die Lösung des Rätsels der Sterne.

Die Geschichte der Suche nach dem Ursprung der Atome ist die Geschichte zweier rivalisierender Theorien und ihres gegenläufigen Auf und Nieder auf den Waagschalen der Wahrscheinlichkeit. Nach der einen Theorie wurden Atome im Inneren von Sternen fabriziert und dann ins All hinausgeschleudert, wo sie den Rohstoff für neue Sonnen und neue Planeten abgaben. Nach der anderen entstanden Atome schon gleich zum Zeitpunkt der Geburt des Universums, während der glutheißen ersten Minuten des Urknalls.

Zuerst sprach die Wahrscheinlichkeit dafür, dass die Sterne die Orte der schwer zu lokalisierenden magischen Glut waren. Als es dann jedoch so schien, als ob die Temperatur der Sterne einfach nicht die Hitzegrade erreichte, die für das Zusammenschweißen von Atomen notwendig sind, neigte sich der Zeiger der Waage auf die Seite des Urknalls. Als sich dann herausstellte, dass auch der Urknall dafür nicht infrage kam, kehrte der Zeiger auf die Seite der Sterne zurück – zumindest ein großes Stück weit. Denn die Natur ist – wie wir leider allzu oft erfahren – nicht dazu verpflichtet, alles möglichst einfach zu gestalten, nur damit wir es bequem haben.

Doch bevor wir auch nur ansatzweise in der Lage waren, die kosmische Fabrikationsstätte der Atome aufzufinden, mussten wir erst einmal zur Gewissheit darüber kommen, dass Atome tatsächlich fabriziert und nicht von Gott am ersten Schöpfungstag ins Universum gestreut worden waren. Und bevor wir zu dieser Einsicht kommen konnten, mussten wir erst einen noch elementareren und alles andere als augenfälligen Sachverhalt einsehen lernen, nämlich dass alle Dinge aus Atomen aufgebaut sind.

ERSTER TEIL

Atome

DAS ABC DER NATUR

Wie wir herausfanden, dass alle Dinge auf Erden aus Atomen aufgebaut sind

Wenn in einer Sintflut alle wissenschaftlichen Kenntnisse zerstört würden und nur ein Satz an die nächste Generation von Lebewesen weitergereicht werden könnte, welche Aussage würde die größte Informationsmenge in den wenigsten Worten enthalten? Alle Dinge sind aus Atomen aufgebaut.

Richard Feynman

Eine ganze Welt zu schaun in einem Körnchen Sand,
Den Himmel in einer wild wachsenden Blume und
Das ganze All zu fassen in der Höhlung einer Hand,
Alle Ewigkeit in einer einz'gen Stund'.

William Blake

Im grauen Altertum muss sich einer Menge Leuten die Frage gestellt haben: Was ist, wenn ich diesen Stock, dieses Stück Tuch, diese Tontafel halbiere und dann eine der zwei Hälften halbiere und dann eine Hälfte der Hälfte? Kann ich damit immer so weitermachen? Der Erste, von dem eine Antwort auf diese Frage in die Akten der Geschichte einging, ist der griechische Philosoph Demokrit.

Über Demokrit ist wenig bekannt. Seine Gedanken sind uns nur als Zitate oder Paraphrasen in den Schriften anderer überliefert. Geboren wurde er um 470 v. Chr., aber niemand weiß so recht, wo. Er nahm sich fünf Jahre Zeit, den Mittelmeerraum zu bereisen, lernte dabei Babylonien und Ägypten kennen, dann gründete er eine Philosophenschule im thrakischen Abdera. Heute liegt an demselben Ort eine Kleinstadt gleichen Namens (neugriechisch Avdhira), ein verschlafenes Nest im Hinterland unweit der griechisch-bulgarischen Grenze. Das Abdera des fünften vorchristlichen Jahrhunderts war ein blühender, von geschäftigem Leben und Treiben erfüllter Ägäishafen.

Demokrit war besessen von einer einzigen Frage: Was ist das Wesen der Materie? Die Frage war erstmals hundert Jahre zuvor von Thales aus Milet, dem Gründervater der griechischen Philosophie, gestellt worden, aber seine unklare Formulierung verhinderte eine zufrieden stellende Antwort. Dem genialen Intellekt eines Demokrit blieb es vorbehalten, die Frage des Thales zu präzisieren. In beharrlicher Diskussion mit seinem Lehrer Leukipp durchschritt er den gesamten Problemhorizont und brachte eine vage Fragestellung auf den Punkt, wo das Problem sich auf eine einfache Ja/Nein-Alternative reduzierte: Ist Materie endlos teilbar?

Demokrits Antwort war ein entschiedenes Nein: Absolut undenkbar, dass ein körperhafter Gegenstand in immer kleinere und kleinere Teile zerschnitten werden könnte, ohne dass man je an eine Grenze stieße. Früher oder später, so folgerte er, würde ein solcher Spaltprozess bei einem Körperchen ankommen, das nicht weiter zu zerkleinern wäre. Diesen unauflöslichen Urkörperchen oder Korpuskeln, aus denen seiner Meinung nach alles Körperhafte zusammengesetzt war, gab er den Namen »Atome« (griechisch *a-tomos* = »unzerschneidbar«, »unteilbar«). »Nur scheinbar hat ein Ding Farbe, nur scheinbar ist es süß oder bitter«, schrieb er, »in Wirklichkeit gibt es nur Atome und den leeren Raum.«

Atome und den leeren Raum.

Auf Anhieb erhellte der Gedanke eine Reihe von Grundzügen der stofflichen Welt, die unerklärlich bleiben, wäre die Materie nicht korpuskular aufgebaut, sondern ein Kontinuum. Wo zum Beispiel bleibt das Salz, das man in warmes Wasser einrührt? Wenn Demokrit Recht hatte, zerfiel es einfach in seine Bauteilchen, die Atome, die sich dann im leeren Raum zwischen den Wasseratomen einnisteten. Die Atomtheorie konnte auch erklären, wieso Fische sich im Meer fortbewegen konnten. Wäre Wasser ein stoffliches Kontinuum, würde der Fisch nirgends eine Lücke zum Durchschlüpfen finden. Bestand jedoch die stoffliche Welt aus Atomen, die durch leeren Raum voneinander getrennt waren, konnte er seine »Nase« zwischen die Wasseratome schieben und vorwärts schwimmend die Flüssigkeit wie zwei Vorhangbahnen links und rechts beiseite schieben.

Kein Zweifel, die Atomtheorie konnte einige rätselhafte Naturerscheinungen erklären. Aber bei Lichte besehen waren die Atome nur die Kopfgeburt eines einzelnen Menschen. Wenn es sie denn wirklich gab, waren sie viel zu klein, um unmittelbar wahrgenommen werden zu können. Wie sollte es da jemals möglich sein, ihre Existenz zu beweisen? Glücklicherweise gab es eine solche Möglichkeit.

Der Trick bestand darin, hypothetisch anzunehmen, dass die Atome existierten, und aus dieser Hypothese einen Sachverhalt abzuleiten, der sich mit zwingender Konsequenz in der Alltagswelt zeigen müsste. Wenn der Sachverhalt sich dann tatsächlich beobachten ließ, war das ein dicker Pluspunkt für die Atomtheorie. Wenn nicht, war es Zeit, sich nach einer besseren Theorie umzusehen.

Tatsächlich hat Demokrit ein Beweisverfahren dieser Art zur Untermauerung seiner revolutionären Theorie eingesetzt: Aus der Atomhypothese hatte er gefolgert, dass Salz sich *nicht* in Wasser lösen und ein Fisch *nicht* im Meer schwimmen könnte, wenn die Hypothese *nicht* zuträfe.

Aber die Fähigkeit unterschiedlicher Stoffe, einander zu durchdringen, ist lediglich eine »qualitative« Beschaffenheit der Materie. Um die Atomtheorie auf eine festere Grundlage zu stellen, hätte man aus ihr eine *messbare* Eigenschaft der Materie ableiten müssen – eine mithilfe von Metermaß, Waage oder sonstigem Messgerät feststellbare »quantitative« Beschaffenheit. Eine *exakte* Eigenschaft der Materie zu deduzieren war jedoch unmöglich ohne eine exakte Vorstellung von den Atomen.

Demokrit hatte sich Atome als rastlos im leeren Raum umherfliegende Korpuskeln vorgestellt. Folglich hätte er ein exaktes Modell des Umherfliegens von Körpern im Raum benötigt. Ein solches Modell setzt jedoch die Kenntnis der allgemeinen Bewegungsgesetze voraus. Die zu finden und zu formulieren lag aber weit außerhalb seiner Möglichkeiten. Dazu bedurfte es des historischen Aufstiegs der Naturwissenschaft.

Der Aufstieg der Naturwissenschaft

Trotz all ihren blendenden Geistesgaben haben die Griechen die Naturwissenschaft nicht erfunden. Zwar spekulierten Denker wie Demokrit ohne Unterlass über die höchsten und letzten Prinzipien allen Seins und Geschehens im Kosmos, sie hatten aber die fatale

Abneigung, ihre Spekulationen durch die Untersuchung der materiellen Welt um sie herum zu überprüfen. Am anderen Ende des Spektrums standen die Handwerker. Sie brannten und glasierten die Töpferwaren und schmiedeten Waffen aus Eisen und Bronze. Sie befassten sich ständig mit der materiellen Welt, doch sie hatten keine Lust, sich über die abstrakten Prinzipien Gedanken zu machen, auf denen ihr Handwerk beruhte.

Jahrtausendelang gab es diese beiden Traditionen nebeneinander: hier die Tradition der Gelehrten, die Theorien über das Wesen der materiellen Welt aufstellten, es aber vermieden, sich die Hände schmutzig zu machen, dort die Tradition der Handwerker, die ihr Wissen über die materielle Welt aus deren Bearbeitung mit den eigenen Händen bezogen, aber keine Theorie darüber entwickelten, die ihnen zu mehr Effizienz hätte verhelfen können.

Die beiden Traditionen waren wie zwei Flüsse, die sich jeder in seinem eigenen Bett träge zum Meer hin wälzen. Von einem etwa eintretenden Zusammenfluss hätte man als Resultat einen größeren, mächtigeren Strom erwarten können. Als es tatsächlich zu der Vereinigung kam, entstand eine gewaltige, durch nichts zu bremsende Flut. Die aus der Vereinigung der gelehrten und der handwerklichen Tradition entstandene dritte Traditionslinie war natürlich die Naturwissenschaft. Die Naturwissenschaft war eine ungeheuer effektvolle Methode der Welterkenntnis. Wesentlich für sie waren sorgfältig geplante Experimente, bei denen die Natur selbst als höchste Instanz darüber entschied, welche Theorien richtig und welche falsch waren. Im sechzehnten und siebzehnten Jahrhundert begann eine kleine Schar weitblickender Männer diese revolutionäre Methode anzuwenden. Wenige von ihnen erkannten am Anfang, wie machtvoll dieses Fundament war. Keiner aus dieser kleinen Schar nutzte das Instrument effektvoller als Isaac Newton.

Die Gesetze der Bewegung

So wie früher alle Wege nach Rom führten, lassen sich alle Wege in der Naturwissenschaft auf Newton zurückverfolgen, den man guten Gewissens den stärksten Intellekt nennen kann, den die Welt je gesehen hat. »Die Natur war für ihn ein aufgeschlagenes Buch, dessen Sprache er mühelos verstand«, schrieb Albert Einstein. Newton betrachtete das Universum als eine riesige Denksportaufgabe, die sich der Schöpfer hatte einfallen lassen und die durch eine mit eiserner Konsequenz durchgehaltene Anwendung des reinen Denkens zu lösen sein musste. Bei dieser Aufgabe kam ihm seine schier übermenschliche Konzentrationsfähigkeit zustatten, durch die er sich ein abstraktes Problem über Wochen in äußerster Klarheit bewusst zu halten vermochte, bis es ihm schließlich seine Geheimnisse preisgab. Wie es zuvor bereits die griechischen Philosophen getan hatten, suchte Newton die universellen Prinzipien der materiellen Welt zu ergründen. Doch anders als Demokrit und seine Zeitgenossen benutzte er dabei Experimente als Hilfsmittel, sowohl zu dem Zweck, seine Theorien zu testen, wie auch dazu, noch unbekannten Phänomenen auf die Spur zu kommen.

Auf der Basis seiner Studien von Körpern in verschiedenen Bewegungszuständen formulierte Newton seine berühmten Grundgesetze der Mechanik, die Grundregeln des Verhaltens von Körpern unter der Einwirkung von Kräften. Sie erklärten Phänomene in der menschlichen Lebenswelt wie den freien Fall – zum Beispiel von Dingen, die von der Höhe eines Turms hinabgeworfen werden –, die Flugbahn einer abgefeuerten Kanonenkugel und das Verhalten von Billardkugeln nach dem Zusammenprall.

Aber dabei ließ Newton es nicht bewenden. Er dehnte seine Grundgesetze der Mechanik auf einen ganz anderen Bereich aus: auf das Sonnensystem, wo sehr große Körper wie der Mond und die Planeten sich unter dem Einfluss der unsichtbaren, aber universellen Gravitationskraft bewegen. Und konnte mit ihnen erklären, warum der Mond auf den Weltmeeren zweimal täglich eine Flut hervorbringt und warum die Planeten die Sonne auf elliptischen Bahnen umlaufen.

Ja, die Newtonschen Gesetze waren auf vielen Gebieten so erfolgreich anwendbar, dass sie zu einem Standardinstrument im Werkzeugkasten der Naturwissenschaft wurden. Mit glanzvollem Ergebnis handhabte sie der schweizerische Physiker, Mathematiker und Mediziner Daniel Bernoulli (1700–1782). War es Newtons geniale Leistung gewesen, seine Gesetze auf die sehr großen Dinge anzuwenden, so bestand diejenige Bernoullis darin, sie im Reich der kleinsten Dinge aufzuspüren: in der atomaren Sphäre.

Atome in Bewegung

Am bekanntesten ist Bernoulli heute als Entdecker des Prinzips, dass der »Druck« eines Fluids (d. h. einer Flüssigkeit oder eines Gases) mit zunehmender Strömungsgeschwindigkeit abnimmt. Der »Bernoulli-Effekt« wird Tag für Tag in der Luftfahrt ausgenutzt, denn die Tragflächen von Flugzeugen sind so geformt, dass die Luft schneller über die Oberseite als über die Unterseite strömt, so dass sie bei der Vorwärtsbewegung ständig zwischen einem oberen Unterdruckbereich und einem unteren Überdruckbereich dahingleiten, und dieser Druckunterschied schafft den »dynamischen Auftrieb«, der nötig ist für den Flug eines Körpers, der schwerer ist als Luft.

Bernoullis wissenschaftliche Leistung erschöpft sich jedoch bei weitem nicht in diesem bahnbrechenden Beitrag zur »Strömungslehre«. Als Pionier tat er sich auch beim Studium der Atome und ihrer Auswirkungen in Gestalt von messbaren Eigenschaften der Materie hervor. Er hatte nicht die leiseste Ahnung von der Struktur oder auch nur der Größe von Atomen. Aber er war Demokrit einen großen Schritt voraus. Er wusste, dass Atome nicht einfach nur im leeren Raum umherfliegende winzige Körperchen waren, sondern dass sie im leeren Raum umherfliegende winzige Körperchen waren, die den Newtonschen Gesetzen gehorchten. Um diese Einsicht für weitere Erkenntnisse optimal zu nutzen, musste Bernoulli konkrete Gegebenheiten in der Natur ausfindig machen, bei denen die Kenntnis der Bewegungsweise der Atome zur Voraussage einer messbaren Eigenschaft von Materie führte. Eine solche Gegebenheit entdeckte er im gasförmigen Aggregatzustand.

Die Feinstruktur eines Gases stellte sich Bernoulli als eine Unmenge kleinster Körperchen vor, die immerfort in rasendem Tempo durcheinander schießen wie ein Schwarm zorniger Bienen. Eine glückliche Eingebung sagte ihm, dass die Atome eines Gases in jedem Behälter unaufhörlich gegen die Wände stoßen mussten. Dabei konnte zwar die Wirkung jedes einzelnen Aufpralls selbstredend nur eine verschwindend geringe sein, aber Milliarden und Abermilliarden ohne Unterlass gegen eine Wand trommelnde Atome mussten zusammen eine Schubwirkung haben. Wenn also Gas aus Atomen bestand, musste es an seinen Rändern eine kribbelige Kraft ausüben, die unsere relativ groben Sinne pauschal als Schub oder »Druck« wahrnehmen würden. Dies war Bernoullis grandioser Gedankenblitz: einen Zusammenhang herzustellen zwischen der Mikrodimension (Verhalten der Atome) und der Makrodimension (Druck) im Verhalten von Gasen.

Den Druck eines Gases – zum Beispiel von Wasserdampf – zu messen, war kein Problem. Dazu brauchte man den Dampf (um bei diesem Beispiel zu bleiben) nur in einen Hohlzylinder, der einen »Kolben« enthielt, einzuleiten. Der Kolben war im Wesentlichen eine bewegliche Querwand, die in dem Zylinder je nach Dampfdruck stieg und fiel. Je weiter der Kolben von der Einlassöffnung für den Dampf zum anderen Zylinderende hin wanderte, desto höher war der Dampfdruck. Der Gasdruck vermittelte auf direktem Weg zwischen der menschlichen Erfahrungswelt – in der Kolbenbewegungen beobachtbare Fakten waren – und der unsichtbaren Welt der Atome. Um jedoch diese Verbindung deutlich zu machen, musste Bernoulli aus seinem Modell der trommelnden Atome Aussagen darüber ableiten, wie Gas sich unter wechselnden Bedingungen – zum Beispiel unter Druck oder bei Erhitzung – verhalten würde.

Bernoulli legte zunächst einige vereinfachende Annahmen fest. Er postulierte beispielsweise, dass Atome im Vergleich zu den Zwischenräumen, die sie trennen, sehr klein sind. Das erwies sich als eine sehr zutreffende Annahme. Die Atome der Luft um uns herum sind durch Abstände voneinander getrennt, die im Mittel ein mehrmals Hundertfaches ihres Durchmessers betragen. Würden Gasatome auf Tennisballformat vergrößert, so würden in einem Raum von den Ausmaßen etwa eines Theatersaals nur ein knappes Hundert von ihnen umherfliegen. Die Annahme großer Entfernungen zwischen den atomaren Bestandteilen eines Gases erlaubte es Bernoulli, alle in diesem Bereich möglichen Wechselwirkungen zwischen den Atomen außer Acht zu lassen, denn sie – ob anziehend oder abstoßend – waren über eine so große Entfernung unwahrscheinlich.[1] Wenn also die einzelnen Atome keiner Einwirkung durch die anderen Atome ausgesetzt waren, mussten sie nach Newtons Bewegungsgesetzen mit konstanter Geschwindigkeit auf gerader Bahn fliegen – vorausgesetzt natürlich, sie prallten nicht gegen den Kolben oder die Behälterwand. Für diesen Fall nahm Bernoulli an, dass die Gasteilchen der berührten Oberfläche einen winzigen

Stoß versetzten, um dann ohne Geschwindigkeitseinbuße von ihr abzuprallen.

Nun fragte sich Bernoulli: Was geschieht mit dem Gasdruck in einem Zylinder, wenn man das Gas durch Einschieben des Kolbens zusammendrückt? Wenn der Kolben in den Zylinder hineingedrückt wird, bis das Gas auf die Hälfte seines Ausgangsvolumens zusammengepresst ist? Da die Gasteilchen nun bis zum nächsten Aufprall auf die Behälterwand oder den Kolben nur noch die Hälfte der ursprünglichen Strecke zurücklegen müssten, würde es in jeder Zeiteinheit zu doppelt so vielen Kollisionen kommen wie zuvor. Infolgedessen würde der Druck sich verdoppeln. Entsprechend würde Gas, auf ein Drittel seines Volumens zusammengepresst, mit der Verdreifachung seines Drucks reagieren. Und genauso verhielt sich Gas auch in der Wirklichkeit. Dieser Zusammenhang war 1662 von dem englischen Physiker und Chemiker Robert Boyle und 1676 von dem französischen Physiker und Pflanzenbiologen Edme Mariotte beobachtet worden und heißt deswegen in den Ländern des ehemaligen britischen Imperiums und den USA Boylesches, in Frankreich und seinen ehemaligen Kolonien Mariottesches und im Rest der Welt Boyle-Mariotte-Gesetz.

Bernoullis nächste Frage lautete: Was geschieht mit dem Druck im Zylinder, wenn das Gas bei konstant gehaltenem Volumen erhitzt wird? Bei der Beantwortung dieser Frage nutzte Bernoulli eine interessante Einsicht, die bei den übrigen Mitgliedern der Gelehrtenrepublik erst über ein Jahrhundert später allgemein akzeptiert wurde: Die Temperatur eines Gases ist nur ein Maß für die durchschnittliche Geschwindigkeit, mit der seine Atome umherfliegen. Ein Gas zu erhitzen bedeutete, den Flug seiner Atome zu beschleunigen.

Bernoulli stellte sich vor, was geschehen müsste, wenn er das Gas im Zylinder bei fixiertem Kolben erhitzte. Da die Atome sich nun in einem Raum gleich bleibenden Volumens schneller bewegten, würden sie pro Zeiteinheit öfter und dazu mit mehr Wucht gegen die Wände prallen. Die Folge wäre erhöhter Gasdruck; der wäre unmittelbar sinnfällig für eine Person, die damit beschäftigt ist, den Kolben in seiner Stellung zu halten, denn sie müsste nun mehr Kraft aufwenden, um sein Auswärtsrutschen im Zylinder zu verhindern. Und wieder verhält sich reales genau wie Bernoullis imaginäres Gas.

Der Zusammenhang wurde 1787 von dem französischen Physiker Jacques-Alexandre-César Charles beobachtet und heißt nach ihm heute das Charlessche Gesetz.

Der Triumph Bernoullis bestand also darin, zwei messbare Eigenschaften von Gas vorauszusagen, den gesetzmäßigen Zusammenhang zwischen Druck und Volumen zum einen und zwischen Druck und Temperatur zum anderen, und das allein aufgrund der Annahme, dass Gas aus unzähligen in ungeordneter Bewegung durcheinander fliegenden Atomen besteht, die gegen die Wände eines Behälters trommeln wie Hagelkörner auf ein Blechdach. Um mit Piet Hein zu sprechen:

»Natur« ist, scheint's, bloß ein anderes Wort
für Milljarden, Milljarden, Milljarden
von Teilchen, die in einem fort
billjarden, billjarden, billjarden.

Bernoullis methodisches Verfahren, die Eigenschaften von Gasen aus dem kollektiven Verhalten ihrer atomaren Bausteine abzuleiten, wurde in der zweiten Hälfte des neunzehnten Jahrhunderts konsequent fortgeführt und vollendet von dem Briten James Clerk Maxwell und dem Deutschen Ludwig Boltzmann. Doch obschon diese beiden mit ihren Arbeiten die bislang überzeugendsten Beweise für den atomaren Aufbau der Materie vorlegten, war die Existenz von Atomen in der Wissenschaft längst noch nicht *communis opinio*, sondern blieb bis weit ins zwanzigste Jahrhundert hinein heftig umstritten.

Die Gegner der Atomtheorie hatten eine entschiedene Meinung, wie Naturwissenschaft zu sein habe und wie nicht, eine Meinung, die in schärfster Form von dem in Wien lehrenden Physiker und Philosophen Ernst Mach vertreten wurde. Danach war es nicht Sache der Naturwissenschaft, sich mit Merkmalen der Welt zu befassen, die keine direkten Sinnesdaten sind. Da noch kein Mensch ein Atom *gesehen* hatte – und es wahrscheinlich auch keiner jemals tun würde –, erklärte Mach die ganze Atomtheorie für unwissenschaftlich: Sie sei aus der Wissenschaft unbarmherzig auszumerzen. Als zudem noch ein Heer von wissenschaftlichen Zeloten unter dem Eindruck von Machs Verdikt einen rüden Kreuzzug gegen die Vertreter der Atomtheorie startete, war das alles zusammen für Boltzmann mehr, als er zu ertragen vermochte. Der dünnhäutige und zu Anfällen von Depression neigende Wissenschaftler erlag dem psychischen Druck und machte 1906 auf einer Urlaubsreise seinem Leben ein Ende.

Es war eine Ironie der Geschichte, dass ein Jahr vor Boltzmanns Selbstmord der definitive Beweis für die Existenz der Atome erbracht worden war. Von einem obskuren Angestellten des schweizerischen Patentamts zu Bern. Jemandem namens Albert Einstein.

Der irre Tanz der Pollenkörner

Für den fünfundzwanzigjährigen Einstein war das Jahr 1905 ein *annus mirabilis*. Innerhalb von zwölf Monaten veröffentlichte er vier bahnbrechende Abhandlungen. In einer davon legte er den Grund für die revolutionäre, Raum und Zeit neu definierende »spezielle Relativitätstheorie«. In einer anderen zeigte er auf, wie sich die Größe von Molekülen aus dem Verhalten von Flüssigkeiten ableiten ließ. Eine dritte behandelte die Teilchennatur des Lichts. Die vierte Arbeit, *Zur Theorie der Brownschen Bewegung*, steht bis heute ein wenig im Schatten der drei zuvor genannten, ist aber dennoch außerordentlich bedeutend. Denn sie lieferte den endgültigen Beweis für die Existenz der Atome. Genauer gesagt lieferte sie die Erklärung für eine verblüffende Beobachtung, die ein schottischer Botaniker namens Robert Brown etwa ein Jahrhundert früher gemacht hatte.

Brown hatte an der Flinders-Expedition von 1801 nach Australien teilgenommen. Bei der Klassifizierung von 4000 Arten australischer Pflanzen entdeckte er das Steuerzentrum der lebenden Zelle, den »Kern«. Seine bedeutendste Entdeckung machte er jedoch im Jahr 1827. Bei der Beobachtung von in Wasser treibenden Blumenpollen unter dem Mikroskop registrierte er verwundert, dass die Körnchen mit ruckartigen Bewegungen durcheinander wimmelten, als würden sie immer wieder angestoßen. Dieses Verhalten wurde unter dem Namen »Brownsche Bewegung« bekannt. Weder sein Entdecker noch sonst jemand konnte es einleuchtend erklären, bis Einstein sich des Problems annahm.

Einsteins Genie blieb die Erkenntnis vorbehalten, dass die Pollenkörner tatsächlich gestoßen wurden – von den Atomen oder, genauer, den Molekülen des Wassers.[2] Mit nicht mehr als einem Tausendstelmillimeter Durchmesser war ein Pollenkorn klein und leicht genug, um schon von den Grundbausteinen der Materie herumgeschubst werden zu können. Das ist so, als würde ein riesiger, übermannshoher aufblasbarer Gummiball von einer Menschenmenge auf einem Spielfeld umhergetrieben. Wenn jeder der Beteiligten den Ball ohne Rücksicht auf die anderen nur nach seinem Belieben fortstößt, gibt es zu jedem Zeitpunkt mit einer gewissen Wahrscheinlichkeit eine Richtung, aus der mehr Stöße auf den Ball einwirkten als aus anderen Richtungen. Dieses Ungleichmaß reicht aus, um den Ball in regellosem Zickzackkurs ruckweise über das Feld wandern zu lassen. Ähnlich lässt sich die regellose Bewegung der Brownschen Pollenkörner daraus erklären, dass sie aus von Mal zu Mal wechselnder Richtung von mehr Wassermolekülen gestoßen werden als aus anderen Richtungen.

Einstein entwarf eine mathematische Theorie für die Brownsche Bewegung. Seine Theorie wurde drei Jahre später triumphal bestätigt durch Beobachtungen des französischen Physikers Jean-Baptiste Perrin, der die Pollen der Einfachheit halber durch Partikel von Gummigutt, dem Harz eines kambodschanischen Baums, ersetzt hatte. Aus Einsteins Modell ergab sich, wie weit und wie schnell ein durchschnittliches Pollenkorn sich zwischen zwei Anstößen durch die umgebenden Wassermoleküle bewegen müsste. Der entscheidende Faktor in der Rechnung war die Größe der Wassermoleküle. Je größer sie waren, desto größer auch das Ungleichmaß der im Augenblick des Anstoßes auf das Korn einwirkenden Kräfte und desto intensiver mithin die resultierende Brownsche Bewegung.

Durch den Vergleich seiner Beobachtungen an Gummiguttpartikeln mit den Voraussagen aus Einsteins Modell konnte Perrin die Größe von Wassermolekülen und im nächsten Schritt auch die ihrer atomaren Bausteine berechnen. Er kam zu dem Schluss, dass Atome einen Durchmesser von nur etwa einem Zehnmilliardstelmeter (10^{-10} m) oder einem Zehnmillionstelmillimeter (10^{-7} mm) haben; anders gesagt: dass man zehn Millionen von ihnen aneinander reihen müsste, um eine Strecke zu erhalten, die in etwa dem Durchmesser eines Punkts auf dieser Seite entspricht. Einstein und Perrin hatten den Beweis für die Existenz von Atomen entdeckt. Niemand, der je durch ein Mikroskop den irren Tanz der unter Dauerbeschuss stehenden Pollenkörner beobachtet hatte, konnte noch bezweifeln, dass die materielle Welt aus kleinsten Teilchen aufgebaut ist.

Aber die Brownsche Bewegung machte lediglich die Gesamtwirkung einer Vielzahl von Impulsen auf Körper sichtbar, die viel größer als Atome waren. Die Grundbausteine aller Materie entzogen sich weiterhin beharrlich neugierigen Blicken. Der Durchmesser von Atomen beträgt nicht mehr als ein Zehnmillionstelmillimeter. Die Möglichkeit, sie direkt zu sehen, zählte zu Lieblingsideen von Science-Fiction-Autoren, aber nicht zu den Überzeugungen angesehener Wissenschaftler. Doch Science-Fiction hat die spezielle Eigenschaft, eines Tages wahr zu werden. 1980 konstruierten zwei Physiker, der Deutsche Gerd Binnig und der Schweizer Heinrich Rohrer, in Rüschlikon bei Zürich eines der faszinierendsten Instrumente der bisherigen Wissenschaftsgeschichte. Mit seiner Hilfe gelang es ihnen als Ersten, ein Atom wirklich und wahrhaftig zu »sehen«.

Atome vor Augen

Das Instrument, das den inzwischen mehr als zweitausend Jahre alten Traum Demokrits Wirklichkeit werden ließ, hieß »Raster-Tunnel-Elektronenmikroskop«, abgekürzt RTM. Konzipiert wurde es im Herbst 1978, zu der Zeit, als der einunddreißigjährige Doktorand Binnig letzte Hand an seine Dissertation für die Naturwissenschaftliche Fakultät der Johann-Wolfgang-Goethe-Universität in Frankfurt legte.

Binnig interessierte sich für die Oberflächenstruktur von »Halbleitern« wie etwa Silizium, dem wichtigsten Ausgangsmaterial für die Fertigung von Computerchips. Wie es sich traf, wurde dieses Interesse geteilt von einem Mann, der just zur selben Zeit der Frankfurter Universität einen Besuch abstattete: dem fünfundvierzigjährigen Heinrich Rohrer vom IBM-Forschungslabor in Rüschlikon. Als sich die Wege der beiden kreuzten, drehte sich ihr Gespräch hauptsächlich um die Frage, ob man in Zukunft einmal die

Feinheiten der Oberfläche eines Materials wie Silizium werde betrachten können; ein solches Bravourstück wäre ein Gottesgeschenk für Computerhersteller, die sich unentwegt den Kopf darüber zerbrachen, wie sie Transistoren und andere elektronische Komponenten weiter miniaturisieren und auf der Chipfläche zusammendrängen konnten. Sauer gemacht wurde ihnen diese Aufgabe durch den Umstand, dass sie sich überhaupt kein Bild davon machen konnten, wie diese Flächen in der Mikrodimension aussahen. Sie glichen Göttern, die hoch über der Szenerie der von ihnen beherrschten Welt thronen – aber mit einer Binde vor den Augen, die sich auf keine Weise entfernen lässt.

Doch selbst mit verbundenen Augen hat so ein Gott immer noch eine Möglichkeit, das Gelände zu erkunden: Er kann das Landschaftsrelief abtasten und sich so eine Vorstellung davon verschaffen. Wenn er mit einem Riesenfinger über den Boden fährt, kann er unter Umständen sogar kleine Einzelheiten wie Bäume und Bauwerke registrieren. Unter Zuhilfenahme eines Fingers eine submikroskopische Landschaft wie die Oberfläche von Silizium erkunden zu wollen, hört sich vielleicht ziemlich fantastisch an, aber im Wesentlichen war genau dies der Gedanke, der Binnig im Gespräch mit Rohrer kam. Anstelle eines Fingers aus Fleisch und Blut schwebte ihm allerdings ein metallener Finger vor: eine Nadel mit sehr feiner Spitze, wie etwa die Nadel am Tonabnehmer eines altmodischen Plattenspielers.

Natürlich kann eine Nadel eine Oberfläche nicht befühlen wie ein menschlicher Finger. Wenn man sie jedoch elektrisch auflädt und die Spitze extrem nahe an eine Metall- oder Halbleiterfläche heranbringt, überspringt ein sehr schwacher, aber messbarer elektrischer Strom die Lücke zwischen Nadelspitze und Fläche, und dieser so genannte »Tunneleffekt-Strom« hat eine für Binnigs Vorhaben eminent wichtige Eigenschaft, die der Physiker sich zunutze zu machen gedachte: Er reagiert ungemein empfindlich auf die Größe der Lücke. Wenn die Nadel sich auch nur um die Spur einer Winzigkeit der Fläche nähert, wird er rapide stärker; wenn sie sich um die allerwinzigste Distanz entfernt, lässt er nach. Die Stärke des Tunneleffekt-Stroms gibt also laufend Auskunft über den Abstand zwischen Nadelspitze und abgetasteter Oberfläche und damit erhält die Nadel einen artifiziellen Tastsinn. Rohrer war von der Idee so beeindruckt, dass er Binnig an das IBM-Versuchslabor in Rüschlikon holte, damit er dort sein Projekt realisieren konnte. Das war der Beginn einer immens produktiven Zusammenarbeit, die den beiden im Jahr 1986 den Nobelpreis für Physik eintrug.

Als Erstes galt es, sich eine Nadel zu beschaffen, deren Spitze fein genug war für die Aufgabe, die submikroskopischen Einzelheiten einer Oberfläche zu ertasten. Eine Nadelspitze ist unempfindlich für Formen, die viel kleiner sind als sie selbst, so wie die Fingerspitze eines Menschen unempfindlich ist für das Relief in den Rillen alter LPs. Der gesunde Menschenverstand sagt einem daher, dass eine Nadelspitze, die auf die Kontur einzelner Atome reagieren soll, ihrerseits einen Durchmesser von nur wenigen Atomen haben muss. Bedauerlicherweise war das ein mehrmals Hundertfaches des Feinheitsgrads, den die feinste existierende Nadel zu bieten hatte. Aber 1979 machte Binnig eine erstaunliche Entdeckung. Er fand heraus, dass der Tunneleffekt-Strom von einer winzigen, nur aus wenigen Atomen bestehenden Stelle an der äußersten Nadelspitze auf die Metallfläche übersprang. Das bedeutete, dass eine Nadel etliche zehn Mal spitzer war, als es den Anschein hatte. Und als Binnig und Rohrer anfingen, Nadeln aus Wolfram herzustellen, stellten sie fest, dass die Spitze immer in eine vorstehende Zusammenballung weniger Atome auslief. Mit solchen Nadeln würde es möglich sein, Details von so kleinem Format abzutasten, wie keiner der beiden es sich zu erhoffen gewagt hatte.

Es brauchte jedoch mehr als lediglich eine Nadel mit ultrafeiner Spitze, um Binnigs Idee in die Tat umzusetzen. Eine verzwickte Konstruktion aus Federn und Dämpfern musste her, die die Nadel in winzigem Abstand über der untersuchten Oberfläche hielt und sie gegen störende Erschütterungen total abschirmte. In einer Sphäre, wo Atome das Maß der Größenverhältnisse sind, mussten selbst Schritte irgendwo im selben Haus oder das Vorüberfahren eines Autos auf einer nahen Straße die Wirkung eines Erdbebens haben. Binnig und Rohrer nutzten den Tunneleffekt-Strom selbst zur Stabilisierung der Nadelposition. Sie richteten es so ein, dass die Nadel bei absinkender Stromstärke automatisch gesenkt und bei ansteigender Stromstärke automatisch gehoben wurde. So erreichten sie, dass die Nadel während des Abtastvorgangs in stets gleich bleibendem Abstand über der untersuchten Fläche hin und her schwebte. Das Ganze erinnerte an einen Gott, der aus seinem Finger einen Blitzstrahl zur Erde hinunter sendet. Hebt er den Finger zu hoch, erstirbt der Strahl, bis nichts mehr von der Fläche da drunten zu spüren ist; kommt der Finger dem Boden zu nah, entwickelt der Blitz eine schmerzhafte Intensität. Wenn er den Strahl in erträglicher Stärke knistern lässt, kann der Blitzeschleuderer das Auf und Ab des Geländes mit dem Finger verfolgen.

Ein Gott hat die Möglichkeit, in seiner Vorstellung ein Bild der Miniaturlandschaft dort unten erstehen zu lassen. Binnig und Rohrer mussten jedoch einen anderen Weg einschlagen, um zu einem Bild ihres Untersuchungsergebnisses zu kommen. Sie ließen einen Computer die Auf-und-ab-Bewegung ihrer Abtastnadel ins Visuelle übertragen. Was sie dann auf ihrem Bildschirm erblickten, verschlug ihnen den Atem.

Es war eines der faszinierendsten Bilder in der Geschichte der Naturwissenschaft – wie der Anblick der über der grauen Einöde des Mondes aufgehenden Erde und der schwungvoll gewendelten DNA-Doppelhelix. Es war das allererste Bild aus dem unsichtbaren Reich, auf dem unsere Alltagswelt beruht. Hier waren nach langem Warten endlich Atome in ihrer ganzen mikroskopischen Glorie zu sehen.[3] Und sie sahen wie kleine Fußbälle aus. Oder wie in Obststeigen verpackte und zum Kauf ausgelegte Apfelsinen. Aber vor allem sahen sie aus wie die winzigen harten Materiekörnchen, die ein einzelner Denker vor zweieinhalbtausend Jahren vor seinem inneren Auge erblickt hatte.

Das Raster-Tunnel-Elektronenmikroskop zeigte die winzig kleinen Materiestäubchen, deren Granulatcharakter erklärte, wo das Salz blieb, wenn es sich in Wasser auflöste, oder wieso Fische durchs Meer schwimmen konnten. Es zeigte Bernoullis Kügelchen, deren unablässiges Trommeln gegen eine Kolbenfläche das Verhalten von Gasen erklärte. Zeigte Einsteins Teilchen, die mit ihrem unermüdlichen Anstürmen gegen Pollenkörner deren irren Tanz in der Brownschen Bewegung erklärten. Doch trotz dieser spektakulären Ereignisse zeigte das Raster-Tunnel-Elektronenmikroskop nur eine Facette der Atome. Wie schon Demokrit wusste, waren Atome weit mehr als einfach nur Materiekörnchen in Bewegung.

Das Abc der Natur

Demokrit hatte sich die Atome als ein Sortiment verschiedener Arten gedacht, die sich in Größe und Gestalt und eventuell auch im Gewicht unterschieden. Aus dem Zusammenschluss der verschiedenen Arten nach unterschiedlichen Bauplänen entstand, je nachdem, eine Rose, Gold oder ein Mensch. Kurzum, Atome waren das Abc der Natur. Wenn Demokrit Recht hatte, war die verwirrende Komplexität der Welt nichts als eine vertrackte Augentäuschung, ein Reflex der Myriaden Kombinationsmöglichkeiten einer Handvoll Grundbausteine der Materie. Es ist einer der atemberaubendsten Sprünge des Vorstellungsvermögens, den die Geschichte je erlebt hat. Allein mit der Kraft seines Denkens hob Demokrit einen Zipfel des Schleiers, der die Welt vor unseren Sinnen verbarg, und entdeckte, dass die Wirklichkeit darunter erstaunlich einfach war. Das entscheidende Argument um die Wahrheit einer so revolutionären Idee zu beweisen, wäre natürlich die Identifizierung der verschiedenen Arten von Atomen. Diese Aufgabe ist mindestens ebenso schwer wie der Beweis, dass Atome winzige Materiekörnchen in unaufhörlicher Bewegung sind. Es gab nur eine Lösung: Stoffe zu finden, die vollständig aus Atomen ein und derselben Art aufgebaut waren.

Dass es ein Leichtes sein würde, derlei »elementare« Stoffe zu identifizieren, war nicht zu erwarten. Beruhte doch schon Demokrits Atomhypothese ganz auf der Voraussetzung, dass die Komplexität der stofflichen Welt eine Spiegelung der unendlich vielen Kombinationsmöglichkeiten von deren Grundbausteinen sei. Die Wahrscheinlichkeit sprach also dafür, dass die Elemente meist in Verbindung mit anderen Elementen und nur in seltenen Fällen als reine Stoffe auftraten.

Den alten Griechen galten Wasser, Luft, Erde und Feuer als die Grundstoffe der Welt. In Wirklichkeit jedoch ist mit Ausnahme des Wassers nichts davon etwas auch nur annähernd Elementares. Das Privileg, wenn auch unbeabsichtigt, die wirklichen Grundstoffe der Materie zu identifizieren, blieb anderen vorbehalten, die nicht minder irrige Ansichten kultivierten, nämlich den Alchimisten. Sie bemühten sich das ganze Mittelalter hindurch und noch einige Zeit darüber hinaus heldenhaft, aus »unedlen« Stoffen wie Blei auf dem

Wege der »Transmutation« »edle« Stoffe wie Gold zu machen. Im Lauf ihrer Bemühungen trugen die Alchimisten einen reichen Schatz an Wissen darüber zusammen, welche Stoffe sich unter welchen Bedingungen mit welchen anderen verbanden. Ihr erklärtes Ziel zu erreichen blieb ihnen freilich versagt: Blei ließ sich nicht einmal ansatzweise in einen anderen Stoff, geschweige denn in Gold verwandeln. Allerdings wäre dieser Sachverhalt als solcher eine wichtige Entdeckung gewesen, hätten die Alchimisten ihn nur aus anderer Perspektive gesehen. War er doch ein starkes Indiz dafür, dass manche Substanzen wirklich beständig und unauflöslich waren. Es hätte nur jemand den richtigen Schluss daraus ziehen müssen. Der Jemand, der dies dann tat, war Antoine Lavoisier, ein französischer Aristokrat, dessen Leben im Mai 1794 unter der Guillotine endete.

Fünf Jahre vor seinem Tod stellte Lavoisier eine Liste der Stoffe zusammen, die seiner Meinung nach auf keinerlei Art und Weise in einfachere Stoffe aufgespalten werden konnten. Es war die erste Liste dieser Art, und sie umfasste 23 »Elemente«. Manche davon waren ganz und gar keine Elemente, wie sich später herausstellte, andere waren es tatsächlich, so etwa Schwefel und Quecksilber, Eisen und Zink, Silber und Gold. Lavoisiers Aufstellung markierte einen Wendepunkt in der Geschichte der Naturwissenschaften. Sie besiegelte den Tod der Alchimie und läutete die Geburtsstunde der Chemie ein. Ausgehend von den naturgegebenen Elementen bemühten sich die Adepten der neuen Wissenschaft, diese zu neuen Strukturmodellen zusammenzusetzen. So schufen sie chemische »Verbindungen«, die es in der Welt bisher noch nicht gegeben hatte. Für Chemiker drehte sich alles um diese Art Rekombination. Und da die Zahl der Möglichkeiten, die natürlichen Elemente miteinander zu kombinieren – zu Zweier-, Dreier-, Vierersummen usw. –, unbegrenzt ist, war die Chemie eine Wissenschaft mit unbegrenzten Möglichkeiten.

Was lag näher, als in Lavoisiers Elementen eine Menge von Atomen derselben Sorte zu sehen? Der französische Chemiker stellte allerdings keinen Zusammenhang zwischen der Elemententheorie und der Atomtheorie her. Das blieb einem englischen Schulmeister und wissenschaftlichen Autodidakten namens John Dalton vorbehalten, dem 1803 auffiel, dass das Zusammentreten von Elementen zu einer Verbindung stets in gleicher Proportion erfolgte. Wenn beispielsweise Sauerstoff und Wasserstoff sich zu Wasser verbanden, wurden stets pro Gramm Wasserstoff acht Gramm Sauerstoff verbraucht.[4] Daltons Geistesschärfe zeigte sich darin, dass er in dieser simplen Beobachtung das unverkennbare Zeichen des Zusammentretens unsichtbarer Atome erkannte.

Die Beobachtung, so überlegte sich Dalton, entsprach genau dem, was zu erwarten war, wenn erstens Sauerstoff aus einer riesigen Anzahl vollkommen identischer Sauerstoffatome und Wasserstoff aus einer riesigen Anzahl vollkommen identischer Wasserstoffatome bestand und zweitens die Entstehung von Wasser aus Sauerstoff und Wasserstoff in der Weise vonstatten ging, dass Atome beiderlei Sorte kollidierten und aneinander haften blieben, so dass eine riesige Zahl von Wasserteilchen entstand. Diese Teilchen nennen wir heute »Moleküle«. Da Wasser einen ebenso ausgeprägten Eigencharakter besitzt wie Sauerstoff oder Wasserstoff, ergab sich der Schluss, dass die Wassermoleküle alle identisch waren. Mit anderen Worten: Sie mussten Stück für Stück die gleiche feste Zahl von Sauerstoffatomen und die gleiche feste Zahl von Wasserstoffatomen enthalten. Wenn nun jedes einzelne Sauerstoffatom ein sauerstoffspezifisches Atomgewicht und jedes einzelne Wasserstoffatom ein wasserstoffspezifisches Atomgewicht hatte, dann bedeutete eine feste Zahl von Sauerstoffatomen in einem Molekül einen festen Gewichtsanteil der Sauerstoffatome und eine feste Zahl von Wasserstoffatomen einen festen Gewichtsanteil der Wasserstoffatome. Jedes Wassermolekül enthielt also Sauerstoff- und Wasserstoffatome in einer festen (zahlen- wie gewichtsmäßigen) Proportion. Das war der Grund, warum das »Gesetz der festen Proportion« auf Wasser bezogen wurde. Darin spiegelt sich nur die Tatsache, dass jedes Wassermolekül sich aus einer festen Zahl von Sauerstoffatomen und einer festen Zahl von Wasserstoffatomen zusammensetzte.

Waren beispielsweise die in einem Wassermolekül enthaltenen Sauerstoffatome zusammen achtmal so schwer wie die darin enthaltenen Wasserstoffatome, dann waren auch die in einer Million Wassermoleküle enthaltenen Sauerstoffatome achtmal so schwer wie die in dieser Wassermenge enthaltenen Wasserstoffatome – die Menge des Wassers war für dieses Verhältnis ohne Bedeutung. Die Beobachtung, dass bei der chemischen Erzeugung von Wasser pro Gramm

Wasserstoff acht Gramm Sauerstoff verbraucht werden, zeigte also an, dass die Gesamtheit der Sauerstoffatome in einem Wassermolekül achtmal so schwer war wie die Gesamtheit der Wasserstoffatome.

Dalton spekulierte wild, dass Wassermoleküle aus je einem Sauerstoff- und einem Wasserstoffatom bestehen und dass das Sauerstoffatom achtmal so viel wie das Wasserstoffatom wiegen muss. Ein Irrtum. Heute kennt jeder die chemische Summenformel des Wassers – H_2O – und weiß, was sie bedeutet: dass die einzelnen Wassermoleküle eine Verbindung aus zwei Wasserstoffatomen und einem Sauerstoffatom sind. Ein Sauerstoffatom wiegt mithin nicht achtmal, sondern sechzehnmal so viel wie ein Wasserstoffatom. Dieser unbedeutende Irrtum mindert freilich nicht die Schlüssigkeit von Daltons prinzipiellen Überlegungen. Das Gesetz der festen Proportion gilt, weil eine chemische Verbindung aus einer großen Zahl identischer Moleküle besteht, die sich jeweils aus einer festen Zahl von Atomen der einzelnen Grundkomponenten zusammensetzen. Wie Bernoulli im Verhalten von Gasen den unmissverständlichen Hinweis auf Atome in Bewegung gesehen hatte, hatte Dalton in der Art, wie Elemente zu einer chemischen Verbindung zusammentreten, die Verbindung der Atome untereinander erkannt.

Nun lagen aus zwei gänzlich verschiedenen Schlussfolgerungen voneinander unabhängige Beweise für die Existenz von Atomen vor. Alles schien in schönster Ordnung. Allerdings war da noch diese kleine Sache, die Frage nach der Zahl der Elemente und folglich auch der verschiedenen Arten von Atomen. Von Demokrit ist nicht überliefert, wie groß er sich die Zahl der Atomarten dachte. Die Summe seines Denkens war freilich die These, dass die Komplexität der Welt lediglich die phänomenale Seite der Kombinationen einer begrenzten Zahl von Grundbausteinen ist. Lavoisiers Elementenliste setzte die Zahl der verschiedenen Atomarten auf rund zwanzig fest. Dabei blieb es jedoch nicht lange: Vierzig Jahre nach dem Tod des französischen Chemikers umfasste die Liste der Elemente schon 32 Eintragungen mehr.

Fünfzig verschiedene Sorten von Grundbausteinen der Materie schien ein bisschen viel. Warum gab es in der Natur eine solche Menge davon? Im Jahr 1815 wartete jemand mit einer sensationellen Antwort auf. Er hieß William Prout und brachte als Erster den Gedanken ins Spiel, dass Atome nicht die kleinsten Dinge sind.

ATOME SIND NICHT DIE KLEINSTEN DINGE

Wie wir herausfanden, dass Atome aus kleineren Teilchen bestehen und dass schwere Atome sich unter Freisetzung einer Sturzflut von Energie in leichtere Atome verwandeln können

Jetzt mach eine Faust, und wenn du dir vorstellst, deine Faust ist ein Atomkern, dann ist das Atom so groß wie die Paulskathedrale, und wenn's zufällig ein Wasserstoffatom ist, dann schwirrt ein einzelnes Elektron drin rum wie'n Nachtfalter in 'ner leeren Kathedrale, mal droben in der Kuppel, mal am Altar vorbei.

Tom Stoppard

William Prout war ein englischer Arzt, der sich brennend für die gerade erst flügge gewordene Wissenschaft der Chemie interessierte. In seiner Londoner Wohnung hatte er sich ein Labor eingerichtet, wo er bei der Untersuchung von Magensaft, Urin und anderen Körperflüssigkeiten seine beiden Leidenschaften miteinander verband. Bleibenden Ruhm jedoch erwarb er sich mit der verblüffenden Hypothese, die er 1815 auf dem Gebiet der Atomistik aufstellte.

Prouts Ausgangsbasis war der Vergleich von Atomgewichten nach der damals umstrittenen Methode des italienischen Physikers Amedeo Avogadro. Der hatte 1811 eine Hypothese formuliert, dass gleiche Volumina verschiedener Gase unter gleichem Druck und bei gleicher Temperatur gleich viele Moleküle enthalten. Ein Liter Wasserstoff zum Beispiel muss demnach exakt die gleiche Zahl von Molekülen enthalten wie ein Liter Sauerstoff oder ein Liter Kohlendioxid.

Es war eine bizarre Behauptung, und das Gros der Chemiker brauchte ein halbes Jahrhundert, bis es sich entschließen konnte sie zu akzeptieren. Aber für Leute wie Prout, die bereit waren, ihre Zweifel hintanzusetzen, ergab sich aus Avogadros Hypothese ein praktisches Verfahren zur Bestimmung relativer Molekülgewichte. Man brauchte ja nur gleiche Volumina verschiedener Gase abzuwiegen und die Ergebnisse miteinander zu vergleichen. Da gleiche Volumina die gleiche Zahl von Molekülen enthielten, waren die Gewichtsverhältnisse auch auf der molekularen Ebene die gleichen.

Das war aber noch nicht alles, dank einer Entdeckung des französischen Physikers und Mathematikers André Ampère. Ampère hatte 1814 herausgefunden, dass die Moleküle eines aus einem einzelnen Element bestehenden Gases stets aus einem Atompaar bestanden. So bestand das Sauerstoffmolekül aus zwei Sauerstoffatomen, das Chlormolekül aus zwei Chloratomen usw. Das Verhältnis zwischen den spezifischen Gewichten solcher Gase war daher gleich dem Verhältnis zwischen den Atomgewichten.

Bei der Bestimmung relativer Atomgewichte auf dieser Grundlage stieß Prout binnen kurzem auf einen merkwürdigen Umstand: Alle von ihm festgestellten Atomgewichte waren jeweils ein ganzzahliges Vielfaches des Atomgewichts von Wasserstoff, dem leichtesten Element überhaupt. So wog beispielsweise Stickstoff genau 14-mal so viel und Sauerstoff genau 16-mal so viel wie Wasserstoff. Die neu entdeckte Regelmäßigkeit war an und für sich schon erstaunlich genug. Aber noch weit erstaunlicher war die Schlussfolgerung, die Prout aus ihr zog. Seine Entdeckung war für ihn ein klarer Beweis dafür, dass alle Atome faktisch aus Wasserstoffatomen bestanden.

Das war starker Tobak: ein Anschlag auf die Grundfesten der Chemie, beruhte diese doch auf dem Axiom der Unauflöslichkeit der Elemente. Denn wenn man gelten ließ, dass alle Atome aus Wasserstoffatomen zusammengesetzt waren, musste es ohne Zweifel auch möglich sein, Atome eines Elements in Atome eines anderen Elements umzuwandeln. Das von Lavoisier und Dalton gebannte Gespenst der Alchimie drohte zurückzukehren, um in der Naturwissenschaft von neuem sein Unwesen zu treiben.

Prouts These hauchte nicht nur der längst begrabenen Hoffnung, Blei in Gold verwandeln zu können, neues Leben ein. Sie traf auch das Atomkonzept in seinem Lebensnerv. Denn wenn Atome zusammengesetzt waren, hieß das ja auch, dass sie nicht die kleinsten Dinge waren. Hatte Prout Recht, dann war dies das Aus für die zweitausendjährige Idee, dass die Atome die Grundbausteine der materiellen Welt sind.

Aber den meisten Naturwissenschaftlern erschien es noch viel zu früh, die Atomidee zu Grabe zu tragen. Nicht nur war Prouts Methode der Bestimmung von Atomgewichten höchst umstritten. Andere Chemiker, die in Prouts Fußtapfen traten, entdeckten bald Ausnahmen von seiner Regel: Elemente, deren spezifisches Gewicht ganz entschieden *kein* ganzzahliges Vielfaches des spezifischen Gewichts von Wasserstoff war. Zu den Hauptbeispielen zählte das Chlor, das 35,5-mal so schwer wie Wasserstoff war. Und so landete Prout für die nächsten hundert Jahre auf einem Abstellgleis der Wissenschaftsgeschichte. Unterdessen tauchten andere Indizien dafür auf, dass Atome in der Tat aus kleineren Dingen zusammengesetzt sind.

Das frappanteste förderte Dmitrij Mendelejew zutage, ein Chemiker aus Sibirien, der es im Übrigen auch durch Bigamie und ein Säbelduell mit Nikolaj Tolstoj, Lews älterem Bruder, zu Berühmtheit brachte. Bei der Abfassung eines Lehrbuchs bemerkte Mendelejew im Katalog der Eigenschaften von Elementen ein eigenartiges Wiederholungsschema (eine »Periodizität«). Er hatte sich eine Sammlung von Karteikarten angelegt, auf denen jeweils die Haupteigenschaften eines Elements verzeichnet waren. Als er seine Karten für die damals bekannten 67 Elemente in der Reihenfolge des ansteigenden Atomgewichts in mehreren waagrechten Reihen anordnete, fiel ihm plötzlich auf, dass in den dabei entstehenden senkrechten Reihen (den »Kolumnen«) jeweils Elemente mit ähnlichen Eigenschaften (»Elementengruppen«) zu liegen kamen.[1] Diese tabellarische Anordnung der Elemente mit ihren charakteristischen (waagrechten) Reihen (»Perioden«) und (senkrechten) Kolumnen wurde später als das »Periodensystem« bekannt. Mendelejew war dadurch in der Lage, die Eigenschaften von Elementen vorauszusagen, die zu der Zeit lediglich als »leere Plätze« im System repräsentiert waren und dann auch tatsächlich entdeckt wurden.

Periodizität in Naturerscheinungen ist ein massives Indiz dafür, dass es eine Möglichkeit gibt, diese Erscheinungen in einfacherer, knapperer Form darzustellen. Im Fall des Periodensystems legte das Ordnungsschema die Vermutung nahe, dass die 67 verschiedenen Atome sich mithilfe einer bedeutend geringeren Zahl »subatomarer« Bausteine darstellen lassen könnten. Kurzum: dass Atome aus noch kleineren Teilchen zusammengesetzt waren. Nun hatte man zwar das Indiz, aber weder Mendelejew noch irgendeiner seiner Zeitgenossen war imstande, dem Ordnungsschema des Periodensystems der Elemente irgendeine sinnvolle Deutung abzugewinnen. Noch ein halbes Jahrhundert lang sollte es ein unlösbares Rätsel bleiben. Der abschließende Beweis dafür, dass Atome aus kleineren Bauteilen zusammengesetzt sind, ergab sich erst, als man das Atom auf einmal mit dramatischen Begleiterscheinungen zerfallen sah. Das begann mit einer Zufallsentdeckung, die ein französischer Chemiker namens Henri Antoine Becquerel im Jahr 1896 machte.

Die Entdeckung der Uranstrahlung

Becquerel war beherrscht von einem einzigen Gedanken. Wie sein Vater und sein Großvater, die beide eine Professur für Physik an der École Polytechnique in Paris innegehabt hatten, war er fasziniert von der rätselhaften Fähigkeit mancher Mineralien, nach der Absorption von Sonnenlicht ihrerseits Lichtstrahlen auszusenden – zu »fluoreszieren«. Im Januar 1896 war er mit der Untersuchung des Phänomens beschäftigt, als die sensationelle Nachricht von der Entdeckung der Röntgenstrahlen (»X-Strahlen«) in Paris eintraf.

Ein wenig bekannter deutscher Physiker namens Wilhelm Röntgen hatte diese Strahlung bei Versuchen mit Kathodenstrahlröhren entdeckt, luftfreien Glasröhren, die eng verwandt mit den heutigen Fernsehröhren sind. Die Strahlen durchdrangen feste Körper, als ob sie Luft wären. Röntgen hatte mit ihrer Hilfe die Knochen in der Hand seiner Frau »fotografiert«, und das in tausend Zeitungen überall auf dem Globus abgedruckte Bild erregte gewaltiges Aufsehen. Aber nicht dieses Bild war es, was Becquerel elektrisierte, sondern die Notiz, dass die von Röntgen entdeckten Strahlen von einer fluoreszierenden Stelle an der Innenwand der Kathodenstrahlröhre ausgegangen waren. Wie ein Blitz durchfuhr ihn der Gedanke, dass die fluoreszierenden Mineralien, die er jetzt schon so lange untersuchte, ebenso wohl unsichtbare Röntgenstrahlen wie gewöhnliches Licht aussenden könnten.

Er war auf dem Holzweg. Röntgenstrahlen hatten absolut nichts mit Fluroreszenz zu tun. Aber Becquerel ließ sich von seiner irrigen Vermutung dazu bringen, eine Vielzahl fluoreszierender Mineralien auf eine mögliche Emission von Röntgenstrahlen zu testen. Dabei verfuhr er recht einfach. Er schlug eine Fotoplatte in dickes schwarzes Papier ein, so dass sie lichtgeschützt war, und legte sie dann für mehrere Stunden auf ein sonnenbeschienenes Fenstersims. Auf der eingewickelten Platte gruppierte er Stücke von diversen als fluoreszent bekannten Mineralien. Wenn die Sonneneinstrahlung in einem Mineral zusätzlich zur Emission von sichtbarem Licht die Emission von Röntgenstrahlen auslöste – so Becquerels Überlegung –, würden diese Strahlen mühelos durch das Packpapier dringen und die Platte schwärzen.

Zu seinem Kummer konnte er bei der Entwicklung der Platten keinen solchen Effekt feststellen. Nach einer über Wochen sich hinziehenden Serie von Enttäuschungen stand eine Probe des Uransalzes Kaliumurandisulfat zum Test an. Ein Kollege hatte sich die Substanz einige Zeit zuvor von Becquerel ausgeliehen und sie jetzt zurückgebracht. Becquerel setzte große Hoffnungen in das Salz. Sein Großvater hatte festgestellt, dass von allen fluoreszierenden Mineralien diejenigen, welche Uran enthielten – ein Element, an dem die damalige Zeit nichts bemerkenswert fand, als dass es das schwerste natürlich vorkommende war –, stets die höchste Leuchtkraft entfalteten. Becquerels Hoffnungen wurden in reichem Maß erfüllt. Am 24. Februar 1896 berichtete er der französischen Akademie der Wissenschaften, dass sein Uransalz tatsächlich eine Strahlung emittierte, die durch lichtundurchlässiges Papier hindurch eine Fotoplatte schwärzte. Er war ein vorsichtiger Mensch und erwähnte dabei mit keinem Wort seine Vermutung, es könnte sich bei dieser Emission um Röntgenstrahlen handeln.

Im nächsten Schritt machte sich Becquerel an die Bestimmung der Eigenschaften der von dem Uransalz ausgehenden Strahlen. Er entwarf eine neue Versuchsanordnung, bei der zwischen die Probe des Minerals und die eingewickelte Fotoplatte ein kleines Kupferkreuz platziert wurde. Wenn die Strahlen sich geradlinig ausbreiteten, wie die Röntgenstrahlen es taten, müsste im Entwicklerbad auf der geschwärzten Platte die helle Silhouette des Kreuzes zu sehen sein.

Am 26. Februar blieb zu Becquerels Enttäuschung der Himmel über Paris den ganzen Tag bedeckt, so dass er sein Experiment nicht durchführen konnte. Also verstaute er seine gesamte Versuchanordnung – Uransalz, eingewickelte Fotoplatte und Kupferkreuz – in einer Schrankschublade. Dort blieb sie in absoluter Dunkelheit einige Tage lang liegen, während deren die Sonne allenfalls kurze Auftritte am Winterhimmel über der Stadt gab. Als am Sonntag, dem 1. März, die Wolkendecke wieder so dicht wie an den Vortagen war, gewann die Ungeduld die Oberhand über Becquerel. Er holte seine Versuchsanordnung aus der finsteren Schublade und steckte die Fotoplatte ins Entwicklerbad.

Warum er das tat – wo er doch auf der Suche nach einem speziell durch Sonnenlicht ausgelösten Effekt war und wusste, dass die Platte tagelang in schwärzester Finsternis geruht hatte –, ist eine durchaus interessante Frage. Vielleicht ahnte er etwas. Vielleicht war ein sechster Sinn im Spiel, eine jener genialen Eingebungen, die die wenigen großen Entdecker unter den Naturwissenschaftlern vom Gros ihrer Fachgenossen unterscheidet. Wie auch immer es gewesen sein mag – Becquerel entwickelte die Platte. Und starrte mit offenem Mund auf das Bild, das sich ihm zeigte.

Aus schwarzem Grund leuchtete ihm strahlend weiß die Silhouette des Kupferkreuzes entgegen.

Draußen auf der Straße eilten Kirchgänger an Becquerels Labor vorbei, vom Glockengeläut zur Eile angetrieben. Pferdekutschen ratterten über das Kopfsteinpflaster. Ein Hund bellte, ein paar einsame Vögel durchschnitten den regenschweren Himmel. Die Welt sah noch genauso aus wie einen Moment zuvor. Und dennoch hatte sie sich unwiderruflich verändert. Den Weg, der zu Hiroshima und Tschernobyl führte, würde man eines Tages zu diesem Zeitpunkt, diesem Ort zurückverfolgen.

Becquerel konnte den Blick nicht von der Silhouette des Kreuzes wenden. Die Strahlung, über die er vor einer knappen Woche der Akademie berichtet hatte, hatte die ganze Zeit angehalten, obwohl seither nicht der kleinste Sonnenstrahl das Uran getroffen hatte. Es gab nur eine Erklärung. Die Strahlung, die das Kaliumurandisulfat aussandte, war nicht vom Sonnenlicht und, soweit erkennbar, auch von keinem anderen externen Faktor ausgelöst. Sie war vielmehr eine natürliche Eigenschaft des Uransalzes selbst. Becquerel hatte eine bis dahin vollkommen unbekannte Naturerscheinung entdeckt – zwei Jahre später sollte sie den Namen »Radioaktivität« erhalten.

Das bemerkenswerteste Kennzeichen der Radioaktivität war ihre Beständigkeit. Becquerel vermochte nicht das geringste Nachlassen der »Uranstrahlung« festzustellen. Woche um Woche, Monat um Monat kamen die Strahlen in immer gleicher Stärke hervor – ein endloser Strom aus einer augenscheinlich unerschöpflichen Energiequelle.

Das zerfallende Atom

Becquerels Entdeckung erregte längst nicht ein solches Aufsehen wie diejenige Röntgens. Nur eine Handvoll Wissenschaftler fühlte sich gefordert, das Phänomen zu erhellen, und stellte sich dieser Forderung. So die Chemikerin Marie Curie, eine Französin polnischer Herkunft, die sich just zu der Zeit nach einem Thema für ihre Doktorarbeit umsah. Tatsächlich war sie es, die den Begriff Radioaktivität prägte. Curie entdeckte, dass die Becquerelstrahlung nicht nur von uranhaltigen Mineralien emittiert wurde, sondern auch von solchen, die Thorium, das zweitschwerste der bekannten Elemente, enthielten. Die Untersuchung dieser beiden Mineralien führte sie zu einer noch bedeutenderen Entdeckung. Die Mineralien Pechblende und Carnotit zeigten eine bei weitem höhere Radioaktivität, als man aufgrund ihres Uran- und Thoriumgehalts erwarten durfte. Curies wagemutige Erklärung lautete dahin, dass die Substanzen noch mindestens ein weiteres, der Wissenschaft bisher nicht bekanntes radioaktives Element enthalten müssten.

Marie und ihr Ehemann Pierre begannen daraufhin eine skrupulöse Suche nach der oder den Unbekannten. Mit wahrhaft herkulischer Anstrengung – auflösend, filternd und ausfällend – verarbeiteten sie Tonnen von Pechblende. Es gelang ihnen, kleine Mengen zweier neuer Elemente zu isolieren, die sie Polonium und Radium nannten. Die Radioaktivität des Radiums war über eine Million Mal so stark wie die des Urans, und im Dunkeln begann die Substanz wie ein Gefahrensignal zu leuchten. Sie sollte die Radioaktivität weltbekannt und Marie Curie zur berühmtesten Frau in der Geschichte der Wissenschaft machen. Dass es Marie Curie gelingen konnte, zwei bisher unbekannte Elemente dank ihrer verräterischen Radioaktivität aufzufinden, war ein massiver Beweis dafür, dass Radioaktivität eine Eigenschaft von Atomen war. Doch was verriet uns das über Atome? Curie selbst sollte die Antwort nicht finden. Das blieb einem neuseeländischen Bauernsohn aus ärmlichen Verhältnissen vorbehalten, der Ernest Rutherford hieß.

Rutherford erblickte das Licht der Welt zwar im tiefsten neuseeländischen Hinterland, brachte es aber trotzdem zu einer ausgezeichneten Schulbildung und einem Studienplatz an der Universität Christchurch. Dort stellte er seine geniale Begabung zum Experimentalphysiker mit der Erfindung eines Radiowellendetektors unter Beweis, der bereits auf Marconi vorausdeutete. Die beeindruckende Leistung wurde mit einem Stipendium für die Universität Cambridge belohnt.[2] Der fünfundzwanzigjährige Rutherford hielt sich noch keinen vollen Monat in Cambridge auf, als im November 1895 die Röntgenstrahlen entdeckt wurden. Er machte sich sofort an die Untersuchung des Phänomens. Erst viel später, nach Abschluss seines Studiums der Röntgenstrahlen, richtete sich sein Interesse auf ein neues Rätsel: die Radioaktivität. Die einschlägigen Experimente führte er denn auch schon nicht mehr in Cambridge, sondern an der McGill-Universität in Montreal durch, an der er seit 1898 einen Lehrstuhl innehatte. Dabei entdeckte er, dass radioaktive Elemente nicht eine, sondern zwei Strahlenarten emittierten, die er Alpha-Strahlen und Beta-Strahlen nannte.[3] Die beiden Strahlenarten unterschieden sich in ihrer Fähigkeit zur Durchdringung fester Materie, die bei Alpha-Strahlen sehr viel niedriger war als bei Beta-Strahlen.

Einen wichtigen Schritt zur Lösung des Rätsels der Alpha-Strahlen taten 1903 zwei Chemiker, der Engländer Frederick Soddy und der Schotte William Ramsay. Ramsay hatte 1895 das Helium entdeckt, das Gas, das leichter als Luft ist, Ballons aufsteigen und unsere Stimme wie die von Donald Duck klingen lässt. Er hatte es aus dem Mineral Cleveit, einer Uranverbindung, isoliert. Was Ramsay nicht wissen konnte, weil Becquerels Entdeckung der Uranstrahlung noch ein Jahr weit in der Zukunft lag: Sein Cleveit war radioaktiv. Sobald jedoch Becquerel seine Entdeckung publik gemacht hatte, stimmte die Tatsache, dass Helium aus einer Uranverbindung gewonnen worden war, einige Leute nachdenklich. War die Nachbarschaft von Helium und Radioaktivität purer Zufall? Oder bestand da ein Zusammenhang?

1903 fingen Ramsay und Soddy eine geringe Menge eines von einem Radiumsalz abgegebenen Gases auf und identifizierten es als Helium. Damit stand ziemlich fest, dass die Nähe zwischen Radioaktivität und Helium *kein* Zufall war. Helium war ein Produkt von Radioaktivität. 1908 arbeitete Rutherford den Zusammenhang noch deutlicher heraus. Inzwischen war er aus Kanada zurückgekehrt und an der Universität Manchester tätig. Es gelang ihm zusammen mit seinem jungen deutschen Mitarbeiter Hans Geiger, von Radium emittierte Alpha-Strahlung einzufangen und nachzuweisen, dass es sich in der Tat um das Gas Helium handelte.[4] Jeglicher Zweifel war beseitigt. Alpha-Strahlen waren Heliumatome.[5] Radioaktivität war ein Vorgang, bei dem eine Atomart – in diesem Fall Radium – eine andere Atomart – Helium – ausstieß. Helium war ein Subatom. Das Ganze war ein schlagender Beweis, dass Atome in der Tat aus noch kleineren Dingen bestanden.

Die Entdeckung, dass Alpha-Strahlen Heliumatome waren, warf auch Licht auf das Wesen der Radioaktivität. Ein Atom, das ein Atom ausstieß, musste sich dadurch zwangsläufig verändern. Die Sache war die Bestätigung einer revolutionären Idee, die Rutherford und Soddy 1901–1903 entwickelt hatten. An der McGill-Universität hatten die zwei mehr und mehr Indizien dafür zusammentragen können, dass ein radioaktives Atom nichts weiter als ein schweres, aber instabiles Atom ist. Es kann nicht ausbleiben, dass es irgendwann – nach einer Sekunde oder einem Jahr oder einer Million Jahren – unter Emission von Alpha-, Beta- oder Gamma-Strahlen »zerfällt«. Übrig bleibt ein Atom eines leichteren Elements.

Ein radioaktives Atom ist demnach ein Atom, das sich in ein Atom anderer Art verwandelt. Und bei seiner verzweifelten Suche nach Stabilität zerfällt es unter Umständen mehrmals. Uran zum Beispiel verwandelt sich schrittweise in immer leichtere Atome (von denen eines, nebenbei bemerkt, das Radium ist). Erst nachdem es das achte Alpha-Teilchen abgestrahlt hat, findet es Ruhe und Stabilität als nichtradioaktives Bleiatom. Rutherfords und Soddys Theorie der »Atomumwandlung« erzeugte in der Wissenschaftsgemeinde Beunruhigung, ja Bestürzung. Sie lief auf einen revolutionären Bruch mit der Vergangenheit und der Vorstellung vom unauflöslichen Atom hinaus. Nichts war mehr heilig, so schien es. Alles in der Alltagswelt, die Bausteine unseres Körpers nicht ausgenommen, konnte vielleicht von den Kaprizen des Atomzerfalls betroffen werden.

Die Radioaktivität war nicht das Einzige, was für ein aus kleineren Teilchen aufgebautes Atom sprach. Da war noch anderes Indizienmaterial. Beigesteuert wurde es von dem britischen Physiker Joseph John Thomson, der das Phänomen der »Kathodenstrahlen« untersuchte.

Ein Stück des Unteilbaren

Die Kathodenstrahlen waren 1858 von Julius Plücker, Physikprofessor an der Universität Bonn, entdeckt worden. Wie viele Naturwissenschaftler seiner Zeit war Plücker fasziniert von der Elektrizität. Das Dumme war nur, dass die Elektrizität mit dem Material ihres Leiters eine unauflösliche Einheit bildete. Floss sie beispielsweise durch einen Kupferdraht, waren ihre Eigenschaften hoffnungslos an die des Kupfers gefesselt. Vorerst nur Desiderat war die Möglichkeit, die Elektrizität für sich zu studieren.

Schritte in diese Richtung hatte mehr als ein Jahrhundert vorher Francis Hauksbee, Vorführer wissenschaftlicher Experimente bei der Royal Society, gemacht. 1709 führte Hauksbee eine elektrische Entladung in einem Glasgefäß vor, aus dem er zuvor den größten Teil der Luft herausgepumpt hatte. Doch obwohl die Dichte der Luft in dem Glas nur ein Sechzigstel des Normalwerts betrug, behinderte sie noch immer den Fluss der Elektrizität und zwang diese zu einem Zickzackslalom nach Art eines Blitzes zwischen den Molekülen auf ihrer Bahn hindurch. Zur Beobachtung der Elektrizität in ihrer reinen Form bedurfte es einer stärkeren Luftverdünnung, und für die wiederum war eine leistungsfähigere Vakuumpumpe als die von Hauksbee verwendete vonnöten.

Eine solche erfand 1855 ein Bonner Handwerker und Glasbläser namens Johann Geißler. Seine »Quecksilbervakuumpumpe« war in der Lage, die Luftdichte in einem Glasgefäß auf ein Zehntausendstel des Normalwerts herabzusetzen – ein Verdünnungsgrad, der sich praktisch nicht mehr vom Vakuum unterschied. Es war das perfekte Milieu für das Studium der Elektrizität in ihrer reinen Form, wie Plücker, der auf dem Weg zur Universität und wieder nach Hause täglich zweimal an Geißlers Werkstatt vorbeikam, sofort erkannte. Plücker gab bei Geißler eine lange, dünne Glasröhre mit zwei darin eingeschlossenen Metallplättchen (»Elektroden«) in Auftrag. Die jeweils an einem Ende der Röhre angebrachten Elektroden ragten durch das Glas hinaus und konnten an externe Elektrizitätsquellen angeschlossen werden.

Wenn Hauksbee Elektrizität durch sein Glasgefäß jagte, hatte die dünne Lüft gespenstisch aufgeglüht. Als jetzt im Inneren von Plückers »Entladungsröhre« Elektrizität von einer Elektrode zur anderen übersprang, entstand ein noch packenderes Schauspiel. Man konnte sogar alle Farben des Regenbogens in ihr erzeugen, indem man verschiedene verdünnte Gase in die Röhre einleitete. Bald stellten Optiker solche Röhren in ihren Schaufenstern auf, um Kunden anzulocken. Dort leuchteten sie wie heute moderne Leuchtstofflampen oder Fernsehbildschirme, als hätte sich eine technische Spielerei der Gegenwart durch ein Schlupfloch im Gefüge der Zeit mitten in das neunzehnte Jahrhundert verirrt.

1858 begann Plücker mithilfe seiner Entladungsröhre verdünnte Gase auf ihre elektrische Leitfähigkeit zu untersuchen. Dabei stieß er schon bald auf einen merkwürdigen Befund. Wenn er die Röhre praktisch luftleer pumpte, verschwand das gespenstische Licht, das den Innenraum erfüllt hatte – trotzdem wurde es in der Röhre nicht völlig dunkel. In der Nähe der einen Elektrode zeigte sich an der Glaswand ein eigenartiges grünliches Glühen. Plückers Schüler Johann Hittorf wies nach, dass der Lichtschein von »Strahlen« verursacht wurde, die von der anderen Elektrode ausgingen. Objekte, die man in die Bahn der Strahlen brachte, warfen Schatten, was anzeigte, dass die Strahlen sich geradlinig ausbreiteten; zudem ließen sie sich durch ein Magnetfeld ablenken, was anzeigte, dass sie elektrisch geladen waren. Das grünliche Glühen bezeichnete offensichtlich die Stelle, wo die Strahlen auf die Wand der Röhre auftrafen. Hittorf nannte sie »Leuchtstrahlen«, aber auf Dauer bürgerte sich der Name »Kathodenstrahlen« ein, weil sie von der als »Kathode« bezeichneten Elektrode ausgingen.

Aber was waren Kathodenstrahlen? Bis zum Ende des neunzehnten Jahrhunderts bildeten sich in dieser Frage zwei entgegengesetzte Auffassungen aus. Deutschen Naturwissenschaftlern zufolge waren Kathodenstrahlen eine Art »Wellen im Raum« nicht unähnlich den Lichtwellen. Die Gegenmeinung vertrat man in der britischen Naturwissenschaft: Kathodenstrahlen seien Ströme winziger negativ geladener Teilchen.

Nach dreißigjähriger Debatte wurde das Wesen der Kathodenstrahlen von dem britischen Physiker Joseph John Thomson – allgemein »J. J.« genannt – abschließend geklärt. Er war derjenige, der seinerzeit den frisch aus Neuseeland eingetroffenen Studenten Rutherford in seinem Labor in Cambridge beschäftigt hatte. Unter Thomsons Aufsicht hatte Rutherford damals seine Untersuchung der Röntgenstrahlen angestellt. Und Thomson war jetzt entschlossen, dem Rätsel der Kathodenstrahlen auf den Grund zu kommen. 1897 bohrte er ein Loch in die Anode einer Entladungsröhre, damit die rätselhaften Strahlen aus der Kathode ungehindert passieren konnten. In dem Raum hinter der Anode richtete er es so ein, dass die Kathodenstrahlen in ein Magnetfeld und zugleich in ein elektrisches Feld gerieten, die sie von ihrer geraden Bahn in entgegengesetzte Richtungen abzulenken suchten. Zuletzt trafen sie auf die Wand der Röhre auf und erzeugten dort den bekannten grünlichen Lichtfleck.

Die Schlüsselrolle in Thomsons Experiment spielte der Lichtfleck, der anzeigte, wie stark das Strahlenbündel von seiner Bahn abgelenkt wurde. Die Ablenkung konnte auf null reduziert werden, indem man beide Felder so justierte, dass ihre wirkenden Kräfte sich gegenseitig neutralisierten. Bei diesem Stand der Dinge maß Thomson die Stärke beider Felder. Thomson hatte das theoretische Vorwissen, dass die vom Magnetfeld auf die Teilchen ausgeübte Kraft von deren Geschwindigkeit abhing, die vom elektrischen Feld ausgehende hingegen nicht, und so ergab sich die Geschwindigkeit der Teilchen aus dem Verhältnis der Feldstärken.

Die Geschwindigkeit der Kathodenstrahlen zu kennen, war wichtig, weil sie einer der Faktoren war, die darüber entschieden, wie stark ein Kraftfeld, in dem die Strahlen sich bewegten, ihre Richtung veränderte. Je langsamer die Kathodenstrahlteilchen waren, desto länger blieben sie der auf sie einwirkenden Kraft ausgesetzt und desto weiter rückte im Ergebnis der Lichtfleck von der Verlängerung der Geraden zwischen Kathode und Anode ab. Die Ablenkung war außerdem von zwei noch unbekannten Faktoren beeinflusst, nämlich von der elektrischen Ladung und von der Masse der einzelnen Kathodenstrahlteilchen. Je höher die Ladung, desto größer die einwirkende Kraft und folglich auch die Ablenkung. Je geringer die Masse, desto geringer auch ihre Trägheit gegenüber jeder Kraft und desto größer wiederum die Ablenkung.

Aus der Ablenkung des Lichtflecks und der Geschwindigkeit der Kathodenstrahlteilchen hoffte Thomson Ladung und Masse der Teilchen erschließen zu können. Doch das gelang ihm nicht ganz. Das Ergebnis, zu dem er kam, war die »spezifische Ladung«, das Verhältnis der Ladung zur Masse. Glücklicherweise wusste man aus der Theorie der Elektrolyse – der Durchleitung von Elektrizität durch leitende Flüssigkeiten –, dass die elektrische Ladung sich aus Elementarladungen zusammensetzt. Indem Thomson nun voraussetzte, dass die Teilchen des Kathodenstrahls jeweils Träger einer Elementarladung waren, konnte er die Masse der einzelnen Teilchen berechnen. Er kam auf den Teil eines Kilogramms, der sich in einer Bruchzahl mit einer 1 als Zähler und einer 1 mit 30 anhängenden Nullen als Nenner ausdrücken lässt: 10^{-30} kg. Das entspricht einem Zweitausendstel der Masse eines Wasserstoffatoms.

Atome bestanden also aus kleineren Teilen. Aber die Grundbausteine aller Materie waren nicht, wie Prout gemeint hatte, die Wasserstoffatome, sondern unendlich kleinere Entitäten. Die von Thomson untersuchten Teilchen erhielten den Namen »Elektronen«. Sie waren die unsteten Elektrizitätsteilchen. Von Atomen abgesprengt, flogen sie als Kathodenstrahlen durch den Raum oder zogen als elektrischer Strom durch Kupferleitungen.[6] Mit dem Elektron war das erste »subatomare« Teilchen entdeckt. Und Thomson ließ sich von ihm zur Entwicklung des ersten wissenschaftlichen Atommodells anregen, das die Atome als kugelförmige masselose positive Ladungswolke darstellt, in die eine Vielzahl von Elektronen eingebettet ist »wie die Rosinen im Plumpudding«.

Eine Eigentümlichkeit elektrischer Ladungen ist, dass ungleiche Ladungen einander anziehen, gleiche einander abstoßen. Das Atom musste demnach von der Anziehungskraft zwischen den negativ geladenen Elektronen und der positiven Ladungswolke zusammengehalten werden. Thomsons »Plumpudding-Modell« war das am Anfang des zwanzigsten Jahrhunderts allgemein akzeptierte Atommodell. Im Jahr 1911 jedoch hatte es schlagartig ausgedient, als Rutherford schier Unglaubliches vollbrachte, indem er eine Methode fand, das Innere des Atoms zu sondieren.

Im Inneren des Atoms

Ein normales Atom hatte einen Durchmesser von lediglich etwa einem Zehnmillionstelmillimeter. Angesichts der unvorstellbaren Winzigkeit der Bausteine der Materie schien es völlig undenkbar, dass irgendjemand einmal Einblick in ihr Inneres nehmen könnte. Es war ein erneuter Beweis der Genialität des Experimentators Ernest Rutherford, dass er eine Methode fand, die es möglich machte.

Er hatte den Einfall, winzige Projektile in Atome zu schießen und zu beobachten, wie sie durch die »subatomaren« Strukturen, auf die sie trafen, abgelenkt wurden: Vielleicht würden sich in den Ablenkungen ein Schema oder Regelmäßigkeiten zeigen, die Rückschlüsse auf die Binnenstruktur des Atoms zuließen. Zur Ausführung des Projekts benötigte man Projektile, die kleiner als Atome waren. Zugleich aber mussten sie mit der Wucht eines subatomaren Expresszugs in die Atome hineinrasen, damit sie tief genug ins Innere vordrangen. Eine glückliche Eingebung sagte Rutherford, dass die idealen Projektile bereits von der Natur bereitgestellt worden waren, und zwar in Gestalt der Alpha-Teilchen.

Da Alpha-Teilchen faktisch aus dem Inneren von Atomen stammten, lief Rutherfords Plan letzten Endes darauf hinaus, das Atom mithilfe des Atoms zur Preisgabe seines inneren Aufbaus zu zwingen. Er war es gewohnt, alle Waffen, die sich ihm boten, einzusetzen, nicht selten in denkbar simplen Experimenten. Auch das Experiment, bei dem er Alpha-Teilchen in Atome schoss, um zu beobachten, wie sie wieder abgestrahlt wurden, war nicht sonderlich kompliziert.

Erstmals versuchte sich Rutherford an dem Kunststück 1906 in Montreal. Als er jedoch im folgenden Jahr nach Manchester übersiedelte, übertrug er die Aufgabe zwei jüngeren Physikern, seinem neuseeländischen Landsmann Ernst Marsden und dem Deutschen

Hans Geiger, der dann im Jahr 1908 Rutherford helfen sollte zu beweisen, dass Alpha-Teilchen und Heliumatome ein und dasselbe waren. Bei ihrem »Alpha-Streuversuch« arbeiteten Geiger und Marsden mit einer kleinen Radiumprobe, die mit Alpha-Teilchen feuerte wie mit mikroskopischen Sprengbomben. Die Probe wurde hinter einen Bleischirm mit einem schmalen Schlitz platziert, so dass auf der anderen Seite des Schirms ein fadendünner Teilchenstrom austrat. Es war das kleinste Maschinengewehr der Welt, das da mit subatomaren Kugeln munter drauflosballerte.

In die Schusslinie hängten Geiger und Marsden eine nur wenige Tausend Atome dicke Goldfolie. Sie war substanzlos genug, um alle Alpha-Teilchen aus dem Miniaturmaschinengewehr durchzulassen, andererseits doch wieder so substanziell, dass ein Teil von ihnen mit Sicherheit nahe genug an Goldatomen vorbeifliegen mussten, um ein wenig aus ihrer Bahn abgelenkt zu werden. Als Endergebnis zahlreicher derartiger Ablenkungen müsste der schmale Alpha-Teilchenstrom sich auffächern, und ebendiese Auffächerung wollten Geiger und Marsden mithilfe eines hinter der Goldfolie angebrachten Spezialschirms messen. Der Schirm war mit Zinksulfid beschichtet, einer Chemikalie, von der man wusste, dass sie »szintillierte«, d. h. jedes Mal einen winzigen Lichtblitz aussandte, wenn sie von einem Alphateilchen getroffen wurde.

Die Lichtblitze flackerten an der Grenze zur Unsichtbarkeit. Aber indem sie in einem fast vollkommen verdunkelten Labor durch ein Mikroskop starrten, konnten Geiger und Marsden sie eben noch erkennen. Das Geflimmer eines Haufens winzigster Sterne auf dem Leuchtschirm verriet, dass der Alpha-Teilchenstrom sich nach dem Durchstoßen der Goldfolie tatsächlich aufgefächert hatte. Der Effekt war, wie erwartet, ein geringfügiger. In keinem Fall ging die Ablenkung über wenige Winkelgrade hinaus.

Hier hätte es mit dem »Alpha-Streuversuch« sein Bewenden haben können, hätte nicht eines Tages im Jahr 1909 Rutherford bei Geiger und Marsden im Labor vorbeigeschaut und bei der Gelegenheit eine geradezu groteske Anregung geäußert: Die beiden sollten doch einmal darauf achten, ob nicht irgendwelche Alpha-Teilchen beim Durchqueren der Folie über einen sehr weiten Drehwinkel abgelenkt würden. Dass dergleichen vorkommen könnte, war undenkbar. Nach Thomsons Plumpudding-Modell war ein Atom eine masselose positive Ladungswolke, in die eine Vielzahl nadelspitzengroßer, minimal massehaltiger Elektronen eingebettet war. Die Alpha-Teilchen hingegen, die Geiger und Marsden in diese lockeren Gebilde hineinschossen, waren nicht zu bremsende subatomare Expresszüge, jedes Einzelne in etwa die achttausendfache Masse eines Elektrons. Die Wahrscheinlichkeit, dass ein Teilchen dieser Masse von einem Elektron in irgendeinem ernst zu nehmenden Grad abgelenkt werden könnte, war etwa so groß wie die, dass ein realer Expresszug durch einen Zusammenstoß mit einer alten Dame auf einem Fahrrad zum Entgleisen gebracht werden könnte.

Rutherford wusste das so gut wie jeder andere. Aber er besaß die Verwegenheit, Geiger und Marsden zur Ausschau nach dem Unmöglichen aufzufordern. Später sollte er sagen, er habe die Anregung »aus purem Daffke« gegeben und im Grunde nie damit gerechnet, auch nur ein einziges Alpha-Teilchen über einen größeren Drehwinkel hinweg abgelenkt zu finden. Trotzdem: Rutherford muss geahnt haben, dass bei dem Alpha-Streuversuch etwas Ungewöhnliches herauskommen könnte. Wenn seine wissenschaftlichen Erfolge ihn eines gelehrt hatten, dann dies: Es war unendlich wichtig, geistig offen zu bleiben für das Unerwartete und ständig auf eine Überraschung vonseiten der Natur gefasst zu sein. Und nie hat die Natur ihm eine größere Überraschung bereitet als in diesem Fall: Drei Tage später kam Geiger zu ihm ins Büro gestürmt, um die unglaubliche Nachricht zu bringen, dass jedes achttausendste abgeschossene Alpha-Teilchen von der Goldfolie regelrecht zurückprallte. »Es war das Unglaublichste, was mir je in meinem Leben begegnet ist«, bekannte Rutherford später. »Fast so unglaublich, als hätte man eine 15-Zoll-Granate auf ein Stück Seidenpapier abgeschossen und sie wäre zurückgekommen und hätte einen selbst getroffen.«

Mit dem Plumpudding-Modell war diese Beobachtung absolut nicht zu erklären. Atome waren durchaus keine lockeren Gebilde. Irgendetwas tief in ihnen drin war in der Lage, ein Alpha-Teilchen geradewegs zurückzuschmettern. Dieses Etwas konnte nur ein Klumpen positiver Ladung sein, der mitten im Zentrum des Atoms saß und die eindringende positive Ladung abstieß. Da der Klumpen einem massehaltigen Alpha-Teilchen den Weg verbaute, ohne ins

Nirwana gesprengt zu werden, musste er seinerseits Masse enthalten, und zwar solche hohen Dichtegrads. Ja, in ihm musste fast die gesamte Masse des Atoms konzentriert sein. Rutherford hatte den »Kern« des Atoms entdeckt.

Die atomare Kathedrale

Geboren wurde die Idee des Atomkerns *de facto* nach einer Austragungszeit von über einem Jahr, in der Rutherford zahlreiche Deutungsmöglichkeiten für Geigers und Marsdens konsternierende Entdeckung verwarf. Am Ende blieb ein massereicher Kern mit positiver Ladung als plausibelste Erklärung übrig. Das Atom, wie Rutherford es sah, war ein Sonnensystem *en miniature*, in dem negativ geladene Elektronen sich ebenso wie die Planeten um die Sonne auf festen Bahnen um den positiv geladenen Kern herum bewegten. Der Kern musste mindestens die Masse eines Alpha-Teilchens – wahrscheinlich eine noch viel größere – haben, da er durch den Aufprall eines Alpha-Teilchens nicht aus dem Atom geschleudert wurde. Demnach mussten mehr als 99,9 Prozent der Masse des Atoms darin konzentriert sein. Außerdem musste der Kern winzig klein sein. Denn nur wenn die Natur eine sehr starke positive Ladung in einem sehr geringen Volumen zusammengedrängt hatte, konnte der Kern eine Abstoßung von solcher Gewalt ausüben, dass sie ein Alpha-Teilchen geradewegs zurückzuschmettern vermochte.

Der Atomkern markierte Rutherfords größten Triumph. Als Einzigem unter den Pionieren der Radioaktivitätsforschung gelangen ihm auf diesem Gebiet weitere bedeutende Entdeckungen. Der Physiker und Romancier C. P. Snow meinte dazu: »In dem Augenblick, da Rutherford sich der Radioaktivität zuwandte, hatte er den Gegenstand seines Lebenswerks gefunden. Seine Ideen waren schlicht, derb, anschaulich. Die Atome dachte er sich gleichsam als Tennisbälle. Er entdeckte Teilchen, die kleiner als Atome waren, und fand alles über ihre Bewegungsweise und ihren Rückprall heraus. Manchmal prallten die Teilchen in die falsche Richtung. Dann nahm er sich die Fakten vor und schuf ein neues Modell, das aber stets ein einfaches war. So bewegte er sich mit schlafwandlerischer

Sicherheit von instabilen radioaktiven Atomen zur Entdeckung des Kerns und der Binnenstruktur des Atoms.«

Das Überraschendste am Atom, wie Rutherford es sah, war seine erschreckende Leere. Die Elektronen glichen Stoppards Nachtfaltern, wie sie da im leeren Kuppelbau der Paulskathedrale einen kaum faustgroßen zentralen Kern umschwirrten. Daraus ergab sich ganz von selbst die beunruhigende Folgerung, dass die uns bekannte Welt all ihrer augenscheinlichen Festigkeit zum Trotz nicht mehr Substanz hatte als eine Geistererscheinung. Materie – einerlei, ob Stuhl, Mensch oder Stern – war fast ausschließlich leerer Raum. Was ein Atom an Substanz besaß, steckte in dem unwahrscheinlich kleinen Kern.

Aber woraus bestand so ein Atomkern? Das war jetzt die brennende Frage. Leider war das Volumen des Kerns nur ein Hunderttausendstel von dem des ganzen Atoms, und es sollten zwei Jahrzehnte sorgfältigsten Experimentierens nötig sein, um eine Antwort zu produzieren.

Im Inneren des Atomkerns

Das Bild, das sich allmählich herausschälte, zeigte einen Kern, der ein sehr schweres Teilchen mit positiver Ladung enthielt. Das Teilchen erhielt den Namen »Proton« und war nichts anderes als jener Wasserstoff-»Baustein«, der ein Jahrhundert zuvor Prout vorgeschwebt hatte. Es war fast zweitausendmal so schwer wie ein Elektron und Träger einer elektrischen Ladung, die der des Elektrons äquivalent, aber entgegengesetzt war. Bei dem leichtesten aller Atome, dem des Wasserstoffs, glich die positive Ladung des einzelnen Protons im Kern die negative Ladung des weit entfernt kreisenden Elektrons aus.

Das Hauptmerkmal, durch das sich ein Wasserstoffatom und – beispielsweise – ein Kohlenstoff- oder Uranatom unterschieden, war die Zahl der Protonen im Kern. Sie entschied über die Eigenschaften der jeweiligen Substanz. Das Wasserstoffatom besaß ein einzelnes Proton und ein einzelnes Elektron, das Kohlenstoffatom hingegen sechs Protonen und sechs Elektronen. Der Uran-Atomkern wiederum war ein Ungetüm von 92 Protonen, umhüllt von einer Wolke aus 92 kreisenden Elektronen. Bei allen Atomen entsprach der Zahl der Protonen im Kern die gleiche Zahl von Elektronen. So blieb das Atom als Ganzes elektrisch neutral.

Dieses Zwei-Teilchen-Atommodell war erfreulich einfach. Seine Schwäche stach allerdings schon bei der Anwendung auf das zweitleichteste Atom, das des Heliums, in die Augen. Rutherford und Geiger hatten dargetan, dass ein Heliumatom und ein Alpha-Teilchen ein und dasselbe waren (wenn man von der positiven Ladung des Alpha-Teilchens absah). Nach der Entdeckung des Atomkerns lag auf der Hand, warum: Das Alpha-Teilchen war ein Heliumkern. Ein von einem radioaktiven Atom abgestrahltes Alpha-Teilchen wurde auf seiner Bahn allmählich abgebremst; es fing dabei Elektronen ein, die seine positive Ladung neutralisierten und es so in ein Heliumatom umwandelten. Da die Ladung eines Alpha-Teilchens das Zweifache einer Protonladung betrug, waren dazu zwei Elektronen nötig. Physiker kamen daraufhin zwangsläufig zu dem Schluss, das Heliumatom bestehe aus einem Kern, der zwei Protonen enthalte, und zwei kreisenden Elektronen.

Das Dumme war nur: Das passte überhaupt nicht mit dem Kerngewicht des Heliums zusammen. Da der Kern zwei Protonen enthielt, hätte man billigerweise ein dem Gewicht von zwei Protonen entsprechendes Kerngewicht erwarten dürfen. Doch entgegen allen Erwartungen belief sich das Kerngewicht des Heliums auf das Gewicht von vier Protonen. Und diese Diskrepanz zwischen dem nach dem Rutherfordschen Atommodell zu erwartenden und dem tatsächlichen Kerngewicht wurde noch größer bei den Elementen, die schwerer als Helium waren. Im Allgemeinen betrug das Kerngewicht mehr als das Doppelte des Gewichts der im Kern vorhandenen Protonen. Damit stand außer Frage, dass im Atomkern außer den Protonen noch etwas anderes vorhanden sein musste. Rutherfords Verdacht richtete sich anfangs auf die Elektronen. Mit wohl überlegten Kombinationen von Elektronen und Protonen ließen sich Masse und Ladung aller zu der Zeit bekannten Atomkerne darstellen. So würde zum Beispiel ein Kern, der aus zwei Elektronen und vier Protonen bestand, in puncto Masse und Ladung exakt die am Heliumkern festgestellten Eigenschaften zeigen. Die Elektronen würden mit ihrer negativen Ladung die positive Ladung zweier Protonen neutralisieren, und das Ergebnis wäre ein Kern mit der

Ladung von zwei und (da die Masse der Elektronen grundsätzlich eine *quantité négligeable* war) der Masse von vier Protonen.

Elektronen sowohl im Atomkern wie auf Kreisbahnen um den Kern – das schien zunächst recht plausibel. Wusste man doch, dass Beta-Teilchen Elektronen waren, und spätestens im Jahr 1913 war Rutherford zu der Überzeugung gekommen, dass sie genau wie die Alpha-Teilchen aus dem Kern abgestrahlt würden. Was konnte einleuchtender sein als die Annahme, dass der Beta-Zerfall der Ausstoß eines im Kern eingelagerten Elektrons war? Doch wie sich herausstellen sollte, war das Elektron viel zu wendig, als dass es sich in einen Kern hätte einkerkern lassen. Spätestens 1920 hatte Rutherford sich von der Idee der nuklearen Elektronen verabschiedet, denn jetzt präsentierte er eine verblüffende neue Lösung.

Die neue Hypothese lief darauf hinaus, dass der Kern ein bislang unbekanntes Teilchen enthielt – ein Teilchen von gleicher Masse wie das Proton, doch ohne dessen elektrische Ladung. Für dieses massereiche elektrisch *neutrale* Teilchen prägte Rutherford den Namen »Neutron«. Seine Vermutung sollte sich als Volltreffer erweisen. Allerdings war Rutherford seiner Zeit weit voraus: Erst 1932 gelang es seinem Schüler James Chadwick, das Neutron als Teilchen *sui generis* schlüssig nachzuweisen.

Die Entdeckung des Neutrons warf ein klärendes Licht auf eine Beobachtung, die der Wissenschaft seit Anbeginn ihrer Beschäftigung mit der Radioaktivität Rätsel aufgegeben hatte: Von vielen Elementen gab es eine Reihe radioaktiver Varianten mit unterschiedlichen Eigenschaften (etwa unterschiedlichen Zerfallsgeschwindigkeiten). Ein Paradebeispiel war das Blei. Von ihm existierte eine verbreitete nichtradioaktive Variante und eine seltene Variante, die in uranhaltigen Mineralien vorkam. Wo die Unterschiede zwischen den radioaktiven Formen eines Elements herrührten, blieb nicht lange verborgen: Sie gründeten in kleinen Unterschieden der Atommassen. Die Varianten erhielten von Frederick Soddy 1911 den Namen »Isotope«.

Tatsächlich war die Vermutung, dass die einzelnen Elemente aus einer Mixtur von Atomen unterschiedlichen Gewichts bestehen könnten, bereits 1871 von Sir William Crookes, einem Pionier der Erforschung der Kathodenstrahlen, geäußert worden. Der Sachverhalt erklärte, wieso eine Handvoll Elemente die von Prout aufgestellte Regel verletzte, der zufolge das Atomgewicht eines Elements stets ein ganzzahliges Vielfaches des Gewichts des Wasserstoffatoms war. Allbekanntes Beispiel war das Chlor, dessen Atomgewicht das 35,5-fache des Wasserstoff-Atomgewichts betrug. Crookes zufolge bestanden solche anomalen Elemente aus einer Mischung von Atomen unterschiedlichen Gewichts. Die Bestimmung ihres Atomgewichts erbrachte also den Durchschnittswert sämtlicher Atome, für den unter den gegebenen Bedingungen die Proutsche Regel natürlich nicht gelten konnte. Erst nach der Entdeckung der Radioaktivität kam Crookes' alte Idee zur verdienten Ehre, denn meist hatten sich ja die Isotope der einzelnen Elemente als radioaktiv instabil erwiesen; Fälle wie das Chlor, von dem mehr als ein einzelnes stabiles Isotop existierte, waren Seltenheiten.

Die Entdeckung des Neutrons brachte endlich Klarheit über die Natur der Isotope. Die verschiedenen Isotope eines Elements waren nichts anderes als Atome mit gleicher Protonenzahl, aber unterschiedlicher Neutronenzahl im Kern. So hatten beispielsweise alle Chloratome die Protonenzahl 17. Doch musste die Natur dem Element mehrere Isotope zugestanden haben, die sich voneinander in der Zahl ihrer Neutronen unterschieden.

Mit dem Neutron war es gelungen, das einfache Atommodell zu vervollständigen. Jedes Atom war aus drei Bausteinen zusammengesetzt: Elektronen, Protonen und Neutronen. Die Protonen und Neutronen waren zu einem zentralen Klumpen – dem »Kern« – zusammengeschlossen, um den in der Ferne kreisende Elektronen eine wolkige Hülle bildeten. Die Neutronen trugen zur Masse des Atomkerns bei, ohne seine elektrische Ladung zu verändern. Zwei Protonen und zwei Neutronen zusammen bildeten einen Heliumkern, acht Protonen und acht Neutronen einen Sauerstoffkern, 26 Protonen und 30 Neutronen einen Eisenkern, 79 Protonen und 118 Neutronen einen Goldkern, 92 Protonen und 146 Neutronen einen Urankern usw. Strahlte ein radioaktiver Atomkern ein Alpha-Teilchen ab, verlor er zwei Neutronen und zwei Protonen, mit der Folge, dass er sich in den Kern des Elements verwandelte, das zwei Plätze weiter zurück im Periodensystem eingeordnet war. Emittierte ein radioaktiver Kern hingegen ein Beta-Teilchen, wurde ein Neutron zu einem Proton und der Kern damit zu dem des Elements mit der nächsthöheren Ordnungszahl im Periodensystem.

Welche Kräfte auch immer diese eruptiven Erschütterungen bewirkten und Alpha- oder Beta-Teilchen davonkatapultierten – unzweifelhaft stand jetzt fest, dass sie tief im Inneren des Atomkerns beheimatet waren. Im Kern spielte die Musik. Der Kern barg die Energie, die im radioaktiven Zerfall freigesetzt wurde. Die Größenordnung dieser Energie war nun das eigentlich Überraschende an der Radioaktivität. Eine Schrecken erregende Überraschung.

Die außergewöhnliche Energie im Inneren der Atome

Man hatte bereits eindeutige Hinweise, dass hohe Energiebeträge im Spiel waren. Rutherford hatte 1903 die Geschwindigkeit der von Radiumatomen ausgestoßenen Alpha-Teilchen gemessen und festgestellt, dass sie 25 000 Kilometer pro Sekunde betrug – das Hunderttausendfache der Geschwindigkeit heutiger Passagierflugzeuge. Könnte ein Raumschiff diese Geschwindigkeit ereichen, würde es für die Fahrt zum Mond gerade einmal 16 Sekunden und für die Reise zur Sonne eineinhalb Stunden benötigen. Der Zerfall radioaktiver Atome ging unter Entfesselung explosiver Gewalten vonstatten, die der Vorstellungskraft spotteten.

Aber obwohl das einzelne Alpha-Teilchen in der atomaren Dimension eine ungeheure Wucht entfaltete – in der menschlichen Dimension war diese Energie so gering, dass sie direkter Messung nicht zugänglich war. Doch eine Probe radioaktiven Materials erzeugte Alpha-Teilchen in wahrhaft astronomischer Zahl. Nach Rutherfords Schätzung emittierte ein einziges Gramm Radium in jeder Sekunde über zehn Milliarden davon. Alpha-Teilchen waren die radioaktiven Zerfallsprodukte mit dem geringsten Durchdringungsvermögen – schon durch ein einzelnes Blatt Papier aufzuhalten. Das bedeutete, dass die von einer Probe radioaktiver Substanz ausgestoßenen Alpha-Teilchen größtenteils schon in der Probe selbst aufgehalten wurden. Sie gaben ihre Bewegungsenergie an die Atome ab, mit denen sie kollidierten, und gingen letztlich in Wärme auf: Die radioaktive Probe erwärmte sich. Um die gesamte durch Alpha-Strahlung freigesetzte Energie zu messen, brauchte man also lediglich die Erwärmungsgeschwindigkeit der Probe zu messen.

Das Problem dabei war, dass hoch radioaktives Material wie Radium nur in kleinsten Mengen zur Verfügung stand und das Messen der erzeugten Wärme ein echtes Kunststück war. Aber Pierre Curie und sein Kollege Albert Laborde wurden 1903 mit dieser Schwierigkeit fertig. Was sie entdeckten, machte sie staunen. Die in einer Radiumprobe entstehende Wärme reichte aus, die Probe binnen Stunden zum Schmelzen zu bringen, wenn die Wärme nicht entweichen konnte. Sie reichte sogar aus, Wasser von gleicher Masse wie die Probe innerhalb von nur 45 Minuten von Gefriertemperatur auf Siedetemperatur zur erhitzen. Anders gesagt: Ein Kilogramm Radium konnte einen zu Eis erstarrten Liter Wasser binnen einer Dreiviertelstunde zum Sieden bringen. Und in der nächsten Dreiviertelstunde konnte es das Manöver mit dem nächsten Liter Wasser wiederholen. Und anschließend das Gleiche noch mal und noch mal ... Tatsächlich wäre ein Kilogramm Radium in der Lage, jahrtausendelang alle 45 Minuten einen Liter Wasser von null Grad Celsius auf hundert Grad Celsius zu erhitzen. Jedes Pfund Radium enthielt eine Million Mal so viel Energie wie die gleiche Menge Dynamit.[7]

Das Ergebnis von Curies und Labordes Untersuchung weckte weltweit ein enormes Interesse für das Radium. In seinem großartigen Buch *Inward Bound* erzählt der Physiker und Wissenschaftshistoriker Abraham Pais, dass im Rahmen einer den International Electrical Congress in St. Louis 1904 begleitenden Ausstellung ein einzelnes Gramm des »unsagbar wertvollen geheimnisumwitterten Radiums« zu besichtigen war. Ein Reporter des *St. Louis Dispatch* schrieb nach der Vorbesichtigung der Ausstellung: »Seine Kraft kann man sich nicht vorstellen. Mit dem Metall wären sämtliche Waffenarsenale der Welt zu zerstören. Es könnte den Krieg unmöglich machen, weil es alle angehäuften Explosivstoffe der Welt außer Kraft setzt ... Es ist denkbar, dass eine Maschine erfunden wird, die auf Knopfdruck die Erde in die Luft sprengt und damit das Ende der Welt herbeiführt.«

Curies und Labordes Entdeckung war wie der Einschlag einer Bombe mitten in die Welt der Physiker. In ganz gewöhnlicher Materie war ein Energievorrat eingeschlossen, der alle Vorstellungskraft überstieg. Woher kam diese ungeheure Energie im Inneren des Atoms? Während die Physiker sich am Kopf kratzten und über die

Frage nachgrübelten, wurde langsam eine andere Kaste von Naturwissenschaftlern hellhörig, nämlich die Astronomen. Der Ursprung der Energie in den Atomen war ihnen mehr oder weniger gleichgültig. Was ihr Interesse entfacht hatte, war die bloße Existenz solch einer überreichen Energiequelle. Denn darin sahen sie einen Ansatzpunkt für die Klärung einer der großen Fragen der Astronomie. Und diese Frage lautete: Was ist die Ursache dafür, dass die Sonne scheint?

ZWEITER TEIL

Atome und Sternenlicht

DIE ZERFALLENDE SONNE

Wie uns aufging, dass die Sonne von der Energie zehren muss, die im Inneren der Atome eingeschlossen ist

Das große Rätsel liegt hier darin, zu begreifen, was eine so gewaltige Feuersbrunst wie die Sonne in Gang hält. Jede neue Entdeckung in der Wissenschaft der Chemie lässt uns da vollkommen im Stich oder vielmehr: scheint uns von der Aussicht auf eine Lösung, die einige Wahrscheinlichkeit für sich hat, weiter wegzuführen.

John Herschel

Was die Sonnenenergie in Gang hält, ist in dem Augenblick kein fundamentales Problem mehr, wo man davon ausgeht, dass dafür die inneren Energien der Grundbestandteile zur Verfügung stehen – das heißt, wenn subatomare Umwandlungsprozesse ablaufen.

Ernest Rutherford

Seit unvordenklichen Zeiten fragen sich die Menschen, was wohl die Ursache dafür sein mag, dass die Sonne scheint. Einer der Ersten, die eine plausible Antwort anboten, war der griechische Philosoph Anaxagoras. Um die Mitte des fünften Jahrhunderts v. Chr. formulierte er die These, die Sonne sei »eine rot glühende Eisenkugel nicht viel größer als Griechenland«. Man kann der Chuzpe, mit der Anaxagoras eine dermaßen gewagte Hypothese vortrug, die Bewunderung nicht versagen. Erst 1658 sollte ihm ein ebenbürtiger Nachfolger erstehen, der eine reine Vermutung ähnlich unverfroren in das Gewand der Exaktheit kleidete. Das war der irische Bischof James Ussher, der in besagtem Jahr die Erschaffung der Welt auf den Abend des 22. Oktober 4004 v. Chr. datierte.

Aber leider kann man nicht verschweigen, dass Anaxagoras ziemlich schief lag. Die Sonne besteht nicht aus Eisen – wenngleich das

Gros der Astronomen noch bis weit ins zwanzigste Jahrhundert hinein diese Ansicht teilte –, und sie ist erheblich ausgedehnter als Griechenland, das antike wie das moderne. Der Irrtum des griechischen Philosophen ist freilich entschuldbar, denn der einzige Erkenntnisweg, der ihm in diesem Fall offen stand, war die Extrapolation aus den Gegebenheiten seiner unmittelbaren Erfahrungswelt. Und wer kann bestreiten, dass die Sonne wie eine riesige Kugel aus geschmolzenem Eisen aussieht? Wenn Anaxagoras Kritik verdient hat, dann deswegen, weil ihm entgangen ist, dass eine Kugel aus geschmolzenem Eisen – auch eine, die etwas ausgedehnter als Griechenland ist – mit der Zeit unweigerlich abkühlen und schließlich erlöschen müsste. Die Sonne indessen war das Inbild der Beständigkeit. Es gab nicht den mindesten Anlass zu glauben, dass sie auf das Griechenland des Anaxagoras auch nur eine Spur weniger hell herniederschien, als sie auf das Land der ersten Pharaonen geschienen hatte.

Heutzutage ist selbstverständlich jedem klar, dass ein erwärmter Körper abkühlt, wenn die Wärme, die er abgibt, nicht ständig ersetzt wird. Gewöhnlich geschieht das durch Verfeuerung irgendwelchen Brennstoffs. Zum Beispiel braucht unser Ofen Holz oder Kohle, damit er uns an einem kalten Winterabend bullernd wärmt; wir brauchen eine geregelte Zufuhr von Kohlehydraten, um unsere Optimaltemperatur von 37 Celsiusgraden halten zu können. Aber dieses scheinbar intuitive Elementarwissen vom Verhalten erwärmter Körper wurde erst vor wenigen Jahrhunderten Gemeingut.

Die Frage, wieso die Sonne durch alle Zeitalter hindurch mit niemals nachlassender Kraft scheinen konnte, stellte erstmals Isaac Newton Anfang des 18. Jahrhunderts. Es war eine Frage, deren Horizont über unser Sonnensystem hinausreichte, denn zur Zeit Newtons hielt man die Sterne für weitere Sonnen. Begründer dieser Ansicht war im 16. Jahrhundert der italienische Philosoph Giordano Bruno, den die katholische Kirche als Ketzer auf dem Scheiterhaufen verbrennen ließ, weil er behauptet hatte, der einzige Unterschied zwischen der Sonne und den Sternen sei der, dass die Sterne ungeheuer weit weg seien. Newtons Frage regte andere Naturwissenschaftler zum Spekulieren über die Ursachen des Sonnen- und Sternenscheins an. Aber ein echter Fortschritt bei der Suche nach Antwort auf die Frage, woher diese Himmelkörper ihren

Brennstoff nahmen, war so lange nicht möglich, wie zwei andere Fragen noch offen waren: Wie groß ist die Sonne? und: Wie viel Wärme erzeugt sie?

Die jährliche Wärmeleistung der Sonne wurde erstmals von dem französischen Physiker Claude Pouillet Anfang des 19. Jahrhunderts gemessen, dann noch einmal von dem englischen Astronomen John Herschel, einem Spross jenes William Herschel, der 1781 mit der Entdeckung des Uranus, des ersten in der Antike noch unbekannten Planeten, für eine wissenschaftliche Sensation gesorgt hatte. Sohn John war ebenfalls nicht unbegabt. Er leistete bedeutende Beiträge zur fotografischen Technik – ihm ist die Einführung der Begriffe »Negativ« und »Positiv« zu danken – wie zur Astronomie. Im Jahr 1834 reiste er, begleitet von Frau und Kindern sowie zwei Teleskopen, zu Schiff ans Kap der Guten Hoffnung. In einem Gebiet, das heute ein hügeliger Vorort von Kapstadt ist, aber damals eine Insel inmitten einer von Flusspferden bevölkerten Sumpflandschaft war, errichtete er die erste größere Sternwarte der südlichen Hemisphäre. Im Lauf der nächsten vier Jahre erarbeitete er hier, um den Seefahrern das Navigieren zu erleichtern, die erste umfassende Sternkarte des Südhimmels. 1837, ein Jahr vor Abschluss dieser Mammutarbeit, fand er Zeit, sein Experiment zur Messung der Wärmeleistung der Sonne durchzuführen.

Nach Herschels Schätzung, die derjenigen Pouillets sehr nahe kam, reichte die jährlich von der Sonne auf der Erde eintreffende Wärmemenge aus, um eine Eisdecke von 31 Meter Dicke wegzuschmelzen. Dies ist eine etwas eigenartige Feststellung, deren eigentliche Bedeutung erst zutage tritt, wenn man sich klar macht, dass die Sonne etwa 150 Millionen Kilometer von uns entfernt ist und nicht nur die Erde bescheint, sondern ihre Strahlen in alle Richtungen aussendet. Mit anderen Worten: Die Sonne pumpt jährlich Wärme ins All, die ausreichen würde, um die 31 Meter dicke Schale einer Hohlkugel aus Eis mit einem Durchmesser von 300 Millionen Kilometern wegzuschmelzen. Diese Menge Eis entspricht in etwa dem Volumen von 500 Erdbällen. Und Jahr für Jahr könnte die Sonne dieses Quantum aus 150 Millionen Kilometer Entfernung wegschmelzen. Dass die Wärmeerzeugung unseres Zentralgestirns ein wahrhaft gigantisches Ausmaß haben musste, hatte nie jemand im Ernst bezweifelt. Die große Leistung von Herschel und Pouillet bestand jedoch darin, dass sie diese Überzeugung mit präzisen Zahlen unterfütterten. Jetzt konnte man sich ernsthaft an die Beantwortung der Frage machen, woher die Sonne ihre Energie bezog.

Die augenfälligste Energiequelle des 19. Jahrhunderts war die Kohle, der Motor der Industriellen Revolution. Längst war es allgemein bekannt, dass die Ausdehnung der Sonne mit der von Anaxagoras angenommenen Größe – »nicht viel größer als Griechenland« – viel zu niedrig angesetzt war. In Wirklichkeit betrug der Durchmesser der Sonne 1,4 Millionen Kilometer und ihr Volumen 1,3 Millionen Mal das Erdvolumen. Wie lange konnte also ein so großer Brocken Kohle – gewisslich die Mutter aller Kohlebrocken – mit der von Herschel und Pouillet geschätzten Wärmeleistung brennen? Ein junger deutscher Arzt namens Julius Robert Mayer nahm 1848 die einschlägigen Berechnungen vor und kam zu dem Ergebnis, dass selbst eine vollständig aus Kohle bestehende und in einer Atmosphäre von reinem Sauerstoff brennende Sonne nach nicht mehr als fünftausend Jahren ausgebrannt sein müsste. Das wäre selbst in den Augen von Bischof Ussher eine zu kurze Frist gewesen.

Keine Frage also, dass die Sonne aus einer Energiequelle schöpfte, die sehr viel potenter als Kohle und jeder andere gewöhnliche Brennstoff war. Aber was konnte das sein?

Unglaublich: Die Sonne schrumpft

Mayer zerbrach sich schon seit langem den Kopf über das Wesen der Wärme. Dabei war er zu dem Schluss gekommen, dass »chemische Energie« – d. i. die beim Verbrennen von Holz, Öl oder Kohle verbrauchte – nicht die einzige Form der Energie war, die sich in Wärmeenergie umwandeln ließ. Das ging mit jeder Art Energie. Zum Beispiel rührte er 1842 mit einer von einem Göpelpferd angetriebenen Maschine ein Fass Pappmaschee durch, und siehe da!, der Brei erwärmte sich dabei. Er hatte gezeigt, dass »mechanische Energie« in Wärme umgewandelt werden konnte. Weder chemische noch mechanische Energie hatten das Potenzial für das Energiereservoir der Sonne. Aber Mayer wartete mit einer anderen Art von Energie auf, die seiner Meinung nach die Anforderungen erfüllte: mit der Gravitationsenergie.

Gravitationsenergie ist jedem Körper in einem »Gravitationsfeld« eigen. Sie lässt sich in eine andere Energieform umwandeln, wenn der Körper unter der Einwirkung der Gravitationskraft fällt – wie jeder bestätigen wird, der schon einmal von einem herabstürzenden Dachziegel getroffen wurde. Herabstürzende Dachziegel mögen gar nicht so sehr weit entfernt von den Vorstellungen gewesen sein, die Mayer 1848 bei der Ausarbeitung seiner Hypothese anwandte, wie die Sonne Gravitationsenergie in Wärmeenergie umwandeln könnte. Statt herabstürzender Dachziegel schwebten Mayer allerdings herabstürzende Meteoriten vor Augen.

Meteoriten sind Gesteinsbrocken, die wie die Planeten die Sonne umkreisen und in der Regel spektakulär verglühen, wenn sie zufällig in die Erdatmosphäre eindringen. Würde ein Meteorit von der ungeheuren Anziehungskraft der Sonne eingefangen, würde er mit unablässig zunehmender Geschwindigkeit auf die »Oberfläche« des Zentralgestirns zustürzen. Aufschlagen würde er dann mit wirklich sehr hoher Geschwindigkeit, und seine gewaltige Bewegungsenergie würde in Wärmeenergie umgewandelt. Mayer stellte nun die These auf, dass ein unaufhörlicher heftiger Hagel von Meteoriten auf die Sonne niederging, was die Erklärung für die Konstanz der Sonnentemperatur sei. Die gleiche These vertrat im Jahr 1853 ein schottischer Hydrograf namens John James Waterston. Wie Mayer hatte sich Waterston klar gemacht, dass ein chemischer Brennstoff wie Kohle kläglich wenig Eignung als Energiereservoir der Sonne mitbrachte und dass als einzige Option noch die Gravitation übrig blieb. Allerdings hatte er Mayer übertrumpft, indem er der Sonne zweierlei Möglichkeiten konzedierte, Gravitationsenergie in Wärmeenergie umzuwandeln. Die eine bestand darin, aus dem Weltraum ringsum Meteoriten anzuziehen, so wie auch Mayer sich die Sache dachte; die andere war ein langsames Schrumpfen.

Bei Lichte besehen waren die »Meteoritenhypothese« und die »Kontraktionshypothese« nahe verwandt. Denn wenn die Sonne sich tatsächlich zusammenzog, bedeutete das für jedes ihrer Atome ein langsames Fallen unter dem Einfluss der Gravitationskraft. Statt einer kleinen Menge Meteoritenmaterie über eine lange Strecke fiel hier eine riesige Menge Materie – praktisch die gesamte Sonnenmasse – über eine kurze Strecke. Der Endeffekt wäre hier wie dort der gleiche: Gravitationsenergie wurde in Wärmeenergie umgewandelt. Das Elegante an der Kontraktionsidee lag darin, dass sie genau das Verhalten einer im Weltraum schwebenden heißen Gaskugel beschrieb. Jedes Quäntchen Gas einer solchen Kugel musste von der Gravitationskraft zum Zentrum hingezogen werden. Auf kurze Sicht wirkte dem der Gasdruck aus den heißesten Bereichen im Inneren entgegen. Doch je mehr Wärme die Kugel nach außen in den Weltraum abgab, desto mehr musste auch die Temperatur und damit der Gasdruck im inneren Bereich sinken.[1] Die stets präsente Gravitationskraft gewann dann die Oberhand, mit dem Effekt, dass die Gaskugel schrumpfte.

Eine langsam schrumpfende Sonne ist vielleicht eine nicht ganz so dramatische Vorstellung wie eine Sonne unter dem niemals abreißenden Bombenhagel von Meteoriten. Doch als Energiequelle konnte die Kontraktion es mit den Meteoriten durchaus aufnehmen. Nach Waterstons Berechnungen brauchte zur Erzeugung der von Herschel und Pouillet gemessenen Wärmeleistung der Durchmesser des Himmelskörpers nur um 280 Meter jährlich zu schrumpfen. Das war nur wenig mehr als ein Zehnmillionstel des Sonnendurchmessers und viel zu wenig, als dass es von der Erde aus zu bemerken gewesen wäre. Hätte hingegen die Sonne ihre Wärmeenergie aus Meteoriteneinschlägen bezogen, hätte sich dabei auf ihrer Oberfläche so viel Gesteinschutt angesammelt, dass ihr Durchmesser jährlich um zehn Meter zugenommen hätte.

Es waren hochspekulative Überlegungen, die Waterston und Mayer da angestellt hatten, und deshalb wurden sie von anderen Naturwissenschaftlern nicht ernst genommen. Dass keiner der beiden gute persönliche Beziehungen zu wissenschaftlichen Kreisen hatte, war auch nicht gerade ein Vorteil. Mayer war Mediziner und hatte sich eine Zeit lang als Schiffsarzt durchgeschlagen; Waterston hatte als Lehrer an einer Kadettenschule der East India Company in Bombay gearbeitet. Das Ausbleiben der Anerkennung für seine Arbeiten zur Wärmelehre und der Tod von zweien seiner Kinder im Jahr 1848 grämten Mayer so sehr, dass er einen Selbstmordversuch unternahm und sich aus dem Fenster stürzte. Er überlebte als Krüppel. Schließlich landete er auch noch in einer Irrenanstalt. Sieben Jahre vor seinem Tod indessen fanden seine bahnbrechenden Arbeiten doch noch die verdiente Anerkennung in Deutschland und auch in Großbritannien, wo er von der Royal Society geehrt wurde. Waterstons Leben verlief nicht so tragisch wie dasjenige Mayers. Aber er musste hinnehmen, dass seine wissenschaftlichen Studien zur Wärmelehre von der Royal Society abgelehnt wurden. Veröffentlicht wurden sie erst nach seinem Tod, zusammen mit einer Entschuldigung der Royal Society für ihr früheres Fehlurteil. Waterstons und Mayers Überlegungen zur Energiequelle der Sonne fanden keine besonders weite Verbreitung. Und wahrscheinlich wären sie heute völlig vergessen, wären nicht zwei der größten Physiker des 19. Jahrhunderts auf sie aufmerksam geworden: Hermann von Helmholtz und William Thomson.

Das Alter der Erde

Der Name William Thomson steht für einen der höchstgeehrten britischen Naturwissenschaftler aller Zeiten. Sein Träger wurde fünfmal in Folge zum Präsidenten der Royal Society gewählt. Für seine Verdienste um die Verlegung des ersten transatlantischen Telegrafenkabels durch die »Great Eastern« wurde er 1866 von Königin Victoria zum Ritter geschlagen. Im Jahr 1892 erhielt er den Titel Lord Kelvin. Unter diesem Namen kennt man ihn heute am besten, in erster Linie aufgrund der von ihm 1848 aufgestellten Skala der »absoluten« Temperatur, die ihm zu Ehren als Kelvinskala bezeichnet wird.

Kelvin war ein ungemein fruchtbarer Erfinder, der Dutzende von technischen Geräten patentieren ließ, zum Beispiel das Spiegelgalvanometer und den Heberschreiber zum Registrieren schwacher telegrafischer Signale, die eine Wanderung von Tausenden Meilen über den Boden des Atlantiks hinter sich hatten. Als Forscher nicht minder produktiv, veröffentlichte er im Lauf seines Lebens über sechshundert wissenschaftliche Aufsätze und Bücher; das Themenspektrum reichte von Wärme bis zu Elektrizität und Magnetismus, von der Ursache der Gezeiten bis zum Alter der Erde und der Sonne. Wie alt die Sonne war, so erkannte Kelvin, war letztlich eine Frage ihrer Energiequelle. Also begann er darüber nachzudenken, woher die Sonne ihre Energie bezog.

Kelvin rätselte bereits seit zwei Jahren über diese Frage, als er 1854 auf einen Aufsatz stieß, in dem Waterston seine Meteoritentheorie der Sonnenenergie darlegte. Er machte sich den Gedanken sofort zu eigen und begann, auf wissenschaftlichen Tagungen für ihn zu werben. Aber zu seiner großen Enttäuschung wollte sich von nirgendwoher Beobachtungsmaterial einstellen, das als Beleg für die Meteoritentheorie hätte interpretiert werden können. In der Zeit bis 1862 hatten sich Kelvin deren Mängel nur zu deutlich gezeigt. Nach seinen Berechnungen entsprach die Gesamtmasse der Meteoriten, die nötig waren, um die Sonne auch nur für die relativ kurze Periode von dreitausend Jahren am Brennen zu halten, ungefähr einem Fünftausendstel der Sonnenmasse. Falls ein solch gewaltiges Reservoir von interplanetarischem Gesteinsschutt tatsächlich existierte, musste es die Sonne in geringerem Abstand als die Erde umlaufen, weil es sonst zu Kollisionen der abstürzenden Meteoriten mit der Erde gekommen wäre. Mit dieser Masse auf einer Umlaufbahn zwischen Erde und Sonne müsste jedoch die Umlaufgeschwindigkeit der Erde und damit die Länge des Erdjahres eine andere sein.

Außerdem müsste der Gesteinsschutt mit seiner Massenanziehungskraft die Planeten Merkur und Venus auf ihrer Bahn stören oder, falls seine Bahn dafür zu nahe bei der Sonne verlief, nahe an der Sonne vorbeifliegende Kometen ablenken. Aber weder der Merkur noch die infrage kommenden Kometen ließen in ihrem Verhalten einen derartigen Einfluss erkennen. Kelvin musste sich zu seinem Bedauern der Einsicht beugen, dass es einfach nicht genug Meteoritenmasse innerhalb der Umlaufbahn der Erde gab, die als Quelle für Solarenergie dienen konnte.

Nachdem die Möglichkeit der Aufheizung durch Meteoriteneinschlag ausgeschieden war, kam Kelvin zu der Überzeugung, dass Kontraktion der Sonne die Energie lieferte. Zu diesem Ergebnis war Jahre zuvor auch der deutsche Physiker Hermann von Helmholtz gekommen, der wie Kelvin einer der vielseitigsten Naturwissenschaftler des 19. Jahrhunderts war. Der ehemalige Militärarzt beim preußischen Heer erfand als Professor der Physiologie 1850 unabhängig von Charles Babbage das Ophthalmoskop (Augenspiegel) und wandte sich mit fünfzig 1871 von der Physiologie der Physik zu. Er maß als Erster die Geschwindigkeit der Nervenimpulse, leistete Pionierarbeit auf dem Gebiet der Physiologie des Ohres und der Natur des Hörens. Bekannt ist Helmholtz heute vor allem deswegen, weil er noch klarer als Mayer das Prinzip der »Erhaltung der Energie« formuliert hat, nämlich: Energie kann weder erzeugt noch vernichtet werden, sondern nur von einer Form in eine andere übergehen. Die Beschäftigung mit dieser Materie führte ihn zu der Frage, was für eine Art von Energie die Sonne in Wärme umwandelte.

Mit der Kontraktionstheorie machte Helmholtz 1853 auf dem Jahrestreffen der British Association for the Advancement of Science Bekanntschaft, wo Waterston einen Vortrag über das Thema hielt. Er war sofort eingenommen von der Idee, was nicht zuletzt mit seiner Überzeugung zu tun hatte, dass unser ganzes Sonnensystem – die Sonne samt den Planeten – aus einer Art »Nebel« von interstellaren Gasen entstanden sei, der sich infolge der gegenseitigen Anziehung seiner Teilchen zusammengezogen hatte. Konnte man sich etwas Ökonomischeres denken, als dass dieser Kontraktionsprozess immer noch im Gang war und dafür sorgte, dass die Sonne schien? Eines war sowohl Helmholtz wie Kelvin dabei klar: Wenn die Kontraktionshypothese zutraf, konnte die Sonne die Erde nicht in alle Ewigkeit bescheinen. War das Zentralgestirn erst einmal auf Nadelstichgröße geschrumpft, war auch keine Gravitationsenergie zum Umformen mehr da.

Für Kelvin war die Sonne in ihrer gegenwärtigen Größe das Schrumpfprodukt einer riesigen »Nebel«wolke. Bei dem Kontraktionsprozess mussten gewaltige Mengen Gravitationsenergie in schiere Hitze umgeformt worden sein – hundertmillionenmal das Quantum, das die Sonne alljährlich in den Weltraum abstrahlte. »Die Wahrscheinlichkeit spricht demnach offensichtlich dafür, dass die Sonne die Erde noch keine hundert Millionen Jahre bescheint; dass sie es nicht seit fünfhundert Millionen Jahren tut, ist so gut wie sicher«, folgerte Kelvin. Diese Zahlen für das mögliche Alter der Sonne fand Kelvin bestätigt durch die Schätzung des Alters der Erde, die er im selben Jahr anstellte. Er ging davon aus, dass die Erde ihr Dasein als eine weiß glühende Masse aus Gestein begonnen hatte und seither unaufhaltsam abkühlte. Aufgrund der ihm bekannten Abkühlungsrate der Erde (des Wärmestroms aus dem Erdinneren nach außen, der sich anhand von Temperaturmessungen in

Bergwerksstollen und tiefen Brunnenschächten schätzen ließ) errechnete Kelvin, wie viel Zeit vergangen war, seit die Erde in ihrem Abkühlungsprozess die Temperatur erreicht hatte, die sie bewohnbar machte.

Er kam auf zweihundert Millionen Jahre. Und da die Erde nicht bewohnbar gewesen wäre ohne ständige Sonneneinstrahlung, musste die Sonne mindestens ebenso alt sein. Später revidierte Kelvin diese Schätzung und setzte in Anbetracht gewisser Unsicherheiten in seiner Berechnung das Alter der Sonne auf dreißig Millionen Jahre herab. Dreißig Millionen Jahre, das war zwar schon erheblich weniger als zweihundert Millionen, aber immer noch eine unvorstellbar lange Zeit – mehr konnte eigentlich niemand verlangen.

Niemand außer den Geologen, wie sich herausstellen sollte.

Die Uhr im Stein

Im 18. Jahrhundert hatten es Menschen zum allerersten Mal unternommen, das Alter der Erde anhand wissenschaftlicher Beobachtungen und nicht aufgrund irgendwelcher Angaben in heiligen Schriften zu schätzen. Diese Menschen – die ersten Geologen – hatten überwältigendes Beweismaterial dafür gefunden, dass die Naturkräfte, die das heutige Antlitz des Planeten prägten, ihr Werk über unermessliche Zeiträume hinweg verrichtet hatten.

So fand man zum Beispiel auf dem höchsten Gipfel von Madeira, einer vulkanischen Atlantikinsel im Nordwesten von Afrika, überall die Überreste von Meeresmuscheln. Plausibel zu erklären war das einzig damit, dass der Gipfel sein Dasein unter dem Meeresspiegel begonnen hatte und dann von gewaltigen Kräften aus dem Erdinneren himmelwärts gehoben worden war, bis er schließlich mehr als eintausendachthundert Meter hoch über dem Atlantik aufragte. Da Bewegungen der Erdkruste im Allgemeinen so langsam vor sich gehen, dass sie innerhalb der Spanne eines Menschenlebens nicht zu bemerken sind, folgerten die Geologen, dass der Aufstieg Madeiras aus den Fluten viele Jahrmillionen gedauert haben müsse.

Die Zeitspanne, die nötig ist, eine vulkanische Insel wie Madeira aus dem Meer zu stemmen, wird jedoch ganz unbedeutend, wenn man sie mit der Zeit vergleicht, die manche weit verbreiteten Gesteinsarten wie etwa Sandstein oder Schiefer zu ihrer Entstehung brauchten. Nahm man diese Gesteinsarten genauer unter die Lupe, so zeigte sich, dass sie aus zahllosen winzigen, zu einer festen Masse zusammengebackenen Körnchen bestanden. Zu dieser Struktur konnte es gekommen sein, wenn die Körnchen sich aus Wasser abgelagert (»sedimentiert«) hatten – vielleicht auf dem Grund eines urzeitlichen Sees oder Meeres. Unter dem spärlich, aber stetig von oben herabsinkenden Körnchengeträufel müsste die Sedimentschicht höher und höher geworden sein, bis die zuunterst liegenden Körnchen durch den Druck der über ihnen lagernden Massen miteinander verbunden wurden.

Wenn Gesteinsarten wie Sandstein oder Schiefer tatsächlich durch »Sedimentierung«, das heißt durch diese quälend langsame Ablagerung enstanden waren, dann lag darin die Erklärung für ihren Aufbau in Lagen oder Schichten. Erklärt war damit auch, warum in diesem Gestein gelegentlich Fossilien von ausgestorbenen Tieren gefunden wurden. Die Kadaver der in Urmeeren verendeten Tiere waren auf den Grund gesunken, wo sie langsam, langsam unterm Sediment begraben wurden und zuletzt versteinerten. Ein ähnliches Los hatte die Kadaver von Tieren erwartet, die an Land verendet und von fließenden Gewässern in einen See oder ins Meer getragen worden waren. Wenn dieses Szenario der Entstehung von Sedimentgestein den Tatsachen entsprach, dann stand den Geologen eine primitive »Uhr« zur Verfügung, mit deren Hilfe sie eine Datierung vornehmen konnten. Man brauchte nur da, wo die Sedimentärschichten zutage traten – zum Beispiel an den nackten Felswänden von Steilküsten –, die Dicke der gesamten Schichtung zu messen. Sobald das Tempo bekannt war, in dem die Ablagerung in der fernen Vergangenheit vonstatten gegangen war, konnte man abschätzen, wie lange der ganze Vorgang von Anfang bis Ende gedauert hatte.

Der Haken war natürlich, dass niemand über die Ablagerungsrate von Sedimentärschichten in grauer Urzeit Bescheid wusste. Das Tempo hing von allen möglichen unbekannten Faktoren ab, zum Beispiel davon, wie schnell »gewachsene« Felsenhügel und -gebirge durch Witterungseinflüsse und Pflanzenwurzeln zu Staub zerfressen wurden. Schließlich war dieser Gesteinsstaub, der vom Regen fortgespült und von Flüssen und Strömen fortgetragen wurde, die

Hauptquelle des Sediments, das sich im Wasser der Seen und Meere verteilte. Den Geologen blieb nur eine Möglichkeit: Sie legten ihren Berechnungen die Annahme zugrunde, dass die Ablagerung immer schon im selben Tempo vonstatten gegangen war wie heute die Verschlammung von Flussmündungen, zum Beispiel im Nildelta. Daraus folgte logischerweise die Frage: Wie lange würde der Nil brauchen, um eine Sedimentärschicht so hoch wie, sagen wir, der Französische Jura anzuschwemmen?

Die Geologen rechneten, und die Rechnungen ergaben, dass die Entstehung der Sedimentgesteine auf der Erde zweihundert Millionen Jahre gedauert haben musste. Und da Sedimentgestein seiner Natur nach sozusagen nur die Zweitverwertung von älterem Felsgestein ist, musste die Erde noch viel älter sein. Wenn man annahm, dass die Entstehung dieses vorsedimentären Gesteins ebenso lange gedauert hatte wie die des Sedimentgesteins, kam man leicht auf eine Zahl von vierhundert Millionen Jahren für das Alter der Erde. Das war über zehnmal mehr, als Kelvin der Sonne als Mindestalter zugebilligt hatte.

Die Geologen waren nicht als Einzige darauf gekommen, dass man für die natürlichen Prozesse, die das Antlitz der Erde gestaltet hatten, schier unermessliche Zeiträume veranschlagen muss. Zum gleichen Schluss war man – unabhängig von den Geologen – in der Biologie gelangt. Im Jahr 1859 veröffentlichte Charles Darwin sein Epoche machendes Werk *Die Entstehung der Arten*, in dem er die Theorie der Evolution durch natürliche Selektion vortrug. Kern der Evolutionstheorie war die These, dass in dem wütenden Kampf um die knappen Nahrungsressourcen in jeder Population die den Umweltbedingungen am besten angepassten Individuen allemal die besseren Überlebens- und Fortpflanzungschancen hatten als die weniger angepassten. Dieses bestechend einfache Naturgesetz sorgte bei den einzelnen Populationen von Lebewesen auf Dauer gesehen für einen fortwährenden Wandel, eine »Evolution«. Beweiskräftige Zeugnisse für eine solche Evolution ließen sich in der lebendigen Natur beobachten, lagen aber auch in den im Sedimentgestein erhaltenen Fossilien vor.

Aber auch die Darwinsche Evolution war ein quälend langsamer Prozess. Damit sich aus einem irgendwann in der fernsten Vergangenheit auf den Plan getretenen primitiven gemeinsamen Urahn die phänomenale Vielfalt der Lebewesen, die heute die Erde bevölkerten, entwickeln konnte, hatte die natürliche Selektion über große Zeiträume hinweg ihre Arbeit verrichten müssen – Zeiträume von Hunderten, wenn nicht Tausenden Millionen Jahren. In diesem Punkt waren sich Geologen und Biologen vollkommen einig. Doch die Geologie war keine exakte Wissenschaft und die Evolutionstheorie ein Gegenstand heftiger, auch giftiger Debatten. Die von Physikern aufgestellten thermodynamischen Gesetze hingegen waren erprobt und bewährt. Mehr noch: Sie bewährten sich jeden Tag von neuem in Zehntausenden Dampfmaschinen. Und sie waren es, auf die Kelvin sich bei seiner Schätzung des Alters von Erde und Sonne gestützt hatte.

Wenn die Geologen und die Biologen von ihrer Meinung, dass die Erde Hunderte Millionen Jahre, vielleicht sogar Milliarden Jahre alt sei, nicht abrücken wollten, dann, bitte sehr, sollten sie sich auch einer lästigen, aber bei dieser Position unausweichlichen Frage stellen, nämlich: Welches denkbare Energiereservoir konnte die Sonne so lange am Brennen gehalten haben? Kelvin blieb eisern dabei, dass die ergiebigste Energiequelle überhaupt, die Gravitation, die Sonne höchstenfalls dreißig Millionen Jahre versorgt haben konnte. »Was die Zukunft angeht«, schrieb er 1862, »so können wir mit Sicherheit sagen, dass die Erdbewohner sich ihrer Lebensbedingungen Licht und Wärme nicht viele Millionen Jahre länger werden erfreuen können, es sei denn, im großen Lagerhaus der Schöpfung lägen andere, derzeit noch unbekannte Ressourcen für uns bereit.« Ein prophetischer Vorbehalt, wie sich zeigen sollte. Die noch unbekannte Ressource gab es ganz ohne Frage. An einem trüben Sonntag des Jahres 1896 wurde sie von Henri Becquerel entdeckt, und von Marie Curie erhielt sie den Namen Radioaktivität.

Die zerfallende Sonne

Nach Becquerels Entdeckung dauerte es nur wenige Jahre, bis Ernest Rutherford und Frederick Soddy die gemütliche Welt der Physik des 19. Jahrhunderts in die Luft sprengten und die zweitausend Jahre alte Vorstellung von der Unauflöslichkeit der Atome auf den Kehrichthaufen der Geschichte beförderten. Bei dem Vorgang des radioaktiven Zerfalls konnten sich Atome in andere Atome verwandeln und dabei unvorstellbare Energie entfesseln.

Niemand hatte auch nur den Schimmer einer Idee, wo diese Energie herkam. Aber nachdem Pierre Curie und Albert Laborde erst einmal die gewaltige Energie gemessen hatten, die in einem Bröckchen Radium gespeichert war, konnte es nicht mehr ausbleiben, dass jemand eine Verbindungslinie von der Radioaktivität zu der geheimnisvollen Wärmequelle der Sonne zog. Es waren sogar zwei Personen, die das taten: der irische Geologe John Joly und der Astronom George Darwin, der Sohn des Begründers der Evolutionstheorie.

George Darwin war aus dem Schatten seines berühmten Vaters herausgetreten mit einer Theorie über die Entstehung des Mondes aus geschmolzenen Material, das die schnelle rotierende Erde ausstieß. Joly hatte sich einen Namen gemacht, als er aufgrund von Berechnungen über die Sedimentgesteinsbildung und über die Versalzung des Meerwassers das Alter der Erde auf ungefähr hundert Millionen Jahre schätzte. Als Wegbereiter der Anwendung des Radiums zur Krebsbehandlung sollte er auch zum Fortschritt der Medizin einen bedeutenden Beitrag leisten. 1903 stellten Joly und Darwin unabhängig voneinander die These auf, dass die Radioaktivität der Sonne die Energie lieferte. Wenn dem so war, konnte die Sonne schon sehr viel länger als dreißig Millionen Jahre scheinen. Diese Möglichkeit hatte für Darwin einen besonderen Reiz. Konnte er doch mit dem Nachweis, dass die Evolution reichlich Zeit gehabt hatte, ihr Wunderwerk zu verrichten, die schärfsten Kritiker seines Vaters entwaffnen. Das Wärmepotenzial der Radioaktivität hatte Joly und Darwin enorm beeindruckt. Beide hielten es für wahrscheinlich, dass diese Eigenschaft auch für den flüssigen Zustand des Erdkerns verantwortlich war. Als im folgenden Jahr Rutherford und Soddy eine Schätzung der von allem uran- und thoriumhaltigen Gestein der Erde insgesamt erzeugten Wärme vornahmen und dabei zu dem Ergebnis kamen, dass der Globus möglicherweise in Erwärmung begriffen war und nicht in Abkühlung, wie Kelvin angenommen hatte, erhielt diese Theorie gewaltigen Auftrieb.

Der Globus war nicht in Erwärmung begriffen. Rutherford und Soddy hatten die Auswirkung der natürlichen Radioaktivität überschätzt. Nichtsdestoweniger hatten sie nachgewiesen, dass die Wärmeenergie, die beim radioaktiven Zerfall entstand, bequem ausreicht, um Erdgestein zu verflüssigen. In der Geologie ist man heute einer Meinung mit Joly und Darwin. Allen Anzeichen nach geht die Temperatur im Erdinneren zu einem großen Teil auf das Konto natürlicher Radioaktivität – insbesondere der Radioaktivität von Gesteinsarten, die Uran, Thorium oder Calcium enthalten.

Aus den Berechnungen Rutherfords und Soddys ging hervor, dass die von der natürlichen Radioaktivität des Globus erzeugte Wärme zumindest das Abkühlen des Planeten verlangsamen musste. Das hatte schwer wiegende Konsequenzen für Kelvins Schätzung des Erdalters. Denn wenn der Planet langsamer abkühlte, als man bisher angenommen hatte, musste die Erde schon länger als dreißig Millionen Jahre bewohnbar sein. Ähnliches galt für die Sonne. Wenn sie ihre Energie tatsächlich aus radioaktiven Zerfallsprozessen bezog, konnte sie schon seit Hunderten Millionen, wenn nicht seit Milliarden Jahren mit unverminderter Kraft vom Himmel herabscheinen. Oder, wie Rutherford und Soddy 1903 konstatierten: »Was die Sonnenenergie in Gang hält, ist in dem Augenblick kein fundamentales Problem mehr, in dem man davon ausgeht, dass dafür die inneren Energien der Elemente, aus denen sie besteht, zur Verfügung stehen – das heißt, wenn subatomare Umwandlungsprozesse ablaufen.«

Diese Möglichkeit war von dem namhaften amerikanischen Geologen Thomas Chamberlain sogar schon vier Jahre vorher vorgeschlagen worden. »Haben wir gegenwärtig eine ausreichende Kenntnis von dem Verhalten von Materie unter so außergewöhnlichen Bedingungen, wie sie im Inneren der Sonne vorherrschen, um mit Fug und Recht sagen zu können, dass dort keine uns noch unbekannten Wärmequellen existieren?«, fragte Chamberlain 1899. »Der innere Aufbau der Atome ist ein noch ungelöstes Rätsel. Es ist nicht unwahrscheinlich, dass sie komplexe Gebilde sind, in denen gewaltige Energien lagern.« Dies war äußerst hellsichtig! Lag doch, als Chamberlain diese Worte niederschrieb, Curies und Labordes Messung der beim radioaktiven Verfall freigesetzten phänomenalen Energiebeträge noch vier Jahre entfernt in der Zukunft, desgleichen Rutherfords und Soddys Entdeckung, dass die Energieabgabe eine Begleiterscheinung heftiger Erschütterungen im Inneren der

Atome war. Genaueres konnte Chamberlain verständlicherweise noch nicht sagen. Da waren Joly und Darwin schon sehr viel präziser. Sie konnten auf ein reales Phänomen im atomaren Bereich verweisen: die Umwandlung schwerer Atome in leichtere durch radioaktiven Zerfall.

Im Jahr 1903 schien der Gedanke einer radioaktiv zerfallenden Sonne ungemein einleuchtend. Die Idee war hauptsächlich deswegen entwickelt worden, um ein höheres Alter von Erde und Sonne zu begründen. Das war nur notwendig, wenn die Geologen und die Biologen Recht hatten mit ihrer Annahme, dass die Erde ungeheuer alt sei. Bislang gab es dafür noch keinen definitiven Beweis. Doch er war schon zum Greifen nah. Es lieferten ihn nicht die Geologen und Biologen, sondern die Physiker. Und der Zeitmesser, den sie benutzten, war die Radioaktivität selbst.

Das wahre Alter der Erde

Die Erkenntnis, dass radioaktive Atome nicht nur »Hort gewaltiger Energien« waren, sondern auch als Chronometer, als »Uhr« für die Altersbestimmung der Erde, benutzt werden konnten, leitete sich in direkter Linie von einer Entdeckung her, die Rutherford im Jahr 1903 gemacht hatte. Während der gemeinsamen Arbeit mit Soddy in Montreal hatte Rutherford bemerkt, dass die Radioaktivität eines von dem Element Thorium ausgeschiedenen Gases in ganz charakterischer Weise abklang: Nach ungefähr einer Minute war die Radioaktivität einer Probe »Thoriumemanation« nur noch halb so stark wie zuvor, nach zwei Minuten betrug sie nur noch ein Viertel, nach drei Minuten ein Achtel des Ausgangswerts usw. Rutherford fand bald heraus, dass die Radioaktivität anderer Elemente in frappant ähnlicher Weise abnahm. Der einzige Unterschied bestand in dem Tempo, mit dem sich der Ausgangswert der Radioaktivität jeweils auf die Hälfte verringerte. Jedes Element hatte seine eigene, charakteristische »Halbwertszeit« (ein von Rutherford geprägter Begriff). Nach einer Halbwertszeit war die Radioaktivität der Probe auf die Hälfte, nach zwei Halbwertszeiten auf die Hälfte der Hälfte, nach dreien auf die Hälfte der Hälfte der Hälfte des anfänglichen Werts zurückgegangen usw.

Die Halbwertszeit der – heute unter dem Namen Radon bekannten – Thoriumemanation war, da sie bei etwa einer Minute lag, im Labor leicht zu messen gewesen. Die Halbwertszeiten anderer Elemente indessen schwankten zwischen Sekundenbruchteilen und mehreren Milliarden Jahren. Beim Radium betrug sie 1620 Jahre, beim Uran viereinhalb Milliarden Jahre. Rutherford kam dann der Gedanke, dass der stetige Zerfall radioaktiver Atome vielleicht als Zeitmesser, als »Uhr« für die Altersbestimmung von Gestein genutzt werden könnte. Er überlegte sich, dass die radioaktiven Atome im Gestein zu zerfallen begannen, sobald es entstanden war. Jahraus, jahrein eine ununterbrochene Folge winziger Atomexplosionen tief da drinnen. Je älter das Gestein, desto größer die Zahl der vom Zerfall betroffenen Atome.

Diese Zahl zu bestimmen, war mit den technischen Hilfsmitteln der Zeit nicht möglich. Aber 1905 verfiel Rutherford auf ein Ersatzverfahren, das auf jedes Gestein mit einem leidlich hohen Urangehalt anwendbar war. Es beruhte auf dem Umstand, dass bei jedem Zerfall eines Atoms – einerlei ob eines Uranatoms oder eines der die Uranatome stets begleitenden Radiumatome – ein Alpha-Teilchen ausgestoßen wurde. Da Alpha-Teilchen im Wesentlichen Heliumatome waren, musste sich im Verlauf des Zerfallsprozesses in dem Gestein immer mehr Helium ansammeln. Die Gesamtmenge des in dem Uranmineral seit seiner Entstehung akkumulierten Heliums gab also eine brauchbare Auskunft über die Zahl der zerfallenen Atome, die ihrerseits Auskunft über das Alter des betreffenden Minerals gab. Aufgrund seiner enorm langen Halbwertszeit war Uran das ideale Chronometer für die Altersbestimmung von möglicherweise Hunderte Millionen Jahre altem Gestein.

Selbstverständlich konnte dieses Verfahren zur radioaktiven Altersbestimmung nur dann funktionieren, wenn die Heliumatome sich tatsächlich in den Poren und Rissen des Uranminerals ansammelten und nicht in die Luft entwichen. Ein Indiz dafür, dass dies der Fall war, lag darin vor, dass William Ramsay seine Entdeckung des Heliums an einer Uranverbindung, dem Mineral Cleveit, gemacht hatte. Ramsays Entdeckung des Edelgases ging Becquerels Entdeckung der Uranstrahlung ein Jahr voraus, so dass zum fraglichen Zeitpunkt niemand zu erkennen vermochte, was es bedeutete, ausgerechnet in einem uranhaltigen Mineral Helium zu finden. Rutherford wandte sein Altersbestimmungsverfahren erstmals im Jahr 1906 an. Er entzog den Proben zweier Uranmineralien – Fergusonit und Uranglimmer – durch Erhitzen das in ihnen enthaltene Helium und maß dann sehr sorgfältig die Menge des so gewonnenen Gases.

Schon vorher hatte Rutherford die Menge des Heliums ermittelt, die der Uran- und der Radiumanteil seiner Proben jährlich erzeugten. Er ging davon aus, dass konstant über Jahrmillionen Helium produziert worden war – was zwar nicht genau, aber in etwa zutraf –, und so konnte Rutherford nun berechnen, vor wie langer Zeit seine Proben mit der Produktion begonnen haben mussten, um das gemessene Quantum zu erzeugen. Er kam zu einem erregenden Resultat: Jede der zwei Proben war mindestens fünfhundert Millionen Jahre alt. Das Untersuchungsergebnis stärkte die Position der Geologen, aber das Untersuchungsverfahren hatte einen schwer wiegenden Mangel. Es war so gut wie sicher, dass ein Teil des durch Radioaktivität im Gestein erzeugten Heliums längst in die Luft entwichen war. Zur Beschaffung zuverlässigerer Daten war ein Verfahren vonnöten, bei dem dieses Problem nicht auftrat. Eine solche Methode hatte Rutherford 1905 sogar schon vorgeschlagen. Ihr Kernstück war die Messung nicht der Helium-, sondern der Bleimenge in einem Uranmineral.

Theoretische Basis der »Bleimethode« war die Annahme, dass Blei das (nichtradioaktive und damit stabile) Endprodukt des über mehrere (ihrerseits wieder radioaktive, also instabile) Zwischenstufen führenden Uranzerfalls ist. Wenn dem so war, musste in Uranmineralien der Bleigehalt mit der Zeit zunehmen und der Urangehalt abnehmen. Das quantitative Verhältnis zwischen Blei- und Urangehalt wäre also ein Maßstab für das Alter des jeweiligen Minerals. Geringer Bleigehalt bei hohem Urangehalt wäre dann kennzeichnend für ein junges, hoher Bleigehalt bei geringem Urangehalt kennzeichnend für ein altes Mineral. Der überwältigende Vorteil der Bleimethode lag darin, dass Blei, war es im Uranmineral erst einmal entstanden, »ortsfest« blieb; es konnte nicht in die Luft entweichen und vom nächstbesten Windhauch davongetragen werden wie Helium. Als Erster griff ein amerikanischer Physiker namens Bertram Boltwood Rutherfords Anregung auf und wandte die Bleimethode praktisch an. Boltwood hatte bereits Rutherfords

Vermutung, dass Blei das Endprodukt der Uranzerfallskette sei, als zutreffend nachgewiesen. 1907 nun bestimmte er das Verhältnis des Bleigehalts zum Urangehalt in fast einem Dutzend Gesteinsarten. Die jüngste davon, aus Connecticut, war, wie sich zeigte, 410 Millionen Jahre alt, die älteste, aus Ceylon, staunenswerte 2,2 Milliarden Jahre.

Im Jahr 1929 kam Rutherford dann aufgrund einer ausgefeilteren Altersbestimmungsmethode zu dem Ergebnis, dass die Erde sich vor mindestens vier Milliarden Jahren gebildet haben müsse. Spätere Untersuchungen der Radioaktivität in Erdgestein und Meteoriten sollten die Geburt der Erde und der Sonne auf einen Zeitpunkt vor 4,6 Milliarden Jahren datieren. Danach war jeder Zweifel ausgeschlossen: Das Alter der Erde und logischerweise also auch das der Sonne zählte nicht nach Millionen oder Dekaden von Millionen, sondern nach Milliarden Jahren. Der Physiker Kelvin lag falsch, die Geologen und Biologen lagen richtig. Ironie der Geschichte: Physiker hatten den definitiven Beweis dafür erbracht.

Warum Kelvin so weit danebengriff, hatte Chamberlain faktisch schon 1899 erklärt. »Die Faszinationskraft einer streng mathematischen Beweisführung mit ihrer Aura von Exaktheit und Eleganz darf uns nicht blind machen für Fehler in den Prämissen, auf denen die ganze Konstruktion gründet«, schrieb er. »Es gibt wohl keinen tückischeren und gefährlicheren Trug als eine ausgefeilte und elegante mathematische Beweisführung, die auf ungesicherten Prämissen aufbaut.« Mit einem Wort: Berechnungen taugen nur so viel wie die Annahmen, auf die sie sich stützen. Und Kelvins Annahmen waren laut Chamberlain keinen Pfifferling wert.

Denn, so stellte Chamberlain klar, es existierte nicht der Schatten eines Beweises dafür, dass die Erde am Anfang eine Kugel aus weißglühendem flüssigen Gestein gewesen war. Und was die Sonne anging, so gab es nichts, was Kelvin zu der Auffassung berechtigt hätte, dass in einem von den Gegebenheiten auf der Erde so weit abweichenden Milieu, dem Inneren der Sonne, Materie sich genauso verhalten würde wie auf der Erde. Ebendiese kritische Sicht führte Chamberlain zu der hellsichtigen Bemerkung, dass es im Inneren der Sonne noch unbekannte Energiequellen geben könnte, die möglicherweise etwas mit dem Aufbau der Atome selbst zu tun hätten.

Als Becquerel seine Fotoplatte entwickelte und auf dem durch Überbelichtung geschwärzten Grund das verblüffende weiße Kreuz erblickte, lag ihm nichts ferner als der Gedanke, dass seine Entdeckung schließlich eine Streitfrage klären würde, die Gegenstand einer der erbittertsten Kontroversen seiner Zeit war. Doch genau so war es. Die Radioaktivität lieferte den abschließenden Beweis, dass die Sonne in Wahrheit mehrere Milliarden Jahre alt war. Und nur eine gleichermaßen hoch konzentrierte Energiequelle wie die Radioaktivität konnte die Sonne instand setzen, Milliarden Jahre lang zu scheinen. In der Tat sprachen nun die besten Argumente für eine Sonne, die ihre Energie aus Radioaktivität bezog. Aber gab es denn auf der Sonne überhaupt radioaktive Elemente? Hatten wir dafür irgendeinen Beweis? Wie wollten wir in dieser Hinsicht Klarheit schaffen, wo doch niemand jemals zu unserem Zentralgestirn reisen und eine Probe der Sonnenmaterie zu Untersuchungszwecken mit nach Hause bringen konnte? Interessanterweise gab es trotzdem eine Möglichkeit, hier Klarheit zu schaffen. Sie ergab sich aus einer Entdeckung, die der deutsche Physiker und Glasschneider Joseph von Fraunhofer ein Jahrhundert zuvor gemacht hatte.

DAS SCHIMMERN DER STERNE UND DIE FOLGERUNGEN

Wie wir entdeckten, dass Sonne und Sterne aus denselben Atomen bestehen, wie sie auf der Erde vorkommen, dass aber nicht der Atomzerfall die Energiequelle der Sonne sein kann

Auf gar keinen Fall werden wir jemals imstande sein, die chemische Zusammensetzung oder den mineralogischen Aufbau der Sterne zu untersuchen.
Auguste Comte

Die bemerkenswerteste Entdeckung der ganzen Astronomie ist, dass die Sterne aus Atomen von der gleichen Art wie die auf der Erde bestehen.
Richard Feynman

Joseph von Fraunhofer wurde 1787 im bayerischen Straubing als armer Leute Kind geboren (der persönliche Adel wurde ihm erst im 37. Lebensjahr für seine wissenschaftlichen Verdienste verliehen). Beim Tod seiner Eltern war er Lehrling in einer Linsenschleiferei in München und hatte für den Rest seines Arbeitslebens die öde Plackerei des Glasschleifens vor sich. Doch im Jahr 1808 nahm sein Schicksal durch einen ungewöhnlichen Zufall, der ihm Glück im Unglück brachte, eine dramatische Wende. Während er über die Werkbank gebeugt eifrig an einem Brillenglas schliff, stürzte mit einem grässlichen Ächzen unversehens das Werkstattdach ein und begrub ihn unter sich. Als Fraunhofer von Kopf bis Fuß mit weißem Mörtelstaub bedeckt aus dem Schutt hervorkroch, waren die Besitzer des Betriebs so erstaunt und erleichtert über sein wie durch ein Wunder bewirktes Überleben, dass sie ihm die Hand schüttelten, auf den Rücken klopften und zur Entschädigung für den Schrecken ein ansehnliches Geldgeschenk machten.

Dieser bemerkenswerte Akt der Großzügigkeit hatte in Fraunhofers Leben mancherlei hocherfreuliche Dinge zur Folge. Er festigte seine Stellung im Betrieb, und zwar so sehr, dass er 1811, erst vierundzwanzigjährig, zum Betriebsleiter ernannt wurde. Noch wichtiger war indessen, dass er Fraunhofer die finanzielle Unabhängigkeit und die Freiheit verschaffte, optische Experimente nach seinen eigenen Vorstellungen durchzuführen – Experimente, die ihm einen dauerhaften Platz in den Annalen der Wissenschaft einbrachten.

Fraunhofers Ehrgeiz als Optiker zielte auf die Vervollkommnung einer speziellen Art von Linsen – solcher, die ein Bild lieferten, das nicht von den Farben des Regenbogens umsäumt war. Dieses Problem des farbigen Bildsaums – heute als »chromatische Aberration«, »Farbabweichung« oder einfach als »Farbfehler« bezeichnet – war schon fast seit dem Zeitpunkt bekannt, als der holländische Brillenmacher Hans Nippershey seine starken Linsen hatte patentieren lassen. Im darauf folgenden Jahr 1608 hatte Galileo Galilei unter Verwendung solcher Linsen ein Fernrohr gebaut und mit ihm Mondberge beobachtet und außer vier stecknadelkopfgroßen Jupitermonden zahllose Sterne entdeckt, die so schwach leuchteten, dass sie mit bloßem Auge gar nicht zu sehen waren. Ärgerlich nur, dass in die Bilder, die das Instrument lieferte, ein Saum von psychedelischen Farben hineinspielte.

Ein halbes Jahrhundert später wurde Isaac Newton auf das Farbproblem aufmerksam. Er begriff, dass Galileis primitives dioptrisches Fernrohr (Linsenfernrohr) nur mit genauerer Kenntnis der Natur des Lichts zu verbessern war. Die einschlägigen Untersuchungen, die Newton in der Folgezeit anstellte, führten dann allerdings nicht zu einem verbesserten Galileischen Fernrohr, doch erbrachten sie wichtige Erkenntnisse über die Ursachen des farbigen Saums der von Linsen produzierten Bilder.

Die unerträgliche Weiße der Sehens

Newton sammelte seine Erkenntnisse über die Natur des Lichts im Jahr 1666, als ihn die Pest aus seinem Cambridger College in die Sicherheit des menschenfernen Familienguts in Woolsthorpe in der Grafschaft Lincolshire vertrieben hatte. Die Zeit seines Aufenthalts hier war für den Vierundzwanzigjährigen eine außerordentlich produktive Schaffensphase. Während dieses einjährigen Exils formulierte er auch die Theorie der universellen Gravitation und erfand Differenzialrechnung und Integralrechnung.

Für seine Untersuchung des Lichts verschaffte sich Newton mehrere keilförmige Glaskörper. Man wusste, dass diese »Prismen« den gleichen Regenbogeneffekt wie die Linsen erzeugten, aber sie hatten den Vorteil, dass sie viel einfacher geformt waren. Noch Jahrhunderte später sollte Newton auf Ölgemälden dargestellt werden, wie er in seinem abgedunkelten Arbeitszimmer in Woolsthorpe steht und ein Prisma in der Hand hält, auf das durch ein kreisrundes kleines Loch in dem geschlossenen Fensterladen ein Sonnenstrahl fällt, der auf der anderen Seite gestreut austritt und am Ende seines Wegs die Regenbogenfarben auf die hintere Zimmerwand macht: Rot, Orange, Gelb, Grün, Blau, Indigo, Violett. Newton war nicht der Erste, der die von einem Prisma hervorgebrachten »Spektralfarben« entdeckte. Er war allerdings der Erste, der herausfand, dass ein in die Bahn des aus einem Prisma austretenden Spektrums gebrachtes zweites Prisma die einzelnen Spektralfarben nicht weiter zerlegte. Daraus schloss er, dass die Spektralfarben »reine Farben« waren, das weiße Licht hingegen ein Gemisch aus allen Farben des Regenbogens. Den Beweis führte er auf ebenso einfache wie effektvolle Weise: Er kehrte das zweite Prisma um und prompt mischte es die aus dem ersten austretenden Regenbogenfarben wieder zu weißem Licht zusammen.

Der Schlüssel zur Lösung des Rätsels, warum weißes Licht beim Durchgang durch ein Prisma in seine farblichen Bestandteile zerlegt wurde, lag in der Form des Farbenflecks auf der Wand. Er war nicht rund wie das Loch in dem geschlossenen Fensterladen, sondern bildete ein lang gestrecktes Oval, entlang dessen Längsachse die Regenbogenfarben nebeneinander aufgereiht waren. Daraus zog Newton den Schluss, dass das Prisma die Bahn der einzelnen Farben unterschiedlich stark krümmen oder »brechen« müsse. Jetzt war auch klar, warum das Bild von Sternen und Planeten im Fernrohr einen farbigen Saum aufwies: Das Objektiv des Fernrohrs verfuhr mit dem einfallenden Licht ganz ähnlich wie ein Prisma. Es brach die einzelnen Farben unterschiedlich stark, was auf die Entmischung der farblichen Komponenten des weißen Lichts hinauslief, die daraufhin als solche sichtbar wurden. Angesichts dieses Befundes stand für Newton fest, dass ein Linsenfernrohr niemals ein einwandfreies Bild liefern kann. Aufgrund dieser Überzeugung entwickelte er im Lauf der nächsten Jahre einen revolutionären neuen Fernrohrtyp, das »Spiegelteleskop«, in dem nicht eine Linse, sondern ein Hohlspiegel das einfallende Licht sammelt.

Mit der Ansicht, dass der Farbfehler der Linsenfernrohre nicht zu beheben sei, befand Newton sich allerdings im Irrtum. Um die Mitte des 18. Jahrhunderts erkannte ein englischer Optiker namens John Dollond, dass der Fehler sich weitgehend korrigieren ließ, wenn man als Objektiv eine Kombination von zwei Linsen, nämlich Sammel- und Zerstreuungslinse aus verschiedenerlei Glas (z.B. Kron- und Flintglas) verwendete. In dem »Achromat« – so der Name der Zwei-Komponenten-Linse – wurde die durch die erste Komponente vorgenommene Zerlegung des weißen Lichts in Farben durch die zweite Komponente zurückgenommen. Ironie der Geschichte: Schon Newton selbst hatte das hier ausgenutzte Wirkungsprinzip demonstriert, als er die von einem Prisma erzeugten Spektralfarben mithilfe eines zweiten Prismas wieder zu weißem Licht bündelte.

Von 1758 an fabrizierten Dollond und sein Sohn Fernrohre, die praktisch farbfehlerfreie Bilder lieferten. Doch wenn sie auch gegenüber dem primitiven Galileischen Fernrohr einen beträchtlichen Fortschritt darstellten – Raum für Verbesserungen gab es trotzdem noch. Dollond zu überflügeln und einen noch besseren Achromat herzustellen, das war es, worauf sich Joseph von Fraunhofers ganzes Sinnen und Trachten richtete.

Die fehlenden Farben im Sonnenlicht

Das große Problem bei der Herstellung von Achromaten lag darin, sicherzustellen, dass jede der beiden Komponenten der zweiteiligen Linsenkombination das Licht genau in der Weise brach, dass die

Linsen sich gegenseitig in ihrer jeweils in entgegengesetzter Richtung verlaufenden Dispersionswirkung neutralisierten. Das war nicht leicht zu erreichen, weil man über die Lichtbrechungskraft der einzelnen Glasarten – ausgedrückt in der »Brechzahl« (älterer Name: »Brechungsindex«), die angibt, wie stark die Richtung eines durchgehenden Lichtstrahls verändert wird – nicht sonderlich gut Bescheid wusste. Wenn Fraunhofer einen besseren Achromaten als Dollond herstellen wollte, musste er also erst Mittel und Wege zur exakten Bestimmung von Brechzahlen finden.

Das Dumme war, dass selbst ein und dasselbe Glas jede einzelne Farbe stärker oder schwächer als die anderen brach. Um die Brechungskraft einer Glasart mit der einer anderen vergleichen zu können, benötigte Fraunhofer also eine Lichtquelle, die einfarbiges Licht lieferte. Aber schon beim ersten, flüchtigen Blick auf das Spektrum des Sonnenlichts zeigte sich, dass die einzelnen Farben – ob Rot oder Grün oder Blau – in breiten Übergangszonen mit ihrer Umgebung verschwammen und keine scharfen Grenzen besaßen, die eine von ihnen für den Gebrauch als Farbstandard hätten qualifizieren können.

Aber vielleicht gab es im Sonnenlicht irgendeinen anderen Bestandteil, der dank scharfer Abgegrenztheit von seiner Umgebung als Farbstandard zu gebrauchen war. Diese Hoffnung war es, die Fraunhofer 1814 antrieb, das Sonnenspektrum genauer unter die Lupe zu nehmen. Dazu bediente er sich eines »Spektroskops«, eines Geräts, in dem Sonnenlicht nicht durch ein kleines Loch, sondern durch einen langen, engen Schlitz in einer Metallplatte auf ein Prisma fiel. So entstand ein lang gestrecktes, bandähnliches Spektrum, das von einem Ende zum anderen durch ein Mikroskop betrachtet werden konnte.

Das Spektroskop verkörperte gegenüber Newtons Apparatur einen bedeutenden Fortschritt. Mit seiner Hilfe konnte Fraunhofer das Sonnenspektrum genauer in Augenschein nehmen, als es jemals zuvor einem Menschen möglich gewesen war. Er verdunkelte den Laborraum, in dem seine Apparatur aufgebaut war, wartete, bis seine Augen sich an die Dunkelheit gewöhnt hatten, und spähte durch das Okular des Mikroskops. Und bemerkte sofort etwas Eigenartiges: Quer durch das Band der Regenbogenfarben zog sich an einer Stelle eine haarfeine dunkle Linie.

Fraunhofer blinzelte und rieb sich die Augen. Er musste einer Sinnestäuschung erlegen sein. Aber als er mit zusammengekniffenem Auge nochmals in das Mikroskop sah, war die dunkle Linie immer noch da. Und jetzt, wo seine Augen sich an die Dunkelheit und das Mikroskop vollkommen gewöhnt hatten, stellte er sogar fest, dass die Linie kein Einzelfall, sondern eine unter mehreren war. Und je länger er in das Okular starrte, desto mehr von ihnen nahm er wahr. Das gesamte Sonnenspektrum war von haarfeinen dunklen Linien durchschnitten!

Fraunhofer war nicht der Erste, der die »fehlenden Farben« im Sonnenlicht sah. Bereits zwölf Jahre zuvor waren sie dem englischen Hütteningenieur William Wollaston aufgefallen. Aber Wollaston hatte ein Spektroskop von geringerer Güte als das Fraunhofers benutzt und nur sieben dunkle Streifen im Sonnenspektrum gezählt. Überdies hatte er angenommen, die Streifen seien lediglich die »Grenzlinien« zwischen den Farben. Mit dieser wenig wissenschaftlichen Erklärung gab er sich zufrieden und legte die ganze Sache im Geiste ad acta. Fraunhofer erwies sich als hartnäckiger. Er stellte fest, dass die Linien auch dann das Feld behaupteten, wenn er ein »Beugungsgitter« – eine spiegelblank polierte Metallplatte, auf die in kleinsten Abständen sehr feine Linien geritzt waren – benutzte, das ähnlich wie ein Prisma, aber nach anderem Prinzip Licht in seine farblichen Bestandteile zerlegte. Immerhin hatte er damit bewiesen, dass die Linien nicht durch die Materialbeschaffenheit des Prismas bedingt, sondern eine Eigenschaft des Sonnenlichts waren.

Fraunhofer beschaffte sich ein noch besseres Spektroskop, mit dem er bis zum Jahr 1823 die Positionen von 574 »Spektrallinien« bestimmte, wobei er die hervorstechendsten Linien mit Buchstaben bezeichnete. Hätte Newton im Sonnenspektrum eine dunkle Linie entdeckt, hätte er ihre Position mit Formulierungen wie »in der Mitte des gelben Bereichs« oder »auf der Grenze zwischen Blau und Grün« angeben müssen. Zu Fraunhofers Zeit konnte man da schon bedeutend präzisere Angaben machen, und zwar aufgrund einer eminent wichtigen Erkenntnis betreffend die Natur des Lichts und der Farben.

Die Erkennungsmelodie der Sterne

Anfang des achtzehnten Jahrhunderts hatte der englische Arzt und Naturforscher Thomas Young entdeckt, dass das Licht eine »Wellenschwingung« war, die sich im leeren Raum ganz ähnlich fortbewegte wie eine Wasserwelle auf dem Meer oder eine Schallwelle in der Luft.[1] Die verschiedenen Farben waren demnach das optische Gegenstück zu den frequenzbedingt verschieden hohen Tönen im akustischen Bereich; blaues Licht schwingt in etwa mit der zweifachen Frequenz des roten Lichts.

Eine schnell schwingende Welle ist immer kürzer als eine, die träge schwingt, wie jeder bestätigen kann, der schon einmal dem Spiel der Meereswellen zugeschaut hat. Farben kann man daher jeweils auch als eine Welle von bestimmter Länge identifizieren. Young fand heraus, dass die Lichtwellen unglaublich kurz waren. Die Entfernung von einem Wellen»kamm« zum nächsten – die »Wellenlänge« – betrug allgemein nur ungefähr ein tausendstel Millimeter, wobei die Wellenlänge des roten Lichts fast das Doppelte der des blauen war. Fraunhofers dunkle Linien entsprachen also jeweils weniger fehlendem Licht einer bestimmten Farbe als fehlendem Licht einer bestimmten Wellenlänge. Ebendieser Zusammenhang erlaubte es, die Position der einzelnen Lücken im Sonnenspektrum exakt anzugeben. Zum Beispiel entsprachen die Linien, die er mit den Buchstaben H und K bezeichnet hatte, Licht der Wellenlänge 0,3968-tausendstel Millimeter bzw. 0,3933-tausendstel Millimeter. Heute kennen die Astronomen die Wellenlängen von über fünfundzwanzigtausend »Fraunhoferschen Linien«, die über das Sonnenspektrum verstreut sind wie die Streifen des Balkencodes über die Warenetiketten im Supermarkt.

Fraunhofer hatte gehofft, einen einzelnen scharf abgegrenzten Bestandteil des Sonnenspektrums zu entdecken, der als praktischer Farbstandard hätte dienen können. Statt des einen hatte er Hunderte gefunden. Jede Einzelne von den besonders hervorstechenden Fraunhoferschen Linien konnte als Bezugsgröße für den Vergleich verschiedener Glasarten in puncto Lichtbrechungskraft benutzt werden. Indes, die Verbesserung des Dollondschen Achromats hatte plötzlich ihren unbedingten Vorrang auf Fraunhofers Agenda eingebüßt. Er war unversehens auf ein unbekanntes und unerklärliches

Phänomen im Sonnenlicht gestoßen und konzentrierte seine ganze Kraft auf die Lösung des Rätsels.

Zu den ersten Schritten in diese Richtung gehörte, dass er ein Fernrohr auf einige der hellsten Sterne am Nachthimmel richtete und ihr Licht mit seinem Spektroskop untersuchte. Zu seinem Erstaunen entdeckte er hier die gleichen spinnfadendünnen dunklen Linien wie im Sonnenspektrum. Manchmal fand sich im Sternenlicht eine Linie, die im Sonnenlicht nicht vorkam, manchmal fehlte eine, die im Sonnenlicht vorhanden war. Aber es war für Fraunhofer kaum zu bezweifeln, dass er hier ein Phänomen der gleichen Art wie im Sonnenspektrum vor sich hatte.

Schon lange war vermutet worden, dass die Sterne andere Sonnen seien, deren Stecknadelkopfgröße lediglich durch ihre ungeheuer weite Entfernung von der Erde bedingt sei. Hier war der definitive Beweis. Eine Feststellung von immenser Tragweite. Wenn man verstand, was die Fraunhoferschen Linien über die Sonne verrieten, konnte man dadurch vielleicht auch etwas über die Sterne in Erfahrung bringen. Aber was verrieten die Fraunhoferschen Linien über die Sonnen? Fraunhofer mühte sich heldenhaft um die Antwort auf diese Frage, doch war es ihm nicht vergönnt, dem Geheimnis auf den Grund zu kommen. Das Glück, das seinerzeit im Lebenslauf des angehenden Glasschleifers eine dramatische Wende herbeigeführt hatte, wandte sich im Jahr 1826 von ihm ab. Im frühen Alter von neununddreißig Jahren starb er an Tuberkulose. Länger als drei Jahrzehnte sollte es dauern, bis das Rätsel der Fraunhoferschen Linien endlich gelöst war. Es war der deutsche Physiker Gustav Kirchhoff, der den Durchbruch schaffte.

Die Geburt einer neuen Wissenschaft

An Kirchhoffs Durchbruch gleichsam als Katalysator beteiligt war Robert Bunsen, ein Chemieprofessor an der Universität Heidelberg, der sich dem Gedächtnis der Nachwelt vor allem durch die Entwicklung des nach ihm benannten Gasbrenners eingeprägt hat. Bunsen hatte eine Vorliebe für Experimente mit hochgiftigen und übel riechenden Chemikalien, die ihn einmal ein Auge und fast das Leben kostete. Sein nicht zu bändigender Drang, seine Tage umschwebt von Wolken Ekel erregender Dämpfe hinzubringen, stärkte nicht gerade seinen Sexappeal: Er blieb sein Leben lang Junggeselle – bedauerlicherweise, denn nach allem, was man über ihn weiß, war er eine gütige Seele. Die Frau des Chemikers Emil Fischer sagte einmal über Bunsen: »Erst möchte ich ihn waschen, dann möchte ich ihn küssen, weil er ein so zauberhafter Mensch ist.«

Im Sommer 1859 begann Bunsen mit einem Arbeitsprogramm, dessen Ziel es war, die Farben des Lichts zu bestimmen, das verschiedene Chemikalien aussandten, wenn sie in der Flamme des Bunsenbrenners zum Glühen gebracht wurden. Sollte sich herausstellen, dass jede Chemikalie ihre eigene »Erkennungsfarbe« hatte, hätte man ein höchst effektives Hilfsmittel zur Identifizierung unbekannter Substanzen gefunden, das noch mit kleinsten Mengen funktionieren würde. Das Problem lag darin, dass Licht einer bestimmten Farbe, zum Beispiel Gelb, für viele verschiedene Substanzen charakteristisch war. Indes bestand immer noch die Möglichkeit, dass die gelb glühenden Substanzen in jeweils verschiedenen Nuancen von Gelb glühten, die rot glühenden in jeweils verschiedenen Nuancen von Rot usw. Wollte Bunsen jedoch die Stichhaltigkeit dieses Gedankens prüfen, benötigte er ein Verfahren zur objektiven Unterscheidung feinster Farbschattierungen.

Ihm fiel keine andere Verfahrensweise ein, als die glühenden Chemikalien durch verschiedenfarbige Gläser zu betrachten. Da rotes Glas durchlässig für rotes Licht war, blaues Glas durchlässig für blaues Licht usw., würde er mithilfe der Gläser vielleicht in der Verfärbung der Brennerflamme Gradunterschiede feststellen können. Er hatte eben mit seiner Arbeit begonnen, als Gustav Kirchhoff in seinem Rollstuhl zu ihm ins Labor gerollt kam und ihn fragte, was er da vorhabe.

Kirchhoff war einer der großen Physiker des neunzehnten Jahrhunderts. Schon als Student hatte er die Regeln für die Berechnung von Strom und Spannung an jedem Punkt eines elektrischen Leitungssystem formuliert (»Kirchhoffsche Regeln«). Ein Unfall auf einer frühen Etappe seiner Berufslaufbahn hatte ihn dauerhaft an den Rollstuhl gefesselt, aber seinen Aufstieg zum Professor der Physik an den Universitäten Breslau und Heidelberg nicht verhindern können, und in Heidelberg hatte er sich mit Bunsen angefreundet.

Nachdem Bunsen ihm jetzt erklärt hatte, warum er mit zusammengekniffenen Augen durch farbige Gläser in die Flamme starrte, meinte Kirchhoff, da gebe es doch eine viel bessere Methode, Farben des Lichts miteinander zu vergleichen, nämlich mithilfe eines Prismas. Selbst Farbnuancen, die für das menschliche Auge ununterscheidbar seien, breche das Prisma unterschiedlich stark.

Bunsen ersetzte seine farbigen Gläser durch ein Präzisionsspektroskop, und dann betrachteten die beiden Männer das Licht aus der Flamme durch das Mikroskop. Und staunten. Das Spektrum war von einer Handvoll außerordentlich heller Linien durchschnitten. Bunsen hielt eine andere Substanz in die Flamme. Auch deren Spektrum wies die hellen Linien auf, wenngleich an anderen Stellen. Das gleiche Bild bei der nächsten Chemikalie. Und bei der übernächsten ...

Die Gewichtigkeit der Entdeckung, die Kirchhoff und Bunsen da gemacht hatten, wurde für die beiden erst nach stundenlanger fieberhafter Betriebsamkeit ersichtlich. Denn so lange dauerte es, bis Verdacht zur Gewissheit geworden war. Das Muster der hellen Linien war bei jeder Substanz ein anderes. Die Natur hatte praktischerweise jeden Stoff mit einem spektralen »Fingerabdruck« ausgestattet. Die Entdeckung sollte die Chemie revolutionieren. Selbst wenn eine Substanz nur in mikroskopisch kleiner Menge zur Verfügung stand, konnte sie jetzt anhand des spezifischen Musters ihrer Spektrallinien identifiziert werden.

Innerhalb von Monaten führten Kirchhoff und Bunsen in denkbar dramatischer Weise das Potenzial vor, das in dem neuen Verfahren steckte. Im Licht ihrer Laborflamme entdeckten sie den spektralen Fingerabdruck eines der Wissenschaft bislang noch völlig unbekannten Elements. Dessen hervorstechendste Linie lag im blauen Bereich des Spektrums, deswegen nannten sie das Element, nach dem lateinischen Wort für »himmelblau«, Caesium. Im Jahr darauf entdeckten sie abermals ein neues Element, diesmal mit einer hervorstechenden Linie im roten Teil des Spektrums. Sie gaben ihm den Namen Rubidium.

Noch größer als für die Chemie waren die Folgen, die Kirchhoffs und Bunsens Entdeckung für die Astronomie hatte. In diesem Fall ging das Verdienst ausschließlich auf Kirchhoffs Konto. Denn er war es, der den Einfall hatte, die Flammenspektren mit dem Sonnenspektrum zu vergleichen. Dabei fiel ihm sofort etwas Sonderbares auf. Es hatte mit einem herausstechenden dunklen Linienpaar im gelben Bereich des Sonnenspektrums zu tun, das Fraunhofer seinerzeit mit dem Buchstaben D bezeichnet hatte. Das Sonderbare, war, dass die zwei dunklen Linien im Sonnenspektrum sich genau an denselben Stellen befanden wie zwei helle Linien im Flammenspektrum des Elements Natrium (das uns im Alltag hauptsächlich in Gestalt von Natriumchlorid, d. i. Kochsalz, begegnet).

Die sonderbare Parallele war zuvor schon von anderen bemerkt und als purer Zufall abgetan worden. Kirchhoff hingegen war überzeugt, dass mehr dahinter steckte. So abwegig es erscheinen mochte, es musste irgendeine Verbindung zwischen Sonnenlicht und Natrium bestehen. Um ihr auf die Spur zu kommen, ließ Kirchhoff einen Sonnenstrahl durch eine Natriumflamme fallen. Nach dem Durchgang des Strahls durch die Flamme mussten die dunklen Linien D in seinem Spektrum exakt überlagert sein von den hellen Linien D des Natriumspektrums. Mit Recht hätte man nun eine Aufhellung der dunklen Linien D erwarten dürfen. Doch als Kirchhoff den Sonnenstrahl im Spektroskop untersuchte, stellte er nichts dergleichen fest. Es war kaum zu glauben: Die Solarlinien D waren sogar noch dunkler geworden.

Die einzige plausible Erklärung lautete, dass Natrium in der Flamme Sonnenlicht bei genau der Wellenlänge absorbierte, wo die Solarlinien D lagen. Daraus ergaben sich schwer wiegende Folgerungen in Bezug auf die Herkunft der Fraunhoferschen Linien D, denn das Licht dieser zwei Wellenlängen war ja größtenteils schon *vor* dem Durchgang des Sonnenstrahls durch die Natriumflamme verloren gegangen; das Natrium im Labor verstärkte lediglich einen bereits vorhandenen Effekt. Der Sachverhalt führte Kirchhoff zu einer verblüffenden Schlussfolgerung: Irgendwo auf seiner langen Reise durch das All bis zur Erde musste dem Sonnenstrahl von Natrium aus einer anderen Quelle Licht entzogen worden sein.

Ja, über dieses Natrium aus anderer Quelle ließ sich dank einer vier Jahre alten Erkenntnis des schwedischen Naturforsches Anders Ångström sogar noch Präziseres sagen. Ångström hatte herausgefunden, dass ein Gas durchlaufendes Licht exakt auf derjenigen Wellenlänge absorbiert, auf der es im Leuchtzustand selbst Licht emittiert. Ist das Gas heißer als die Lichtquelle, dann emittiert es mehr Licht, als es absorbiert, und die Folge ist eine helle Linie (Emissionslinie) im Spektrum der Lichtquelle. Ist das Gas kühler als die Lichtquelle, tritt die entgegengesetzte Wirkung ein: Das Gas absorbiert mehr Licht, als es selbst emittiert, mit der Folge, dass im Spektrum eine dunkle Linie (Absorptionslinie) auftritt.

Die dunklen Solarlinien D verrieten Kirchhoff daher, dass das Natriumgas, welches das Sonnenlicht auf seiner Reise zur Erde durchlief, kühler als die Sonne war. Aber wo befand sich dieses Natrium? Es gab keinerlei Anhaltspunkte dafür, dass im All oder in der Erdatmosphäre irgendwelches Natriumgas herumvagabundierte. So blieb in Kirchhoffs Augen nur noch eine Option übrig: Das Natriumgas trieb in der verhältnismäßig kühlen äußeren Sonnenatmosphäre.

Interessanterweise gab es eine Möglichkeit, den Gedanken im Labor zu testen. Durch Verbrennen eines Kalkbrockens in der ultraheißen Flamme eines Sauerstoff-Wasserstoff-Brenners schuf Kirchhoff eine künstliche Sonne, deren gleißendes Licht er eine weniger heiße Natriumflamme durchlaufen ließ, um es anschließend im Spektroskop zu untersuchen. Und siehe da, exakt bei derselben Wellenlänge, bei der das Natriumspektrum helle Emissionslinien aufgewiesen hätte, wies jetzt das Spektrum des künstlichen Sonnenlichts dunkle Absorptionslinien auf. Kirchhoff hatte künstliche D-Linien erzeugt, die exakt denen des Sonnenspektrums glichen.

Damit war jeder Zweifel beseitigt. Die gegenüber der Oberfläche kühlere Sonnenatmosphäre enthielt tatsächlich Natrium. Kirchhoff hatte bewiesen, dass ein auf der Erde vorhandenes Element auch auf der Sonne vorhanden war, und das Frappante war, dass er diesen Beweis geführt hatte, ohne einen Fuß aus seinem Labor hinauszusetzen. Und nun begann er das Sonnenspektrum nach den spektralen Fingerabdrücken anderer Elemente abzusuchen. Schon sehr bald kam er zu den dunklen Linien, die Fraunhofer mit dem Buchstaben E bezeichnet hatte. Es dauerte nur einen Augenblick, bis er seiner Sache sicher war. Ihre Position entsprach genau derjenigen der hellen Linien, die weiß glühendes Eisen im Spektrum der Laborflamme erzeugte. Er hatte entdeckt, dass die Sonne außer Natrium auch Eisen enthielt.

Das Rätsel der Fraunhoferschen Linien war endlich gelöst. Sie stellten gewissermaßen die »Fingerabdruckkartei« für alle auf der

Sonne vorhandenen Atomarten dar. Im Lauf der Zeit gelang es Kirchhoff, im Solarspektrum Dutzende von Elementen zu identifizieren, darunter Calcium und Kohlenstoff, Silber und Silizium, Zirkonium und Zink. Die Folgerung war unausweichlich. Die Sonne bestand aus genau den gleichen Atomarten wie die Erde. Schlicht und einfach durch Vergleich der dunklen Linien im Sonnenspektrum mit den hellen Linien, die Substanzen im Laborversuch generierten, hatte Kirchhoff die Grundbausteine eines 150 Millionen Kilometer entfernten Himmelskörpers identifizieren können. Es war die Geburtsstunde einer völlig neuen Wissenschaft – der Astrophysik.

Theoretisch konnte die Astrophysik die Zusammensetzung nicht nur der Sonne, sondern auch der Sterne erhellen. In der Praxis zeigte sich jedoch, dass nur wenige Sterne – die hellen, die bereits Fraunhofer selbst beobachtet hatte – für eine spektroskopische Untersuchung intensiv genug leuchteten. Eine Wende brachte hier die Einführung der Fotoplatte mit ihrer Fähigkeit, auf Sternenlicht noch unterhalb der Wahrnehmungsschwelle des menschlichen Auges anzusprechen.

In England verbrachte ein wohlhabender Amateurastronom namens William Huggins sein ganzes Leben damit, Sternspektren auf die Platte zu bannen. Als er vierundachtzig war und sein Augenlicht zu schwach, als dass er noch hätte weitermachen können, hatte er Hunderte und Aberhunderte von Spektren festgehalten. Und in jedem einzelnen von ihnen hatte er die unverkennbaren Fingerabdrücke bekannter Elemente erblickt – von Jod zu Eisen, von Silicium zu Natrium, von Magnesium zu Mangan. Wieder war die Schlussfolgerung unausweichlich: Die Sterne bestanden aus genau den gleichen Atomarten wie die Erde.

Ein bemerkenswertes Ergebnis – und aus bloßem Funzellicht geboren. Nur wenige Jahrzehnte zuvor hatte es der französische Philosoph Auguste Comte für völlig unerreichbar erklärt. Im Jahr 1835 hatte Comte sich in apodiktischer Form darüber geäußert, was wir Erdbewohner über Sterne jemals würden wissen können und was nicht. Zwar sah er keinen Grund, warum wir nicht eines Tages in der Lage sein sollten, die Entfernung der Sterne, ihre Bewegungen, ihre Größe und Form zu messen, doch dünkte es ihn eine Selbstverständlichkeit, dass wir niemals imstande sein würden, ihre chemische Zusammensetzung zu erforschen.

Indes, die neue Wissenschaft der Astrophysik lieferte zwar atemberaubende neue Erkenntnisse, stieß zugleich aber auch auf neue, verwirrende Rätsel. Eines von ihnen kam noch vor Ablauf eines Jahrzehnts seit Kirchhoffs Durchbruch ans Licht: eine hervorstechende Spektrallinie der Sonne, die keinem bekannten Element entsprach. Sein Entdecker war ein Beamter des britischen Kriegsministeriums namens Joseph Norman Lockyer.

Ein Atom, das nur die Sonne hat

Joseph Norman Lockyer war ein ungewöhnlicher Mensch. Obschon er sich nach dem Tod seiner ersten Frau als allein erziehender Vater um das Wohlergehen von sieben Kindern zu kümmern hatte, fand er die Zeit, das erste Buch über die Golfregeln des St. Andrew's Club zu schreiben und sowohl das Londoner Wissenschaftsmuseum in South Kensington wie das elitäre internationale Wissenschaftsjournal *Nature* zu gründen, dem er fünfzig Jahre lang als Herausgeber vorstand. Das Gebiet, auf dem er sich zunächst als Amateur, dann als Profi am eindrucksvollsten profilierte, war jedoch die Astronomie.

1862 baute der Sechsundzwanzigjährige in seinem Garten in dem südlichen Londoner Vorort Wimbledon ein Sechs-Zoll-Teleskop auf, das er anfangs lediglich zur Beobachtung des Mars und der anderen Planeten benutzte. Aber jetzt, wo Kirchhoff das Rätsel der Fraunhoferschen Linien gelöst hatte, ging von der Sonne eine unwiderstehliche Verlockung aus. Lockyer kaufte sich ein Spektroskop mit der Absicht, die in das Sonnenlicht eingeschriebene Botschaft zu entziffern.

Besonderes Interesse brachte er für die Schwierigkeiten mit, die sich der Beobachtung der »Protuberanzen« der Sonne entgegenstellten – jener Hunderttausende Kilometer langen Gasfäden, die in phasenhafter Wiederkehr weit in den Raum hinausschossen, ehe sie sich im Bogen zur Oberfläche zurückwandten. Protuberanzen waren von geringerer Temperatur und Helligkeit als die Sonnenoberfläche und deshalb unter normalen Umständen von der Erde aus nicht zu sehen. Nur wenn bei einer totalen Sonnenfinsternis der Mond das blendende Streulicht der Oberfläche verdeckte, traten die Sonnenprotuberanzen als zungenartige rosarote Lichtgebilde und Lichtbögen rund um die Mondscheibe in Erscheinung. Leider waren Mondfinsternisse an jedem Ort der Erde selten zu beobachten, und wenn, dann jedes Mal allerhöchstens zwei Minuten lang. Was Astronomen dringend brauchten, war ein Hilfsmittel, das die Beobachtung der Protuberanzen unabhängig von Sonnenfinsternissen erlaubte. Genauso eins dachte Lockyer sich im Jahr 1866 aus.

Protuberanzen, so überlegte er sich, mussten im Spektroskop helle Emissionslinien zeigen, da sie nur den kalten Raum und nicht die heiße Sonnenoberfläche als Hintergrund hatten. Diese Emissionslinien mussten jederzeit feststellbar sein – dazu brauchte es keine Sonnenfinsternis. Um sie zu registrieren und herauszufinden, aus welchen Gasen sich die Protuberanzen zusammensetzten, benötigte Lockyer nichts weiter als ein Spektroskop von besserer Qualität. Sich ein solches anfertigen zu lassen, dauerte allerdings seine Zeit, und so konnte er seine Idee nicht sofort testen. Doch am 20. Oktober 1868 war es so weit, dass er sein Teleskop auf den Rand der Sonne richten und das von dort einfallende Licht untersuchen konnte. Zu seiner Freude erblickte er helle Emissionslinien von einer Sonnenprotuberanz. Der Zufall wollte es, dass zwei Monate zuvor der französische Astronom Pierre Jules César Janssen die gleichen Linien von Indien aus beobachtet hatte. Ihm war gleichfalls der Gedanke gekommen, dass die Protuberanzen eigentlich auch unabhängig von Sonnenfinsternissen erforschbar sein müssten. Unter den Emissionslinien einer Sonnenprotuberanz registrierte sowohl Lockyer wie Janssen eine rätselhafte Linie, die keinem der beiden aus seinen bisherigen Erfahrungen mit Spektrallinien bekannt war. Sie befand sich im gelben Bereich des Spektrums, in nächster Nähe der Wellenlänge des von glühendem Natrium herrührenden Linienpaares D.

Im Labor erhitzte jeder der beiden nacheinander eine große Zahl von Gasen, um herauszufinden, welches für die rätselhafte Emissionslinie im gelben Bereich des Spektrums verantwortlich war. Doch noch so lange und intensive Suche führte weder im einen noch im andern Fall zu einem Ergebnis. Die Linie gehört offenbar zu keinem bekannten Element. Im Jahr 1870 war sich Lockyer dann sicher, dass er alle infrage kommenden Möglichkeiten ausgeschöpft hatte. Er machte sich daraufhin die Hypothese zu Eigen, dass die geheimnisvolle Linie der Fingerabdruck eines auf der Erde bisher noch unbekannten Elements sei. Lockyer nannte das Element »Helium« nach dem griechischen Wort für »Sonne«, *helios*. Es war das Gas, das William Ramsay ein Vierteljahrhundert später aus dem Uranmineral Cleveit isolieren sollte. Mehr noch: Anhand eben seiner charakteristischen Emissionslinie im gelben Bereich des Spektrums sollte Ramsay es identifizieren – ein schlagender Beweis für die Fähigkeit der Spektrografie, selbst kleinste Mengen einer Substanz nachzuweisen.

Helium genießt den Ruhm, das einzige Element zu sein, das noch vor seiner Entdeckung auf der Erde auf der Sonne nachgewiesen wurde.[2] Dass es auf unserem Planeten nicht früher entdeckt wurde, ist dem Umstand zuzuschreiben, dass es sowohl inaktiv wie leichter als Luft ist. »Inaktiv« heißt, dass es sich so gut wie nie in einer chemischen Verbindung mit anderen Elementen verfängt, und seine extreme Leichtigkeit sorgt dafür, dass es in die Luft gerät, in den Weltraum entschwebt.

Auf der Erde besteht ein enger Zusammenhang zwischen Helium und Radioaktivität. Die Verbindung wurde 1903 von Ramsay und Frederick Soddy bewiesen und später von Ernest Rutherford und Hans Geiger erklärt durch den Nachweis, dass die von radioaktiven Elementen emittierten Alpha-Teilchen elektrisch geladene Heliumatome waren: Helium trat schlicht und einfach darum in Verbindung mit Radioaktivität auf, weil es von radioaktiven Atomen erzeugt wurde. Nicht von ungefähr hatte Ramsay das Helium in einem Mineral entdeckt, das eine radioaktive Substanz, nämlich Uran, enthielt. Aber wenn das auf der Erde angetroffene Helium aus radioaktiven Atomen stammte, wie war das dann bei dem Helium, das Lockyer in den Sonnenprotuberanzen gesichtet hatte? Für Rutherford war nicht der leiseste Zweifel möglich: Auch dieses Helium musste aus radioaktiven Atomen stammen. Die Sonne musste radioaktiv sein! 1904 führte er aus, dass die Anwesenheit von Helium auf der Sonne ein aussagekräftiger Beweis für die von George Darwin und John Joly vertretene These sei, der zufolge die Radioaktivität der Urquell der Sonnenenergie war.

Doch mochte das Indiz auch überzeugend wirken – die Tatsache blieb bestehen, dass Helium lediglich ein Abfallprodukt der Radioaktivität, selber jedoch nicht radioaktiv war. Der definitive Beweis, dass Radioaktivität die Energiequelle der Sonne war, wäre selbstverständlich der empirische Nachweis der radioaktiven Atome selber. Und just in diesem Punkt erlitt die Theorie von Darwin und Joly Schiffbruch. Zwar lieferte das Sonnenspektrum in Hülle und Fülle Beweise für das Vorhandensein stabiler Elemente wie Eisen, Calcium und Kupfer, doch trotz aller Anstrengung vermochten die Astronomen nicht die Fraunhoferschen Linien des Radiums zu entdecken. Und auch was Uran und Thorium anging, deutete nichts darauf hin, dass diese Elemente auf der Sonne in höheren als nur den allerwinzigsten Mengen vorhanden sein könnten.[3] Woher auch immer das Helium auf der Sonne stammen mochte, mit Sicherheit war es kein Produkt radioaktiven Zerfalls.

Eine missliche Situation für die Physiker. Radioaktivität war die einzig vorstellbare Energiequelle, dank der die Sonne der Erde über deren Lebensalter von Milliarden Jahren hinweg hätte Wärme spenden können. Aber allem Anschein nach enthielt die Sonne keine radioaktiven Bestandteile, also konnte unmöglich Radioaktivität die Quelle des Sonnenlichts sein. Eines war allerdings trotzdem nicht zu bestreiten: Die gewaltigen Energiemengen, die im Innern von Atomen lagerten, hätten leicht ausgereicht, die Sonne über Jahrmilliarden am Brennen zu halten. Weshalb sich die Frage stellte: Gab es außer der Radioaktivität womöglich noch eine andere Möglichkeit der Freisetzung von Atomenergie?

Die gab es, wie sich zeigen sollte. Entdeckt wurde sie von dem Cambridger Physiker Francis Aston.

DIE ANOMAL HOHE MASSE DES WASSERSTOFFATOMS

Wie wir entdeckten, dass die Umwandlung eines leichteren Atoms in ein schwereres Atom eine Sturzflut von Energie freisetzt, und wie die Hypothese aufgestellt wurde, dass dieser Vorgang die Energiequelle der Sonne sei

Die kleinsten Teilchen werden vielleicht von den größten Bindungskräften zusammengehalten.
Isaac Newton

$E = mc^2$? Ausgezeichnet, Albert, aber lass mal sehen, wie du das ausgerechnet hast.
Graffito in Cambridge

Francis Aston war der Sohn eines reichen Kaufmanns aus den Midlands. Das ererbte Geld erlaubte ihm, seinen Leidenschaften, dem Reisen und dem Sport, zu leben. Er machte Weltreisen, lief Ski und fuhr bei Autorennen mit. Bei einem Besuch Hawaiis im Jahr 1909 lernte er auf dem Meer vor dem Strand von Waikiki sogar surfen. Aber auf Dauer war das Leben eines reichen Müßiggängers nichts für ihn. Kontaktscheu, wie er war, blieb er unverheiratet und machte dafür die wissenschaftliche Forschung zu seinem Lebensinhalt. Astons Laufbahn war unwiderruflich festgelegt, als er 1910 in Cambridge Assistent von J. J. Thomson wurde. Zu dieser Zeit interessierte sich der Entdecker des Elektrons mehr und mehr für das Problem der Kanalstrahlen.

Die Kanalstrahlen waren 1886 von dem deutschen Physiker Eugen Goldstein entdeckt worden.[1] Bei der Benutzung einer Niederdruck-Gasentladungsröhre mit einem Loch (»Kanal«) in der Kathode war Goldstein aufgefallen, dass die verdünnte Luft auf der der Anode abgewandten Seite der Kathode schwach leuchtete. Seine Vermutung ging dahin, dass die Luftatome in diesem Teil der Röhre von irgendeiner Art unsichtbarer Strahlung getroffen wurden. Da die Strahlen durch das Loch in der Kathode in den Raum dahinter gelangten, mussten sie aus der Richtung der Anode, der positiven Elektrode, kommen. Den entscheidenden Hinweis auf die Natur der Kanalstrahlen erhielten die Forscher, als sie versuchten, sie mit einem magnetischen und einem elektrischen Feld aus ihrer Bahn abzulenken, ähnlich wie J. J. Thomson die Kathodenstrahlen abgelenkt hatte. Es zeigte sich, dass Kanalstrahlen sehr viel schwerer von ihrer Richtung abzubringen waren, was bedeutete, dass sie aus Teilchen bestanden, die vieltausendmal schwerer als Elektronen waren. Damit kam ihre Masse der Masse von Atomen verdächtig nahe.

Wenn die Kanalstrahlenteilchen Atome waren, dann mussten sie solche sein, die eines Teils ihrer Elektronen verlustig gegangen waren, denn das Magnetfeld und das elektrische Feld lenkten sie in die den Kathodenstrahlen entgegengesetzte Richtung ab, worin sich zeigte, dass sie positiv geladen waren. Am einleuchtendsten konnte man sich die Kanalstrahlen als Atome des verdünnten Gases in der Röhre erklären, die von auf die Anode zurasenden Kathodenstrahlteilchen getroffen worden waren. Bei der Kollision wurden Elektronen von den Gasatomen weggesprengt, so dass diese zu positiv geladenen Atomen – »Ionen« – wurden, die dann ihrerseits in die Richtung der negativ geladenen Elektrode beschleunigt wurden. Die meisten Ionen prallten gegen das Metall der Kathode, ein kleiner Bruchteil jedoch schoss durch den »Kanal« in den Raum dahinter. Das war dann die Kanalstrahlung.

Die Lösung des Rätsels der Kanalstrahlen erhellte, was in einer Entladungsröhre *realiter* vor sich ging, wenn zwischen den leitenden Elementen Elektrizität floss. Vom einen Ende der Röhre sausten Kathodenstrahlteilchen in Richtung Anode und kollidierten gelegentlich mit Gasatomen. In die Gegenrichtung floss ein – aufgrund der höheren Masse seiner Teilchen viel trägerer – Strom von Gasatomen, die bei einer Kollision ein oder zwei Elektronen eingebüßt hatten und daher positiv geladen waren. Die Bedeutung der Kanalstrahlen erschöpfte sich jedoch keineswegs in der Aufhellung der mysteriösen Vorgänge im Inneren von Entladungsröhren. Wie J. J. Thomson als Erster erkannt hatte, lieferten Kanalstrahlen eine höchst effektive Möglichkeit, Atomgewichte zu bestimmen. Wie die Ablenkung der Kathodenstrahlen im elektrischen Feld und im Magnetfeld Thomson Aufschluss über die Masse der Elektronen gegeben hatte, aus denen sie bestanden, so zeichnete sich jetzt ein Weg ab, aus der Ablenkung von Kanalstrahlen etwas über die Masse der Atome zu erfahren, aus denen sie bestanden.

Welcherart Atome das waren, hing von dem verdünnten Gas in der Entladungsröhre ab. Befand sich Stickstoff in der Röhre, dann war die Kanalstrahlung ein fadendünner Strom von elektrisch geladenen Stickstoffatomen; war das Gas Helium, bildete ein Strom von geladenen Heliumatomen die Kanalstrahlung. Mithilfe der Ablenkungstechnik vermochte Thomson für eine ganze Reihe von Substanzen eine halbwegs genaue Schätzung ihrer Atommasse vorzunehmen. Es war eine wichtige, aber auch ein wenig öde Arbeit. Irgendwann im Jahr 1913 förderte sie jedoch eine Überraschung zutage. Statt des einzelnen phosphoreszierenden Flecks, der sich an der Stelle der Glaswand der Röhre zeigte, wo die abgelenkten Atome auftrafen, waren auf einmal zwei da.

Das Gas, dem sich dieser eigenartige Effekt verdankte, war Neon. Eine mögliche Erklärung war, dass es aus zwei Varietäten von Atomen bestand: Wenn diese sich in der Masse unterschieden, wurden sie naturgemäß unterschiedlich stark abgelenkt. Aber das war zunächst eine reine Vermutung. Thomson brauchte einen Beweis. Der Mann, dem er die Aufgabe übertrug, ihn herbeizuschaffen, war sein Autorennen fahrender, surfender Assistent Francis Aston. Der rückte dem Problem mit einem extrem arbeitsintensiven Verfahren zu Leibe. Dazu gehörte unter anderem die Diffusion des Neons durch eine Wand von gebranntem (also feinstporigem) Ton. Dahinter stand die Überlegung, dass leichtgewichtige Atome das Hindernis leichter und schneller durchqueren müssten als schwerere. Wenn also Neon tatsächlich eine Mischung aus zweierlei Atomen war, musste das Gas nach dem Durchpassieren des Tons in geringem Grad mit den leichteren Atomen angereichert sein. Nach vielen derartigen Durchgängen musste es messbar leichter als zuvor sein.

Und genau das stellte Aston fest. Er kam zu dem Schluss, dass

Neon eine Mischung aus zwei verschiedenen Isotopen war. Das leichtere Neon-20 war 20-mal so schwer wie Wasserstoff und machte 90 Prozent des Gases aus; das schwerere Neon-22 war 22-mal so schwer wie Wasserstoff und stellte die restlichen 10 Prozent. Nun war auch erklärt, warum das Atomgewicht von Neon mit 20,2 gemessen worden war. Die Zahl war das Mittel aus den Atomgewichten beider Isotope bezogen auf ihre Anteile am Gesamtgewicht.

Da Neon ein stabiles Element ist, war mit der Entdeckung, dass es eine Isotopenmischung war, der Beweis erbracht, dass Isotopie nicht einfach eine Besonderheit von radioaktiven Elementen wie Uran und Radium war. Isotopie ist eine allgemein verbreitete natürliche Eigenschaft. Doch die eigentliche Bedeutung der Entdeckung lag darin, dass sie Aston von dem enormen Potenzial zur Bestimmung von Atomgewichten überzeugte, das in der Ablenkungstechnik lag. Thomson hatte seinen Erfolg mit einer relativ primitiven Apparatur erzielt. Aston war sich sicher, dass er selbst da etwas Besseres zuwege bringen könnte. Aber der Ausbruch des Ersten Weltkriegs machte der reinen naturwissenschaftlichen Forschung ein Ende; für die nächsten vier Jahre bestand Astons von höherer Stelle vorgeschriebene Aufgabe darin, widerstandsfähige Gewebe für Flugzeugabdeckungen zu entwickeln. Aber in dieser Zeit ließ er nicht von seinem Traum ab, ein Präzisionsinstrument zur Bestimmung von Atomgewichten zu bauen, und als er 1918 endlich in sein Cambridger Labor zurückkehren durfte, machte er sich sofort an die Ausführung seines Plans.

Und William Prout hatte doch Recht

Das Herzstück von Astons »Massenspektrograf« – wie das fertige Instrument genannt werden sollte – war eine Entladungsröhre. Hier wurden Ionen eines Isotopengemischs durch enge Schlitze in zwei hintereinander angebrachten Metallplatten geleitet und so zu einem messerscharfen Ionenstrahl gebündelt. Dieser wurde in Teilstrahlen unterschiedlicher Teilchenmassen zerlegt, indem er ein elektrisches und ein magnetisches Feld durchlief, wobei die Ionen unterschiedlicher Masse ungleich stark abgelenkt wurden. Auf einem Auffangschirm bildeten sie sich als ein Feld von parallelen Linien – ein »Massenspektrum« – ab, deren Vermessung die Berechnung der verschiedenen Isotopenmassen erlaubte. Hatte Thomson die Ablenkung seiner Teilchenstrahlen noch schlicht an unscharfen Lichtflecken auf der Glaswand der Röhre gemessen, so verwendete Aston jetzt eine präzisere Methode. Er brachte eine hoch empfindliche Fotoplatte als Auffangschirm in den Gang der abgelenkten Strahlen. Auf ihr wurde nicht nur die Ablenkung der einzelnen Teilstrahlen viel genauer registriert, sondern sie lieferte gleichzeitig auch ein dauerhaftes, beliebig oft nachprüfbares Bild der Dinge.

Mit dem fertig gestellten Massenspektrografen ermittelte Aston die relativen Atommassenwerte von über fünfzig Elementen mit einer Genauigkeit von 1:100000. Zum Vergleich: Bereits eine Genauigkeit von 1:10 hatte für die Unterscheidung zwischen Neon-20 und Neon-22 ausgereicht. Als Erstes entdeckte er bei der Arbeit mit seinem Gerät, dass William Prouts grobe Faustregel alles andere als eine grobe Faustregel war. Prout hatte 1815 darauf aufmerksam gemacht, dass alle festgestellten Atommassen sehr nahe bei einem ganzzahligen Vielfachen der Masse des Wasserstoffatoms, des Atoms mit der geringsten Masse überhaupt, lagen, und daraus gefolgert, dass alle Elemente aus ein und demselben Grundbaustein zusammengesetzt sein müssten, der seiner durchaus plausiblen Annahme nach das Wasserstoffatom war. Seine Schlussfolgerung wurde dann allerdings untergraben durch die Entdeckung einer Handvoll Elemente mit Atommassen, die entschieden *kein* ganzzahliges Vielfaches der Wasserstoffmasse waren, darunter als markantestes Beispiel das Chlor, dessen Atommasse das 35,5-fache des Wasserstoffs betrug.

Als Erklärung für diese Abweichung von Prouts Regel kam die Möglichkeit in Betracht, dass Ausreißer-Elemente wie das Chlor Mischungen aus Atomen unterschiedlicher Masse waren – Isotopengemische, nach heutiger Nomenklatur. Die Vermutung wurde erstmals 1871 von dem englischen Chemiker und Physiker William Crookes geäußert und blieb anschließend vier Jahrzehnte im Raum stehen, weil es keine Möglichkeit gab, sie nachzuprüfen. Mit der Einführung des Massenspektrografen änderte sich die Situation grundlegend.

Aston bekam schnell heraus, dass das Chlor in zwei stabilen Isotopen vorlag. Der Anteil des leichteren Chlor-35-Isotops an dem Gas betrug 77,5 Prozent, der Rest bestand aus dem schwereren Chlor-37-Isotop. Unter Berücksichtigung der Anteile der einzelnen Isotope am Gesamtgewicht entsprach das einem mittleren Atomgewicht, welches das 35,5-fache des Wasserstoffatomgewichts war – exakt das Atomgewicht des Chlors, wie es früher gemessen worden war. Der Massenspektrograf identifizierte auch andere Ausreißer-Elemente als Isotopengemische. Crookes hatte Recht gehabt und Prout ebenfalls. Seine Faustregel hatte sich als universell gültig erwiesen, gültig für alle Isotope aller Elemente.

Das Indizienmaterial, das für den Aufbau der Atome aus Grundbausteinen eines Typs sprach, war jetzt außerordentlich beweiskräftig. Prout wollte diesen Grundbaustein im Wasserstoffatom – nach heutigem Verständnis: im Proton oder Wasserstoffkern – ausgemacht haben. Streng genommen rechtfertigte Prouts Regel jedoch lediglich die Annahme, dass der Grundbaustein die gleiche Masse wie das Proton habe. Zu Prouts Zeit und noch als Aston 1919 seinen Massenspektrografen in Betrieb nahm, kannte man ein einziges Teilchen, das die Masse eines Protons hatte, und das war das Proton selbst. Niemand, selbst der große Rutherford nicht, hatte geahnt, dass die Natur ein zweites Teilchen gleicher Masse in petto hatte, dass es nicht einen, sondern zwei Grundbausteine des Atomkerns gab: das Proton und das Neutron.

Noch das ganze Jahr 1919 über setzte Aston seine Messung der Atommassen fort, dann förderte sein Massenspektrograf just in einem Moment, als er am wenigsten damit rechnete, etwas Merkwürdiges ans Licht: eine klare Abweichung von Prouts Regel. Eine sehr geringe zwar, aber eine, die von enormer Bedeutung für die Naturwissenschaft war, wie sich zeigen sollte. Sie sollte Licht auf die mysteriöse Quelle der Atomenergie werfen und in der Frage, wo die Energie der Sonne und der Sterne herstammte, den bisher deutlichsten Fingerzeig geben.

Die anomale Masse des Wasserstoffatoms

Astons Massenspektrograf lieferte keine Information über die *absolute* Masse der einzelnen Atome. Die Arbeit mit ihm führte nicht zu Feststellungen der Art: Die Masse dieses oder jenes Atoms beträgt soundsoviel milliardstel oder billionstel Gramm. Die effektive Leistung der Apparatur bestand in der Ermittlung des quantitativen Verhältnisses zwischen den Massen verschiedener Atome. Sie lieferte Informationen über die *relativen* Atommassen.

Bei einer solchen Bestimmung relativer Werte ist es zweckmäßig, eine feste Bezugsgröße als Maßeinheit zu wählen. Aston entschied sich ziemlich willkürlich für das Sauerstoffatom als Bezugsmasse. Für die Masse des Sauerstoffatoms setzte er allerdings nicht den Wert 1 fest, sondern den Wert 16. Heute ist das Kohlenstoffatom mit dem Wert 12 die Bezugsmasse für die Massenzahlen der Elemente. Im Folgenden gebe ich deshalb die Massenzahlen so an, wie Aston sie errechnet haben würde, hätte er das Kohlenstoffatom anstelle des Sauerstoffatoms als Bezugsmasse benutzt.

Astons Messungen hatten ergeben, dass Prouts Regel mit einem Grad von Genauigkeit zutraf, wie Prout selbst es sicherlich nie zu hoffen gewagt hatte. Die Massenzahlen der meisten Atome waren nicht lediglich *annähernd* ganze Zahlen, sondern *glatte* ganze Zahlen. Es gab da nur eine hervorstechende Ausnahme: das Wasserstoffatom. Wenn Prouts Regel exakt und unbedingt galt, hätte die Massenzahl des Wasserstoffs 1 sein müssen. Aston maß sie mit 1,008.

Das Wasserstoffatom war 0,8 Prozent schwerer, als es von Rechts wegen hätte sein dürfen.

Das hatte für Prouts Hypothese schwerwiegende Konsequenzen. Wenn der Wasserstoffkern tatsächlich der Grundbaustein aller Atome war, wie Prout behauptet hatte und Astons Messungen zunächst zu bestätigen schienen, dann durfte man mit Fug und Recht erwarten, dass ein Atom, das sich aus vier Wasserstoffatomen zusammensetzte, viermal so viel wie ein einzelnes Wasserstoffatom wog, dass ein aus zwölf Wasserstoffatomen zusammengesetztes Atom zwölfmal so viel wie jeder einzelne Baustein wog usw. Die anomal hohe Masse des Wasserstoffatoms bedeutete jedoch, dass diese logische Erwartung niemals erfüllt wurde.

Wenn ein Heliumatom aus vier Wasserstoffatomen bestand, musste seine Massenzahl 4 x 1,008 = 4,036 sein. Astons Messungen hatten für sie jedoch exakt den Wert 4 erbracht. Und wenn ein Sauerstoffatom aus sechzehn Wasserstoffatomen bestand, musste seine Massenzahl 16 x 1,008 = 16,128 sein. In Wirklichkeit war sie 16. Und so nicht nur bei Helium und Sauerstoff. Wenn die Massenzahl des

Wasserstoffs 1,008 war, dann war die Masse aller Atomkerne geringer als die Summe der Teilmassen, aus denen sie sich zusammensetzte. Das entbehrte jeglicher Logik. Wenn man zwei Massen von je einem Kilogramm auf eine Waage stellte, dann zeigte die Waage in jedem Fall zwei Kilogramm an und nicht 0,8 Prozent weniger. Anscheinend war es in der atomaren Sphäre möglich, dass Masse sich in Luft auflöste.

Beim Nachgrübeln über seine Entdeckung fiel Aston eine gewagte Mutmaßung über Atome ein, die ein eigenbrötlerischer schweizerischer Chemiker namens Jean Charles Gallisard de Marignac über ein halbes Jahrhundert früher geäußert hatte. De Marignac hatte dreißig Jahre in einem kalten, feuchten Kellerraum der Universität Genf mit der skrupulösen Bestimmung der Atommasse der gängigen Elemente verbracht und dabei seine Gesundheit ruiniert. Aber gleichzeitig hatte er Massenberechnungen hervorgebracht, die zwar zugegebenermaßen nicht mit denen von Aston konkurrieren konnten, für ihre Zeit jedoch hervorragend waren.

Wie viele andere Naturwissenschaftler hatte sich auch de Marignac über Ausreißer-Elemente wie das Chlor, deren Masse kein glattes ganzzahliges Vielfaches der Wasserstoffatommasse war, lange und angestrengt den Kopf zerbrochen. Indes war er nicht wie Crookes zu dem Schluss gekommen, dass solche Elemente Mischungen aus verschiedenartigen Atomen waren, von denen jedes für sich genommen eine mit Prouts Regel übereinstimmende Massenzahl besaß. 1861 publizierte de Marignac seine eigene, anders lautende Ansicht: Jedes Element verstoße in mehr oder minder großem Umfang gegen Prouts Regel, das einzig Besondere bei einem Element wie Chlor sei, dass die Abweichung hier groß genug ausfalle, um messbar zu sein. Im Hinblick auf die Gründe der Ungenauigkeit von Prouts Regel wartete de Marignac mit einer verblüffenden Erklärung auf: Wenn Wasserstoffatome zusammentreten oder »kondensieren«, um ein neues Element zu bilden, dann, so meinte er, entweicht Masse in Form von Energie.

Masse entweicht in Form von Energie.

Sechzig Jahre später hallten diese Worte in Astons Gedanken wider. Seine Messungen mit dem Spektrografen hatten ihn zu der Überzeugung gebracht, dass der Wasserstoff in der Tat der Grundbaustein aller Atome war. Andererseits hatten sie auch zu dem widersinnigen Ergebnis geführt, dass die verschiedenen Atome weniger wogen als die Summe ihrer Teile. Der einzige Weg, die beiden scheinbar unvereinbaren Beobachtungen auf einen Nenner zu bringen, führte über die von Marignac gemachte Annahme, dass bei der Vereinigung von Wasserstoffatomen zu einem neuen Element Masse in Form von Energie schwand.

Im Jahr 1861 war diese Hypothese etwas Unerhörtes. Bis zum Jahr 1919 hatte sie sich freilich zu einem Gedanken gemausert, den zu vertreten sich sogar ein respektabler Naturwissenschaftler wie Aston leisten konnte. Was das geistige Klima so radikal verändert hatte, war eine 1905 der Öffentlichkeit vorgestellte revolutionäre Theorie der Zeit und des Raums.

Die Illusion von Raum und Zeit

Albert Einsteins spezielle Relativitätstheorie bereinigte einen höchst peinlichen Streitfall, der zwischen zwei Disziplinen der Physik und den sie begründenden Theorien eingetreten war. Im Zentrum der Auseinandersetzung stand die Lichtgeschwindigkeit.

Nach der von dem schottischen Physiker James Clerk Maxwell in den 1860er-Jahren entwickelten Theorie des »Elektromagnetismus« war das Licht eine »elektromagnetische« Welle. Da kein Mensch jemals an einen Zusammenhang zwischen optischen Phänomenen einerseits und Elektrizität und Magnetismus andererseits gedacht hatte, löste dieser Teil der Theorie nicht wenig Überraschung aus. Aber die Überraschung sollte noch zunehmen. Die Theorie behauptete, dass elektromagnetische Wellen sich im leeren Raum immer und unter allen Umständen mit der Geschwindigkeit von 300 000 Kilometern pro Sekunde – eine Million Mal schneller als Schallwellen – ausbreiteten. Das eigentlich Erstaunliche dabei war jedoch nicht die Größenordnung der Geschwindigkeit, sondern der Aspekt, dass sie unveränderlich die gleiche blieb. Maxwells Theorie postulierte nämlich, dass der Messwert der Lichtgeschwindigkeit sowohl von der Bewegung der Lichtquelle als auch von der Bewegung des Beobachters unabhängig sei.

Maxwells Theorie des Elektromagnetismus stand im Widerspruch zur »Mechanik«, der Theorie der Bewegung, wie sie von

Galileo und Newton formuliert worden war. Nach den Gesetzen der Mechanik musste die Geschwindigkeit von Licht aus einer Quelle, die sich mit der Geschwindigkeit von, sagen wir, 150 000 km/s auf den »Beobachter« zubewegte, am Ort des Beobachters mit 300 000 km/s + 150 000 km/s = 450 000 km/s gemessen werden. Gleiches galt, wenn der Beobachter sich mit der Geschwindigkeit von 150 000 km/s auf eine stationäre Lichtquelle zubewegte: Auch in diesem Fall musste er die Geschwindigkeit des bei ihm ankommenden Lichts mit 300 000 km/s + 150 000 km/s = 450 000 km/s registrieren. Und so entspricht es ja auch dem schlichten gesunden Menschenverstand, der einem sagt, dass ein Frontalzusammenstoß zweier Autos, die beide mit 100 km/h unterwegs sind, den gleichen Effekt hat, wie wenn ein Auto mit 200 km/h in ein stehendes Fahrzeug hineinrast.

Im Widerspruch zu dieser simplen intuitiven Erkenntnis postulierte Maxwells Theorie, dass es einerlei sei, ob ein Beobachter sich mit 150 000 km/s auf eine Lichtquelle zubewegte bzw. die Lichtquelle sich auf ihn zubewegte: Er würde für das bei ihm ankommende Licht allemal eine Geschwindigkeit von 300 000 km/s messen.

Die Theorie des Elektromagnetismus und die Gesetze der Mechanik konnten nicht beide zugleich richtig sein. Doch nur Einstein war ungeniert und kühn genug, die Gesetze der Mechanik – Theoreme, an denen in der ganzen Zeit seit ihrer Formulierung, also über zweihundertfünfzig Jahre lang, niemand etwas auszusetzen gefunden hatte – in Zweifel zu ziehen.[2] Bei genauerem Hinsehen zeigt sich, dass seine Überzeugung von der Unzulänglichkeit der Mechanik über lange Zeit in ihm herangereift war. Bereits gegen Ende seines zweiten Lebensjahrzehnts war ihm klar geworden, dass die Theorie dieser Disziplin auf fragwürdigen Voraussetzungen gründete. Eine davon war die Annahme, dass es so etwas wie eine absolute Geschwindigkeit gebe, d. h. dass die Geschwindigkeit eines Körpers etwas Eindeutiges sei, das für alle Beobachter des Körpers den gleichen Wert habe. Bei intensivem Nachdenken über diesen Gegenstand war Einstein jedoch zu der Ansicht gekommen, dass dies nicht zutrifft.

Newtons Rezept zur Messung der Geschwindigkeit eines sich durch den Raum fortbewegenden Körpers war die Messung der Zeit, die der Körper benötigte, um die Distanz zwischen zwei gegebenen Punkten zu überwinden. Einstein hingegen hatte erkannt, dass dieses Verfahren auf zwei unsicheren Annahmen beruhte. Die erste lautete, dass die Zeit für jedermann im gleichen Tempo vergeht, d. h., dass es so etwas wie eine universale oder »absolute« Zeit gibt. Nur wenn dies der Fall war, konnten zwei Beobachter zur Übereinstimmung in der Frage kommen, wie lange ein Körper für den Weg von einem Punkt im Raum zu einem zweiten brauchte.

Der übliche Weg, auf dem zwei Beobachter sicherstellten, dass ihre Uhren die gleiche Zeit zeigten, bestand darin, sie zu vergleichen und so einzustellen und zu regulieren, dass die Anzeigen übereinstimmten und die Übereinstimmung weiterhin erhalten blieb. Zu diesem Zweck mussten die Beobachter kontinuierlich Informationen über den Stand ihrer Uhren austauschen. Indem Newton die Existenz von so etwas wie einer universalen Zeit postulierte, setzte er stillschweigend voraus, dass die Übermittlung von Information über den Stand der Zeit augenblicklich erfolgen könne – d. h. mit unendlich hoher Geschwindigkeit.

Doch Maxwells Theorie zufolge war das unmöglich. Die Aussage, dass die Lichtgeschwindigkeit für alle Beobachter unabhängig von deren Bewegung (und also auch Geschwindigkeit) den gleichen Wert habe, besagte, dass das Licht uneinholbar war. Selbst ein Beobachter, dem es gelänge, einen zurückweichenden Lichtstrahl mit 99-prozentiger Lichtgeschwindigkeit zu verfolgen, würde ihn immer noch mit Lichtgeschwindigkeit davonwitschen sehen. Da mit dem Licht letztlich nicht gleichzuziehen war, musste die Lichtgeschwindigkeit die größtmögliche Geschwindigkeit im Kosmos darstellen. Zwei Beobachter, die ihre Uhren synchronisieren wollten, konnten folglich den erforderlichen Informationsaustausch äußerstenfalls mit Lichtgeschwindigkeit vornehmen – und das Licht war zwar sagenhaft schnell, aber eben nicht unendlich schnell.

Daraus ergaben sich verheerende Konsequenzen für das traditionelle Zeitkonzept. Laut Einstein gingen Uhren unterschiedlich schnell im Maßstab der Geschwindigkeit ihrer Bewegung relativ zueinander. Wichtiger noch: Die Diskrepanz in der Ganggeschwindigkeit der Uhren zweier Beobachter beschleunigte sich dramatisch, je näher die Relativgeschwindigkeit zwischen ihnen der Lichtgeschwindigkeit rückte.

Die Relativität der Zeit war der Menschheit vollständig verborgen geblieben, weil die Größenordnung der Lichtgeschwindigkeit die Dimensionen menschlicher Alltagserfahrung weit überstieg. Mit dem Licht verglichen kriechen uns vertraute Dinge – von den Autos über Expresszüge bis hin zu Überschalljägern – in einem Ultrazeitlupentempo dahin.

Aber die absolute Zeit blieb nicht das einzige Opfer der endlichen und konstanten Lichtgeschwindigkeit. Dem absoluten Raum setzte sie mit nicht minder ruinösen Folgen zu. Denn die zweite wackelige Annahme, auf die Newton sein Rezept für die Geschwindigkeitsmessung gegründet hatte, lautete dahin, dass zwei Beobachter die Entfernung zwischen zwei gegebenen Punkten im Raum stets gleich beurteilen würden. Man konnte sich vorstellen, den Raum zwischen den Punkten auszuschneiden und mit einem Zollstock abzumessen, als ob man ein Stück Leinwand abschneidet und misst.

Aber war der Raum wirklich eine kosmische Leinwand, die unabhängig von den im All vorhandenen materiellen Körpern existierte? Nach Newtons Überzeugung war er das. Einstein jedoch sah keinen Beweis für die Existenz eines solchen »absoluten Raums«. Für ihn war der Raum lediglich ein Abstand zwischen materiellen Körpern. Nicht mehr, nicht weniger. Ohne Körper im All gäbe es keinen Raum.

Wie das Synchronisieren zweier Uhren war das Ausmessen des Abstands zwischen zwei Körpern im Raum nicht schneller als mit Lichtgeschwindigkeit zu bewerkstelligen. Einstein dachte sich die Sache im Prinzip so, dass ein Beobachter Lichtstrahlen auf Körper lenkte, von denen sie reflektiert wurden, woraufhin er anhand des bekannten Werts der Lichtgeschwindigkeit aus der Zeit, die sie für die Rückkehr zum Ausgangspunkt benötigten, die Distanzen zwischen sich und den Körpern errechnete. Das Ausmessen des Raums unter Zuhilfenahme des Lichts mit seiner endlichen und konstanten Geschwindigkeit führte zu gleichermaßen schwer wiegenden Konsequenzen wie das Messen der Zeit. Nach Einsteins Berechnungen mussten Beobachter, die sich relativ zueinander in Bewegung befanden, für die Entfernung zwischen zwei Körpern im Raum ungleiche Werte messen. Der Raum des einen Menschen war nicht der gleiche wie der eines zweiten. Und wie bei der Zeit nahm die Diskrepanz dramatisch beschleunigt zu, je näher die Relativgeschwindigkeit zwischen ihnen der Lichtgeschwindigkeit kam.

Einsteins Urteil war eindeutig. Es gab keinen absoluten Raum, der als Maßstab für die Messung der Position von Körpern hätte fungieren können, und es gab keine absolute Zeit, die als Maßstab für den Uhrenvergleich hätte fungieren können. Raum und Zeit waren beide relativ; die newtonsche Mechanik war auf Treibsand gebaut. Stattdessen begründete Einstein seine neue Mechanik – die »spezielle Relativitätstheorie« – auf der felsenfesten Konstante der Lichtgeschwindigkeit.

Aus der speziellen Relativitätstheorie, die Einstein im selben Jahr veröffentlichte wie seine Atomtheorie der Brownschen Bewegung, ergab sich, dass eine bewegte Uhr langsamer ging als eine »ruhende« – d. h., für einen Beobachter, der sich relativ gegen einen anderen bewegte, benötigte ein Körper weniger Zeit, um die Distanz zwischen zwei gegebenen Punkten zu überwinden. Selbstverständlich mussten beide Beobachter in Bezug auf die Geschwindigkeit des Körpers, der sich von einem Punkt zum anderen bewegte, den gleichen Wert registrieren, wenn dieser »Körper« Licht war, denn die Lichtgeschwindigkeit war für alle Beobachter gleich, unabhängig von deren Bewegung. Daraus folgte, dass ein Beobachter in Bewegung nicht nur eine kürzere Zeit für die Überwindung der Entfernung zwischen zwei Punkten maß als ein Beobachter in Ruhe, sondern darüber hinaus auch die Entfernung als eine kürzere registrieren musste (denn nur so blieb die Lichtgeschwindigkeit für ihn die gleiche).

Hier hatte man nun die Auflösung des Konflikts zwischen Mechanik und Elektromagnetismus. Für einen Beobachter in Bewegung dehnte sich (»dilatierte«) die Zeit, während der Raum schrumpfte (»kontrahierte«). Und Zeitdilatation und Raumkontraktion erfolgten, als ob irgendein unglaubliches kosmisches Komplott dahintersteckte, stets in der Weise, dass der Wert der Lichtgeschwindigkeit für alle Beobachter exakt der gleiche blieb.

Aber die Konsequenzen des Relativitätsprinzips für Raum und Zeit waren nicht damit erschöpft, dass die Dimensionen sich dehnten und zusammenzogen wie Gummibänder. Schon dass es sie überhaupt gab, verdankten Raum und Zeit dem Gewebe aus kreuz und quer durch das Universum schießendem Licht. Was dem einen Beobachter als ein Raumintervall erschien, konnte einem anderen Beobachter, der sich relativ gegen den ersten bewegte, als ein Intervall von Raum und Zeit erscheinen. Und was dem einen Beobachter als ein Zeitintervall erschien, konnte einem anderen, der sich relativ gegen den ersten bewegte, als ein Intervall von Zeit und Raum erscheinen.

Raum und Zeit waren dasselbe. Unsere Sinne ließen sich in ihnen nur deshalb zwei voneinander unabhängige Entitäten vorgaukeln, weil wir in einer Welt der langsamen Bewegung lebten. Wären wir in einer Welt zuhause, wo alles sich nahezu mit Lichtgeschwindigkeit bewegt, würden wir nur eine homogene Einheit kennen: das Raum-Zeit-Kontinuum oder, kurz, die Raumzeit. Und anders als Raum und Zeit, die relativ waren, war die Raumzeit absolut, ein Faktum, das Einsteins einstiger Mathematikprofessor Hermann Minkowski schon 1908 konstatiert hatte.[3] Sie wurde durch massereiche Körper gekrümmt, wie Einstein 1915 darlegen sollte, und konnte in einem schwarzen Loch ein jähes Ende finden, wie der englische Physiker Roger Penrose 1964 zeigen sollte. Die Raumzeit, nicht der absolute Raum der klassischen Physik war die Leinwand, auf der das kosmische Drama spielte.

Einsteins »Vereinheitlichung« von Raum und Zeit hatte enorme Nachwirkungen, denn das gesamte Gebäude der klassischen Physik wurde von den zweifachen Grundmauern Raum und Zeit getragen. Dass beispielsweise des einen Beobachters Raum des anderen Beobachters Zeit war, wirkte als Initialzündung für die Erkenntnis, dass des einen elektrisches Feld des anderen magnetisches Feld sein konnte. Wieder war es die in unserer Welt vorherrschende Langsamkeit gewesen, die uns zwei separate Entitäten vorgegaukelt hatte, wo es in Wirklichkeit nur eine einzelne, homogene gab: das elektromagnetische Feld.

Doch unter allen Vereinheitlichungen, die Einsteins spezielles Relativitätsprinzip mit sich brachte, war die verblüffendste ohne Frage die Vereinheitlichung von Masse und Energie.

Die Äquivalenz von Masse und Energie

Auch den Zusammenhang zwischen Masse und Energie kann man als eine direkte Konsequenz der Unerreichbarkeit der Lichtgeschwindigkeit ansehen. Der Normalverstand sagte einem, dass ein

Körper, den man immer stärker schiebt, sich immer schneller bewegt, um schließlich Lichtgeschwindigkeit zu erreichen und zu überschreiten. Da dies unmöglich war, musste es so sein, dass der Körper dem Schub irgendeinen Widerstand entgegensetzte, und dieser Widerstand musste sich in der Nähe der Lichtgeschwindigkeit ins Unermeßliche steigern, so dass die größtmögliche Geschwindigkeit niemals erreicht wird.

Die einzig vorstellbare Quelle eines solchen Widerstands war die Masse des Körpers. Aus irgendeinem Grund musste er mit zunehmender Geschwindigkeit immer schwerer werden. Mit anderen Worten: Die zunehmende Bewegungsenergie musste als eine Zunahme der Masse zu Buche schlagen.

Eine eigentümliche Konsequenz aus diesem Gedankengang besagt, dass ein Körper durch Erwärmen schwerer werden muss, da sich ja seine Atome nun schneller bewegen. Es ist ein extrem geringfügiger Effekt. Nichtsdestoweniger ist es Tatsache, dass ein Liter Wasser auf 100 Grad Celsius erhitzt ein paar billionstel Gramm mehr wiegt als mit Temperatur 0 Grad Celsius.

Aber wie kann es sein, dass Bewegungsenergie sich in Masse verwandelt? Ein Fundamentalsatz der Physik ist das »Energieerhaltungsprinzip«: Energie kann weder erzeugt noch vernichtet werden, sondern nur von einer Form in eine andere übergehen. Demnach, so folgerte Einstein, ist auf jene Frage nur eine einzige sinnvolle Antwort möglich, nämlich die, dass Masse selbst eine Form von Energie ist.

Daraus folgte zweierlei. Zum einen: Es war möglich, andere Formen von Energie – zum Beispiel Bewegungsenergie – in Massenenergie umzuwandeln. Zum anderen: Es war möglich, Massenenergie in andere Formen von Energie umzuwandeln – zum Beispiel in Wärmeenergie. Die von Einstein entdeckte Formel für die Menge der in einem Stück Materie eingeschlossenen Energie ist wohl die berühmteste und zugleich am wenigsten verstandene Formel der gesamten Wissenschaftsgeschichte:

$$E = mc^2$$

(wobei E die Energie, m die Masse eines Körpers und c die Lichtgeschwindigkeit darstellt).

Da es eine sehr große Zahl ist, in der sich die Lichtgeschwindigkeit ausdrückt, und sie überdies in der zweiten Potenz als Muliplikationsfaktor in Einsteins Formel auftritt, zeigt schon der erste Blick auf die Gleichung, dass selbst eine kleine Menge Materie eine riesige Menge Energie enthalten muss. Tatsächlich ist Masse Energie in so konzentrierter Form, dass ein einziges Kilogramm Materie theoretisch die gleiche Wärmemenge freizusetzen vermag wie hunderttausend Tonnen Dynamit.

Die Masse-Energie-Äquivalenz hat weit reichende Konsequenzen, denn sie gilt universell. Jede Energie, ob elektromagnetische, chemische oder Schallenergie, hat ihr Massenäquivalent. Und wie die Masse eines Körpers durch Energiezufuhr zunimmt, so wird sie durch Energieverlust verringert. Das bedeutet, dass ein fossiler Brennstoff wie Kohle Masse verliert, wenn er Wärme abgibt. Doch bei Lichte besehen ist der Verbrennungsprozess ungeheuer ineffizient: Nur ein Hundertmillionstel der Masse wird beim Verbrennen von Kohle in Energie umgewandelt. Anders gesagt: Wird ein Ein-Kilo-Brocken Kohle vollständig verbrannt, wiegen die übrig gebliebene Asche und die beim Verbrennen entstandenen Gase zusammen nur ein hundertmillionstel Kilogramm weniger, als der Kohlebrocken ursprünglich wog. Massenschwund dieser Größenordnung ist nicht messbar, eine einfache Verifikation des Äquivalenzprinzips daher nicht möglich.

Doch Einstein war nicht leicht zu entmutigen. In der Abhandlung von 1905, in der er der Welt den so überraschenden wie aufregenden Zusammenhang zwischen Masse und Energie kundtat, trug er auch die Mutmaßung vor: »Es ist nicht ausgeschlossen, dass die Theorie an Körpern, deren Energiegehalt in hohem Grade veränderbar ist, überprüft werden kann.«

Körper mit hochgradig veränderbarem Energiegehalt – damit waren radioaktive Körper gemeint. Erst zwei Jahre zuvor hatten Pierre Curie und Albert Laborde festgestellt, dass Radium etwa eine Million Mal so viel Energie erzeugt wie die gleiche Masse eines fossilen Brennstoffs wie Kohle. Es war klar, dass eine solche Energieabgabe mit einer handfesten Einbuße an Masse verbunden war. Während das Verbrennen von Kohle nur ein Hundertmillionstel der gesamten Massenenergie des Brennstoffs in Wärme umwandelte, konnte der Radiumzerfall nicht anders als unter Opferung eines Hundertstels der Radiummasse vonstatten gehen.

Das war ein ansehnlicher Verlust an Masse. Das nachzuweisen überstieg im Jahr 1905 noch bei weitem die Möglichkeiten von Experimentatoren, weil die umfangreichsten Radiumproben, die sie überhaupt ergattern konnten, nicht mehr als Krümel waren.

Die Urquelle der Atomenergie

Die eigentliche Bedeutung von Einsteins Vermutung in Bezug auf radioaktive Substanzen lag darin, dass hier endlich jemand die Quelle der von zerfallenden Atomen entbundenen ungeheuren Energiemengen erkannt hatte. Was auch immer es mit den Erschütterungen auf sich haben mochte, die ein Atom in ein anderes umwandelten – außer Zweifel stand jetzt, dass sie einhergingen mit der Umwandlung von Massenenergie in andere Energieformen – beispielsweise in die Bewegungsenergie von Alpha-Teilchen, die mit Zehntausenden km/s aus Atomkernen herausgeschossen kamen. Letzten Endes stammte die außerordentliche Energie des Atoms aus der Vernichtung von Masse.

Für Einstein lag der Sachverhalt auf der Hand. Alle anderen fanden ihn nicht so einleuchtend. Die meisten Physiker taten sich schwer mit dem speziellen Relativitätsprinzip und seinen beunruhigenden Konsequenzen für die klassischen Konzepte von Raum und Zeit, Energie und Masse, und so dauerte es eine Weile, bis sie ihren Frieden mit der Neuerung machten. Ganz anders reagierte Francis Aston. Beim Nachgrübeln darüber, wie die anomal hohe Masse des Wasserstoffatoms zu erklären sei, ging ihm auf, dass Einstein und de Marignac zusammen ihm den Schlüssel zur Lösung des Rätsels geliefert hatten.

De Marignac hatte gemutmaßt, dass das Atomgewicht von Substanzen wie Helium oder Kohlenstoff weniger betragen müsste als die Summe der Gewichte ihrer atomaren Bestandteile, weil beim Zustandekommen von Helium-, Kohlenstoff- und anderen Atomen Masse in Form von Energie entweiche. Nun, da Einstein entdeckt hatte, dass auch Energie etwas wog, war de Marignacs Überlegung ein vollkommen logischer Gedankengang. Blieb nur noch zu erklären, warum bei der Bildung von Atomen Energie entwich – präziser ausgedrückt: warum Massenenergie in andere Energieformen überging. Die Antwort sprang Aston förmlich in die Augen. Die Umwandlung war ein unvermeidlicher Ausfluss der Kraft, die wie ein Leim die Kernbausteine zusammenhielt.

Die Freisetzung von Bindungsenergie

Warum im Atomkern ein solcher »Leim« gebraucht wurde, war unschwer zu sehen. Wasserstoffkerne – Protonen – stoßen sich aufgrund ihrer elektrischen Ladung ab. Die Existenz schwerer Kerne hat jedoch zur Voraussetzung, dass zwischen Protonen noch eine andere Kraft wirkt, die der Abstoßung der elektrischen Ladungen entgegenwirkt und verhindert, dass Atomkerne sich selbst auseinander sprengen. Diese Anziehungskraft muss unwiderstehlich stark werden, sobald Wasserstoffkerne einander sehr nahe kommen.[4]

Stellen wir uns einmal vor, was geschieht, wenn Wasserstoffkerne einander so nahe kommen, dass sie unter den Einfluss der machtvollen Kernkraft geraten. Wie die Schrapnelle in einer rückwärts abgespielten Filmaufnahme von der Explosion einer Granate beginnen sie aufeinander zuzustürzen, werden schneller und schneller, bis sie schließlich zusammenprallen. Zu dem Zeitpunkt führen sie allerdings eine inzwischen angesammelte ungeheure Bewegungsenergie mit, die sie auf irgendeine Weise loswerden müssen, um zusammenbleiben zu können und nicht durch immensen Rückprall gleich wieder auseinander getrieben zu werden. Die überschüssige Energie könnte als energiereiches Teilchen oder als Gamma-Strahlung abgestoßen werden. Die Einzelheiten sind dabei nicht wichtig. Der wichtige Aspekt ist, dass die Bildung eines Atomkerns zwangsläufig mit Energieabgabe gekoppelt ist.

Tatsache ist, dass alle Dinge, wenn sie aneinander gebunden sind, weniger Energie besitzen als im ungebundenen Zustand. Und da Energie eine Masse hat, wiegen sie auch im gebundenen Zustand weniger als im freien.

Ein solches gebundenes System kann die Sonne sein, zusammen mit einem Meteoriten, der auf ihre »Oberfläche« gestürzt ist. Die durch den Einschlag erzeugte Energie entweicht aus dem System als Wärme, so dass die Sonne und der Meteorit zusammen im Kontakt weniger wiegen als vor dem Kontakt.[5] Der Massenverlust ist natürlich minimal, weil die Massenanziehungskraft, die den Meteoriten und die Sonne miteinander verbindet, schwach ist. Ganz anders stellen sich die Dinge hingegen im Atomkern dar. Hier hält eine enorm starke Kernkraft die einzelnen Komponenten zusammen, so dass der resultierende Massendefekt immerhin ein solches Ausmaß erreicht, wie es zu seiner Zeit für Aston im Massenspektrografen zu beobachten war.

Die Frage liegt nahe, ob die einzelnen Bausteine in gebundenem Zustand wirklich masseärmer sind als im freien. Sind sie in irgendeiner Weise geschrumpft? Tatsächlich ist dies eine sinnlose Frage, gleichwertig mit: »Wie ist jetzt die genaue Zeit?« oder »Wie lang ist diese Lineal?« So wie es unter dem Relativitätsprinzip keine Möglichkeit gibt, Raum- und Zeitabschnitte mit allein gültigem Ergebnis zu messen – das Ergebnis hängt immer von der Bewegung des Beobachters ab –, so gibt es auch keine Möglichkeit der allein gültigen Messung von Masse. Hier hängt das Ergebnis immer davon ab, wie fest die Bausteine eines Körpers miteinander verbunden sind. Raum und Zeit, Masse und Energie sind aufgrund ihrer Austauschbarkeit sämtlich instabile, veränderliche Konzepte.

Unter Physikern ist es allerdings üblich, die Kernbausteine so zu behandeln, als hätten sie im Kern gebunden die gleiche Masse wie im freien Zustand. Daraus ergibt sich das Problem, eine Erklärung für die Energieabgabe bei der Kernbildung zu finden. Wenn die ausgestoßene Energie nicht aus der Massenenergie der Kernbausteine stammt, woher dann?

Im Atomkern gibt es noch eine zweite Energiequelle. Die Physiker sprechen von »Bindungsenergie«. Ein Atomkern besitzt Bindungsenergie aufgrund der Tatsache, dass er von der Kernkraft zusammengeleimt wurde und es ohne Frage Energie erfordert, ihn in seine Bestandteile zu zerlegen. Die Kernkraft zog anfangs die Teilchen zusammen, aus denen der Kern sich zusammensetzt. Sie verlieh ihnen die Bewegungsenergie, die sie dann abstrahlen mussten, damit der Kern zusammenblieb. Die Bindungsenergie ist demnach die Urquelle der von einem neu gebildeten Atomkern abgestrahlten Energie.

Demnach muss, wenn Kernbausteine zu einem Atomkern zusammentreten, ihre Bindungsenergie abnehmen. Niedrige Bindungsenergie ist gleichbedeutend mit fester Bindung. Da aber die

Bindungsenergie der Kernbausteine, solange diese ungebunden und durch große Distanzen getrennt sind, gleich null ist, ist die Bindungsenergie des Kerns immer eine negative Größe. Das sorgt dafür, dass die Gesamtenergie eines Kerns – die Summe der Massenenergie der Bestandteile plus Bindungsenergie – immer geringer ist als die Summe der Massenenergie der Bestandteile für sich genommen. Und je fester die Bindung im Kern – d. h. je geringer (oder je weiter im negativen Bereich) seine Bindungsenergie –, desto weniger scheint er zu wiegen.

Das Konzept der Bindungsenergie half Aston, sich den Massendefekt verständlich zu machen, den er in seinem Spektrografen beobachtet hatte. Ein Atomkern wog weniger als erwartet, weil bei seinem Zustandekommen unvermeidlicherweise Bindungsenergie abgegeben wurde.

Das alles fügte sich vollkommen logisch zusammen in der Theorie. Aber wie sah es in der Praxis aus? Gab es irgendeinen Anhaltspunkt dafür, dass Kerne einer leichten Atomart wie des Wasserstoffs sich zum Kern eines schweren Atoms vereinen konnten? Erstaunlicherweise gab es den. Entdeckt wurde er von Ernest Rutherford im selben Jahr, in dem Aston die Anomalie in der Masse des Wasserstoffatoms auffiel.

Wasserstoffatome aus der Luft

In dieser Sache war Rutherford in hohem Maß Ernest Marsden verpflichtet, dem Neuseeländer, dessen gemeinsam mit Hans Geiger durchgeführter Alpha-Streuversuch ihn auf die Existenz des Atomkerns aufmerksam gemacht hatte. Noch 1915 arbeitete Marsden in Manchester an seinen Versuchen mit Alpha-Teilchen weiter. Allerdings feuerte er mit seinen winzigen Geschossen jetzt nicht mehr auf Gold-, sondern auf Wasserstoffatome.

Der Wasserstoffkern war nicht nur viel leichter als der Kern des Goldatoms, sondern leichter auch als ein Alpha-Teilchen. Deshalb war zu erwarten, dass er, von einem Alpha-Teilchen getroffen, wegschnellen würde wie eine kleine Murmel beim Anstoß einer großen. Dieses Wegprallen wollte Marsden mithilfe einer recht einfachen Apparatur beobachten. Sie bestand aus einem kleinen Messingkasten, aus dem die Luft herausgepumpt und durch Wasserstoffgas ersetzt worden war. In dem hermetisch abgedichteten Kasten schoss eine Strahlungsquelle vom einen Ende aus einen kontinuierlichen Alpha-Teilchenstrom in die Richtung eines am anderen Ende angebrachten »szintillierenden« (flimmernden) Zinksulfidschirms. Theoretisch sollte nun Folgendes geschehen: Die Alpha-Teilchen prallen gegen die Atome der Gasfüllung und werden durch den Zusammenstoß von ihrer Bahn abgelenkt. Als Gesamtergebnis vieler solcher Kollisionen findet ein Energietransfer von den Alpha-Teilchen auf Wasserstoffatome statt. Die Bewegung der Alpha-Teilchen wird langsamer, die der Wasserstoffatome schneller. Dabei bleibt es nicht aus, dass ein Teil der beschleunigten Wasserstoffatome auf den Zinksulfidschirm auftrifft.

Als Marsden den Schirm durchs Mikroskop in Augenschein nahm, konnte er die von den subatomaren Einschlägen ausgelösten winzigen Lichtblitze registrieren. Die Sache lief genau wie erwartet. Indes, mit der Wiederholung des Versuchs wollte es dann nicht so recht klappen. Nachdem Marsden zum zweiten Mal die Luft aus seinem Messingkasten gepumpt hatte, betrachtete er den Zinksulfidschirm durchs Mikroskop, um sich davon zu überzeugen, dass seine Apparatur in Ordnung war. Da er noch kein Wasserstoffgas in den Behälter eingeleitet hatte, gab es da drinnen auch noch keine Wasserstoffatome, die von den Alpha-Teilchen hätten in Fahrt gebracht werden können. Der Leuchtschirm hätte also noch ganz dunkel sein müssen. Durch sein Mikroskop sah Marsden aber nicht ins Dunkel, sondern in frappante Helligkeit. Auf der ganzen Schirmfläche war ein regelrechtes Feuerwerk von Lichtblitzen im Gang. Unentwegt schlugen Wasserstoffatome auf der Zinksulfidbeschichtung ein, obwohl der Kasten nicht die kleinste Spur von Wasserstoff enthielt. Wo um alles in der Welt kamen diese Atome her? Für Marsden gab es nur eine Erklärung. Die Wasserstoffatome mussten aus der Strahlenquelle selbst stammen. Außer den Alpha-Teilchen musste sie auch Wasserstoffatome ausstoßen. Durch Zufall war Marsden auf eine neue von radioaktiven Atomen emittierte Teilchenart gestoßen.

Rutherford verwarf diesen Gedanken sofort. Bei allen seinen Versuchen war ihm nie auch nur der leiseste Hinweis auf eine vierte Strahlenart neben Alpha-, Beta- und Gamma-Strahlen untergekommen. Es musste eine andere Erklärung für das unerwartete Auftreten dieser schnellen Wasserstoffkerne geben. Und er ahnte schon, welche das sein könnte. Wenn er Recht hatte mit seiner Vermutung, würde die Neuigkeit in balkendicken Schlagzeilen auf Seite eins der Zeitungen um die Welt gehen, und alles, was er bis jetzt in der Wissenschaft geleistet hatte, würde daneben zur Bedeutungslosigkeit verblassen. Um seine Ahnung in Gewissheit zu überführen, waren allerdings weitere Experimente notwendig.

Wäre nicht gerade die Kriegsfurie durch Europa getobt, hätte Marsden sicherlich an diesen Experimenten mitgewirkt. Aber so musste der junge Neuseeländer die subatomaren Geschosse mit den echten vertauschen und zum Kampfeinsatz an die Westfront ziehen, wo er gewärtigen musste, es auf der »Feindseite« auch einmal mit seinem Freund und Kollegen Hans Geiger zu tun zu bekommen. Während die Deutschen britische Handelsschiffe versenkten, um England durch Aushungern zur Kapitulation zu zwingen, arbeitete Rutherford im Regierungsauftrag an der Entwicklung von Horchgeräten zum Aufspüren deutscher U-Boote, was zur Folge hatte, dass er sich nur in seltenen Momenten mit dem Rätsel der Wasserstoffatome unbekannter Herkunft beschäftigen konnte.

Mithilfe einer Apparatur ähnlich derjenigen Marsdens wies Rutherford als Erstes nach, dass die schnellen Wasserstoffatome nicht aus der Strahlenquelle stammten. Damit war Marsdens Vermutung, es könnte eine vierte Strahlenart geben, hinfällig. Eine andere Möglichkeit war, dass die mysteriösen Wasserstoffatome aus der normalen Luft stammten, die bekanntermaßen auch einen winzigkleinen Anteil Wasserstoff enthält. Nicht einmal die beste Vakuumpumpe der Welt könnte noch den allerletzten Hauch von Luft aus einem Behälter herausziehen. Mithin war davon auszugehen, dass in dem Messingkasten nach der Evakuierung immer ein Restchen Luft zurückblieb.

Unsere Atemluft ist ein Gasgemisch, überwiegend aus Stickstoff und Sauerstoff bestehend, mit bedeutend kleineren Anteilen von Argon und Kohlendioxid und minimalen Anteilen von selteneren Gasen bis hin zum Helium[6]. Für Rutherford war die Frage zunächst, ob zwischen dem Findlingswasserstoff und einem von diesen Elementen irgendeine Verbindung bestand. Um das zu klären, unterzog er eines der Gase nach dem anderen anhand einer kleinen Probe dem Test in dem evakuierten Messingkasten.

Sauerstoff schied rasch aus dem Kreis der Kandidaten aus. Nachdem Rutherford ihn in den Messingbehälter eingeleitet hatte, wurde das Sternengefunkel auf dem Zinksulfidschirm noch schwächer, als es bei evakuiertem Zustand gewesen war. Offenbar wurden die Wasserstoffatome durch Kollisionen mit Sauerstoffmolekülen gebremst, so dass weniger von ihnen bis zum Schirm vordrangen. Gleiches Resultat beim Kohlendioxid. Als Nächstes leitete Rutherford Luft, die er zuvor von jeglichem Feuchtigkeitsgehalt gereinigt hatte, in den Behälter ein. Als er sich danach wieder über das Mikroskop beugte und in das Okular spähte, sah er den Leuchtschirm stärker funkeln. Jetzt schienen mindestens zweimal so viel Wasserstoffatome in die Zinksulfidbeschichtung einzuschlagen wie vorher.

Rutherford hatte bereits Sauerstoff und Kohlendioxid von seiner Liste möglicher Quellen der Wasserstoffatome gestrichen. Er wusste auch, dass die Wasserstoffatome nicht etwa aus in der Luft enthaltenem Wasserdampf stammen konnten, denn er hatte sorgfältig darauf geachtet, dass die Luft, die er in den Messingkasten einleitete, vollkommen trocken war. Aussichtsreichster Kandidat unter den übrigen Bestandteilen war der Stickstoff, ein Gas, das in der Luft mit einem Volumenanteil von nahezu achtzig Prozent vertreten ist.

Rutherford leitete nun reinen Stickstoff in den evakuierten Messingbehälter ein. Beim ersten Blick durch das Mikroskop war ihm klar, dass er mit seiner Suche am Ziel angelangt war. Der Zinksulfidschirm war jetzt noch dichter mit funkelnden Sternen übersät, als er bei Luftfüllung des Kastens gewesen war. Rutherford hatte die Quelle der rätselhaften Wasserstoffatome entdeckt: Es war der Stickstoff. Seine Ahnung hatte eine aufregende Bestätigung gefunden.

Atome zusammentragen

Schon an dem Tag, als Marsden ihm von dem Rätsel berichtet hatte, war Rutherford überzeugt gewesen, dass im Inneren des evakuierten Messingkastens etwas von großer Bedeutung vor sich ging. Zu dieser Einschätzung hatte ihn eine einfache Überlegung geführt. Die Kraft, mit der ein Alpha-Teilchen von einem Atomkern abgestoßen wurde, hing ausschließlich von dessen elektrischer Ladung ab. Bei einem schweren Atom wie dem des Goldes mit seinen 79 Protonen im Kern war die Ladung sehr stark, so dass ein Alpha-Teilchen bereits weit vor dem Kern eine massive Ablenkung erfuhr. Aber einem Kern mit 78 Protonen konnte dasselbe Alpha-Teilchen schon ein winziges Stück näher kommen und ein weiteres winziges Stück näher einem mit 77 Protonen – und so weiter, rückwärts über die Elemententafel. Ein hinreichend leichtes Element, eines mit nicht mehr als einer Handvoll Protonen im Kern, bot möglicherweise dem mit Expresszuggeschwindigkeit heranrasenden Alpha-Teilchen so wenig Widerstand, dass dieses bis zum Kern durchbrach und mitten in den Kern hineinstieß.

Nach Rutherfords Überzeugung war es genau das, was in dem Messingkasten vor sich ging. Die Alpha-Teilchen aus der Strahlenquelle rammten die Stickstoffatome in der dünnen verbliebenen Luft. Jedes Mal, wenn ein Alpha-Teilchen einen Volltreffer landete, bohrte es sich tief in einen Stickstoffkern ein und löste dort heftige Erschütterungen aus. Aber die katapultierten das Alpha-Teilchen nicht wieder hinaus. Hinausgeschossen wurde an seiner Stelle ein einzelnes Proton – ein Wasserstoffkern.

Zwischen den Wasserstoffatomen in dem Messingkasten und den Stickstoffatomen bestand nicht bloß »irgendeine Verbindung«: Erstere stammten aus dem tiefsten Inneren der Letzteren. Sie waren »Bein von deren Bein«.

Die Weltpresse stürzte sich auf das Faktum, kaum dass es publik geworden war. Rutherford hatte das Unmögliche geschafft, verkündeten die Schlagzeilen. Er hatte »das Atom gespalten«.

Tatsächlich bewertete der Ausdruck die wahre Bedeutung von Rutherfords Leistung noch zu gering. Denn wenn ein Proton aus einem Stickstoffatom hinausgeschleudert wurde, ließ es einen gegenüber seinem früheren Zustand nachhaltig veränderten Kern zurück. Das relativ häufigste Isotop des atmosphärischen Stickstoffs war Stickstoff-14 (7 Protonen und 7 Neutronen). Einschluss eines Alpha-Teilchens (2 Protonen und 2 Neutronen) schuf einen Kern aus 9 Protonen und 9 Neutronen; der Verlust eines Protons machte daraus einen Kern aus 8 Protonen und 9 Neutronen. Ein Kern mit 8 Protonen war jedoch kein Stickstoff mehr. Er war Sauerstoff-17.

Rutherford hatte folglich etwas geschafft, wovon Generationen von Alchimisten nur geträumt hatten. Er hatte Atome einer Art künstlich in solche anderer Art umgewandelt. Sein Input waren ein Alpha-Teilchen und ein Stickstoffkern, sein Output ein Sauerstoffkern und ein Proton. Wie sich zeigte, stießen praktisch alle Elemente, die leichter als Calcium waren, unter Beschuss mit Alpha-Teilchen ein Proton aus. Ausnahmen bildeten lediglich Helium, Kohlenstoff und Sauerstoff, deren Protonen zu fest aneinander gebunden waren, als dass sie sich ohne weiteres hätten aus dem Verbund heraussprengen lassen.

Rutherford hatte damit eine gänzlich neue Kategorie von Nuklearvorgängen entdeckt, die das gerade Gegenteil der Radioaktivität waren. Hier wurde nicht ein schweres Atom zu einem leichteren abgespeckt, sondern ein leichtes zu einem schwereren ausgebaut. Denn Sauerstoff-17 war ja schwerer als Stickstoff-14. Auf einmal hatte man den Modellfall für den Bau von Elementen, der Prout vorgeschwebt hatte, für den Prozess, bei dem Wasserstoffbausteine zu schwereren Atomen zusammentraten – für ebenden Prozess, für den Astons Messungen ergeben hatten, dass er gewaltige Mengen von Kernbindungsenergie freisetzen musste.

Was Rutherford und Aston bei diesem Stand der Dinge durchaus schon hätten erkennen können: Der Schlüssel zur Lösung des Rätsels der Sonnen- und Sternenergie lag jetzt in ihrer Reichweite. Aber keiner der beiden überblickte die volle Tragweite der zwei Entdeckungen, die sie da gemacht hatten. Einem anderen Forscher blieb es vorbehalten, zwei und zwei zusammenzuzählen, nämlich jenem Jean-Baptiste Perrin, der die Brownsche Bewegung zur Messung der Größe von Atomen benutzt hatte.

Die Atome und die Sterne

Seit Pierre Curie und Albert Laborde die Welt mit einer Messung des Energiepotenzials von Radium in Erstaunen versetzt hatten, stand außer Frage, dass die im Inneren der Atome eingeschlossene Energie absolut in der Lage war, die Sonne jahrmilliardenlang am Brennen zu halten. Das Dumme war nur, dass sich im Sonnenspektrum nicht das kleinste Indiz für das Vorhandensein von Radium oder irgendeinem anderen radioaktiven Element auf dem Zentralkörper unseres Planetensystems entdecken ließ. Nun war Aston auf eine andere Art und Weise gestoßen, wie atomare Energie freigesetzt werden konnte – nämlich durch den Ausbau eines leichten zu einem schwereren Atomkern –, und Rutherford hatte nachgewiesen, dass ein solcher Vorgang in der Praxis möglich war.

Perrin fügte einfach die zwei Teilstücke zusammen. Was Rutherford in der kargen Umgebung eines gewöhnlichen Labors mit künstlichen Mitteln geschafft hatte, sollte das nicht auch die Natur in einem so außergewöhnlichen Körper, wie die Sonne einer war, vollbringen können? Perrin formulierte die These, dass die Sonne beständig Wasserstoff in schwerere Elemente umwandle und dass die dabei freigesetzte Bindungsenergie die Urquelle des Sonnenlichts sei. Eine These, aus der sich ganz von selbst verbüffende Folgerungen ergaben. Wenn Perrin Recht hatte, hing die Erzeugung des Sonnenlichts auf das Innigste mit dem Auf- und Umbau von Atomen zusammen. In den Atomen lag der Schlüssel zum Verständnis der Sterne, aber auch umgekehrt: In den Sternen lag der Schlüssel zum Verständnis der Atome.

Wenn Perrin Recht hatte ... Aber hatte er Recht? Das hing ganz von den Gegebenheiten im Inneren der Sonne ab. Reichte beispielsweise der Wasserstoffanteil an der Sonnenmasse aus für den von Perrin behaupteten Energieerzeugungsprozess? Dafür sprach wenig. Im Jahr 1919 war die genaue Zusammensetzung der Sonne noch immer ein Rätsel. Allerdings trat bei einer genaueren Untersuchung des Sonnenspektrums eine Unmenge Spektrallinien des Elements Eisen in Erscheinung. Weit entfernt davon, aus Wasserstoff zu bestehen, schien die Sonne vielmehr die Eisenkugel zu sein, als die Anaxagoras sie vor nahezu fünfundzwanzig Jahrhunderten identifiziert hatte.

Aber selbst wenn man die Frage des Wasserstoffgehalts der Sonne für geklärt im Sinne von Perrins These hätte halten dürfen, wäre da immer noch die andere Frage offen gewesen, ob denn im Inneren der Sonne überhaupt die für den postulierten Atomumwandlungsprozess erforderlichen Hitzegrade herrschten. Damit zwischen Wasserstoffkernen Kernkräfte wirksam werden, die sie zum »Verschmelzen« bringen, müssen sie sich einander bis auf ein billionstel Millimeter annähern. Die gleichartige Ladung der beiden Kerne würde aber zuvor für eine enorme Abstoßung sorgen. Der einzige

Weg, sie auf so kurze Distanz zusammenzubringen, dass es zur Fusion käme, wäre es, einen Zusammenprall bei extrem hoher Geschwindigkeit herbeizuführen.

Ultrahohe Geschwindigkeit bedeutete in der Praxis ultrahohe Temperatur. Das Innere der Sonne müsste unvorstellbar heiß sein. Es war sogar möglich, die genaue Temperatur zu berechnen, die herrschen müsste, damit Wasserstoffkerne einander so nahe kamen, dass die Verschmelzung nicht mehr zu stoppen war: unglaubliche zehn Milliarden Grad. War es denkbar, dass im Inneren der Sonne derart exorbitante Temperaturen herrschten? Es gab keine Möglichkeit, zur Sonne zu reisen, und erst recht keine, ein Thermometer in sie hineinzustecken. Wie sollte man also etwas über die Bedingungen, die in ihrem Inneren herrschten, in Erfahrung bringen. Ein englischer Astronom fand heraus, wie man es anstellen musste.

DIE »HÖLLENNATUR« DER STERNE

Wie wir herausfanden, welche extremen Bedingungen im Inneren der Sonne herrschen, aber auch erkannten, dass die Temperatur dort viel zu niedrig ist, um Wasserstoff in Helium umwandeln zu können

Funkle, funkle kleiner Stern,
was du bist, das wüsst' ich gern.
Jane Taylor

Ein Stern, der mit doppelter Leuchtkraft brennt, brennt nur halb so lang.
Der Androide Roy Batty
(in Ridley Scotts Film *Blade Runner*)

Arthur Stanley Eddington war ein schmaler, nervös aussehender Mann, der den Eindruck machte, dass er für den rücksichtslosen Konkurrenzkampf des Wissenschaftsbetriebs denkbar schlecht gerüstet war. Er war von lähmender Schüchternheit. Wenn er, was selten genug vorkam, einmal all seinen Mut zusammennahm und den Mund zum Sprechen auftat, brachte er nur zusammenhanglose Sätze heraus. Einer seiner Cambridger Studenten kommentierte das einmal so: »Die Verbindung vom Gehirn zum Mund funktionierte bei ihm nicht einwandfrei.« Eddington stand zwar in dem Ruf, der Welt schlechtester Vortragsredner zu sein, jemand, der nie einen Satz zu Ende sprach, ohne vorher einen neuen begonnen zu haben, aber wenn er schrieb, drückte er sich äußerst klar und verständlich aus. Dank dieser Begabung ging er aus wissenschaftlichen Kontroversen meistens als Sieger hervor, und so kam er auch zu internationalem Ruhm.

Der Ruhm knüpfte sich an ein von ihm als Auftragsarbeit verfasstes Referat der allgemeinen Relativitätstheorie, jener von Einstein nachträglich vorgenommenen Erweiterung seiner speziellen Relativitätsheorie, in der nun auch die Wirkungen der Gravitation berücksichtigt waren. Mit dem 1918 veröffentlichten Referat erhielt die britische Öffentlichkeit erstmals Gelegenheit, die drei Jahre auf dem Höhepunkt des Ersten Weltkriegs fertig gestellte neue Theorie im Detail kennen zu lernen. Wichtiger noch: Mit dieser Schrift avancierte Eddington zum Spezialisten für das allgemeine Relativitätsprinzip und die aus ihm abgeleiteten Theoreme, hauptsächlich das der »«Gravitationsaberration«, der Lichtablenkung im Schwerefeld massereicher Körper wie zum Beispiel der Sonne.

Ein Folgesatz aus Einsteins allgemeinem Relativitätsprinzip besagte, dass ein von einem fernen Stern zur Erde wandernder Lichtstrahl, falls seine Bahn nahe bei der Sonne verlief, abgelenkt wurde, und zwar doppelt so stark, wie man es aufgrund newtonscher Voraussetzungen (der Eigenschaften des euklidischen Raums) erwarten würde. Aufgrund dieses Effekts schienen die betreffenden Sterne dem Beobachter auf der Erde relativ zu anderen Sternen ein wenig von der Sonne weg verschoben. Im hellen Tageslicht war der Effekt zwar nicht sichtbar, dafür aber umso besser bei einer totalen Sonnenfinsternis, wenn der Mond die leuchtende Sonnenscheibe vollständig verdeckte. Eine solche Sonnenfinsternis stand für den 29. Mai 1919 bevor, und Eddington reiste, um sie zu beobachten, eigens nach Principe, einer Insel vor der westafrikanischen Küste. Nachdem anhand der fotografischen Aufnahmen, die er dabei gemacht hatte, bewiesen war, dass der Ablenkungswinkel des Sternenlichts exakt die von der allgemeinen Relativititätstheorie vorausgesagte Weite hatte, ging er in die Geschichtsbücher ein als »der Mann, der bewiesen hat, dass Einsteins Theorie stimmt«.

Aber seinen Verdiensten um die allgemeine Relativitätstheorie zum Trotz lag Eddingtons hauptsächliches wissenschaftliches Interesse auf anderem Gebiet. Seit er mit 24 Jahren 1906 seine Laufbahn als Astronom begonnen hatte, war ihm ein einziges Ziel vor Augen geschwebt: Er wollte verstehen, was im Inneren der Sterne vor sich ging.

Ein Balanceakt

Das Ziel schien auf den ersten Blick unerreichbar, bestand doch keinerlei Aussicht, jemals einen Blick in das Innere eines Sterns tun zu können. Gleichwohl war es möglich, einige sehr allgemeine Aussagen über Sterne wie die Sonne zu formulieren. Und das tat Eddington denn auch.

Die Sonne wird durch die Gravitation, die Massenanziehung, zusammengehalten, die jedes Atom des Gasgemischs, aus dem das Gestirn besteht, nach innen, zum Zentrum hin, zieht. Könnte die Gravitation ungebremst wirken, würde sie die Sonne binnen weniger als einer Stunde zum bloßen Punkt schrumpfen lassen und in ein schwarzes Loch verwandeln.[1] Dass diese Katastrophe niemals eingetreten ist, liegt daran, dass eine zweite Kraft im Inneren der Sonne der Gravitation entgegenwirkt. Diese Kraft geht von der Sonnenmaterie selbst aus, die wie das Material eines Gummiballs jedem Druck von außen her Widerstand entgegensetzt. Die widerständige Kraft verhindert nicht nur, dass die Sonne zum schwarzen Loch schrumpft, sondern dass sie überhaupt schrumpft. Aus dieser scheinbar trivialen Beobachtung folgerte Eddington, dass an jedem Punkt im Inneren der Sonne der einwärts gerichtete Druck der Schwerkraft in vollkommenem Gleichgewicht steht mit dem Gegendruck der widerständigen Sonnenmaterie.

Man kann sich dieses Gleichgewicht veranschaulichen, indem man sich im Inneren der Sonne eine dünnwandige Kugelschale aus Materie vorstellt. Von innen wirkt ein Druck auf die Schale, unter dem sie explodieren würde, wenn nicht auf ihrer Außenfläche ein Druck lastete, unter dem sie ohne den Gegendruck von innen implodieren würde. Der Innendruck muss etwas größer als der von außen kommende sein, weil er außer dem Gegendruck noch die auf die Schale ebenfalls nach innen wirkende Schwerkraft auszugleichen hat.[2]

Man kann sich weiterhin die Sonne als aus einer Reihe von konzentrisch angeordneten Kugelschalen dieser Art zusammengesetzt denken, ähnlich einer Zwiebel mit ihren mehrfachen Häuten. Da in jeder Schale der Innendruck größer als der Außendruck sein muss, muss der Druck der Sonnenmaterie zum Zentrum hin stetig zunehmen, bis er im Zentrum sein Maximum erreicht. Den auf die einzelnen Schalen wirkenden Außendruck kann man sich in etwa als das Gewicht der jeweils darüber liegenden Materie denken. Der Druck im Zentrum entspricht demnach dem Gesamtgewicht der Sonne. Das ist ein wahrhaft horrender Druck: Er entspricht einer Last von hundert Millionen Tonnen pro Quadratzentimeter.[3]

Keine Frage, die Vorgänge im Inneren der Sonne zu verstehen, ist unmöglich, solange man nicht weiß, wie Materie sich unter derart exorbitanter Druckbelastung verhält. Die Sonne ist im Mittel dichter als Wasser, das heißt, dass in ihrem Kern, wo die Bedingungen am extremsten sind, die Materie von höherer Dichte sein muss als ein typischer Festkörper. Festkörper setzen dem Zerdrücktwerden Widerstand entgegen, weil sie »starr« sind. Versuchen Sie einmal, einen Stein in der Hand zu zerdrücken, und Sie werden spüren, wie kräftig er dagegendrückt. Die Steinen eigene Starrheit setzt das Gestein im Erdzentrum instand, das gesamte von oben darauf drückende Gewicht des Planeten auszuhalten. Freilich beträgt das Gewicht, das auf das Erdzentrum drückt, nur ein Zehntausendstel der Last über dem Sonnenzentrum. Kein normaler Festkörper ist so starr, dass er einem solchen Druck standhalten könnte.

Die meisten Menschen hätten es angesichts dieser Umstände aufgegeben, das Innenleben der Sterne verstehen zu wollen. Nicht so Eddington. Sein wacher Geist erinnerte sich daran, dass es eine Klasse von Sternen gab, deren innere Verhältnisse nicht entfernt so extrem geartet waren wie die der Sonne, so dass es durchaus denkbar war, bei diesen mit der Erkundung einen erfolgreichen Anfang machen zu können.

Große Gaskugeln!

Die Sterne, an die er dachte, sahen genau wie ersterbende Aschenglut aus. Als eine Sternklasse für sich waren sie von dem amerikanischen Astronomen Henry Norris Russell identifiziert worden, der aus ihrer Farbe ihre Temperatur erschlossen hatte. Wie eine rot brennende Flamme kühler als eine gelb brennende ist, so ist ein rote leuchtender Stern kühler als einer, der gelb leuchtet. Russells Sterne waren also kühler als die Sonne, ihre Oberflächentemperatur lag näher bei 3000 Grad Celsius als bei den 6000 Grad der Sonnenoberfläche.

Daran ist nichts Besonderes. Viele Sterne sind kühler als die Sonne. Allerdings keine, die so stark aus dem Rahmen fallen wie die von Russell identifizierten. Normalerweise hätte ein kühlerer Stern auch ein schwächer leuchtender Stern sein müssen. Indes, Russells Sterne verströmten tausend-, vielleicht sogar zehntausendmal so viel Licht und Wärme wie die Sonne. Von wegen schwächer leuchten – sie leuchteten sagenhaft hell.

Es gibt nur eine Bedingung, unter der ein kühler Stern von phänomenaler Leuchtkraft sein kann: Er ist groß. Ein Heizungsradiator gibt mehr Wärme ab als eine weiß glühende Wunderkerze, weil er eine sehr viel größere Oberfläche hat. Ebenso verströmten Russells eigenartige roten Sterne nur dann mehr Wärme als heißere Sterne wie zum Beispiel die Sonne, wenn sie eine sehr ausgedehnte Oberfläche hatten.

Russell nannte seine Sterne »rote Riesen(sterne)«. Es waren ungeheuer aufgeblähte Himmelskörper: Wenn man die Sonne gegen einen typischen Vertreter dieser Sternklasse austauschte, würde der den größten Teil des Platzes innerhalb der Umlaufbahn der Erde für sich beanspruchen. Von der Erdoberfläche (bzw. der schwarzen Schlacke, zu der die Erdoberfläche dann geworden sein würde) aus gesehen, würde er sich als eine grässlich geschwollene Sonne präsentieren, die den Himmel zu mehr als der Hälfte verdeckt und die Landschaft in blutrotes Licht taucht.

Manche roten Riesen sind so kolossal, dass sie in die Erdumlaufbahn gar nicht hineinpassen würden. Würde man die Sonne beispielsweise durch den Beteigeuze aus dem Sternbild Orion oder durch Antares aus dem Sternbild Skorpion ersetzen, würde die Erde sich im Inneren des Sterns wieder finden. Da ein roter Riese im typischen Fall in etwa die gleiche Masse besitzt wie die Sonne – lediglich in einem viel, viel größeren Raum verteilt –, würde die Erde ihre Bahn durch düsteres Gewölk von Roter-Stern-Materie ziehen, dessen Konsistenz kaum fester wäre als die von Luft.

Es war die ätherische Natur der roten Riesen, die Eddington enorm beeindruckte. Ein roter Riesenstern war nichts als eine gigantische Gaskugel. Und das, so wurde ihm klar, war der Schlüssel zum Verständnis dieser Sterne. Denn Gas war Gas war Gas, einerlei, ob es auf der Erde von einem Kolben in einem zylindrischen Gefäß oder ob es in dem kugelförmigen Schwerefeld eines mächtigen roten Riesensterns festgehalten wurde. Auf irgendeine Weise musste das Gas im Kern eines roten Riesen den gewaltigen Druck erzeugen, der in der Lage war, der Gravitationskraft, die den Stern zusammenziehen wollte, also dem ganzen Gewicht des Sterns, die Waage zu halten. Der Druck eines idealen Gases – eines Gases der Art, wie Daniel Bernoulli es sich vorgestellt hatte – steigt, wenn es verdichtet wird, denn dann trommeln die Gasteilchen in schnellerem Takt gegen die Wände eines Behälters. Er steigt ebenfalls, wenn das Gas erwärmt wird; auch in diesem Fall trommeln die Teilchen heftiger und häufiger gegen Begrenzungen. Wenn also das Gas im Kern eines roten Riesen einen extrem hohen Druck haben sollte, musste es sowohl sehr dicht als auch sehr heiß sein.[4]

Aber wie heiß? Für Eddington war es evident, dass hier im Vergleich mit alltäglichen Größenordnungen exorbitant hohe Temperaturen im Spiel sein mussten. Die Bestimmung eines präzisen Zahlenwerts setzte jedoch die Kenntnis des exakten Gasdrucks und der exakten Gasdichte im Kern des roten Riesen voraus. Und um an diese Informationen kommen zu können, musste man sich erst einmal ein genaueres Bild vom Inneren dieserart Sterne verschafft haben.

Große Lichtkugeln!

Ein roter Riese ist beträchtlich mehr als eine Gaskugel, in der die zentripetale Gravitationskraft durch zentrifugalen Gasdruck ausgeglichen ist. Er ist eine Gaskugel, aus der zudem Wärme in den Raum entweicht. Ein Körper, der Wärme verliert, kühlt gewöhnlich ab. Handelt es sich um einen gasförmigen Körper, ist damit eine Druckabsenkung verbunden. Falls der gasförmige Körper allerdings obendrein ein roter Riese ist, wird durch die Druckabsenkung nun das empfindliche Gleichgewicht der Kräfte in seinem Inneren gestört. Die Gravitationskraft gewinnt die Oberhand und der Stern beginnt zu schrumpfen.[5] Dass rote Riesen unablässig Wärme in den Raum abgeben, ohne abzukühlen oder zu schrumpfen, zeigt, dass noch irgendein anderer Prozess im Spiel ist, der die

Binnentemperatur der Sterne aufrechterhält, so dass die Gravitationskraft nie das Übergewicht gewinnt. Der Vorgang ist ein Wärmestrom aus dem tiefsten Inneren der Sterne zur Oberfläche, der den dort ständig stattfindenden Wärmeverlust kompensiert.

Zu einem solchen Wärmestrom kommt es deswegen, weil es im Zentrum eines roten Riesen heißer ist als an seiner Oberfläche und Wärme nun einmal stets von Heiß nach Kalt fließt. Es ist das Gleiche, wie wenn wir mit einem Metalllöffel in der heißen Suppe rühren und dabei spüren, wie sich der Löffelstiel von der Höhlung her erwärmt. Freilich gibt es *einen* eminent wichtigen Unterschied zwischen der Wärme, die sich in einem Metalllöffel ausbreitet, und dem Wärmestrom aus dem Inneren eines gasförmigen roten Riesensterns hin zu dessen Oberfläche. Und Eddington war der Erste, der die Bedeutung dieses Unterschieds richtig einschätzte.

Um den Unterschied zu verstehen, muss man wissen, dass Wärmeenergie in Metallen in zwei Grundformen auftritt. Die eine ist die thermische Bewegung – die unaufhörliche ungeordnete Zitterbewegung der Atome und Moleküle –, die andere ist die Strahlungsenergie, besser bekannt unter dem Namen Licht.[6] Letztere ist die weniger wichtige; vom gesamten Wärmegehalt eines Metalls macht sie nur einen kleinen Bruchteil aus. Bei der Erwärmung eines Körpers nimmt die Strahlungsenergie jedoch schneller zu als die Bewegungsenergie. Je höher also die Temperatur, desto bedeutender der Anteil der Strahlungsenergie.

Bei einem Metall fallen die Konsequenzen aus diesem Sachverhalt kaum ins Gewicht – selbst in einer bis zur Rotglut erhitzten Eisenstange macht der Anteil der Strahlungsenergie immer noch bloß ein Milliardstel der gesamten Wärmeenergie aus. Hingegen hat das Naturgesetz für einen roten Riesenstern aufgrund von dessen lockerer Beschaffenheit höchst bedeutsame Konsequenzen. Denn obwohl seine Gasteilchen mit hoher Geschwindigkeit umherfliegen, sind sie doch in einem so immensen Raum verstreut und dadurch in jeder Volumeneinheit so spärlich vertreten, dass ihre thermische Bewegungsenergie weit geringer ist als die in einem Stück Metall gleichen Volumens. Bei dergestalt verdünnter thermischer Energie gewinnt die Strahlung enorm an Bedeutung. Eddington erkannte als Erster, dass in den Russellschen Sternen die Strahlungsenergie einen signifikanten Teil der vorhandenen Wärmeenergie ausmacht. Unter dem

Aspekt seines Wärmepotenzials betrachtet, ist ein roter Riese nichts als ein gigantisches kugelförmiges Lichtreservoir.

Aus dieser grundlegenden Einsicht ergeben sich einschneidende Konsequenzen für unser Verständnis der Art und Weise, wie Wärme aus dem heißen Zentrum eines roten Riesen nach draußen fließt. In einem Stück Metall kommt der Wärmestrom dadurch zustande, dass ein Atom das nächste anstößt usw., ganz ähnlich wie ein zappeliger Schüler die ganze Klasse ansteckt. In einem roten Riesen hingegen, einem Strahlungsreservoir, fließt Wärme in Gestalt von Licht vom Kern zur Oberfläche.

Und das geht quälend langsam vonstatten. Das Licht, das von dieser Buchseite ausgeht, gelangt auf direktem Weg in Ihre Augen, aber das Licht, das aus dem heißen Innenbereich eines roten Riesen entweicht, wird unentwegt von Gasteilchen aufgehalten, die ihm den Weg verstellen, wie die unachtsame Menge der Fußgänger auf dem Bürgersteig das Fortkommen von jemandem behindert, der es eilig hat. Infolgedessen wird das Licht hierhin und dorthin abgelenkt und bewegt sich immer nur ein kurzes Stück in gerader Linie fort, bevor es von neuem zur Richtungsänderung gezwungen wird. Tatsächlich legt ein Lichtstrahl in einem roten Riesen im Normalfall eine solche Zickzackbahn zurück, dass es Jahrhunderte, wenn nicht sogar Jahrtausende dauern kann, bis er die Oberfläche erreicht hat und in den freien Raum übertritt.[7] Es ist also bloßer Schein, wenn rote Riesen den Eindruck erwecken, als ob sie verschwenderisch mit ihrem Licht umgingen; in Wahrheit sind sie in dieser Beziehung große Geizkrägen, die sich nur äußerst schwer von ihrem gewaltigen Schatz von innerer Wärme trennen können und nur kleinste Rationen von ihm ins All entlassen.

Was da quäntchenweise ins All entweicht, ist ein stark verändertes Licht im Vergleich zu dem, das im tiefsten Inneren des Sterns die Reise antrat. Im Zentrum, wo die Temperatur am höchsten ist, hat Licht die Form von energiereicher Röntgenstrahlung. Aber auf seinem windungsreichen Weg durch den ausgedehnten Irrgarten der Gaszone des Sterns büßt es bei Kollisionen mit Gasatomen fortwährend Energie ein. Der Vorgang hilft, dem ständigen Entweichen von Wärme in den Raum zum Trotz die Gastemperatur aufrechtzuerhalten. Die Folge davon ist jedoch, dass die anfangs energiereiche Strahlung nach ihrem Durchgang durch das Gas an der Oberfläche als erheblich schwächeres rotes Licht ankommt.

Eddingtons Verstandesschärfe hatte Klarheit über die Druckverhältnisse im Inneren der roten Riesen geschaffen. Doch der Weg zum Ziel war noch weit. Um wirklich verstehen zu können, was sich im Inneren dieser Sterne abspielte, würde er das Ineinanderwirken dieser Vorgänge präzise bestimmen müssen. Also stellte sich Eddington folgende Frage: In welchem Verhältnis zum Abstand vom Zentrum müssen Druck, Dichte und Temperatur in einem roten Riesen von einer bestimmten Masse, Oberflächentemperatur und Größe abnehmen, damit an jedem Punkt in seinem Inneren vollkommenes Gleichgewicht zwischen der Gravitationskraft und dem Druck des heißen Gases nach außen herrscht?[8]

Bei der Beantwortung der Frage trat jedoch eine Komplikation auf, weil der Druck des Gases von dessen Temperatur abhing, die von dem zentrifugalen Wärmestrom aufrechterhalten wurde. Der Wärmestrom wiederum hing von der Gravitationskraft ab, denn je schwerer das Gewicht der Sternmaterie auf das Zentrum drückte, desto höher die Zentraltemperatur und desto schneller strömte die Wärme aus dem Zentrum. Mit anderen Worten, alle Variablen hingen jeweils von allen anderen ab. Die Kompliziertheit der Interdependenzen konnte jeden Kopf schwindeln machen. Das heißt jeden bis auf den Eddingtons.

Im Kriegsjahr 1916 legte Eddington der Royal Astronomical Society seine Theorie des »Strahlungsgleichgewichts von Sternen« vor. Er hatte inzwischen die Zentraltemperatur eines roten Riesen errechnet und war auf staunenswerte sieben Millionen Grad gekommen. Seine Arbeit wurde von den Mitgliedern der Gesellschaft mit Beifall aufgenommen, wenn auch nicht mit sonderlich enthusiastischem. Die roten Riesen waren eben nur eine Sternklasse von untergeordneter Bedeutung. Und Eddingtons Theorie sagte ja auch überhaupt nichts aus über die große Masse der gewöhnlichen Sterne, zu denen bekanntermaßen auch die Sonne zählte.

Wie hatten sie sich alle geirrt! Eddingtons Theorie, so sollte sich zeigen, war von größerer Tragweite, als er selbst oder irgendwer sonst geahnt hatte. Paradoxerweise stellte sich diese Erkenntnis im Gefolge einer herben Kritik an Eddington ein. Nachdem er seine Arbeit vor der Royal Astronomical Society präsentiert hatte, sahen sich mehrere Gelehrte zu der Rüge veranlasst, er habe es bei der Ausarbeitung seiner Theorie verabsäumt, das derzeit aktuellste Atommodell zu berücksichtigen.

Die bizarre Welt des Atoms

Das neue Atommodell sollte einen fundamentalen Mangel des Rutherfordschen Modells von 1911 beheben. Der Schwachpunkt war die Annahme, dass die Elektronen sich ähnlich wie die Planeten um die Sonne auf Kreisbahnen um den Kern herum bewegten. Den klassischen Gesetzen der Elektrodynamik zufolge muss ein geladenes Teilchen bei jeder Geschwindigkeits- oder Richtungsänderung Licht abstrahlen. Und da eine kreisförmige Bewegung permanente Richtungsänderung einschließt, müsste das Elektron, das in Rutherfords Atommodell den Kern umkreist, sich demnach wie ein Miniatursender verhalten und in einem fort Lichtwellen emittieren; dabei würde es Energie verlieren und infolgedessen auf einer Spiralbahn in den Kern stürzen. Ja, diesbezügliche Berechnungen ergaben, dass es schon binnen einer hundertmillionstel Sekunde mit dem Kern kollidieren müsste.

Von Rechts wegen durfte es Atome gar nicht geben.

Mit einem verbesserten Atommodell wartete der dänische Physiker Niels Bohr auf, der 1912 in Manchester eingetroffen war, um hier mit Rutherford zusammenzuarbeiten. Aus der Tatsache, dass die Gesetze der klassischen Physik die Existenz von Atomen ausschlossen, und der weiteren Tatsache, dass Atome zweifelsfrei existierten, folgerte Bohr, dass die Gesetze der klassischen Physik im atomaren Bereich schlicht und einfach nicht galten. Die Atome gehorchten ganz anderen Gesetzen. Es war eine atemberaubend gewagte These, eine der kühnsten überhaupt, die in der Geschichte der Wissenschaft je vorgetragen worden waren. Nachdem er dergestalt die Fesseln abgestreift hatte, die alle anderen Physiker in ihrer Bewegungsfreiheit behinderten, entwarf Bohr ein neues Atommodell, das mit dem vorhandenen Wissen über das Verhalten von Atomen übereinstimmte. Es lässt sich am besten anhand des einfachsten Atoms, dem des Wasserstoffs, veranschaulichen, in dem ein einzelnes Elektron ein einzelnes Proton umkreist.

Bohr nahm an, dass ein Elektron den Atomkern nicht auf beliebigen, sondern nur auf bestimmten »stationären« Bahnen umkreisen kann. Befindet es sich auf einer solchen Bahn, kann es endlos den Kern umlaufen, ohne Licht in alle Richtungen zu emittieren. Die Umlaufbahnen befinden sich in begrenzter Zahl in präzise vorgegebenen Abständen vom Kern. Es ist das Gleiche, wie wenn ein Planet die Sonne im Abstand von 50 Millionen oder 90 Millionen Kilometern, aber nicht von 35 Millionen oder 70 Millionen Kilometern umlaufen könnte. Das Elektron kann unter bestimmten Umständen zwischen den vorgegebenen Bahnen hin und her springen, aber nicht von ihnen abweichen. Mit diesen *ad hoc* formulierten Verhaltensregeln stabilisierte Bohr das Atom gegen die ihm im Rutherfordschen Modell drohende Kollapsgefahr. Dabei hatte er nicht die leiseste Ahnung, welche atomaren Gesetzmäßigkeiten dem Atom vorschrieben, sich so zu verhalten, wie er es sich vorstellte (die hoffte er noch zu entdecken). Die Rechtfertigung des neuen Atommodells lag einzig darin, dass es die Sachlage erklärte.

Weil das Elektron des Wasserstoffatoms im elektrostatischen Feld des Kerns von einer Kraft festgehalten wurde, bedurfte es zum Sprung von einer kernnäheren in eine kernfernere Umlaufbahn einer Energiezufuhr. Umgekehrt musste es, um von einer kernferneren in eine kernnähere Bahn springen zu können, Energie abstoßen. Nach Bohr erfolgte diese Freisetzung von überschüssiger Energie als Abstrahlung von Licht.

Einen seiner Vorzüge bewies das neue Atommodell auf der Stelle, indem es Eigenschaften des vom Wasserstoffatom emittierten Lichts besser begreiflich machte. Da dem Elektron Umlaufbahnen nur in begrenzter Zahl zur Verfügung standen, gab es auch für den Sprung von einer kernferneren in eine kernnähere Bahn nur eine begrenzte Zahl von Möglichkeiten. Jeder solche Sprung war mit der Emission von Licht eines spezifischen Energieniveaus – im Umfang der Energiedifferenz zwischen den zwei Bahnen – verbunden. Da die Energie des Lichts in Relation zu seiner Wellenlänge steht – höhere Energie entspricht kürzerer Wellenlänge –, hatte jede Möglichkeit des Bahnwechsels von außen nach innen ihr eigenes Kennzeichen in der charakteristischen Wellenlänge des dabei ausgesandten Lichts. Nach hundert Jahren einschlägiger Forschung hatte endlich jemand eine Erklärung der Spektrallinien vorgelegt.

Einen weiteren Soforterfolg verbuchte Bohrs Entwurf mit der Erklärung einer eigenartigen Regelmäßigkeit bei den Wellenlängen der Wasserstoffspektrallinien. Sie war zuerst dem Schweizer Mathematik- und Physiklehrer Johann Jakob Balmer im Jahr 1888 aufgefallen. Wie die Regelmäßigkeit in Mendelejews Periodischem System der Elemente war sie ein starkes Indiz dafür, dass die Atome aus kleineren Teilchen zusammengesetzt waren. Die »Balmer-Serie« der Spektrallinien, so erkannte Bohr, ließ sich mit der Annahme erklären, dass die Lichtemissionen hinter den einzelnen Linien jeweils durch einen Elektronensprung in die Umlaufbahn 2 (vom Kern her gezählt) verursacht waren. Auf Bahn 2 konnte das Elektron von Bahn 3 oder 4 oder 5 usw. springen. In allen Fällen strahlte das Wasserstoffatom Licht einer Wellenlänge aus, die jeweils dem Unterschied im Energieniveau zwischen den zwei Umlaufbahnen entsprach.[9]

Wasserstoff ist das einfachste Atom; bei schwereren Atomen, die dann auch mehr als ein Elektron besitzen, wird die Sachlage komplizierter. Hier hat jedes Elektron seine eigene Umlaufbahn, die es mit keinem anderen teilt, und kann nur dann in eine kernnähere Bahn springen, wenn diese nicht bereits von einem anderen Elektron besetzt ist.[10] Da in einem Atom mit, sagen wir, zehn Elektronen, die Elektronen üblicherweise auf die zehn Bahnen nächst dem Kern verteilt sind, sind hier die Möglichkeiten des Bahnwechsels sehr eingeschränkt.

Doch obwohl Elektronen den Kern in aller Regel gefügig auf der vorgegebenen Bahn zu umkreisen pflegen, können auch Umstände eintreten, unter denen eines von ihnen oder auch mehrere aus dem Atom ganz hinauskatapultiert werden. Und es sollte sich zeigen, dass sich aus diesem – als »Ionisation« bezeichneten – Vorgang einschneidende Konsequenzen für Eddingtons Theorie der roten Riesensterne ergaben.

Die Sonne ist ein Gas

Da die einzelnen Elektronen eines Atoms jeweils eine genau definierte Umlaufbahn belegen, ist zur Abtrennung vom Kern für jedes ein genau definierter Energiebetrag erforderlich, die »Ionisierungsenergie«. Nimmt ein Elektron eine geringere Energiemenge als die

Ionisierungsenergie auf, bleibt es weiter im Atom gefangen; nimmt es eine größere Energiemenge auf, entweicht es in den freien Zustand. Am geringsten ist die Ionisierungsenergie für das Elektron in der äußersten Bahn, da es der Anziehungskraft des Kerns aufgrund seiner maximalen Entfernung von diesem am wenigsten ausgesetzt ist; am höchsten ist sie dementsprechend für das innerste Elektron.

Von alledem ist das wichtigste Detail, dass jedes Elektron seine spezifische Ionisierungsenergie hat. Würde man allen Elektronen eines Atoms je zehn Energieeinheiten zuführen, würden alle diejenigen mit einer Ionisierungsenergie kleiner als zehn abgetrennt werden, diejenigen mit einer Ionisierungsenergie größer als zehn hingegen an ihrem Platz bleiben.[11]

Tatsache ist, dass es wirklich eine Situation gibt, in der jedes Elektron die gleiche Energiemenge aufnimmt: in einem dichten, heißen Gas. Je heißer das Gas, desto größer die mittlere Bewegungsenergie seiner Atome (oder: desto schneller bewegen sie sich). Ein Weg, auf dem diese Bewegungsenergie an die Elektronen übertragen werden kann, führt über heftige Kollisionen zwischen Atomen.

Kennt man die Temperatur eines Gases, kann man aus ihr die mittlere Bewegungsenergie seiner Atome errechnen. Ist diese größer als die Ionisierungsenergie beispielsweise des Elektrons in der äußersten Umlaufbahn, verlieren bei Kollisionen die meisten Atome ihr äußerstes Elektron. Ist die mittlere Bewegungsenergie der Atome größer als die Ionisierungsenergie ihres zweitäußersten Elektrons, verliert das Gros der Gasatome zudem auch dieses Elektron usw.

Und damit kommen wir zu der Kritik, die Eddington sich zu seiner Theorie der roten Riesen von seinen astronomischen Zunftgenossen gefallen lassen musste. Er war davon ausgegangen, dass die gasförmige Materie dieser Sterne ganz aus elektrisch neutralen Atomen – Atomen mit der vollen Elektronenzahl – besteht. Seine Kritiker erinnerten ihn jedoch daran, dass im Inneren eines roten Riesen eine extrem hohe Temperatur herrscht, weshalb es ziemlich unwahrscheinlich sei, dass die Gasatome dort elektrisch neutral seien. Vielmehr hätte das Gros wahrscheinlich schon viele seiner Elektronen verloren. Weit entfernt davon, das normale, aus Atomen bestehende Gas zu sein, von dem Eddington ausgegangen war, müsse die Materie im Innersten von roten Riesen ein Mischmasch aus abgetrennten Elektronen und – infolge der Abtrennung ihrer Elektronen – nunmehr positiv geladenen Kernen (»Ionen«) sein.

Dieses »Plasma« genannte Gemisch aus Ionen und Elektronen ist immer noch ein Gas. Es gehorcht mithin den Gasgesetzen. Von einem normalen Gas unterscheidet es sich, abgesehen von der elektrischen Ladung seiner Teilchen, in deren Zahl. Ein Behälter mit einer Million Eisenionen und ihren abgetrennten Elektronen enthält zweifellos mehr Teilchen als ein Behälter mit einer Million Eisenatomen.

Eddington hatte angenommen, dass rote Riesen genau wie die Erde größtenteils aus Eisen bestünden. Er hatte des Weiteren angenommen, dass es sich dabei um Eisen in der Form neutraler Atome handelte. Mit den neuesten Perspektiven der Atomphysik ließ sich das jedoch nicht vereinbaren. Denn bei einer Zentraltemperatur von sieben Millionen Grad müsste jedes Eisenatom etwa die Hälfte seiner insgesamt 26 Elektronen eingebüßt haben.

Wenn mehr frei bewegliche Teilchen in einem Gas herumschwirren, bleibt davon der Druck des Gases nicht unberührt, denn bei konstanter Temperatur und Dichte ändert sich der Druck mit der Zahl der Teilchen, die gegen die Behälterwände trommeln: doppelt so viel Teilchen, doppelt so viel Druck. Ein verschlossener Behälter mit einer Million Eisenionen und ihren abgetrennten Elektronen steht also unter höherem Innendruck als ein Behälter mit einer Million Eisenatomen gleicher Temperatur. Der gleiche Sachverhalt in anderer Perspektive: Eisenplasma erzeugt den gleichen Druck bei niedrigerer Temperatur und Dichte als ein Gas, das nur aus Eisenatomen besteht.

Was das in Bezug auf die roten Riesen bedeutet, lag auf der Hand. Da ihr Kern nicht aus atomarem Eisengas, sondern aus Eisenplasma bestand, konnte er die darüber liegenden Schichten des Sterns schon bei niedrigerer Temperatur und Dichte tragen. Eddington nahm die erforderlichen Neuberechnungen vor und kam zu dem Ergebnis, dass nur ein Zehntel der Dichte des Wassers benötigt wurde. Für die Kerntemperatur ergab sich in revidierter Schätzung der Betrag von fünf Millionen Grad.

Durch Einbeziehen der neuen Perspektiven der Atomphysik in seine Überlegungen hatte Eddington seine Kritiker zum Schweigen gebracht. Doch seinem letzten, großen Ziel war er dadurch nicht näher gekommen: Was im Inneren von gewöhnlichen Sternen wie der Sonne vor sich ging, war ihm noch immer ein Buch mit sieben Siegeln. In den 1920er-Jahren begann er sich zu fragen, ob er nicht einfach durch Modifikation seiner Theorie der roten Riesensterne einen Schritt weiter kommen könnte.

Der »höllische« Aufbau der Sonne

Eddington versuchte es zunächst mit der Anwendung eines anderen Gasgesetzes, nämlich der von dem niederländischen Physiker Johannes van der Waals formulierten »Zustandsgleichung für reale Gase« (»Van-der-Waals-Gesetz«). Sie beschrieb das Verhalten von Gas, das unter so hohen Druck gesetzt wurde, dass seine Atome förmlich gequetscht wurden wie die Ölsardinen. Es war höchst unwahrscheinlich, dass die Verhältnisse bei der Sonnenmaterie im Geltungsbereich des Van-der-Waals-Gesetzes lagen. Dennoch machte sich Eddington in seiner Verzweiflung diese Annahme als Arbeitshypothese zu Eigen. Als er auf dieser Grundlage die Dichte des Sonnenzentrums berechnete, kam er auf eine Zahl, die dem 13-fachen der Dichte des Wassers entsprach. Die dazugehörige Temperatur betrug 18 Millionen Grad. Hier deutete sich erstmals an, welche Bedingungen im tiefsten Inneren der Sonne herrschten.

Etwa um diese Zeit überredete Eddington den Astrophysiker Arthur Milne, der in Cambridge sein Kollege war, sich von neuem mit dem Thema Ionisation von Gasen in Sternen zu beschäftigen. Inzwischen war Bohrs einigermaßen willkürlich aufgestelltes Atommodell auf eine festere theoretische Grundlage gestellt worden, und es war auch möglich, den Zustand der Atome im Zentrum roter Riesen zuverlässiger zu bestimmen. Milne bestätigte, dass bei einer Dichte von einem Zehntel der Dichte des Wassers und einer Temperatur von fünf Millionen Grad nicht nur Eisenatome, sondern schlechterdings *alle* Atome den größten Teil ihrer Elektronen einbüßen würden. Doch eine Einsicht, die ihm sehr viel mehr bedeutete als die Bestätigung dessen, was er bereits wusste, fand Eddington unvermutet an entlegener Stelle in Milnes

Schriften. Die Berechnungen des Autors schienen hier auf folgende Voraussage hinauszulaufen: Selbst wenn ein Gas durch Druck zu höherer Dichte zusammengepresst wird, als sie in einem roten Riesen gegeben ist, wird sich in ihm die Zahl der im typischen Fall von einem Atom abgetrennten Elektronen kaum ändern. Vielmehr wird selbst bei hundertmal höherer Dichte, als sie im Kern eines roten Riesen herrscht, die Materie Plasmaform behalten und die Atome halten an wenigen fest gebundenen Elektronen fest.

Eddington konnte es kaum fassen. Im Zentrum der Sonne herrschte eine hundertmal höhere Dichte als im tiefsten Inneren eines roten Riesen. Obwohl die Materie dort dichter als die eines Festkörpers war, behielt sie die Form eines ionisierten Gases. Seine Theorie über das Innere der roten Riesensterne konnte also ohne weiteres auch für gewöhnliche Sterne wie die Sonne gelten. Er war auf eine Theorie mit Erklärungskraft für alle Sterne, nicht nur für eine nebenrangige Unterklasse, aus gewesen. Plötzlich und unerwartet war sie ihm jetzt in den Schoß gefallen.

Der Lackmustest für die Validität einer jeden Theorie ist bekanntlich, ob die Voraussagen, die sich aus ihr ergeben, durch die Beobachtung bestätigt werden. Eddingtons Theorie führte zu einer sehr speziellen Voraussage über die Helligkeit oder »Leuchtkraft« von Sternen. Zumindest bei Sternen gleicher chemischer Zusammensetzung hing demnach die Leuchtkraft einzig von der Masse ab. Diese Abhängigkeit war keine lineare, sondern eine ungemein progressive Funktion: Ein Stern mit der zweifachen Masse eines anderen leuchtete nicht einfach zweimal, sondern etwa zwanzigmal so hell wie dieser.

Eddington informierte sich über alle Sterne, deren Masse und Leuchtkraft irgendwann zuvor einmal gemessen worden waren. Aus der Masse errechnete er gemäß seiner Theorie die Leuchtkraft der einzelnen Sterne. Die Resultate waren verblüffend. In jedem einzelnen Fall stimmte die errechnete Leuchtkraft mit der von den Astronomen gemessenen überein.

1924 legte er seine Resultate der Royal Astronomical Society vor. Bald darauf arbeitete er die Theorie zu einer Buchveröffentlichung aus. *The Internal Constitution of the Stars* (Der innere Aufbau der Sterne) war schon bald nach der Veröffentlichung im Jahr 1926 ein Klassiker. Eddingtons Theorie der Sterne war eine Leistung erstaunlichen Kalibers. Der Tatsache zum Trotz, dass es unmöglich war, einen Tunnel in die Sterne zu stechen, um sich durch Augenschein zu überzeugen, wie es da drinnen aussah, hatte er es geschafft, das Innenleben der Himmelskörper aufzudecken. Bei der Anwendung seiner Theorie auf die Sonne kam er zu dem Ergebnis, dass die Materie in ihrem Zentrum die siebenundsiebzigfache Dichte des Wassers hat und dass die Temperatur dort vierzig Millionen Grad beträgt.

Das Interessanteste an Eddingtons Theorie der Sterne war jedoch, dass sie ohne jede Bezugnahme auf die Urquelle der Sternenergie auskam. Von einem genialen Gedankenblitz durchzuckt begriff Eddington, dass Sterne nicht heiß sind, weil irgendeine Energiequelle sie mit Wärme versorgt, sondern weil eine gigantische Masse auf ihren Kern drückt.

Diese Konstellation ist nur möglich, wenn die Energiequelle des Sterns jederzeit Wärme genau in dem Maß erzeugt, das notwendig ist, um den Status quo einer perfekt ausbalancierten Kugel aus heißem Gas aufrechtzuerhalten. Das bedeutet, dass die Energiequelle über einen eingebauten Thermostat verfügen muss, der dafür sorgt, dass sie auf nachlassendes Wärmeaufkommen und die damit einhergehende Abkühlung des Kerns mit nahezu sofortiger Steigerung der Wärmeproduktion antwortet. Ähnlich muss sie bei übermäßiger Wärmeproduktion und daraus resultierender beginnender Überhitzung des Kerns ebenso prompt mit der Drosselung ihrer Energieproduktion reagieren. Wenn der Kern zu stark abkühlt, zieht er sich zusammen und erwärmt sich dabei; wenn er zu heiß wird, dehnt er sich aus und kühlt dabei ab. Die Energiequelle muss demnach als Reaktion auf eine kleine Temperaturerhöhung ihre Wärmeleistung steigern und sie als Reaktion auf einen kleinen Temperaturabfall drosseln. Kurz, sie muss ausgesprochen temperaturempfindlich sein.

Das alles konnte Eddington aufgrund der bloßen Tatsache erschließen, dass viele Eigenschaften der Sterne nichts mit der Art ihrer Energiequelle zu tun hatten. Wenn seine Theorie auch kein Wissen darüber voraussetzte, was den vom Sternkern ausgehenden Wärmestrom speiste, so wandte er doch viel intensives Nachdenken an das Problem, was der Sonne und den Sternen die Energie lieferte.

Sonne mit Wasserstoffbrenner?

Seit Pierre Curie und Albert Laborde 1903 die Welt mit der Entdeckung der phänomenalen Wärmeabgabe des Radiums verblüfft hatten, war Eddington überzeugt gewesen, dass die Sterne ihre Energie aus »subatomarer« Quelle bezogen. Dass es sich dabei um die Radioaktivität handeln könnte, kam allerdings nicht mehr infrage, nachdem noch die gewissenhaftesten Versuche der Astronomen, im Sonnenspektrum den spektralen Fingerabdruck des Radiums oder Urans oder Thoriums zu entdecken, gescheitert waren. Eddington sah sich zu der Folgerung genötigt, dass die subatomare Sonnenenergie aus einem bislang noch unbekannten Naturprozess stammen müsse.

Wie auch immer dieser Prozess konkret beschaffen sein mochte – er gründete aller Wahrscheinlichkeit nach in Extrembedingungen, wie sie auf der Erde nicht anzutreffen waren. Da auf der Sonne die extremsten Bedingungen in ihrem tiefsten Inneren herrschten, musste nach Eddingtons Überzeugung dort auch die Energieproduktion stattfinden, nicht an der vergleichsweise kühlen Oberfläche, wo die Astronomen nach Anzeichen von radioaktiven Elementen gesucht hatten. Als subatomarer Prozess, der in Energiefreisetzung resultierte, kam für die Sonne die »Annihilation« (Totalvernichtung) von Materie infrage – eine Option, die besonders energisch von Eddingtons Cambridger Kollegen James Jeans favorisiert wurde. Die Annihilation war zu der Zeit ein rein hypothetischer Vorgang, bei dem die Massenenergie der Materie restlos in andere Energieformen, letzten Endes in Wärmeenergie, überführt wurde.

Um den gewaltigen Energieausstoß der Sonne in Gang zu halten, müssten in jeder Sekunde vier Millionen Tonnen Materie annihiliert werden. Auf den ersten Blick schien das zwar horrend viel, indes war es nur ein ganz, ganz winziger Bruchteil der zwei Quadrilliarden (1 Quadrilliarde = 1000 Quadrillionen = 10^{27} = 1000 000 000 000 000 000 000 000 000) Tonnen Sonnenmasse. Wäre tatsächlich Annihilation die Urquelle der Sonnenenergie gewesen, hätte die vorhandene Materie ausgereicht, die Sonne nicht Jahrmilliarden, sondern Tausende Milliarden Jahre länger am Lodern zu halten.

Jeans' Idee hatte freilich einen Schwachpunkt: Es gab keinerlei Beweis dafür, dass die Bausteine der Materie – Protonen und Elektronen – wirklich in einem Blitz von Strahlungsenergie verschwinden konnten.[12] Dieses Manko war zwar für Eddington kein ausreichender Grund, den Gedanken an die Annihilation als möglichen Energieerzeugungsmechanismus der Sterne ganz zu verwerfen, doch riet ihm sein Instinkt, sich lieber einem Prozess zuzuwenden, für dessen Existenz wenigstens ein Minimum an empirischen Daten als Beweismaterial vorlag. Er war darum hocherfreut, als er Bekanntschaft mit Jean-Baptiste Perrins These machte, die Sternenergie sei möglicherweise ein Nebenprodukt der Umwandlung von Wasserstoff in schwerere Elemente. In dieser Richtung war sicherlich die Energiequelle der Sterne zu finden.

Nicht nur hatte Francis Aston nachgewiesen, dass beim Prozess der Atombildung Massenenergie in andere Energieformen überging, sondern es war Rutherford sogar gelungen, im Labor ein leichtes Element in ein schwereres umzuwandeln. »Was man im Cavendish-Laboratorium fertig bringt, müsste doch wahrhaftig dort oben auch möglich sein«, meinte Eddington 1920.

Der einfachste Atombildungsprozess, den man sich vorstellen konnte, und zugleich der von Eddington favorisierte, war die Umwandlung von Wasserstoffatomen in Atome des nächstschwereren Elements, des Heliums. Astons Messungen hatten gezeigt, dass dabei 0,8 Prozent von der Masse des Wasserstoffatoms sich verflüchtigten, um in einer anderen Form von Energie wieder aufzutauchen. Da bei diesem Prozess die Energieausbeute weniger als ein Hundertstel dessen betrug, was bei der Annihilation anfiel, verbrauchte er für die Aufrechterhaltung der Sonnenwärme nicht vier Millionen Tonnen Wasserstoff pro Sekunde, sondern vierhundert Millionen Tonnen pro Sekunde.

Die bloße Größenordnung der Wasserstoffverbrennung in der Sonne überstieg alle Vorstellungskraft. Trotzdem, nach Eddingtons Berechnung konnte das Zentralgestirn problemlos noch zehn Milliarden Jahre brennen – also noch einmal so lange, wie es bereits schien –, sofern der Wasserstoffanteil an der Gesamtmasse auch nur sieben Prozent betrug. Das war zwar mehr als dem ganz auf die Idee einer aus Eisen bestehenden Sonne fixierten Eddington lieb war, aber er konnte damit leben.

Endlich schien das Rätsel, woher der Sonnenschein stammte, gelöst. Alle Stücke des Puzzles schienen ineinander zu passen. Das heißt: alle außer einem. Damit zwei Wasserstoffkerne einander so nahe kommen konnten, dass sie miteinander »verschmolzen«, mussten sie mit ultrahoher Geschwindigkeit aufeinander prallen. Ultrahohe Geschwindigkeit war gleichbedeutend mit ultrahoher Temperatur. Konkret: Die Temperatur müsste bei zehn Milliarden Grad liegen. Nach Eddingtons Theorie der Sterne betrug sie jedoch im Zentrum der Sonne nicht mehr als vierzig Millionen Grad. Es war zum Mäusemelken: Im Inneren der Sonne war es nicht entfernt so heiß, wie es zum Umschweißen von Wasserstoff in Helium hätte sein müssen.

Trotz dieses Rückschlags blieb Eddington bei seiner Überzeugung, dass die Umwandlung von Wasserstoff in Helium die einzige denkbare Quelle der Sonnenenergie sei. Als er daraufhin von anderen Astronomen vorwurfsvoll zu hören bekam, er ignoriere sein eigenes Material, das beweise, dass die Sonne nicht heiß genug sei, antwortete er: »Wir streiten uns nicht herum mit dem Kritiker, der uns entgegenhält, dass die Sterne nicht heiß genug für diesen Prozess sind; wir sagen ihm, er möge sich einen heißeren Ort suchen.« In deutlichere Worte übersetzt: er möge sich zum Teufel scheren.

Aus dem Dilemma führte nur ein einziger Weg. Irgendwie musste die Verschmelzung von Wasserstoffkernen zu einem Heliumkern in der Sonne bei einer sehr viel niedrigeren Temperatur als zehn Milliarden Grad stattfinden. Aber wie um alles in der Welt wäre das möglich? Ein großspuriger amerikanischer Physiker ukrainischer Herkunft namens George Gamow lieferte die Antwort.

DER TUNNELEFFEKT IN DER SONNE

Wie wir herausfanden, dass Wasserstoff-Kernfusion in der Sonne doch möglich war, und uns ein Bild davon machten, wie sie vonstatten gehen könnte

Ich ging am Abend, nachdem wir unseren Aufsatz abgeschlossen hatten, mit einem hüschen Mädchen spazieren, und als es dunkel geworden war, gingen die Sterne nacheinander prächtig auf. »Wie schön sie blinken!«, rief meine Begleiterin aus. Ich aber warf mich ein wenig in die Brust und sagte: »Ich weiß seit gestern, weshalb sie blinken.«
Fritz Houtermans

George Gamow war ein bunter Vogel, ein Bruder Leichtfuß, der in dem Ruf stand, ein Freund des Alkohols und der Frauen und auch in sonstiger Beziehung kein Kostverächter zu sein. Außerdem war er einer der fantasievollsten und findigsten Naturwissenschaftler des zwanzigsten Jahrhunderts.

Gamow erblickte das Licht der Welt 1904 in der ukrainischen Hafenstadt Odessa. Die Neigung zur Naturwissenschaft bekundete er bereits im Knabenalter, als ihm die Wahrheit der im Religionsunterricht gelehrten christlichen Dogmen fragwürdig wurde. Konnte es denn sein, dass Brot und Wein, wie sie beim Abendmahl dargereicht wurden, wirklich in Fleisch und Blut Christi verwandelt worden waren? Es gab nur eine Möglichkeit, das herauszufinden. Gamow untersuchte Proben der Transsubstantiationsobjekte Brot und Wein unter seinem kleinen Mikroskop. Dass er nicht die geringste Veränderung zu entdecken vermochte, berührte ihn tief. »Ich glaube, es war dieses Experiment, was mich zum Naturwissenschaftler gemacht hat«, sagte er später.

In Leningrad studierte er Physik bei jenem Aleksandr Friedmann, der als Erster die Vermutung äußerte, das Universum sei in der Folge eines »Urknalls« in Ausdehnung begriffen. 1928 wurde der vierundzwanzigjährige Gamow zum Doktor promoviert und erhielt anschließend von den Sowjetbehörden die Genehmigung, den Sommer über an einem Ferienkurs der Universität Göttingen teilzunehmen. Während des zweimonatigen Deutschlandaufenthalts machte er die entscheidende Entdeckung, die den Weg zur Beantwortung der Frage wies, wie Wasserstoff selbst bei der relativ niedrigen Zentraltemperatur der Sonne in Helium umgewandelt werden könnte. Das Problem, das Gamow zu jener Entdeckung anspornte, hatte, so mag es auf den ersten Blick scheinen, absolut nichts mit der Energieerzeugung in Sternen zu tun. Es betraf vielmehr die Emission von Alpha-Teilchen durch radioaktive Atome.

Das merkwürdige Rätsel des Alpha-Zerfalls

In den 1920er-Jahren biss sich die Wissenschaft an einer harten Nuss die Zähne aus, die ihr das Phänomen des Alpha-Zerfalls inzwischen zu knacken gegeben hatte. Alpha-Teilchen waren offenbar in der Lage, sich den Weg aus der Zitadelle des Kerns freizusprengen, selbst wenn sie gar nicht über die ausreichende Energie dazu verfügten.

Um uns die Rätselhaftigkeit des Sachverhalts begreiflich zu machen, erinnern wir uns am besten an das Kraftfeld, das im typischen Fall den Atomkern wie ein Wall umgibt. Rutherfords Alpha-Streuversuche, die überhaupt erst zur Entdeckung des Atomkerns führten, hatten gezeigt, dass ein Alpha-Teilchen umso heftiger abgestoßen wird, je näher es einem Kern kommt. Diese Abstoßung war nicht schwer zu verstehen. Sie rührt von der zwischen zwei Ladungen bzw. Ladungsträgern stets wirkenden Kraft her, die eine abstoßende ist, wenn es sich um Ladungen gleichen Vorzeichens handelt – und im gegebenen Fall handelte es sich um ein positiv geladenes Alpha-Teilchen und einen positiv geladenen Atomkern.

Rutherfords Versuche hatten aber noch etwas anderes ans Licht gebracht. Wenn ein Alpha-Teilchen tatsächlich einmal einem Kern sehr nahe kam, fiel die Abstoßung, die es erfuhr, ein wenig geringer aus als erwartet. Es war das erste, quälende Neugier weckende Anzeichen einer völlig unbekannten Kraft, die der elektrischen Kraft in Kernnähe entgegenwirkte. Die Existenz einer solchen Kraft vermuteten Physiker seit langem, denn die gewaltige abstoßende Kraft zwischen Protonen hätte ja eigentlich den Atomkern zersprengen müssen. Ohne irgendeine Art von »Kernkraft«, die die Abstoßung kompensierte und Protonen und Neutronen zusammenhielt, wäre ein Atomkern schlechterdings unmöglich gewesen.

Die wesentlichen Eigenschaften des Kraftfelds rund um den Atomkern lassen sich in einem einfachen Modell prägnant veranschaulichen: Denken wir uns einen aus einer Spielzeuglandschaft stammenden kegelförmigen Vulkan einsam in der Mitte einer Tischplatte stehend. Die Hänge des Berges verkörpern die abstoßende elektrische Kraft rund um den Atomkern, und der vom Gipfel nach innen sich absenkende Krater vertritt in unserem Modell die nukleare Anziehungskraft, die die einzelnen Bestandteile des Kerns zusammenhält.

Stellen wir uns nun vor, dass wir eine mit Schwung in Bewegung gebrachte Murmel über die Tischplatte auf den Spielzeugvulkan zurollen lassen; es ist das Pendant zum Abschuss eines Alpha-Teilchens auf einen Kern. Falls es der Murmel an Energie fehlt, um es bis hinauf zum Kraterrand zu schaffen, rollt sie vom Hang auf die Tischplatte zurück. Ganz ähnlich prallt ein Alpha-Teilchen von einem Atomkern ab, wenn seine Energie nicht ausreicht, den Wall zu durchbrechen, den die abstoßende elektrische Kraft rund um den Kern bildet. Bis hierher hatten wir die Sache auch ohne das Modell schon gut genug verstanden. Nun geht es darum, den zentralen Punkt im Rätsel des Alpha-Zerfalls zu illustrieren, und da kommt unser Modell zu seinem Recht.

Bevor ein Alpha-Teilchen abgestrahlt wird, ist es in einem Atomkern eingekerkert, vergleichbar einer Murmel, die im Krater unseres Spielzeugvulkans herumrollt. Um in die Freiheit ausbrechen zu können, muss die Murmel über den Kraterrand hinausrollen können. Wenn ihr das gelingt, rollt sie weiter: unter ständiger Beschleunigung den Hang hinunter. Auf der Tischplatte kommt sie dann mit einem beträchtlichen Quantum Bewegungsenergie im Gepäck an.[1]

Dieser Energiegewinn ist unumgänglich. Bei einem aus einem Uran-238-Kern entweichenden Alpha-Teilchen beläuft er sich auf 17 Megaelektronenvolt (MeV).[2] Kein von Uran-238 abgestrahltes

Alpha-Teilchen kann weniger Energie besitzen. Man kann sich nun vorstellen, welche Bestürzung es bei Rutherford und anderen Physikern auslöste, als sie die Energie von Alpha-Teilchen aus Uran-238 maßen und dabei feststellten, dass sie nicht mehr als 4,2 MeV – weniger als ein Viertel der Sollmenge – betrug.

Nicht herausgeschossen kam so ein Alpha-Teilchen aus dem Urankern, sondern herausgegondelt. Es war, als wäre eine Murmel, nachdem sie eben noch im Krater herumgeklappert hatte, wie durch Zauberei plötzlich draußen auf dem Hang des Vulkans erschienen, an einer Stelle, wo sie auf dem Weg nach unten nur noch ein Viertel der gesamten Höhe vor sich hatte, und wäre von da auf die Tischplatte gekullert. Es war und blieb unerklärlich. Bis Gamow über das Rätsel nachzudenken begann. Er erkannte, wo der Fehler lag, den jedermann machte, nämlich in der Erwartung, dass der Alpha-Zerfall sich an die Regeln des gesunden Menschenverstands halten würde. Die Regeln des gesunden Menschenverstands galten zwar in unserer Alltagswelt, aber – wie Niels Bohr erkannt hatte – ganz entschieden nicht in der Sphäre des sehr Kleinen.

Abschied von den Gewissheiten

Einen ersten Hinweis darauf, dass die Welt der Atome nach sehr anderen Regeln funktioniert, als sie in der Welt unserer alltäglichen Sinneserfahrung gelten, hatten wir bereits durch das Phänomen der Radioaktivität selbst erhalten. Alle Atome eines radioaktiven Elements wie Radium sind identisch und unterscheiden sich in dieser Beziehung nicht von einem nichtradioaktiven Element wie etwa Gold. Ebendiese atomare Uniformität ist es ja, die die Substanzen zu Elementen macht. Doch nicht alle Atome einer Radiumprobe zerfallen im gleichen Tempo. Einige tun es schneller, andere langsamer.

Hier stand man nun vor einem Rätsel. Wie konnte es sein, dass Radiumatome einander vollkommen gleich waren und sich dennoch unterschiedlich verhielten? Der Zerfall einer radioaktiven Substanz ging nach einer von Rutherford entdeckten einfachen Gesetzmäßigkeit vor sich: Der Zeitabschnitt, innerhalb dessen sich die in einer Probe radioaktiven Materials vorhandene Zahl instabiler Atome auf die Hälfte verringerte, blieb immer gleich. Die Größe dieses Zeitabschnitts – »Halbwertszeit« genannt – hat bei jeder radioaktiven Substanz einen anderen, charakteristischen Wert. Hat beispielsweise eine Substanz eine Halbwertszeit von 10 Minuten, ist nach 10 Minuten noch die Hälfte der anfangs vorhandenen radioaktiven Atome übrig, nach 20 Minuten ist es noch ein Viertel, nach 30 Minuten ein Achtel usw.

Oberflächlich betrachtet wirkt das vielleicht wie eine vollkommen harmlose Eigentümlichkeit. Dabei ist es etwas in höchstem Grad Absonderliches. Das Phänomen ist nur möglich, wenn innerhalb jedes beliebigen Zeitabschnitts für jedes einzelne Atom exakt die gleiche Wahrscheinlichkeit der Selbstzerstörung besteht. Mit anderen Worten: Der radioaktive Zerfall ist genauso ein rein zufallsgesteuerter Vorgang wie ein Würfelwurf oder die Drehung einer Roulettescheibe.

Man braucht einige Zeit, um die volle Bedeutung dieser Feststellung zu begreifen. Sie besagt, dass die Natur es uns verwehrt, auch nur in ganz allgemeiner Form eine Voraussage darüber zu treffen, wann ein bestimmtes Atom einer radioaktiven Probe zerfallen wird. Unser Wissen kann sich einzig auf die Wahrscheinlichkeit erstrecken, mit der es innerhalb einer bestimmten Periode zerfallen wird.

Das Rätsel des radioaktiven Zerfalls ist damit glatt gelöst. Denn wenn wir von dem einzelnen Atom einer strahlenden Probe nur die Wahrscheinlichkeit seines Zerfalls innerhalb eines gegebenen Zeitraums kennen und diese Wahrscheinlichkeit für alle Atome gleich ist, dann sind alle Atome praktisch gleich, und es spielt keine Rolle, wenn das eine nach zehn Sekunden, das andere nach zehn Minuten und wieder ein anderes nach zehn Stunden zerfällt. In der Mikrowelt bedeutet »identisch« etwas ganz anderes als in der Alltagswelt, wie man sieht.

Auf Gewissheit verzichten und sich mit Wahrscheinlichkeit als Ersatz begnügen zu müssen, ist für Physiker eine bittere Pille. Und es blieb nicht bei dieser einen – noch viele von der gleichen Sorte waren zu schlucken. Denn mit der Zeit zeigte sich, dass der radioaktive Zerfallsprozess in seiner Unbestimmbarkeit alles andere als ein Unikum war. In fast jeder Dimension war Verhalten im atomaren Bereich rein zufallsgesteuert.

So lässt sich beispielsweise einem Elektron weder eine bestimmte Geschwindigkeit zuschreiben noch eine bestimmte Umlaufbahn zuordnen. Es lässt sich lediglich eine bestimmte Wahrscheinlichkeit dafür angeben, dass es sich mit dieser Geschwindigkeit bewegt, und eine bestimmte Wahrscheinlichkeit dafür, dass es sich in dieser Bahn befindet. Diese Wahrscheinlichkeiten können selbstverständlich auch die Werte null Prozent und hundert Prozent annehmen, aber im Allgemeinen liegen sie irgendwo dazwischen. Im atomaren Bereich erwiesen sich alle Verhältnisse als vage und unbestimmt.

Doch nachdem die Natur uns die Gewissheiten verweigert hatte, überließ sie uns wenigstens einen Trostpreis. Hundertprozentige Gewissheit in Bezug auf die aktuellen konkreten Daten eines Atoms bleibt uns zwar vorenthalten, doch immerhin dürfen wir es in Bezug auf die Wahrscheinlichkeitswerte solcher Daten zu hundertprozentiger Gewissheit bringen. Bizarrerweise, so stellte man fest, wird das Verhalten eines Materieteilchens von einer abstrakten »Wahrscheinlichkeitswelle« beschrieben, die sich im Raum ausbreitet wie eine Welle auf der Oberfläche eines Teichs. Am Ort des Wellenbergs ist die Wahrscheinlichkeit der Anwesenheit des Teilchens groß, am Ort des Wellentals ist sie gering. Ist das Teilchen aber erst einmal »beobachtet« worden, hört es auf, sich in einem Nebel von Wahrscheinlichkeiten darzustellen, und wird stattdessen hundertprozentig real. Das erklärt, warum die Dinge der realen Welt nicht an mehreren Orten gleichzeitig auftreten können.

Eine zuverlässige Methode, die Ausbreitung der Wahrscheinlichkeitswellen im Raum zu berechnen, fand im Jahr 1926 der österreichische Physiker Erwin Schrödinger, und ihm zu Ehren erhielt sie den Namen »Schrödinger-Gleichung«. Deren Anwendung auf ein Wasserstoffatom zum Beispiel erschloss den Physikern endlich, was es eigentlich mit den von Niels Bohr 1913 postulierten stationären Elektronenbahnen auf sich hatte. Sie waren schlicht und einfach die Raumstellen im Atom, die mit der höchsten Wahrscheinlichkeit als Aufenthaltsorte des Elektrons infrage kamen.

Die bizarre Theorie, der zufolge das Verhalten mikroskopisch kleiner Teilchen von eigentümlichen, sich im Raum ausbreitenden Wahrscheinlichkeitswellen bestimmt war, trägt den Namen »Quantentheorie«. Sie wurde geschaffen im Jahr 1926 von einer Schar junger Männer zumeist Anfang zwanzig, die den Mut gehabt hatten, die Ketten traditioneller Denkgewohnheiten zu zerbrechen, die ihnen auf dem Feld der Atomtheorie die Bewegungsfreiheit nahmen.

George Gamow war zu seinem großen Verdruss zu jung gewesen, um sich an der Entwicklung der Quantentheorie beteiligen zu können. Er gehörte jedoch zu den Ersten, die sie in ihrer vollen Tragweite begriffen. Tatsächlich ging er, nachdem er in Leningrad die Doktorwürde erworben hatte, nur deshalb sofort an die Universität Göttingen, weil sie der Ort war, wo viele Ideen der revolutionären neuen Quantentheorie ausgeheckt worden waren.

Zu der Zeit, als Gamow nach Göttingen kam, war in der Atomphysik schon jedermann dabei, den Aufbau der Atome mit dem Besteck der Quantentheorie zu analysieren. Gamow hatte eine starke Abneigung gegen überlaufene Tätigkeitsfelder und sah sich deshalb nach anderen Problemen um, die der Lösung harrten. Und dabei fiel ihm sofort auf, dass noch niemand daran gedacht hatte, das Licht der neuen Theorie auf den Atomkern zu richten. Und so stellte er sich denn die Aufgabe, das merkwürdige Rätsel des Alpha-Zerfalls zu lösen.

Die Entfesselungskünste der Wellen

Da sein Verhalten von einer im Raum sich ausbreitenden Wahrscheinlichkeitswelle bestimmt wird, führt das Alpha-Teilchen in gewisser Weise ein Doppelleben: Es hat sowohl Wellen- wie Teilcheneigenschaften. Gamows erleuchtende Idee war der Gedanke, dass die Welleneigenschaften des Alpha-Teilchens vielleicht die Erklärung für seine unbegreifliche Fähigkeit, aus dem Atomkern zu entweichen, liefern könnten.

Wellen können allerhand, was Teilchen nicht können, beispielsweise um die Ecke biegen, eine Fähigkeit, der wir es verdanken, dass wir jemanden auch dann hören können, wenn er sich nicht in unserem Gesichtsfeld befindet. Ein anderes Kunststück, das Wellen beherrschen, hat eine besondere Bedeutung für den Prozess des Alpha-Zerfalls, wie Gamow erkannte. Das Kunststück lässt sich leicht an Lichtwellen demonstrieren, die sich in einem Glasblock fortbewegen. Treffen sie auf die Grenzfläche in flachem Winkel, setzen sie ihren Weg nicht nach draußen in die Luft fort, sondern werden vollständig zurück in das Glas gespiegelt. Man nennt dieses Phänomen »Totalreflexion«. Ganz anders sieht die Sache aus, wenn man einen zweiten Glasblock sehr nahe an den ersten heranbringt. Dann wird nämlich nur ein Teil des Lichts totalreflektiert. Der Rest überspringt den luftgefüllten Zwischenraum und pflanzt sich im zweiten Glasblock fort.

Das Phänomen gründet in der Tatsache, dass eine Welle nicht punktuell ist wie ein Teilchen, sondern sich im Raum erstreckt. Das bedeutet, dass totalreflektierte Lichtwellen nicht präzise an der Grenzfläche des Fortpflanzungsmediums gespiegelt werden, sondern bei dem Vorgang einige Wellenlängen weit in das dünnere Medium eindringen. Wenn diese »Fühler« nun aber, bevor sie umkehren können, auf ein anderes dichtes Medium treffen – einen zweiten Glasblock, um bei unserem Beispiel zu bleiben –, beginnen sie sofort wieder Licht zu erzeugen, das sich dann in diesem Medium fortpflanzt.

Diese Fähigkeit des Lichts, eine Gegend zu durchqueren, in der sie sich gar nicht befinden dürfte, ist allen Wellenarten eigen und lieferte den Schlüssel zum Verständnis des Alpha-Zerfalls. Denn wenn Licht aus einem Glasblock in einen anderen überspringen konnte, dann, so überlegte Gamow, musste die mit einem Alpha-Teilchen verbundene Wahrscheinlichkeitswelle auch in der Lage sein, aus dem Atomkern in den umgebenden Raum zu entweichen. Im einen Augenblick wäre das Teilchen noch im Kern gefangen, und schon im nächsten würde es wie durch Zauberei außerhalb seines Kerkers auftauchen.

Das Ausgefallene am Fluchtweg des Alpha-Teilchens zeigt sich mit eklatanter Deutlichkeit an unserem Vulkanmodell des Atomkerns. Die im Krater gefangene Murmel entkommt nicht über den Kraterrand, sondern indem sie gleichsam einen Tunnel durch die Kraterwand gräbt, so dass sie auf der Außenseite des Walls weit unterhalb des Gipfels zum Vorschein kommt. Deshalb hat ein Alpha-Teilchen aus Uran-238 die Energie 4,2 MeV statt 17 MeV. Aufgrund seiner Welleneigenschaften vermag es einen scheinbar undurchdringlichen Wall zu durchdringen.

Im Kern rast das Alpha-Teilchen hin und her und stößt in jeder Sekunde trilliardenmal gegen die Wand seines Kerkers. Und bei jedem Stoß hat es eine winzig kleine Chance, den Tunneleffekt, der es in die Freiheit führt, zu erreichen. Wie groß diese Chance ist, hängt von Größe und Form des Walls rund um den Kern und der Tiefe des Kraters ab.

Aus einem sehr tiefen Krater ist für ein Alpha-Teilchen möglicherweise überhaupt kein Entkommen – das ist bei allen stabilen Atomkernen der Fall. Ist der Krater verhältnismäßig flach, zerfällt der Kern möglicherweise innerhalb äußerst kurzer Frist. Tatsache ist, dass die Wahrscheinlichkeit des Ausbruchs eines Alpha-Teilchens aus seinem Gefängnis in extrem hohem Grad von der Tiefe des Kraters abhängt – mit anderen Worten, von der Energie des Alpha-Teilchens. Schon eine geringe Zunahme der Kratertiefe bedeutet eine enorme Erschwerung des Ausbruchs. Das ist der Grund, warum die Halbwertszeiten der verschiedenen radioaktiven Substanzen eine so ungeheure Variationsbreite aufweisen, von kleinsten Sekundenbruchteilen bis zu vielen Jahrmilliarden.

Gamow brachte seine bemerkenswerte Theorie des Alpha-Zerfalls zu Papier und reichte das fertige Manuskript noch von Göttingen aus zur Veröffentlichung ein. Der Zufall wollte es, dass ein britischer Physiker namens Ronald Gurney und sein amerikanischer Mitarbeiter Edward Condon unabhängig von Gamow, aber fast gleichzeitig mit ihm auf die Idee des Tunneleffekts gekommen waren. Ihre Arbeit erschien innerhalb Wochenfrist nach derjenigen Gamows im Druck.

Gamow hätte es nun in der Hand gehabt, Eddingtons heißeste Gebete zu erhören und den Nachweis zu führen, dass und wie Wasserstoff schon bei Temperaturen von Millionen und nicht erst von Milliarden Grad in Helium umgewandelt werden konnte. Aber leider war er in der Astronomie und der Astrophysik nicht sehr beschlagen, und so entging ihm die Relevanz des Tunneleffekts für die Energieerzeugung in der Sonne. Es war ein anderer junger Physiker in Göttingen, der den Zusammenhang bemerkte. Er hieß Fritz Houtermans.

Tunneleffekt andersherum

Houtermans war, wie Gamow, eine der bunteren Erscheinungen unter den Physikern des zwanzigsten Jahrhunderts. Er wurde 1903 in Westpreußen geboren und wuchs in Wien auf. In den 1920-er

Jahren trat er noch als Schüler der KPD bei und wurde dann von der Schule verwiesen, weil er öffentlich das Parteiprogramm verlesen hatte. Die Eltern spendierten dem »schwierigen« Teenager eine Analyse bei Sigmund Freud, doch Freud brach die Behandlung ab, als er dahinter kam, dass sein Patient die Träume, die er in den Sitzungen berichtete, frei erfunden hatte. Houtermans' KPD-Mitgliedschaft zwang ihn samt seinen Eltern nach Hitlers Machtergreifung zur Flucht nach England. In London arbeitete er beim HMV-Konzern und startete dort einmal einen Versuch, Einsteins Voraussage zu verifizieren, dass ein Lichtstrahl bei der Durchleitung durch ein aus »angeregten« Atomen zusammengesetztes Gas verstärkt werden müsse. Hätte dabei nicht ein teurer Trafo den Geist aufgegeben, den sein Arbeitgeber nicht bereit war zu ersetzen, hätte Houtermans womöglich fünfundzwanzig Jahre, bevor es dann ein anderer wirklich tat, den Laser erfunden.

Houtermans' Abneigung gegen die englische Küche und vor allem gegen den Geruch von gegartem Hammelfleisch, der in Schwaden aus billigen Speiselokalen wehte, war der Grund dafür, dass er einen Posten am Ukrainischen Polytechnischen Institut in Charkow annahm. In der Sowjetunion verflog binnen kurzem sein Kinderglaube, dass der Kommunismus die Menschheit in eine rosige Zukunft führe. Als 1937 der Stalinsche Terror seinen Zenit erreichte, flüchtete Houtermans' Frau mit den beiden kleinen Kindern des Paares nach Amerika. Houterman selbst wurde von dem berüchtigten sowjetischen Geheimdienst NKWD (der Vorläuferorganisation des KGB) unter dem Vorwurf der Spionage für das Deutsche Reich verhaftet und gefangen gesetzt. Erst nach drei Jahren, in denen er die Foltermethoden seiner Häscher kennen lernte und dem Hungertod nahe war, wurde nach dem Abschluss des Hitler-Stalin-Pakts die Haft aufgehoben und Houtermans nach Deutschland ausgeliefert.

In den Händen der Gestapo blieb er von weiterer Folter – der man ihn, nun unter dem Vorwurf der Spionage für die SU, leicht hätte unterziehen können – verschont dank der Intervention des Nobelpreisträgers Max von Laue, eines der wenigen deutschen Universitätsgelehrten, die aus ihrer Antipathie gegen die Nationalsozialisten keinen Hehl machten. Houtermans wurde einer der führenden Köpfe im deutschen Kernforschungsprogramm. Als Erster erkannte er die einzigartige Bedeutung des Plutoniums für die Herstellung einer Atombombe. Mit unglaublicher Kühnheit riskierte er sein Leben, als er mitten im Krieg amerikanischen Nuklearforschern die Nachricht zukommen ließ: »Beeilt euch. Wir sind auf die Fährte gekommen.«

Trotz aller Widrigkeiten, die ihm in seinem Leben zugestoßen waren, behielt Houtermans seinen Humor. Im Frühjahr 1945 – in Deutschland herrschte die denkbar schärfste Konsumgüterknappheit – gelang es ihm tatsächlich, dem Verwaltungschef des Kernforschungszentrums einzureden, das für den Reaktorbetrieb unerlässliche schwere Wasser lasse sich aus makedonischem Tabak extrahieren. Bis der Schwindel aufflog, hatte Houtermans immerhin Muße, zwei Beutel des kostbaren Stoffs zu verpaffen. Nur eine neuerliche Intervention von Laues vermochte ihn ein zweites Mal vor der Gestapo zu retten.

Im Sommer 1928 lagen all diese dramatischen und schrecklichen Ereignisse noch in der Zukunft. Damals lernte Houtermans Gamow kennen. Die beiden verstanden sich auf Anhieb prächtig miteinander. Houtermans war tief beeindruckt von Gamows Tunneleffekt-Theorie. Schon bald nachdem Gamow den Gedanken veröffentlicht hatte, machten sich die zwei Physiker gemeinsam an die Abfassung einer Arbeit über die Anwendung der Theorie auf spezifische Atomkerne. Aber als dann das Manuskript druckreif vorlag, war Gamow das Geld ausgegangen, er war nach Kopenhagen weitergezogen und Houtermans nach Berlin übersiedelt.

Der Ideenkomplex Alpha-Zerfall und Tunneleffekt beschäftigte Houtermans in Berlin weiter, und schon bald kam ihm ein nahe liegender Gedanke, der Gamow entgangen war. Wenn Teilchen per Tunneleffekt aus dem Kern entkommen konnten, mussten sie auch per Tunneleffekt hineingelangen können. Das Kunststück ließ sich eventuell bewerkstelligen, indem man ein subatomares Projektil mit solcher Wucht in ein Atom hineinschoss, dass es den Kernkraftwall durchbohrte und im Kern stecken blieb – eine aufregende Möglichkeit, denn sie würde den Weg zu einer ganz neuen Art von Elementenbildungs- oder »Fusions«reaktionen frei machen. Aber war es möglich, das Kunststück im Labor zu vollbringen?

Zu seiner großen Enttäuschung führten Houtermans' Versuche zu dem Ergebnis, dass es nicht möglich war. Was ihm an subatomaren Projektilen zu Gebote stand – hauptsächlich Alpha-Teilchen –, besaß einfach nicht genügend Energie, um das Eindringen in den Kern per Tunneleffekt zu einer realen Möglichkeit werden zu lassen, und er verfügte nicht über die technischen Mittel, seine Projektile künstlich zu beschleunigen.[3] Aber dann fiel Houtermans ein, dass es ja einen bestimmten Ort gab, wo energiereiche Teilchen *en masse* zur Verfügung standen: das Zentrum der Sonne.

Wie braut man Helium im nuklearen Kessel?

Was Houtermans über die Sonne wusste, war wenig. In Berlin machte er jedoch die Bekanntschaft des jungen britischen Experimentalphysikers Robert Atkinson, und es kam zum Gedankenaustausch zwischen den beiden. Atkinson hatte Eddingtons Buch über den inneren Aufbau der Sterne gelesen und aus ihm von dem Problem erfahren, dass der Sonnenkern viel zu kühl für die Verschmelzung von Wasserstoff zu Helium war, den Prozess, aus dem nach Eddingtons Überzeugung die Sonne ihre Energie bezog.

Als Houtermans von dieser Schwierigkeit hörte, kam ihm sofort der Gedanke, dass der Tunneleffekt für jeden in der Sonne stattfindenden Fusionsprozess eine wichtige Rolle spielen müsse. Es gelang ihm, bei Atkinson Interesse für die Exploration dieser Idee zu wecken, und im Frühjahr 1929 machten sich die beiden ans Werk. Als Erstes galt es, eine Sequenz von Kernreaktionen zu identifizieren, über die die Umwandlung von Wasserstoff in Helium erfolgen konnte.

Entsprechend der damals gängigen Meinung glaubten Houtermans und Atkinson, dass ein Heliumkern sich aus vier Protonen zusammensetzte. Der nächstliegende Weg, auf dem vier Protonen zu einem Verband zusammentreten konnten, sah so aus, dass in einem ersten Schritt zwei Protonen kollidierten und aneinander kleben blieben, später ein drittes dieses Paar rammte und sich dabei verfing und zuletzt ein viertes Proton das Kleeblatt zum Quartett ergänzte. Nun war allerdings kein Atomkern mit zwei Protonen bekannt – ein Helium-2 existierte offenbar nicht. Der nächstliegende Weg war also schon für den ersten Schritt blockiert.

Houtermans und Atkinson mussten sich einen weniger geradlinigen Weg vom Wasserstoff zum Helium ausdenken und bewiesen ihren Scharfsinn mit dem Konzept eines Umwandlungsprozesses, bei dem ein dritter Atomkern als »Protonenfalle« fungierte. In diesen dritten Kern gelangte, so die Hypothese der beiden, per Tunneleffekt ein Proton, später noch eins, dann noch eins, und wenn das vierte in die Falle gegangen war, stieß der dritte Kern in einer heftigen Erschütterung ein voll ausgebildetes Alpha-Teilchen aus. Auf diesem Weg wurde Wasserstoff unter Freisetzung einer Sturzflut von Kernbindungsenergie in Helium umgewandelt.

Wie Gamow entdeckt hatte, war der Tunneleffekt in extrem hohem Grad von der Bewegungsenergie der anfliegenden Teilchen abhängig. In der Sonne hing die Teilchenenergie von der Temperatur ab. Demnach musste jeder Energieerzeugungsprozess, in dem der Tunneleffekt eine wesentliche Rolle spielte, in extrem hohem Grad temperaturabhängig sein – und genau diese Eigenschaft hatte Eddington für ihn prognostiziert.

Von den Einzelheiten der Wasserstoff-Helium-Umwandlung hatten Houtermans und Atkinson keine übermäßig klare Vorstellung. Beispielsweise konnten sie nicht sagen, ob die Bindungsenergie in gesamter Menge auf einen Schlag bei der eruptiven Ausstoßung des Alpha-Teilchens am Schluss freigesetzt würde oder ob eine Energieabgabe in kleinsten Raten den ganzen Prozess begleiten würde. Sie konnten auch nicht angeben, welcherart Atomkern die Rolle der Protonenfalle zu spielen in der Lage war. Auf jeden Fall musste es einer sein, der Protonen sehr lange festzuhalten vermochte, einigermaßen zahlreich in der Sonne vorkam und relativ leicht war. Nur bei einem leichten Kern, einem mit nicht mehr als einer Handvoll Protonen, war der elektromagnetische Schutzwall so schwach, dass er von einem Proton per Tunneleffekt überwunden werden konnte.

Houtermans und Atkinson hatten nun ein plausibles Ablaufschema der Wasserstoff-Helium-Transmutation in der Hand. Im nächsten Schritt war zu bestimmen, ob die der Wärmeleistung der Sonne entsprechende Energie bei der von Eddington für den Sonnenkern angenommenen Temperatur nach diesem Schema erzeugt werden konnte.

Eine einfache Berechnung ergab, dass das durchschnittliche Proton im Sonnenzentrum kaum ein Hundertstel der Energie besaß, die notwendig war, um per Tunneleffekt in einen normalen leichten Kern einzudringen. Allerdings war davon auszugehen, dass die Protonen sich teils mit unterdurchschnittlicher, teils mit überdurchschnittlicher Geschwindigkeit bewegten. Von den schnelleren wiederum würde ein Teil mit Geschwindigkeiten umherfliegen, die ein Vielfaches über dem Durchschnitt lagen. Die Chance, per Tunneleffekt in einen leichten Kern einzudringen und damit die Heliumproduktion eine Etappe weiter zu bringen, war für diese ultraschnellen Protonen ungleich größer. Die große Frage lautete demnach: Waren solche Protonen in ausreichender Menge vorhanden, um für die Wärmeleistung der Sonne aufkommen zu können?

Für die Beantwortung spielte die gigantische Masse der Sonne die entscheidende Rolle. Denn von den Sonnenprotonen bewegte sich zwar nur ein winziger Bruchteil schnell genug, um per Tunneleffekt in einen leichten Kern hineingelangen und so an der Heliumproduktion mitwirken zu können, aber die Gesamtzahl der Protonen in der Sonne war unermesslich. Ein winziger Bruchteil von einer unermesslich großen Zahl kann für sich genommen immer noch eine gewaltige Zahl sein. Houtermans und Atkinson zählten die relevanten Zahlenwerte zusammen und stellten fest, dass die Hochgeschwindigkeitsprotonen für den Zweck, den ihnen die beiden Physiker zugedacht hatten, gerade ausreichten. Erstaunlicherweise vermochte der nur aus den seltensten, den ultraschnellen Protonen in der Sonne bestrittene Protonenfang für den Sonnenschein aufzukommen.

Eddingtons Gebete waren erhört worden. Indem sie Gamows Tunneleffekt-Konzept andersherum konstruierten, lieferten Houtermans und Atkinson den theoretischen Nachweis, dass Kernumwandlung in der Sonne bei fast tausendmal niedrigerer Temperatur, als irgendwer es für möglich gehalten hätte, stattfinden und dem Zentralgestirn als Kraftwerk dienen und den Brennvorgang aufrechterhalten konnte. Einen Tag, nachdem er entdeckt hatte, dass in den Sternen Kernreaktionen ablaufen – so erzählt Robert Jungk in seinem Buch *Heller als tausend Sonnen* –, versuchte Houtermans seiner Freundin beim abendlichen Spaziergang mit einem Ausspruch zu imponieren, den in der ganzen bisherigen Geschichte noch niemand getan hatte. Während sie wie verzaubert zu dem wunderbar klaren mondlosen Sternenhimmel aufschaute, brüstete er sich damit, der einzige Mensch zu sein, der wisse, weshalb die Sterne scheinen. Offenbar verfehlte das seine Wirkung nicht. Zwei Jahre später gab ihm Charlotte Riefenstahl ihr Jawort. (Sie heiratete ihn sogar zweimal – das zweite Mal im Jahr 1953, nach ihrer durch die Nazis erzwungenen Trennung.)

Houtermans und Atkinson hatten nachgewiesen, dass bei der im Inneren von Sternen herrschenden Temperatur Atomkerne in andere Atomkerne eindringen und dort Reaktionen auslösen konnten, die Energie freisetzten. Das Bemerkenswerteste an ihrem Nachweis war, dass er in Zeiten größter Unwissenheit in Sachen Kernphysik entstand. Man darf sogar getrost behaupten, dass die Wissenschaftsdisziplin der Kernphysik überhaupt erst mit der Entdeckung des Neutrons durch James Chadwick im Jahr 1932 in die Welt kam.[4] Denn wie konnte irgendjemand irgendetwas Vernünftiges über den Atomkern sagen, solange die eine von dessen zwei Hauptkomponenten noch unbekannt war?

Dass man das Neutron im Jahr 1929 nicht kannte, hatte zur Folge, dass man damals den Heliumkern als aus vier Protonen zusammengesetzt betrachtete, und auch Houtermans und Atkinson hatten keinen Grund, in diesem Punkt von der herrschenden Meinung abzuweichen. Als drei Jahre später die Bausteine des Heliumkerns als zwei Protonen und zwei Neutronen identifiziert wurden, brachte das ein ernstes Problem für das Protonenfalle-Konzept des Kraftwerks in der Sonne mit sich.

Eine nahe liegende Lösung hätte die Annahme sein können, dass der die Falle verkörpernde Kern sich einfach zwei Protonen und zwei Neutronen einverleibte. Bedauerlicherweise verbot sie sich aufgrund des Umstands, dass keine geeignete Quelle freier Neutronen existiert. Zwar können die Teilchen innerhalb eines Kerns unbegrenzte Zeit bestehen, aber außerhalb ist ihre Selbstzerstörung nur eine Sache von Minuten. Mit einem einzigen Mittel war Houtermans' und Atkinsons Konzept vor dem Untergang zu retten: mit dem Postulat, dass in der Protonenfalle von den vier verschluckten Protonen zwei sich auf irgendeine Weise in Neutronen verwandelten. Aber war denn eine solche bizarre Verwandlung überhaupt möglich?

Die Antwort ließ lange auf sich warten. Doch 1938 schlug dann der Physiker Carl Friedrich v. Weizsäcker, der Sohn des zweithöchsten Beamten im Außenministerium des Dritten Reichs, einen Prozess vor, in dessen Verlauf ein Kernproton die Umwandlung zum Neutron vollziehen könnte. Das Proton würde das Kunststück durch die Aussendung zweier Teilchen – eines Positrons und eines Neutrinos[5] – vollbringen.

Jetzt war es an der Zeit, Houtermans' und Atkinsons ungefähres Ablaufschema zu konkretisieren und die Sequenz von Kernreaktionen, die der Sonne die Energie lieferte, genau zu benennen. Viele Granden der theoretischen Physik – unter ihnen Robert Oppenheimer, der »Vater« der Atombombe – hatten sich erfolglos an der Aufgabe versucht, hinter das schwer zu ergründende Rezept für den Sonnenschein zu kommen. Den Lorbeer teilten sich schließlich zwei Teilnehmer an dem Forschungswettstreit: v. Weizsäcker und der deutschamerikanische Physiker Hans Bethe.

EIN REZEPT FÜR SONNENSCHEIN

Wie wir die genauen Modalitäten der Umwandlung von Wasserstoff in Helium entdeckten, die im Inneren von Sternen stattfindet

Es kann doch nicht so schwer sein, die passgenaue Reaktion für unsere alte Sonne zu finden. Das kriege ich bestimmt noch vor dem Abendessen hin.
Hans Bethe (nach der Erinnerung von George Gamow)

Hans Bethes Mutter war Jüdin. Darum wurde der siebenundzwanzigjährige Physiker sofort nach Hitlers Machtergreifung aus seiner Anstellung als Honorarprofessor an der Universität Tübingen entlassen. Der Mann, der – anscheinend ungerührt – die Kündigung aussprach, war jener Hans Geiger, dessen Alpha-Streuversuche Rutherford auf die Spur des Atomkerns gebracht hatten.

Wie Fritz Houtermans emigrierte Bethe nach England. Doch anders als sein Landsmann zog er nicht weiter in die Sowjetunion, sondern hatte das Glück, eine Anstellung in den USA zu finden. An der Cornell University in New York avancierte er rasch zu einer Koryphäe in der mit Macht aufstrebenden Disziplin der Kernphysik. In einer Aufsatzreihe gab er einen *state of the art*-Überblick über sein Fach, der bald autoritative Geltung erlangte, so dass man ihn inoffiziell die »Bethe-Bibel« nannte. Seiner unvergleichlichen Kompetenz in allen Fragen der Kernphysik wegen sollte er nach dem Kriegseintritt der USA auf den Posten des Direktors der Abteilung für theoretische Physik in dem Geheimlaboratorium zu Los Alamos, New Mexico, berufen werden, wo die Elite der amerikanischen Kernforschung an der Entwicklung der Atombombe arbeitete.

Bethes Interesse für die Kernphysik war stets ganz pragmatischer Art gewesen. Das Problem der Energieerzeugung in den Sternen war ihm bekannt, aber klären zu wollen, aus welchen Kernreaktionen die Sonne ihre Energie bezog, war in seinen Augen ein viel zu spekulatives Unterfangen, als dass er es seiner Aufmerksamkeit und Arbeitskraft für wert befunden hätte. Einen Sinneswandel erlebte er auf einer Tagung in Washington, D. C., im Frühjahr 1938. Die Tagung hätte er völlig ignoriert, wäre er nicht mit dem ungarischen Physiker Edward Teller befreundet gewesen. Teller, ein Emigrant aus Europa wie Bethe und nachmals »Vater« der amerikanischen Wasserstoffbombe, ermunterte ihn nachdrücklich zur Teilnahme. Für Bethe gab schließlich den Ausschlag, dass der Organisator der Tagung George Gamow hieß.

Gamow war nach einer Odyssee durch Europa 1934 in den USA eingetroffen, um einen Posten an der George Washington University anzutreten. Wie Bethe war er ein Kernphysiker mit stark pragmatischer Ausrichtung. Aber daneben hatte er ein lebhaftes Interesse für die Astronomie, speziell für das Teilgebiet Astrophysik, entwickelt, angeregt vor allem durch die Tatsache, dass Houtermans und Atkinson seinem Tunneleffekt-Konzept eine wesentliche Bedeutung für das Verständnis aller Kernreaktionen in der Sonne zugewiesen hatten. Und dieses Interesse hatte ihn jetzt veranlasst, ein dreitägiges wissenschaftliches Symposion mit dem Generalthema »Das Problem der Sternenergie« zu organisieren.

Bethe versprach sich nicht sonderlich viel von der Tagung. Doch während er nun den Vorträgen der Astronomen lauschte, in denen die neuesten Anschauungen von den inneren Verhältnissen der Sterne geschildert wurden, ging ihm schlagartig auf, dass er das Problem der Sternenergie bisher falsch eingeschätzt hatte. Schließlich kannte er sich in der Kernphysik hervorragend aus. Er sollte wohl gute Chancen haben, diese Kernreaktionen dingfest zu machen, die das Kraftwerk der Sonne waren.

Wenn man Gamow glauben darf, kam Bethe den Kernreaktionen, denen wir den Sonnenschein verdanken, während der Bahnfahrt von Washington zurück nach New York auf die Spur. Er nahm sich vor, das Problem bis spätestens zum Abendessen zu lösen, zog einen Bogen Papier heraus und füllte ihn langsam mit Formeln und Zahlentabellen. Eine um die andere eliminierte er aus dem Kreis der möglichen Kernreaktionen die nicht infrage kommenden und war mit dieser Aufgabe noch beschäftigt, als die Sonne sich dem

Horizont und die Uhrzeiger sich der Stunde des Abendessens näherten. »Aber Hans Bethe war nicht der Mann, der sich von den Kapricen der Sonne um eine gute Mahlzeit bringen ließ«, meinte Gamow. »Er verdoppelte seine Anstrengungen und kam genau in dem Moment auf die richtige Lösung, als der vorbeikommende Speisewagenkellner zum Essen rief.« Schön wär's, wenn wissenschaftliche Entdeckungen tatsächlich auf derart romanhafte Weise zustande kämen. Aber egal – in jeder gut erfundenen Legende steckt ein Körnchen Wahrheit. Und wahr ist auf jeden Fall, dass Bethe noch vor Ablauf von sechs Wochen seit der Tagung damit begann, jedem, der es hören wollte, zu erzählen, er habe das Problem der Sternenergie gelöst.

Der Bethe-Weizsäcker-Zyklus (Kohlenstoff-Stickstoff-Zyklus)

Die erste Schwierigkeit, die es für Bethe zu bewältigen galt, war die Bestimmung des als Protonenfalle fungierenden Kerns, der sich der Identifikation bisher erfolgreich entzogen hatte. Wie schon Houtermans und Atkinson erkannt hatten, musste er leicht sein, weil der elektrostatische Wall um einen schweren Kern für ein anfliegendes Proton zu massiv war, um per Tunneleffekt überwunden werden zu können.

Doch außer der Leichtigkeit durfte dem Protonen einfangenden Kern noch eine andere wichtige Qualifikation nicht fehlen: Er musste jedes Proton, das es geschafft hatte, in ihn einzudringen, sehr schnell festhalten. Wenn er sich mit seiner Reaktion zu lange Zeit ließ, war das Proton per abermaligen Tunneleffekt schon wieder entwischt. Gerade weil Houtermans und Atkinson, was die Geschwindigkeit von Kernreaktionen anging – also die Frage, welche Kerne schnell und welche langsam mit eindringenden Protonen reagierten –, absolut ahnungslos waren, hatten sie ja keinen Atomkern ausfindig machen können, der als Protonenfalle infrage gekommen wäre. Aber Ende der dreißiger Jahre wusste man in der Physik über Kernreaktionen inzwischen so weit Bescheid, dass Bethe sich in der Lage sah, systematisch eine Liste der leichtesten Atomkerne durchzugehen, um für jeden Kandidaten zu bestimmen, mit welchem Grad der Begeisterung er sich ein Proton einverleibte.

Helium, das zweitleichteste Element, erwies sich als unbrauchbar. Es gab schlicht keinen stabilen Heliumkern mit der Massenzahl 5, das heißt mit einer Masse, die das Fünffache von der des Wasserstoffatoms war. Als Nächstes probierte Bethe es mit Lithium, Beryllium und Bor. Die schluckten nun in der Tat Protonen, schlangen sie aber zu gierig in sich hinein. Im Inneren eines Sterns wären diese Elemente schnell aufgebraucht.[1] Bethe kam zu Element Nummer 6. Und stellte fest, dass es erfreulich rasch mit Protonen reagierte. Die Suche war beendet. Er hatte den bislang nicht identifizierten Protonen einfangenden Atomkern gefunden, den »Kessel«, in dem möglicherweise aus Wasserstoff Helium gebraut wurde. Es war der Kohlenstoffkern.

Als Nächstes machte Bethe sich an die Bestimmung der Sequenz von Kernreaktionen, über die in einem Kohlenstoffatomkern Wasserstoff zu Helium umgewandelt werden könnte. Er kam auf eine Reaktionskette, die damit begann, dass bei einem Zusammenstoß ein Proton per Tunneleffekt in ein Atom von Kohlenstoff-12 gelangte, und die damit endete, dass nach dem Einfangen von drei weiteren Protonen der so entstandene Kern in einen Kohlenstoff-12-Kern und einen Heliumkern zerfiel, welch letzterer als Alpha-Teilchen abgestrahlt wurde.

In den Einzelheiten war der Prozess komplex. Jedes Mal nach dem Einfangen eines Protons durchlief der einfangende Kern eine Phase der Instabilität, in der er früher oder später zerfiel. Die Zerfallsphasen bewirkten zweierlei. Zum einen die Umwandlung von zweien der eingefangenen Protonen in Neutronen, so wie Carl Friedrich v. Weizsäcker es postuliert hatte. Zum anderen die Emission von Gamma-Strahlen, Positronen und Neutrinos. Auf diesem Weg wurde Kernbindungsenergie in andere Energieformen übergeführt. Letzten Endes wurden selbstverständlich alle diese anderen Energieformen in Wärme übergeführt – in die Sonnenwärme eben.

Der Protonen einfangende Kern durchlief faktisch eine Reihe von Metamorphosen. Der Kohlenstoff-12-Kern wurde zunächst zu einem Stickstoff-13-Kern, dann zu einem Kohlenstoff-13-Kern, Stickstoff-14-Kern, Sauerstoff-15-Kern und Stickstoff-15-Kern. Ganz zum Schluss, mit dem Ausstoßen des Alpha-Teilchens, wurde er wieder zum Kohlenstoff-12-Atomkern. Mit diesem Vorgang am Ende des Prozesses wurde der Kohlenstoff von neuem nutzbar, was ungeheuer praktisch war, weil Kohlenstoff in Sternen nur in kleinen Mengen vorkam. Der einzige Rohstoff, den der von Bethe entworfene Prozess *wirklich* verbrauchte, war Wasserstoff, und der war ja nun das in Sternen am reichlichsten vorhandene Element. Da die Sequenz der Kernreaktionen zum Ausgangspunkt zurückführte, war sie eigentlich keine Kette, sondern ein Zyklus. Und so wurde sie denn auch genannt: »Kohlenstoff-Stickstoff-Zyklus«[2] (nach den beiden einleitenden Elementen).

Der »Kohlenstoff-Stickstoff-Zyklus« erwies sich als erstaunlich temperaturempfindlich. Die Energie, die er erzeugte, war proportional der vierundzwanzigsten Potenz der Temperatur. Anders gesagt: Ein Anstieg der Temperatur eines Sterns auf das Doppelte würde seine Wärmeleistung auf mehr als das Zehnmillionenfache erhöhen.[3]

Die Zeit war ohnehin reif für die Lösung des Problems der Sternenergie. In Deutschland entdeckte v. Weizsäcker den »Kohlenstoff-Stickstoff-Zyklus« unabhängig von Bethe. Im Abstand von nur wenigen Monaten reichten die beiden Forscher ihre Arbeiten Fachjournalen zur Veröffentlichung ein. Beide waren sie bei einer systematischen Untersuchung der Kernreaktionen zwischen Wasserstoff- und anderen häufigen leichten Kernen auf den Kohlenstoffatomkern als katalytische Protonenfalle gekommen. Der leichteste Kern überhaupt war indessen immer noch der des Wasserstoffatoms. Wie stand es mit Kernreaktionen zwischen Wasserstoff und Wasserstoff – mit anderen Worten: mit Kernreaktionen, bei denen ein Wasserstoffkern selbst die Rolle der Protonenfalle übernahm?

Der Proton-Proton-Zyklus

Protonen auf diese Weise zusammenzubacken war natürlich die nächstliegende Methode zur Erzeugung von Helium. Houtermans und Atkinson hatten sie ausgeklammert, weil ihnen kein natürlich vorkommender Atomkern bekannt war, der aus zwei Protonen bestanden hätte. Die Situation änderte sich jedoch völlig mit einer Entdeckung, die kurz nach Chadwicks Bekanntgabe der Existenz des Neutrons gemacht wurde. Im Jahr 1932 identifizierte der amerikanische Chemiker Harold Urey ein schweres Wasserstoffisotop. Es bestand aus einem Proton und einem Neutron und erhielt den Namen Deuterium.[4]

Mit seinen zwei protonenartigen Bestandteilen war der Deuteriumkern unter den natürlich vorkommenden Atomkernen derjenige, der einem Kern mit zwei Protonen am nächsten kam. Das reizte zu einer interessanten Überlegung. Bestand irgendeine Möglichkeit, dass zwei Protonen in der Sonne kollidierten und hinterher als Deuterium zusammenblieben? Dann wäre damit eine geradliniger Weg zur Heliumerzeugung eröffnet. Natürlich müsste eines der Protonen dabei zum Neutron werden, aber v. Weizsäcker hatte ja schon eine Möglichkeit vorgeschlagen, wie das vonstatten gehen könnte, und sowohl er als auch Bethe hatten diesen Schritt in ihren Kohlenstoff-Stickstoff-Zyklus eingebaut.

Die mit einem Ausbruch von Energie einhergehende Bildung eines Deuteriumkerns war lediglich der erste Schritt zur Fabrikation eines Heliumkerns. In Deutschland hatte v. Weizsäcker mehr oder minder gleichzeitig mit der Ausformulierung des Kohlenstoff-Stickstoff-Zyklus die Blaupause für eine Wasserstoff-Helium-Umwandlung erarbeitet. Das Gleiche tat Bethe in den USA mit Unterstützung von Charles Critchfield, einem Schüler Gamows und Tellers, den er auf der Sternenergie-Tagung in Washington, D.C., kennen gelernt hatte.

Bei der Heliumbildung auf dem kürzesten Weg – dem so genannten Proton-Proton-Zyklus – vereinigte sich ein Proton per Tunneleffekt mit einem Deuteriumkern zu Helium-3, einem leichten Heliumisotop, wobei weitere Energie freigesetzt wurde. Im nächsten Schritt, der ohne Tunneleffekt auskam, vereinigten sich zwei solcher Helium-3-Kerne, wiederum unter Energieausstoß, zu Helium-4 unter Abgabe von 2 Protonen, mit denen ein neuer Zyklus beginnen konnte.[5]

Mit dem Proton-Proton-Zyklus und dem Kohlenstoff-Stickstoff-Zyklus hatte man nun gleich zwei Blaupausen für die Verfertigung des Sonnenscheins. Aber nach welcher wurde die Sonnenenergie hergestellt? Nach Bethes Berechnungen waren offenbar beide Prozesse in der Lage, die geforderte Energiemenge zu erzeugen. Der Genauigkeitsgrad dieser Berechnungen war allerdings nicht so hoch für eine eindeutige Entscheidung.

Beim Kohlenstoff-Stickstoff-Zyklus hatten die anfliegenden Protonen einen sehr viel mächtigeren elektrostatischen Wall zu überwinden als beim Proton-Proton-Zyklus. Ersterer verlangte ihnen also für den Tunneleffekt eine höhere Geschwindigkeit ab. Andererseits war die Chance, dass ein Proton, war es erst einmal in einen Kohlenstoffkern eingedrungen, mit diesem reagierte, sehr viel größer als die, dass ein Proton mit einem Proton reagierte. Halbwegs sicher ließ sich also nur sagen, dass bei niedrigeren Temperaturen die Protonengeschwindigkeit zu gering für die Überwindung des Walls um den Kohlenstoffkern war und somit der Proton-Proton-Zyklus in Sternen die ergiebigste Energiequelle sein musste. Bei höheren Temperaturen musste der Kohlenstoff-Stickstoff-Zyklus das leistungsfähigere Kraftwerk sein.

Um entscheiden zu können, welcher der zwei Prozesse in der Sonne vorherrschte, musste man wissen, in welchem Tempo die einzelnen Kernreaktionen der beiden Zyklen vonstatten gingen. Aber kein theoretischer Physiker, nicht einmal Bethe, verfügte über das mathematische Instrumentarium, das erlaubt hätte, diese Geschwindigkeiten zu berechnen. Es gab nur einen Weg, sie zu bestimmen: das Experiment. Ein junger amerikanischer Kernphysiker namens Willy Fowler sollte dieses Experiment durchführen.

Ein Rezept für Sonnenschein

Fowler, körperlich der pyknische, seelisch der extravertierte Typus, stammte aus dem Süden Ohios. Er kam 1933 an das California Institute of Technology (»Caltech«) in Pasadena, um dort eine Stelle im Kellogg-Strahlenlaboratorium anzutreten. Das Laboratorium, eine Stiftung des schwerreichen Detroiter Cornflakes-Produzenten W. K. Kellogg, war zwei Jahre zuvor als Hochleistungsröntgenanlage gebaut worden, in der tagsüber Krebspatienten behandelt und nachts wissenschaftliche Experimente durchgeführt wurden. Für die hier arbeitenden Physiker ergab sich eine neue Situation, als im Jahr 1932 aus England die Sensation gemeldet wurde, dass John Cockroft und Ernest Walton mit künstlich beschleunigten Protonen »das Atom gespalten« hatten. Charles Lauritsen, der Direktor des Instituts, ließ sofort eine der vorhandenen Eine-Million-Volt-

Röntgenröhren von der Elektronenbeschleunigung auf die Beschleunigung von Protonen und anderen Atomkernen umrüsten. Und nachdem er sich so eine amerikanische Variante des britischen »Atomzertrümmerers« geschaffen hatte, hielt er nach jungen Experimentalphysikern Ausschau, um sie als Mitarbeiter anzuwerben. Einer von diesen frisch rekrutierten Helfern war Willy Fowler.

Lauritsen und Fowler konzentrierten sich auf den Beschuss von leichten Atomkernen wie Kohlenstoff und Stickstoff mit hochenergetischen Protonen, um herauszufinden, welche Kernreaktionen damit auszulösen waren und wie schnell diese abliefen. Im Verlauf dieses Programms entdeckte Lauritsen 1934 die eigentümliche Fähigkeit des Kohlenstoffs-12, ein Proton einzufangen, statt unter dem Treffer in Bruchstücke zu zerfallen. Der Kern wurde bei dem Vorgang in Stickstoff-13 umgewandelt.

Zum Zeitpunkt der Entdeckung hatten weder Lauritsen noch Fowler auch nur die leiseste Ahnung von deren Tragweite. Die Wende in Fowlers Laufbahn brachte im Frühjahr 1938 ein Gespräch mit dem theoretischen Physiker Robert Oppenheimer. Oppenheimer, der damals seine Zeit zwischen der University of California in Berkeley und dem Caltech teilte, erwähnte Hans Bethes Vermutung, dass ein »Kohlenstoff-Stickstoff-Zyklus«, über den Wasserstoff in Helium umgewandelt wird, möglicherweise die Energiequelle der Sterne sei. Der Prozess beginne damit, dass ein Kohlenstoff-12-Kern ein Proton einfange und dadurch zum Stickstoff-13-Kern werde. Fowler konnte es kaum fassen. Ebendiese Reaktion hatten er und Lauritsen schon beobachtet. Was sie alle da unten im Laboratoriumskeller trieben, war ein bedeutsameres Unternehmen, als sie sich je vorgestellt hatten.

In der Caltech-Bibliothek konnte Fowler ein Exemplar der *Physical Review* mit Bethes Aufsatz über den Kohlenstoff-Stickstoff-Zyklus auftreiben. In wachsender Erregung las er den Text mehrere Male durch. Als er ihn aus der Hand legte, war bereits ein Plan in ihm aufgekeimt. Er würde im Kellogg-Laboratorium alle Stadien von Bethes Ablaufschema experimentell modellieren.

Der Zweite Weltkrieg machte Fowler zunächst einmal einen Strich durch die Rechnung. Erst 1946 konnte er zusammen mit seinem Schüler Bob Hall auf das Vorhaben zurückkommen und ein Versuchsprogramm zur Messung der Geschwindigkeit der einzelnen Kernreaktionen des Kohlenstoff-Stickstoff-Zyklus in Angriff nehmen. Die Experimentreihen waren zeitaufwändig und sehr schwierig, doch Anfang der 1950er-Jahre hatten Fowler und Hall schließlich ein definitives Ergebnis in der Hand. Der Kohlenstoff-Stickstoff-Zyklus konnte nicht der hauptsächliche Energielieferant der Sonne sein. Dafür war die Kerntemperatur der Sonne um etliche Millionen Grad zu niedrig. Fowlers Messungen erbrachten rasch die Bestätigung für die einzige alternative Erklärung. Das Kraftwerk, aus dem sich der Sonnenschein speiste, musste der Proton-Proton-Zyklus sein.

Eine gigantische kontrollierte Wasserstoffbombe

Jetzt war es amtlich: Die Sonne war eine gigantische Wasserstoffbombe. Allerdings unterschied sie sich in zweierlei wesentlicher Hinsicht von einer Kernwaffe aus Menschenhand. Zum einen sind die Kernreaktionen im Inneren der Sonne von Explosivität so weit entfernt, wie man es sich überhaupt nur vorstellen kann. Ein Proton benötigt im Kernbereich der Sonne im Mittel stupende 14 Milliarden Jahre bis zu dem Zusammenstoß mit einem zweiten Proton und der Reaktion mit diesem, aus der das Deuterium hervorgeht.[6] Im Vergleich dazu laufen die folgenden Schritte des Proton-Proton-Zyklus schnell ab: Der zweite dauert nur sechs Sekunden, der dritte und letzte eine Million Jahre. Doch ist es gerade die unglaubliche Langsamkeit des ersten Schritts, der bei der Erzeugung der Sonnenwärme denkbar hohe Bedeutung zukommt, denn sie sorgt dafür, dass die Sonne ihren Brennstoff sehr, sehr langsam – über einen Zeitraum von vielen Jahrmilliarden – verbraucht.[7]

Tatsächlich lässt die Reaktion von Proton mit Proton, die den Deuteriumkern hervorbringt, so lange auf sich warten, dass sogar der menschliche Körper pro Volumeneinheit mehr Wärme erzeugt als die Sonne. Dass die Sonne trotz jämmerlich niedriger Wärmeerzeugungsrate so heiß ist, liegt schlicht und einfach an ihrer Größe. Wie bei allen großen Körpern ist ihre Oberfläche im Verhältnis zu ihrem Volumen klein. Das hat zur Folge, dass die Sonnenwärme, die ja nur über die Oberfläche entweichen kann, im Inneren aufgestaut wird.

Der zweite wesentliche Punkt, in dem die Sonne sich von der irdischen Wasserstoffbombe unterscheidet, ist ihr »eingebautes Sicherheitsventil«, das verhindert, dass die Kernreaktionen aus dem Ruder laufen. Wenn – aus welchem Grund auch immer – die Fusionsreaktionen in der Kernzone der Sonne an Tempo zulegten, würde die dadurch erzeugte zusätzliche Energie eine leichte Ausdehnung der Sonne bewirken. Infolge dieser Ausdehnung würde die Temperatur in der Kernzone und mit ihr das Tempo der Energie erzeugenden Fusionsreaktionen zurückgehen, womit die anfängliche Überproduktion von Energie abgestellt wäre. Wenn hingegen das Tempo der Fusionsreaktionen in der Kernzone abnähme, würde das resultierende Energiedefizit eine Schrumpfung der Sonne nach sich ziehen. Dadurch würde die Temperatur im Kern und mit ihr die Energieerzeugungsrate zunehmen, womit auch in diesem Fall das Ausgangsproblem behoben wäre.

Glücklicherweise ist die Sonne eine sehr kontrollierte Wasserstoffbombe und ihre Wärmequelle, der Proton-Proton-Zyklus, so ungefähr die ineffizienteste Kernreaktion, die man sich vorstellen kann.

Zweieinhalb Jahrtausende, nachdem Anaxagoras darauf getippt hatte, die Sonne sei »eine rot glühende Eisenkugel, nicht viel größer als Griechenland«, hatte die Wissenschaft endlich die definitive Antwort auf die Frage gefunden: Was ist die Ursache des Sonnenscheins? Auf den abschließenden Beweis dafür, dass der Proton-Proton-Zyklus tatsächlich die Urquelle der Sonnenenergie ist, musste die Welt sogar noch bis 1988 warten. In diesem Jahr registrierte man bei einem Experiment in einer Erzgrube im japanischen Bergland nahe Kamioka Neutrinos, die aus der Richtung der Sonne kamen. Diese geisterhaften Teilchen, die praktisch unbehindert Materie durchdringen, sind ein unvermeidliches Nebenprodukt der Proton-Proton-Reaktionssequenz.

Nun erbrachten zwar Fowlers Messungen den Beweis, dass der Proton-Proton-Zyklus für den Sonnenschein verantwortlich ist, doch war das Konzept des Kohlenstoff-Stickstoff-Zyklus damit keineswegs auf den Abfallhaufen der Wissenschaftsgeschichte verbannt. Die Messergebnisse sprachen vielmehr dafür, dass die von Hans Bethe und Carl Friedrich v. Weizsäcker vorgeschlagene Sequenz von Kernreaktionen zur Umwandlung von Wasserstoff in

Helium die hauptsächliche Energiequelle von Sternen ist, die heißer und, was damit zusammenhängt, massereicher als die Sonne sind.

Der Bethe-Weizsäcker-Zyklus stellte jedoch den Astrophysiker vor eine Rätselfrage. Damit er in einem Stern wirksam werden konnte, musste dieser ein Kontingent von Kohlenstoff enthalten. Aber wo kam das her? Wo kamen überhaupt all die Elemente her, die schwerer als Helium waren? Wo lag der Ursprung des Eisens in unserem Blut, des Calciums in unseren Knochen, des Sauerstoffs, der bei jedem Atemzug unsere Lunge bläht? Eine nahe liegende Antwort lautete, dass diese Elemente von allem Anfang an da waren – dass der Schöpfer sie am ersten Schöpfungstag ins Dasein gerufen hatte. Doch seit einiger Zeit hatten sich die Indizien dafür gehäuft, dass dies nicht der Fall sein konnte, dass nicht nur Helium ein »künstlich hergestelltes« Element war. Den entscheidenden Anhaltspunkt dafür hatte Francis Aston entdeckt.

DRITTER TEIL

Magische Gluten

GOTTES HOCHOFEN

Wie wir entdeckten, dass im ganzen Universum das gleiche Elementengemisch verteilt ist, und wie wir erkannten, dass die Atome tatsächlich »künstlich« hergestellt worden sind

Blinke, blinke, kleiner Stern,
bist mir überhaupt nicht fern.
Hab's im Spektroskop gesehn,
weiß, du bist aus Hydrogen.
Ian Bush

Nachdem Francis Aston die anomal hohe Masse des Wasserstoff-atoms entdeckt hatte, arbeitete er mit großem Erfolg an der Verbesserung seines Massenspektrografen und begann anschließend mit einer zunehmend präziseren Messung der Atomgewichte. 1925 zahlte sich seine Beharrlichkeit in einer weiteren wichtigen Entdeckung aus. Nicht allein der Wasserstoff wich mit seinem Atomgewicht (1,008) von der Ganzzahligkeit ab. Fast alle anderen Atome taten das auch.

In all diesen Fällen war die Diskrepanz sehr viel geringer als beim Wasserstoff. Beim Helium stellte er die Massenzahl 4,003 statt 4 fest, beim Sauerstoff die Massenzahl 15,995 statt 16.[1] Es gab da ein Ordnungsprinzip, das allerdings erst zutage trat, nachdem Aston Dutzende von Messungen vorgenommen hatte. In erster Annäherung gliederten sich die Atome in zwei Klassen: in solche, deren Massenzahl etwas kleiner als die nächstbenachbarte ganze Zahl war, und solche, deren Massenzahl etwas größer als die nächstbenachbarte ganze Zahl war. Die erstgenannte Klasse umfasste die Atome mittleren Gewichts wie Sauerstoff (15,995) und Chlor (34,969), die letztgenannte die leichten Atome wie Helium (4,003) und die schweren wie Radon (226,024) oder Thorium (232,038).

Die nächstbenachbarte ganze Zahl war einfach die Zahl der im Atomkern enthaltenen Wasserstoffbausteine – beim Helium waren das 4, beim Sauerstoff 16 usw.[2] Aston hatte demnach entdeckt, dass die mittelschweren Atome die geringste Energie je Kernbaustein besaßen, die leichten und schweren Atome hingegen die größte Energie je Kernbaustein. »Energie am geringsten« ist in diesem Fall gleichbedeutend mit »Bindung am festesten«. Aus Astons Ergebnissen ging also hervor, dass die Kerne mittelschwerer Atome fester gebunden und damit stabiler sind als die Kerne leichter und schwerer Atome.

Die Bindung der Atomkerne von einem Element zum anderen variieren zu sehen, war keine Überraschung. Hängt doch die Stabilität eines Kerns von der Gewichtsverteilung zwischen zwei Kräften ab – der elektrostatischen Abstoßung, die ihn auseinander zu sprengen sucht, und der Kernkraft, die ihn zusammenzuhalten sucht. Für diese Gewichtsverteilung konnte man nichts anderes erwarten, als dass sie für Kerne mit jeweils anderer Zahl von Bausteinen jeweils anders ausfiel. Die Überraschung lag darin, dass die von Element zu Element feststellbare Variation in der Energie je Kernbaustein ein so konsistentes Bild abgab.

Stellte man die Energie je Kernbaustein in Abhängigkeit von der Massenzahl grafisch in einem Koordinatensystem dar, erhielt man eine Kurve, die einem Talquerschnitt glich. Hoch oben auf der einen Seite bezeichnete der Wasserstoff, das leichteste Element, den Talrand. Von da fiel die durch die Elemente von zunehmendem Atomgewicht markierte Talwand steil ab und erreichte schließlich den Talgrund mit dem Eisen-56, dem Element, dessen Kern die geringste Energie je Nukleon besaß, also der am festesten gebundene und somit der stabilste natürlich vorkommende Atomkern war. Auf der anderen Seite vom Eisen-56 stieg die Tallinie wieder an bis hinauf zum Thorium und zum Uran, den schwersten Elementen.

Die »Bindungsenergiekurve«, wie sie genannt wurde, enthielt eine Menge Information. Zunächst einmal brachte sie Licht in eines der zentralen Rätsel der Radioaktivität: die Frage, warum das Phänomen weitgehend auf schwere Atome wie Radium und Uran beschränkt ist. Für jedes System gilt, dass sein stabilster Zustand in der Regel derjenige ist, in dem es die wenigste Energie besitzt. Ein Fußball in einem Talkessel zum Beispiel befindet sich im stabilsten

Zustand, wenn er auf dem Grund des Kessels liegt, wo seine Gravitationsenergie auf ein Minimum reduziert ist. Befindet er sich an einem höher gelegenen Ort in dem Kessel, wird die Schwerkraft ihn bei der erstbesten Gelegenheit über den Hang nach unten ziehen, bis er am tiefsten Punk des Kessels den Zustand geringster Energie erreicht hat.

Und was für Fußbälle im Verhältnis zur Schwerkraft gilt, gilt auch für Atomkerne im Verhältnis zu den Kräften, die ihr Dasein beherrschen. Bei der erstbesten Gelegenheit werden die in ihm wirkenden Kräfte den Kern in den Zustand der geringsten Energie versetzen, das heißt, ihn auf der Bindungsenergiekurve abwärts, in Richtung Talgrund, bewegen. Für einen schweren Kern irgendwo oben bei dem einen Talrand führt die Abwärtsrichtung hinunter zu den leichteren Kernen: Schwere Kerne können, indem sie sich in leichtere Kerne teilen – also durch radioaktiven Zerfall –, dem Talgrund näher rücken.

Ganz andere Bedingungen gelten für die leichten Kerne drüben bei dem anderen Talrand und für die mittelschweren drunten im Talgrund. Jeder von diesen müsste, um zu einem leichteren Kern zu werden, sich vom Talgrund wegbewegen, was ebenso unwahrscheinlich ist, wie dass ein Ball den Hang hinaufrollt. Deshalb sind gewöhnliche Isotope von leichten und mittelschweren Atomen nicht radioaktiv.

Damit ist jedoch das Informationspotenzial der Bindungsenergiekurve bei weitem nicht erschöpft. Für einen leichten Kern geht es in Abwärtsrichtung zu schwereren Kernen. Leichte Atomkerne können also dem Talgrund näher rücken oder, was das Gleiche ist, ihre Energie je Nukleon verringern, indem sie zu schwereren Kernen werden. Ein Paradebeispiel für diese »Fusion« ist bekanntermaßen jene Umwandlung des leichtesten aller Atomkerne, des Wasserstoffkerns, in den zweitleichtesten, den Heliumkern, wobei der entstehende Energieüberschuss zuletzt als Sonnenschein ins All abgestrahlt wird.[3]

Da die Bindungsenergiekurve zwischen Wasserstoff und Eisen-56 unentwegt abwärts verläuft, könnten die Fusionen theoretisch über das Helium hinaus mit Kernen von immer höherem Atomgewicht als Resultat weitergehen. Die Bedingung dafür ist, dass zwei Kerne sich bis in die Reichweite ihrer Kernkräfte nahe kommen, so dass sie aneinander haften bleiben. In der Praxis setzt das voraus, dass sie mit einer Wucht aufeinander prallen, die ihre wechselseitige elektrostatische Abstoßung überwindet, was wiederum ein enorm heißes Milieu voraussetzt.[4]

Astons Bindungsenergiekurve besagt also, dass leichte Atomkerne ihre Energie auf die Weise loswerden können, dass sie mit einem anderen Kern zu einem schwereren verschmelzen, und schwere Atomkerne die ihre auf die Weise, dass sie in leichtere zerfallen. Doch wie stets gilt auch hier: keine Regel ohne Ausnahme.

Helium zum Beispiel hat weniger Energie je Nukleon und einen sehr viel festeren Zusammenhalt als etwas schwerere Elemente. Tatsächlich ist die Bindung des Heliumkerns so fest, dass er sogar im Inneren eines größeren Kerns nicht aus dem Leim geht. Das ist auch der Grund dafür, dass radioaktive Kerne, wenn sie rülpsen, komplette Heliumkerne (denn nichts anderes sind die Alpha-Teilchen) ausspucken.

Mit seinem niedrigen Energiewert verursacht das Helium ein Erdloch in der Seitenwand des von der Bindungsenergiekurve gebildeten Tals. Und es ist auf der Strecke bis hinunter zum Talgrund nicht das einzige Erdloch auf diesem Hang. Ein zweites zeigt sich beim Kohlenstoff-12. Ein weiteres beim Stickstoff-15. Dann noch eins beim Sauerstoff-16. Und das größte bildet selbstverständlich der Talgrund um das Eisen-56 herum. Dass Kohlenstoff, Stickstoff, Sauerstoff und Eisen jeweils ein Erdloch auf der Bindungsenergiekurve markieren, mag zunächst als nicht sonderlich bedeutsamer Sachverhalt erscheinen. Aber diese Atomkerne haben noch etwas anderes gemeinsam, was dieses Zusammentreffen dann doch zu einer höchst bedeutsamen Sache macht. Das zeigte sich in dem Moment, als man einzuschätzen verstand, welche Elemente im Universum häufig und welche selten waren.

Der universale Elementenmix

Als William Huggins nachgewiesen hatte, dass in den Sternen dieselben Atomarten vorhanden waren wie auf der Erde, war das eine ungeheure Entdeckung gewesen. Aber weder für Huggins noch für sonstwen gab es irgendeine Möglichkeit, zu bestimmen, welche von diesen Elementen im Universum häufig und welche selten vorkamen. Bald war klar, dass die Sternspektren auf breiter Skala variierten. Die Annahme lag nahe, dass Unterschiede in den Spektren Unterschiede in der Zusammensetzung spiegelten – dass beispielsweise Sterne mit intensiven Spektrallinien, wie nur der Wasserstoff sie hervorbrachte, nur aus Wasserstoff bestanden und Sterne mit intensiven Spektrallinien nur aus schweren Elementen, wie nur schwere Elemente sie hervorbrachten. Die Anwendung dieser Regel auf die Sonne, deren Spektrum eine Fülle von Linien terrestrischer Elemente aufwies, führte zu dem Schluss, dass die Sonne nicht nur aus den gleichen Elementen zusammengesetzt war wie die Erde, sondern dass diese Elemente in der Sonne auch in demselben Mengenverhältnis vorhanden waren wie auf der Erde.

In Wahrheit gab es leider nicht die geringste Rechtfertigung für die Annahme, dass die Intensität dieser oder jener Linie in einem Sternspektrum Aufschluss über die Häufigkeit des verursachenden Elements in dem fraglichen Stern gewährte. Aus Spektrallinien irgendeine stimmige Aussage über die Häufigkeit von Elementen abzuleiten, war unmöglich, solange man nicht verstanden hatte, was denn eigentlich die Spektrallinien verursachte. Und das konnte man erst verstehen, nachdem das Elektron und der Atomkern entdeckt waren und Niels Bohr aus diesen beiden Komponenten 1913 das erste plausible Atommodell geschaffen hatte.

Im Atom, wie Bohr es konzipierte, konnten sich Elektronen nur auf bestimmten stationären Kreisbahnen um den Kern bewegen; Spektrallinien verdankten sich dem Umstand, dass ein Elektron beim Sprung von einer Kreisbahn auf eine andere Licht einer exakt determinierten Wellenlänge emittierte oder absorbierte; diese Wellenlänge entsprach der Energiedifferenz zwischen den zwei Bahnen. Aus Bohrs Atomtheorie folgte, dass ein Elektron bei hinreichender Energiezufuhr glatt aus dem Atom hinauskatapultiert werden konnte. Das bedeutete, dass sich im infernalisch heißen und folglich energiereichen Inneren der Sonne ein ruheloses Plasma – ein Gemisch aus Ionen und abgesprengten Elektronen – befinden musste: eine Einsicht, die den Astrophysikern das Geschäft enorm erleichterte und ihnen die Tür zum Verständnis der Sterne öffnete.

Dass Elektronen von Atomen abgetrennt werden konnten, hatte wichtige Konsequenzen auch für die Beobachtung der Sonnenoberfläche, denn es stellte sich heraus, dass die Spektrallinien eines Atoms, das eines oder mehrere seiner Elektronen verloren hatte, sich von denen eines gleichartigen Atoms, das die volle Zahl von Elektronen besaß, unterschieden. Plötzlich hatte man mit der Möglichkeit zu rechnen, dass jedes Element eine Unzahl noch nicht identifizierter Spektrallinien hervorbrachte.

Tatsächlich war den Astronomen schon seit langem bekannt, dass im Spektrum des Sonnenlichts eine Menge unidentifizierter dunkler Linien auftrat, die die Spektrallinien der bekannten Elemente an Zahl bei weitem übertraf. Das Rätsel war partiell gelöst, als Norman Lockyer, der Entdecker des Heliums, in den 1860er-Jahren feststellte, dass der spektrale Fingerabdruck eines auf hohe Temperatur erhitzten Elements sich änderte. Lockyer folgerte, dass die unbekannten Linien im Sonnenspektrum von bekannten Elementen in hoch erhitztem Zustand herrührten.

Nach Lockyers Mutmaßung kam es zur Veränderung der Spektrallinien, wenn Atome bei extrem hohen Temperaturen in ihre subatomaren Bausteine zerfielen, welch letztere seiner – von William Prout übernommenen – Meinung nach Wasserstoffatome waren. Seit Bohr stand jedoch fest, dass bei dieserart Atomzerfall Elektronen verloren gingen. In der ultraheißen gasförmigen Masse eines Sterns wurden diese winzigen Teilchen bei heftigen Kollisionen aus dem Atom geschleudert.

Für ein einzelnes Element wie beispielsweise Eisen ergab sich aus diesem Sachverhalt, dass es zu jedem beliebigen Zeitpunkt in mehreren unterschiedlichen »Ionisationsstadien« vorlag: Manche Eisenatome mochten neutral sein, andere ein Elektron verloren haben, wieder andere ein Defizit von zwei Atomen aufweisen usw. Die mittlere Zahl der vom Atom einer einzelnen Art abgetrennten Elektronen hing weitgehend von der Temperatur des Milieus ab, denn je heißer das Gas, desto häufiger und heftiger die Kollisionen, die zur Abtrennung von Elektronen führen konnten.[5] In einem extrem heißen Stern mussten demnach fast alle vorhandenen Eisenatome einen Teil ihrer Elektronen eingebüßt haben. Bei nur wenigen vorhandenen elektrisch neutralen Atomen – das heißt solchen, die ihre Elektronen noch vollzählig besaßen – konnte es sehr gut sein, dass im Spektrum eines Sterns keine Linien von neutralem Eisen auszumachen waren. Die bloße Abwesenheit von Anzeichen für neutrales Eisen in einem Sternspektrum bedeutete also nicht unbedingt, dass der fragliche Stern kein Eisen enthielt. Er konnte nichtsdestoweniger eine ganze Menge Eisen enthalten, aber so heiß sein, dass von all seinen Eisenatomen kaum welche in der richtigen Verfassung waren, um ihre Anwesenheit signalisieren zu können.

Dies war die eminent wichtige Einsicht, die den Grund für die Entschlüsselung der im Sternenlicht verschlüsselten Botschaft legte. Die Elemente, die sich im Spektrum eines Sterns mit ihrer individuellen Signatur meldeten, waren nicht unbedingt diejenigen, die in dem Stern am häufigsten vorkamen, sondern lediglich die bei der speziellen Temperatur des Sterns am auffälligsten agierenden. Die Unterschiede zwischen den Sternspektren gingen weniger auf Unterschiede in der Zusammensetzung als auf solche in der Temperatur der Sterne zurück.[6]

Sterne, so hatte es jetzt den Anschein, waren außerordentlich einheitlich. Sie enthielten die gleichen Elemente wie die Sonne und die Erde, und das obendrein in ungefähr den gleichen Mengenverhältnissen wie diese. Erstaunlicherweise gab es einen universalen Elementenmix.

Aber wie war dieser Universalmix zusammengesetzt? Allem Fortschritt bei der Interpretation von Spektren zum Trotz waren die Astronomen der Lösung der Aufgabe nicht näher gekommen, aus einem Sternspektrum abzulesen, welche Elemente häufig und welche selten waren. Was fehlte, war eine Methode, im Spektralbild eines Sterns den Ausdruck seiner chemischen Zusammensetzung von dem viel massiveren Ausdruck seiner Temperatur zu trennen.

Der Durchbruch kam, als der junge indische Physiker Meghnad Saha 1920 das Bohrsche Atommodell erfolgreich mit der Thermodynamik kombinierte. Die »Saha-Gleichung« sagte für jede gegebene Temperatur und Dichte voraus, wie groß in einer bestimmten in einem Stern vorkommenden Atomart der Anteil der neutralen, der eines Elektrons, zweier Elektronen usw. beraubten Atome sein musste. Damit war der entscheidende Schritt in die Richtung einer Methode getan, die eine Aussage darüber erlaubte, wie viele Atome hinter einer stellaren Spektrallinie steckten. Den letzten Schritt auf dieser Bahn taten 1923 die englischen Physiker Arthur Milne und Ralph Fowler. Sie wandten die von ihnen gefundene Methode zur

Schätzung der Häufigkeit von Elementen in Sternen allerdings nicht auf reale Sterne an. Das blieb einer Engländerin namens Cecilia Payne vorbehalten.

Die Überfülle von Wasserstoff und Helium

Das Problem, das die Entzifferung der im Sternenlicht enthaltenen Botschaft darstellte, hatte Cecilia Payne bereits als Studienanfängerin in Cambridge (England) fasziniert. Um sich weiter mit diesem Problem beschäftigen zu können, sah sie sich dann allerdings gezwungen, ihr Studium in den USA fortzusetzen, denn zu ihrer Zeit war in Großbritannien Frauen der Zugang zum Beruf des Astronomen versperrt. Sie immatrikulierte sich als Doktorandin am Radcliffe College in Cambridge (Massachusetts), wo sie das Harvard-Observatorium mit seiner weltweit umfangreichsten Sammlung von Sternspektren praktisch gleich nebenan hatte, und machte sich umgehend daran, die von Milne und Fowler ausgearbeitete Methode an Spektren aus der Harvard-Sammlung zu erproben. 1925 konnte sie die ersten Ergebnisse verzeichnen. Und die hatten es in sich.

Einige der intensivsten Linien im Sonnenspektrum schrieben sich von dem leichtesten Element, dem Wasserstoff, her. Das war insofern überraschend, als aus Paynes Berechnungen hervorging, dass bei der gegebenen Oberflächentemperatur der Sonne lediglich ein sehr kleiner Bruchteil der vorhandenen Wasserstoffatome in der erforderlichen Verfassung sein konnte, um Spektrallinien hervorzubringen. Einleuchtend zu erklären war der Befund nur damit, dass dieser Bruchteil immer noch eine erkleckliche Menge darstellte. Mit anderen Worten: Auf der Sonne musste es eine erdrückende Fülle von Wasserstoffatomen geben. Ähnlich verhielt es sich mit dem zweitleichtesten Element, dem Helium. Tatsächlich schien sich aus Paynes Berechnungen zu ergeben, dass die zwei leichtesten Elemente zusammen staunenswerte 98 Prozent der Sonnenmasse ausmachten.

Es war so schwer zu glauben, dass es einfach nicht wahr sein *konnte*. In ihrer 1925 veröffentlichten Dissertation nannte Payne das Ergebnis »ungesichert«. In einem Wissenschaftsjournal erklärte sie sogar: »Die Häufigkeit von Wasserstoff wie Helium in Sternen stellt sich unwahrscheinlich hoch dar und entspricht mit an Sicherheit grenzender Wahrscheinlichkeit nicht den realen Gegebenheiten.« Bei dieser Verleugnung der Entdeckung, die später als ihr größtes wissenschaftliches Verdienst anerkannt werden sollte, war Payne stark beeinflusst von Henry Noris Russell, dem amerikanischen Astronomen, der die roten Riesen entdeckt hatte. Russell verwies darauf, dass Paynes Berechnungen zufolge alle anderen auf der Sonne vorkommenden Elemente – beispielsweise Silizium, Kohlenstoff und Sauerstoff – im selben Mengenverhältnis zueinander standen wie in der Erdkruste. Wenn die Sonne und die Erde in Bezug auf die meisten Elemente einander so ähnlich waren, warum sollten sie dann in Bezug auf Wasserstoff und Helium so weit divergieren?

Ein solcher Analogieschluss war ein ziemlich schwaches Argument, aber Russell zählte zu den einflussreichsten Astronomen auf der internationalen Szene, und seine Kritik fiel schwer ins Gewicht. Was ihn freilich nicht davon dispensierte, in diesem Fall am Ende einen Irrtum eingestehen zu müssen. Bis 1929 hatten sich die Beweise für die Überfülle zumal des Wasserstoffs in erdrückendem Maß gehäuft. Und wenn Wasserstoff in der Sonnenatmosphäre in Überfülle vorhanden war, dann war es wahrscheinlich auch im Inneren des Zentralgestirns so. Ein Zweifel war schlechterdings nicht mehr möglich: Die Sonne besaß Wasserstoff, der ausreichte, sie noch Jahrmilliarden am Brennen zu halten.

Eine größtenteils aus Wasserstoff bestehende Sonne beseitigte zudem eine gravierende Unstimmigkeit in Eddingtons Theorie. Dieser zufolge hätte die absolute Leuchtkraft der Sonne hundertmal größer sein müssen, als sie tatsächlich war. Eddington hatte angenommen, dass unser Zentralgestirn größtenteils aus Eisen besteht. Wenn die Sonne jedoch aus Wasserstoff bestand, musste sie bei gleicher Massendichte mehr Teilchen enthalten, weil Wasserstoffatome viel leichter als Eisenatome sind.[7] Da der Gasdruck mit der Zahl der herumschwirrenden und gegen jeden Widerstand hämmernden Teilchen stieg, musste Wasserstoff im Sonnenkern in effizienterer Weise Druck erzeugen als Eisen, mit der Folge, dass er das Gewicht der äußeren Schichten der Sonne schon bei niedrigerer Zentraltemperatur tragen konnte, nämlich bei 13 Millionen Grad statt der von

Eddington errechneten 40 Millionen Grad. Und niedrigere Zentraltemperatur war gleichbedeutend mit sehr viel niedrigerer absoluter Leuchtkraft.[8]

Ist in der Sonne auch Helium ein sehr häufiges Element, würde dies erklären, warum es Norman Lockyer 1868 so leicht gefallen war, es in einer Sonnenprotuberanz zu entdecken. Es bestand kein Anlass, das Element, wie Rutherford es tat, zum Nebenprodukt von Radioaktivität zu erklären. Der Fingerabdruck von Helium zeigte sich im Sonnenspektrum aus dem einfachen Grund, weil das Element ein Hauptbestandteil der Sonne war.

Die Tragweite von Paynes Entdeckung, dass die Sonne riesige Mengen der zwei leichtesten Elemente enthielt, reichte weit über die Sonne hinaus. Da die anderen Sterne bekanntermaßen aus ungefähr dem gleichen Elementengemisch bestanden wie die Sonne, mussten auch in ihnen Wasserstoff und Helium die quantitativ überwiegenden Bestandteile sein. Auf diesen Gedanken war zuvor noch niemand gekommen, und das hatte einen handfesten Grund: Wasserstoff und Helium sind auf der Erde so gut wie nicht existent. Nun war allerdings klar geworden, dass die Abwesenheit von Wasserstoff und Helium auf der Erde nicht im Geringsten mit ihrer relativen Häufigkeit im Kosmos, hingegen sehr stark mit ihrem äußerst geringen Gewicht zusammenhing. Wann immer sich auf der Erde freier Wasserstoff oder freies Helium bildeten, entschwebten sie umgehend in den Weltraum.

Paynes Schätzung der Elementhäufigkeiten in der Sonne verriet daher, dass Wasserstoff und Helium die häufigsten Elemente im ganzen All waren. Wasserstoff stellt fast 90 Prozent aller Atome im All, Helium den größten Teil der restlichen 10 Prozent. Alle anderen Elemente zusammen sind demgegenüber nichts als eine kleine Verunreinigung der kosmischen Materie, gerade mal 2 Prozent der Gesamtmasse ausmachend. Präziser formuliert: Auf je 10 000 Wasserstoffatome im All, so belehren uns die Sterne, kommen 975 Heliumatome, 6 Atome des dritthäufigsten Elements, des Sauerstoffs, und nur 1 Atom des vierthäufigsten Elements, des Kohlenstoffs. Von den anderen Elementen erreicht kein einziges auch nur das Niveau von einem Atom je 10 000 Wasserstoffatomen, die übergroße Mehrzahl bleibt sogar weit darunter.

Allerdings ist die Schätzung der relativen Häufigkeit der Elemente im Kosmos einfach nach Maßgabe ihres Vorkommens in Sternen ein nicht ganz unbedenkliches Unternehmen, da Sternspektren immer schwierig zu interpretieren sind. Verbesserungen wurden erzielt durch Abgleich der Schätzungen anhand von Sternen mit Schätzungen anhand von Objekten, die der direkten Untersuchung zugänglich waren – zum Beispiel von Gestein aus der Erdkruste oder von niedergegangenen Meteoriten. Als Erster wurde 1936 der schweizerisch-norwegische Mineraloge und Geochemiker Victor Goldschmidt in dieser Richtung aktiv. Er und seine Nachfolger konnten an der Häufigkeitskurve der verschiedenen Elemente eine Reihe von bedeutungsschweren Unregelmäßigkeiten aufzeigen.

Während die beiden leichtesten Elemente, Wasserstoff und Helium, im Universum unverhältnismäßig häufig waren, ging der Anteil der anderen Elemente an der kosmischen Materie mit steigendem Atomgewicht rapide zurück. Der Rückgang verlief auf so steiler Bahn, dass beispielsweise ein schweres Element wie das Silber mit der Massenzahl 108 eine Million Mal seltener war als ein leichtes Element wie das Magnesium mit der Massenzahl 24. Die Kurvendarstellung hatte dementsprechend Ähnlichkeit mit einem Steilhang. In diesem Bild des Absackens der Häufigkeit mit zunehmender Massenzahl zeigen sich jedoch bemerkenswerte Irregularitäten. Manche Elemente – Kohlenstoff, Stickstoff, Sauerstoff und die Elementengruppe um das Eisen – sind deutlich häufiger als ihre Nachbarn und verursachen daher auf unserem Berghang kleine Buckel. Andere Elemente – Lithium, Beryllium und Bor – sind deutlich seltener als ihre Nachbarn und verursachen deshalb Kuhlen.

Eigenartigerweise entsprachen die Buckel in der Häufigkeitskurve genau den Erdlöchern in der Bindungsenergiekurve. Und die Kuhlen in der Häufigkeitskurve hatten ihre Entsprechungen in kleinen Ausbeulungen der Bindungsenergiekurve. Es war, als wären einige Fußbälle einen Hang hinuntergerollt, hätten sich von Buckeln fern gehalten, aber sich jeweils in einem Erdloch verfangen. Was hatte das zu bedeuten?

Lithium, Beryllium und Bor sind lockerer gebunden als die Kerne der benachbarten Elemente. Kohlenstoff, Stickstoff, Sauerstoff und Eisen hingegen sind fester gebunden. Die am schwächsten gebundenen Kerne waren also seltener, die am stärksten gebundenen häufiger, als man erwarten durfte. In der Häufigkeit der einzelnen Elemente spiegeln sich eindeutig die Eigenschaften ihrer Atomkerne. Dafür gab es nur *eine* Erklärung. Kernprozesse mussten beim *Zustandekommen* dieser Häufigkeitsverteilung eine Rolle gespielt haben. Hier hatte man zum ersten Mal einen zwingenden Beweis vor sich, dass nicht nur das Helium, sondern alle Elemente synthetisiert worden waren.

Aber wie war das vor sich gegangen? Welcher kosmische Prozess hatte die Elemente geschaffen?

Ein Rezept für den Bau der Elemente

Seit William Prout stand der Gedanke im Raum, dass alle Atome aus Grundbausteinen einer einzigen, einfachen Art zusammengesetzt waren. Für Prout und seine Zeit war es selbstverständlich, im Wasserstoffatom den aussichtsreichsten Kandidaten für die Rolle des atomaren Grundbausteins zu sehen. Mit der Entdeckung des Atomkerns rückte dann jedoch der Kern des Wasserstoffatoms, das Proton, ins Zentrum der diesbezüglichen Überlegungen.

In den 1930er-Jahren setzten Hans Bethe, Charles Critchfield und Carl Friedrich v. Weizsäcker in der Wissenschaft die Überzeugung durch, dass die Lebenskraft von Sternen wie der Sonne in der gewaltigen Bindungsenergie besteht, die bei der Verschmelzung von Protonen zu einem Heliumkern freigesetzt wird. Angesichts dieses Modellfalls war es für Physiker nur natürlich, sich das Zustandekommen immer schwererer Atome als schlichte Summierung von Protonen vorzustellen. Auf der Bindungsenergiekurve war das – zumindest bis zum Eisen-56 – ein hangabwärts verlaufender Prozess, also würde er immer mehr Kernbindungsenergie freisetzen.

Das Dumme ist nur, dass ein solcher Protonensummierungsprozess an eine unüberwindliche Schranke stößt: die gewaltige elektrostatische Abstoßung zwischen einem eindringenden Proton und den in einem schweren Atomkern bereits vorhandenen Protonen. Einem Kern so nahe kommen, dass es mit ihm verschmilzt, kann ein Proton nur auf eine Weise, nämlich indem es ihn mit ultrahoher Geschwindigkeit rammt, und das setzt eine ultrahohe Temperatur voraus. Allein, wenn es einen wirklich schweren Kern vor sich hätte, würde selbst die größtmögliche Geschwindigkeit – die des

Lichts – einem Proton nicht dazu verhelfen, in diese Festung einzudringen.

Die Alternative zur Synthese der Atome aus Protonen ist die Synthese aus den Kernbausteinen des zweiten Typs: den Neutronen. Weil das Neutron nicht Träger einer elektrischen Ladung ist, vermag es den elektrostatischen Schutzwall des nuklearen Bollwerks mühelos zu überwinden.

Als Erster sondierte v. Weizsäcker 1937 die Möglichkeit, dass die Elemente durch eine solche Neutronensummierung in einem Atomkern entstanden. Er stellte das Postulat auf, dass es irgendwo draußen im Weltall einen Ort gebe, wo Atomkerne einem unaufhörlichen Trommelfeuer von Neutronen ausgesetzt sind. Unter diesem Dauerbeschuss müsste ein Kern Neutron um Neutron schlucken, bis er schließlich so neutronenreich wäre, dass er instabil würde und einen Beta-Zerfall durchliefe, bei dem eines seiner Neutronen zu einem Proton würde. Der resultierende Kern – jetzt der eines Elements, dessen Platz im Periodensystem eine Stelle weiter rechts ist – würde weiter Neutronen in sich hineinschlingen und der ganze Prozess sich dann wiederholen.

v. Weizsäcker hoffte, die Entstehung sämtlicher natürlich vorkommenden Elemente als eine lange Reihe solcher – von Beta-Zerfallepisoden unterbrochenen – Neutroneneinlagerungen darstellen zu können. Sollte ihm das glücken, wäre es an den Astronomen, einen Ort im Universum mit dem erforderlichen Reservoir von freien Neutronen ausfindig zu machen.[9] Schon ein erster, oberflächlicher Versuch, sich eine solche Neutronensummierungsprozedur *konkret* vorzustellen, führt zu einem Bild mit albtraumhaften Zügen. Kaum begonnen, müsste sie effektiv Hunderte Isotope von Dutzenden Elementen umfassen, die alle dabei wären, sich Neutronen einzuverleiben, oder sich in einer Beta-Zerfallepisode befänden. In Wirklichkeit wäre aber alles noch viel komplizierter.

Wenn ein leichter Atomkern ein Neutron einfängt, besitzt das Folgeprodukt weniger Energie je Nukleon.[10] Mit anderen Worten: Der Kern rutscht auf der Bindungsenergiekurve ein Stück tiefer, näher zum Talgrund hin, und strahlt dabei seinen Energieüberschuss ab. Sollte der resultierende schwerere Kern dann irgendwann ein Neutron verlieren, so dass der ursprüngliche leichte Kern wiederhergestellt wäre, würde er auf der Kurve aufwärts rutschen, vom Talgrund weg, und dazu müsste ihm von außen Energie zugeführt werden. Man könnte vermuten, dass dieser Vorgang niemals stattfindet. Aber das ist falsch. Und zwar aufgrund der Tatsache, dass die am Bau der Elemente beteiligten Atomkerne in einem Gas aus ungeordneten Teilchen umherschwirren. Jeder Kern besitzt also Bewegungsenergie, die bei einer Kollision auf einen anderen Kern übertragen werden kann. Und diese Übertragung ist für den empfangenden Kern bereits der Vorgang des Talaufwärtsrutschens, der die Resultate einer etwaigen Neutronensummierungsprozedur zurücknimmt.

Grundsätzlich kann jede Kernreaktion mit einer bestimmten Richtung auch in der Gegenrichtung verlaufen. Folglich muss ein Prozess, bei dem sich in einem Kern Neutronen anhäufen, so dass ein schwererer Kern entsteht, immer mit dem umgekehrten Prozess konkurrieren, bei dem der schwerere Kern Neutronen verliert. Sobald eine Prozedur wie die von v. Weizsäcker konzipierte angelaufen ist, fangen Hunderte Isotope von Dutzenden Elementen nicht nur Neutronen ein, sondern stoßen auch Neutronen aus. Es scheint unmöglich, dass aus einer mit jedem Augenblick wechselnden Elementenmischung jemals das konstante Mischungsverhältnis der Elemente hervorgeht, das wir im realen Universum beobachten.

Doch Wechsel und Konstanz schließen sich nicht aus. Sie können nebeneinander bestehen und tun es auch in vielen Fällen. Beispielsweise gibt unser Körper unentwegt Wärme an die Luft ab, und trotzdem bleibt unsere Körpertemperatur mehr oder minder konstant, weil die abgegebene Wärme im selben Tempo, wie sie entweicht, ersetzt wird. Ähnlich geben die Meere durch Verdampfung unentwegt Wasser an die Atmosphäre ab, und trotzdem bleibt der Meeresspiegel auf konstanter Höhe, weil Regen und Zuflüsse das verdampfende Wasser im selben Tempo ersetzen, wie es verloren geht.

Physiker nennen diesen Zustand gleich schnell ablaufender Hin- und Rückreaktionen, bei dem das System in ständiger Veränderung begriffen ist und dennoch konstant bleibt, »dynamisches Gleichgewicht«. Bei der Weizsäckerschen Neutronensummierungsprozedur erhält sich das Elementengemisch unverändert, wenn alle Atomkerne im Mittel Neutronen ebenso schnell einfangen wie ausstoßen. Interessanterweise ist ein solcher Systemzustand – thermisches Gleichgewicht – möglich.

Befindet sich das Elementengemisch im thermischen Gleichgewicht, dann verändert es sich trotz des Hexensabbats von Kernreaktionen, der in ihm tobt, im Ganzen gesehen im Lauf der Zeit nicht: Es »friert aus«, das heißt, es bleibt in der Zeit unverändert. Und das eminent Wichtige dabei: Ein ausfrierendes Gemisch ist auch ein berechenbares Gemisch.[11]

Unerlässliche Bedingung für das Eintreten des thermischen Gleichgewichts sind extrem häufige Interaktionen zwischen den einzelnen Gasteilchen. Dies deswegen, weil der Zustand, bei dem jede nukleare Reaktion durch die entsprechende Gegenaktion ausgeglichen wird, an eine Unzahl kleiner Umverteilungen von Energie gebunden ist, und zu solchen Energieumverteilungen kann es nur bei Teilchenkollisionen kommen. Da es zu sehr häufigen Teilcheninteraktionen wiederum nur dann kommt, wenn die Teilchen sehr dicht zusammengedrängt sind, hat thermisches Gleichgewicht im Regelfall eine hohe Massendichte zur Voraussetzung.

Für die Form des thermischen Gleichgewichts zwischen Atomkernen, wie sie v. Weizsäcker vorschwebte, ist zudem eine außerordentlich hohe Temperatur erforderlich. Dies deswegen, weil die Kerne ausreichend Bewegungsenergie besitzen müssen, um eine Kernreaktion bewirken zu können, die das Folgeprodukt auf der Bindungsenergiekurve mindestens eine Station höher befördert. Die Energieunterschiede zwischen benachbarten Kernen auf der Bindungsenergiekurve – solchen, die sich nur durch ein Neuron unterscheiden – sind enorm. Sie entsprechen Temperaturen von Milliarden, in manchen Fällen Dekaden von Milliarden Grad. Wenn v. Weizsäcker Recht hatte und ein Neutronensummierungsprozess für das Zustandekommen der Atome in unserem Körper verantwortlich war, dann musste irgendwo im Universum ein magischer Hochofen eine Gluthitze erzeugen, die mindestens hundertmal heißer als das Zentrum der Sonne war.

Das thermische Gleichgewicht der Atomkerne: eine Sackgasse

Bei thermischem Gleichgewicht hängt die relative Häufigkeit der verschiedenen Elemente nur von der Temperatur, der Dichte und der Bindungsenergie der Atomkerne ab und lässt sich anhand dieser

Werte nach einer ziemlich einfachen Formel berechnen. Die Häufigkeitswerte sind völlig unabhängig von der komplexen Sequenz von Kernreaktionen, der sich das thermische Gleichgewicht verdankt. Für das thermische Gleichgewicht ist Geschichte Schnee von gestern. Das ist das Schöne an ihm.

v. Weizsäcker machte sich an die Klärung der Frage, ob die Elemente in den empirisch bekannten Häufigkeitsverhältnissen in einem kosmischen Hochofen voller Atomkerne in thermischem Gleichgewicht hervorgebracht worden sein konnten. Zunächst konzentrierte er seine Überlegungen auf die Isotope einzelner Elemente wie Neon und Silicium. Er kam zu dem Befund, dass die Isotope des Neons mit den empirischen Häufigkeitswerten bei einer Temperatur von etwa drei Milliarden Grad synthetisiert worden sein könnten. Die entsprechende Temperatur für das Silicium lag bei etwa 13 Milliarden Grad. Das konnte man nicht gerade eine umwerfende Übereinstimmung nennen. Wenn man jedoch die großen Unsicherheiten in den Schätzungen der kosmischen Häufigkeitswerte berücksichtigte, konnte man diese Temperaturen als durchaus in derselben Größenordnung liegend betrachten und sie so für vereinbar halten mit der Idee, dass irgendwo da draußen im All ein einzelner Hochofen arbeitete.

Problematisch wurde die Sache allerdings, als v. Weizsäcker die erforderlichen Dichtewerte berechnete. Zum Beispiel verlangte Silicium für seine Entstehung eine Neutronendichte, die eine Millionmal höher war als die für die Entstehung von Schwefel erforderliche. Die Zahlen waren auch nicht entfernt miteinander zu vergleichen. Die Botschaft, die in den Häufigkeitsverhältnissen der Elemente lag, war nicht misszuverstehen: Das kosmische Elementengemisch konnte unmöglich in einem Milieu entstanden sein, das sich im Zustand thermischen Gleichgewichts befand – will sagen: in ein und demselben Hochofen bei ein und derselben Dichte und Temperatur.

Von der privilegierten Warte des rückblickenden Betrachters aus gesehen, macht schon die Form der Bindungsenergiekurve unmissverständlich klar, wie vollkommen unmöglich es ist, dass sämtliche Elemente in einem Milieu entstanden, das sich in thermischem Gleichgewicht befand. In einem aus Atomkernen und Neutronen bestehenden Gas würden bei extrem hoher Temperatur – beispielsweise bei über zehn Milliarden Grad – die Kollisionen zwischen den hochenergetischen Teilchen das jeweilige Folgeprodukt überwiegend vom Talgrund weg in die Höhe treiben und so verhindern, dass die leichten Kerne Neutronen einfangen und schwerer werden. Wäre also das thermische Gleichgewicht auf extrem hohem Temperaturniveau zustande gekommen, würde das Universum nur leichte Atome enthalten. Wäre hingegen die Gastemperatur relativ niedrig – unter zehn Milliarden Grad –, würden die Teilchenkollisionen in dem Gas die Atomkerne nicht davon abhalten, abwärts auf den Talgrund zu rutschen. Wäre also das thermische Gleichgewicht auf niedrigerem Temperaturniveau zustande gekommen, würde das Universum nur mittelschwere Atome enthalten.

v. Weizsäckers Versuch, die Möglichkeit des Entstehens der Elemente unter Bedingungen des thermischen Gleichgewichts nachzuweisen, war fehlgeschlagen, hatte aber gerade im Fehlschlag etwas Wichtiges über die Entstehungsbedingungen der Elemente enthüllt. Jedes Element musste bei einer anderen Temperatur und Dichte »gekocht« worden sein. Wie auch immer man sich den kosmischen Hochofen vorzustellen hatte, aus dem alle Elemente hervorgingen, er musste für eine breite Skala von Temperaturen und Dichten ausgelegt sein.

Es lag nahe, diese Hochofengluten im Innersten der Sterne finden zu wollen, da in der Kernzone von Sternen sowohl große Hitze wie große Dichte herrscht. Doch die etwa zehn Millionen Grad Zentraltemperatur der Sonne bleiben kläglich weit hinter den für die Fabrikation sämtlicher Elemente benötigten Milliarden Grad zurück. Andere Sterne kamen ebenfalls nicht infrage, denn aus Eddingtons Theorie war zu schließen, dass es in deren Innerem im Großen und Ganzen nicht viel anders bestellt war als in der Sonne.

Eine Möglichkeit war noch übrig. Falls der Druck im Zentrum eines Sterns – etwa wegen Erschöpfung des Brennstoffs – plötzlich wegfiel, würde der Stern unter der Wirkung der Gravitation unaufhaltsam in sich zusammenstürzen. Im Verlauf dieses radikalen Schrumpfungsprozesses, bei dem er von Sekunde zu Sekunde heißer und dichter wurde, traten vielleicht nacheinander die für die Bildung der einzelnen Elemente erforderlichen Extremzustände ein.

Das Problem war nur, dass etwaige neu gebildete Elemente, falls sie zum Rohstoff für neue Sonnen, Planeten und das Gestein unter unseren Füßen werden sollten, auf irgendeine Weise ins All hinausgeschleudert werden müssten. Doch es war keine Kraft bekannt, die hätte verhindern können, dass der Stern unter dem Gewicht seiner eigenen Masse auf das letzte Stadium des Gravitationskollapses – ein schwarzes Loch – zusammenschrumpfte. Die neu gebildeten Elemente würden für immer und ewig verschollen bleiben.

Wenn aber die magische Glut, aus der alle Atome hervorgingen, nicht in den Sternen zu finden war, wo dann? Einer hatte da so eine Ahnung. Es war George Gamow.

DAS INFERNO AM ANBEGINN DER ZEIT

Sind die Elemente in der Feuerkugel eines heißen Urknalls entstanden?

Die Elemente wurden in kürzerer Zeit gekocht, als man für die Zubereitung von Ente mit Bratkartoffeln benötigt.
George Gamow

Wie Carl Friedrich v. Weizsäcker war George Gamow überzeugt, dass die Atome in einem Hochofen irgendwo draußen im All fabriziert worden waren. Als sich Ende der 1930er-Jahre zeigte, dass der Elementenaufbau einen über eine extrem breite Skala sich erstreckenden Wechsel der Rahmenbedingungen verlangte, eine viel größere Variationsbreite, als sie in Sternen möglich war, begann Gamow die magische Glut andernorts zu suchen.

Aber wo herrschte eine Normaltemperatur von über einer Milliarde Grad? Eine grandiose Eingebung sagte Gamow, dass zu einem bestimmten Zeitpunkt das ganze Universum einmal so heiß gewesen sein musste – kurz nach seiner Geburt.

Der Gedanke, dass das Universum nicht seit ewigen Zeiten existiert habe, sondern irgendwann in der Vergangenheit geboren worden sei, war eine Konsequenz aus zwei sensationellen Entdeckungen, die der amerikanische Astronom Edwin Hubble in den 1920er-Jahren gemacht hatte. Mithilfe des 1918 auf dem Mount-Wilson-Observatorium in Pasadena in Betrieb genommenen neuen Spiegelteleskops, des seinerzeit größten der Welt, hatte Hubble festgestellt, dass die Milchstraße – die »Welteninsel« (I. Kant) in Gestalt einer großen linsenförmigen Scheibe aus Sternen, darunter die Sonne – lediglich eine unter ungezählten Milliarden von »Galaxien« (Sternensystemen) ist, die im All schweben. 1929 ließ Hubble seiner Entdeckung der Galaxien – der Fundamente des Universums – die Entdeckung folgen, dass das Universum expandiert und die Galaxien voneinander wegfliegen wie die Splitter einer explodierten kosmischen Granate.

Angesichts des expandierenden Universums schien eine Schlussfolgerung unausweichlich: In der Vergangenheit musste es kleiner gewesen sein. Es musste einen Zeitpunkt gegeben haben, zu dem die gesamte Schöpfung auf winzigstem Raum zusammengedrängt war: den Zeitpunkt der Geburt des Universums. Indem man sich das Szenario der Expansion in der Vorstellung in umgekehrter Abfolge ausmalte – als ob man sich einen auf dem Projektor rückwärts abgespulten Spielfilm ansieht –, kam man zu dem Schluss, dass das Universum aus der viele Milliarden Jahre zurückliegenden Explosion eines extrem dichten Materiepakets entstanden sein musste.

Die Beweise für einen »Urknall« schienen unanfechtbar. Doch als Hubble auf der Grundlage der geschätzten Geschwindigkeiten, mit der die Galaxien sich voneinander entfernen, die Zeit berechnete, die sie zum Erreichen der gegenwärtigen Abstände benötigten, kam er auf einen Zeitraum von zwei Milliarden Jahren. Das aber war weniger als das Alter der Erde, für deren älteste Gesteinsarten man ein Alter von mindestens vier Milliarden Jahren errechnet hatte. Angesichts der unsinnigen Perspektive auf ein Universum, das jünger wäre als die Erde, konnte sich kaum jemand für die Idee erwärmen, das Universum sei vor Jahrmilliarden aus einer gigantischen Explosion entstanden. Kaum jemand – bis auf George Gamow.

Gamow, inzwischen in den USA heimisch, war auf einzigartige Weise prädestiniert, den Urknallgedanken ernst zu nehmen. An der Universität Leningrad hatte er bei Aleksandr Friedmann studiert, einem der Ersten, die auf der Grundlage von Einsteins Gravitationstheorie die Natur des Universums genauer zu bestimmen suchten. Sieben Jahre, bevor Hubble die auseinander flüchtenden Galaxien entdeckte, war Friedmann zu dem Ergebnis gekommen, dass wir in einem Urknall-Kosmos leben.

Doch überzeugt zu sein, dass das Universum aus einem Urknall geboren wurde, war eine Sache, eine ganz andere war es, darüber zu spekulieren, wie die ersten Augenblicke tatsächlich ausgesehen haben mochten. Der neugeborene Kosmos war so unvorstellbar weit entfernt von aller Alltagserfahrung, dass er für das Denken fast unerreichbar war. Indes, das Undenkbare zu denken war Gamows Spezialität.

Als Erstes machte er sich klar, dass das Universum im Anfangszustand heiß gewesen sein musste. Wenn es möglich wäre, den Expansionsprozess rückwärts laufen zu lassen, so dass das Universum auf immer kleineres Volumen schrumpfte, würde es dabei immer heißer werden, so wie die Luft in einer Fahrradpumpe desto heißer wird, je stärker man sie zusammendrückt. Logisch zu Ende gedacht bedeutet das, dass das Universum zum Zeitpunkt seiner Geburt, als die gesamte heute in der Schöpfung vorhandene Materie auf unvorstellbar kleinem Raum zusammengepresst war, unvorstellbar heiß gewesen sein musste.

Während das Universum sich dann von diesem überdichten Zustand durch rasche Ausdehnung entfernte, musste es sich ebenso rasch abgekühlt haben. Faktisch musste es bei dem Expansions- und Abkühlungsprozess auf jedem denkbaren Dichte- und Temperaturniveau kurz verweilt haben. Gamows wacher Verstand erkannte, dass in den ersten Momenten der Expansion des Universums nacheinander eine Unzahl unterschiedlicher Verhältnisse geschaffen wurde – ein sehr viel breiteres Spektrum, als es im Inneren von Sternen möglich war.

Genau das war es, wonach Gamow gesucht hatte. Er formulierte die These, dass die Atome unseres Körpers in der infernalischen Hitze des Urknalls zustande gekommen waren. Der Hochofen mit der magischen Glut hatte seine Arbeit unmittelbar am Anbeginn der Zeit verrichtet.

Ente mit Bratkartoffeln

Gamow nahm an, dass das Universum am Anfang voll von einem einfachen Ur-Ingrediens gewesen war, aus dem in der Folgezeit alle Atome gekocht wurden. Für die Rolle des Ur-Ingrediens gab es nur zwei Kandidaten: die beiden Kernbausteine (oder »Nukleonen«) Proton und Neutron.

Ein von Anfang an von Protonen erfülltes Universum kam als Möglichkeit nicht infrage, weil die gewaltige elektrostatische Abstoßung, welche die Teilchen aufeinander ausgeübt hätten, verhindert hätte, dass sie sich zu schweren Elementen verbanden. Neutronen schienen schon besser geeignet, allerdings hätte ein Teil von ihnen, bevor es mit dem Bau der Elemente losging, zu Protonen zerfallen sein müssen, denn mit Ausnahme des Wasserstoffkerns sind alle Atomkerne aus Protonen und Neutronen zusammengesetzt. Da bestand nun das Problem, dass nach dem Zerfall einer entsprechenden Zahl von Neutronen zu Protonen – was im Einzelfall in der Regel eine Sache von zehn Minuten wäre – für den Aufbau der Elemente nur noch eine kurze Zeitspanne bliebe, bis die Neutronen vollzählig zerfallen sein würden.

Von daher gesehen wäre es das Beste gewesen, wenn im Universum von allem Anfang an sowohl Protonen als auch Neutronen vorhanden waren, damit es mit dem Elementenbilden sofort losgehen konnte. Diese Lösung war es denn auch, für die Gamow sich zuletzt entschied – eine Urmischung, die zu gleichen Teilen aus Protonen und Neutronen bestand. Gleich im Anschluss an den heißen Urknall, so seine These, begannen Neutronen mit Protonen zu kollidieren und wurden von diesen eingefangen. Durch eine rasche, von Beta-Zerfallepisoden unterbrochene Serie solcher Vorgänge entstanden in dem expandierenden und sich abkühlenden Universum immer schwerere Atomkerne.

In Gamows Modell stellte die kurze Lebenszeit des Neutrons nach wie vor eine stark einschränkende Bedingung dar.[1] Die ganze Prozedur war ein Wettlauf gegen die Zeit. Die Urbestandteile des Universums mussten zu der Vielzahl von Elementen verarbeitet werden, die im heutigen Universum in Überfülle vorhanden sind. Und der Hexensabbat der Kernreaktionen, die das Kunststück vollbrachten, musste in wenig mehr als zehn Minuten über die Bühne gegangen sein.

Die Zehn-Minuten-Frist bestimmte voll und ganz die für den Elementenaufbau im Urknall erforderlichen Bedingungen. Damit ein nennenswerter Elementenaufbau zustande kam, so überlegte sich Gamow, musste ein beträchtlicher Teil der Neutronen vor dem Zerfall mit Protonen kollidieren und von ihnen eingefangen werden. Mit anderen Worten: Für jedes Neutron musste irgendwo auf der Flugbahn, die es in seiner zehnminütigen Lebensspanne durchmaß, ein Proton zur Verfügung stehen.

Ein Neutron ist einem kleinen Geschoss vergleichbar, das auf seinem Flug durch einen zylindrischen Raum fegt, der die Ausweitung seines Querschnitts in die dritte Dimension darstellt. (Stellen Sie sich vor, Sie schießen mit einer Pistole in ein halbes Pfund Butter: da können Sie dann den zylindrischen Raum, durch den das Geschoss gefegt ist, als Kanal in der Buttermasse erkennen.) Durch wie viel Raum ein Neutron auf seinem zehnminütigen Flug fegt, hängt von seiner Geschwindigkeit ab, die ihrerseits von der Umgebungstemperatur abhängt: Mindestens eine Milliarde Grad seien erforderlich, damit eine Neutronensummierung in Gang kommen könne, hatte v. Weizsäcker ermittelt. Aus alledem war auf relativ einfache Weise zu errechnen, wie viele Protonen je Kubikzentimeter zum Zeitpunkt des Elementenaufbaus vorhanden sein mussten, und daraus ergab sich dann wieder die geforderte Massendichte. Nach Gamows Befund betrug sie ein Millionstel der Dichte des Wassers.

Doch neben Materie enthielt das frühe Universum auch Strahlung – Licht. Wie viel, hing wiederum von der Temperatur ab. Gamow ermittelte die Strahlungsenergiedichte für eine Temperatur von einer Milliarde Grad und verglich sie mit der Energiedichte der Materie.[2] Er stellte fest, dass zehn Millionen Mal mehr Energie in Form von Strahlung als in Form von Materie vorhanden war.

Beim Urknall führte die Strahlung das Zepter. Lichtstrahlung steuerte das Expansionstempo und ergo auch das Abkühlungstempo des Universums. Aufgrund dieses Zusammenhangs konnte Gamow die Verweildauer der explodierenden Feuerkugel auf einzelnen Dichte- und Temperaturniveaus präzise berechnen. Die Berechnung lieferte einen wichtigen Einblick in das nukleare Geschehen im Inneren des Urknalls.

v. Weizsäckers Berechnungen des nuklearen thermischen Gleichgewichts hatten ergeben, dass jedes Element eine spezifische Kombination von Temperatur und Dichte erforderte, damit seine Isotope in der heute beobachteten relativen Häufigkeit synthetisiert würden. Dabei setzte v. Weizsäcker allerdings stillschweigend voraus, dass sein Atomkern-Neutronen-Gemisch allemal ausreichend Zeit hätte, in den Zustand des nuklearen thermischen Gleichgewichts hineinzufinden.

Was »ausreichend Zeit« konkret bedeutete, hing vom Beta-Zerfall ab, denn der ist in allen derartigen Fällen der ausgleichende Faktor, der die nuklearen Reaktionen ins Gleichgewicht bringt. Gewöhnlich ließen sich Kerne bis zum Beta-Zerfall minutenlang Zeit. Nach Gamows Schätzung hatte jedoch in der rasch expandierenden Urknall-Feuerkugel das für die Synthese der Isotope dieses oder jenes bestimmten Elements erforderliche Temperatur- und Dichteniveau in der Regel weniger als eine Sekunde Bestand. Da blieb einfach keine Zeit für die Herstellung von nuklearem thermischem Gleichgewicht. Im frühen Universum änderten sich die Verhältnisse zu schnell.

Gamows Berechnungsergebnis verkomplizierte die Dinge. Denn bei nuklearem thermischem Gleichgewicht hing die Häufigkeit der einzelnen Elemente nur von der Temperatur, der Dichte und der Bindungsenergie der Atomkerne ab und war daher einfach zu berechnen. Keinerlei Einfluss auf die Häufigkeitswerte hatte die Sequenz der Kernreaktionen, die das Gleichgewicht bedingten.

Bei der »Ungleichgewicht«-Situation im Urknall hingegen waren Art und Abfolge der Kernreaktionen entscheidend wichtig. Klarheit über das entstandene Elementengemisch war einzig und allein dadurch zu gewinnen, dass man sich den Überblick über die ganze komplexe Kette des Einfangens der Neutronen und der Beta-Zerfallepisoden von ihrem Anfang bis zur Selbstzerstörung des letzten freien Neutrons verschaffte.

Wie sich zeigen sollte, war die Lebensspanne des Neutrons nicht der einzige einschränkende Faktor in dieser Konzeption der Elementensynthese. Auch die Strahlung engte ihren Entfaltungsspielraum ein. Die hohe Strahlungsenergiedichte im Urknall-Universum war gleichbedeutend mit einer riesigen Zahl von Photonen – den korpuskularen Lichtteilchen. Nach Gamows Berechnung kamen auf jedes Nukleon eine Milliarde Photonen – eine stupende Zahl. Keine Frage, Protonen und Neutronen waren nichts als sporadisches Treibgut in einem riesigen Ozean von Photonen.

Überdies war jedes Photon Träger einer größeren Energiemenge. Tatsächlich reichte, solange die Temperatur des Universums mehr als zehn Milliarden Grad betrug, die Energie eines einzelnen Photons aus, um einen neu gebildeten Atomkern zu zersprengen. Der Syntheseprozess konnte erst beginnen, nachdem die Temperatur der sich abkühlenden Feuerkugel unter zehn Milliarden Grad abgesunken war, und diese kritische Schwelle wurde erst unterschritten, als das Universum etwa zehn Sekunden alt war.

Die Aufgabe, der Gamow sich gegenübersah, war damit vollständig umschrieben. Er hatte darzutun, wie ein Hexensabbat von Kernreaktionen – beginnend etwa zu dem Zeitpunkt, wo das Universum das Alter von zehn Sekunden erreichte, und endend etwa zu dem Zeitpunkt, wo es die Lebenszeit von zehn Minuten vollendete – es schaffen konnte, ein Gemisch aus Protonen und Neutronen in die heute zu beobachtende Vielzahl von Elementen umzuwandeln.

Aber Gamow hatte weder die Geduld noch die Fähigkeit zur Ausführung von derlei Berechnungen. Er übertrug die Lösung des Problems den beiden jungen Physikern Ralph Alpher und Robert Herman.

Der vorzeitige Tod der Urknall-Hypothese

Alpher war Gamow erstmals an der George Washington University begegnet, wo Gamow als Physikprofessor lehrte und Alpher ein Abendstudium absolvierte. Ihre Wege kreuzten sich dann abermals an der Johns Hopkins University in Baltimore, wo Alpher nach seinem Wehrdienst bei der Marine 1944 eine Anstellung gefunden hatte. Im darauf folgenden Jahr wurde Gamow als Honorarprofessor an die Johns Hopkins verpflichtet, und Alpher begab sich umgehend als Doktorand unter seine Fittiche.

1946 schlug Gamow Alpher vor, den Gedanken auszuloten, dass die Elemente in den ersten Minuten eines heißen Urknalls geschaffen worden waren. Alphers Zimmernachbar im Institut war ein junger Physiker namens Robert Herman. In Gesprächen mit Alpher fing Herman Feuer für die Idee der Atomkernsynthese im Urknall und war schließlich so fasziniert, dass er seine laufenden Arbeiten abbrach und in Alphers Forschungsprojekt einstieg. Es war der Beginn einer fünfzig Jahre währenden Zusammenarbeit.

Da der ganze Aufbauprozess der Elemente auf der sukzessiven Absorption von Neutronen durch Atomkerne fußte, war es unerlässlich zu wissen, wie stark die Bereitschaft der verschiedenen Kerne zum Neutroneneinfang war. Reagierte ein Kern bei der Begegnung mit einem Neutron zu langsam, war dieses womöglich schon weitergeflogen, bevor es zur Reaktion mit dem Kern und

Bildung eines schwereren Kerns kommen konnte; ein schnell reagierender Kern hingegen schlang vielleicht die Neutronen nur so in sich hinein und ermöglichte so einen Elementenaufbau in halsbrecherischem Tempo.

Die Bereitschaft eines Kerns zur Absorption von Neutronen – in der physikalischen Fachterminologie als sein »Neutroneneinfang-Wirkungsquerschnitt« bezeichnet – wurde im Rahmen des Atombomben-Konstruktionsprogramm für viele Atomkerne gemessen.[3] 1945 war alles, was mit dem A-Bomben-Projekt zu tun hatte, noch ein streng gehütetes Geheimnis. Doch zum Glück für Alpher und Herman begann die US-Regierung 1946, die Forschungsergebnisse des Geheimlaboratoriums freizugeben. Allerdings wies das Material Informationslücken auf. Nicht für alle Atomkerne hatten die A-Bomben-Forscher den Neutroneneinfang-Wirkungsquerschnitt bestimmt. Alpher und Herman blieb nichts übrig, als die fehlenden Daten auf der Basis des vorhandenen Materials zu schätzen.

Den Elementenaufbau in einem expandierenden Universum ohne Hilfe von Computern zu berechnen, war ein extrem schwieriges Unterfangen. Dennoch erzielten Alpher und Herman binnen kurzem einen Aufsehen erregenden Erfolg. Sie kamen zu dem Befund, dass die Kernreaktionen in den Gluten des Urknalls rund 25 Prozent der Gesamtmasse des Universums in Helium, das zweitleichteste Element, umgewandelt hatten. Das war genau die von den Astronomen beobachtete Proportion. Nach diesem Anfangserfolg allerdings verbuchten die beiden Forscher bei allen Elementen, die schwerer als Helium waren, nur mehr grandiose Fehlschläge. Wie es aussah, konnte keines dieser Elemente in der Gluthitze am Anbeginn der Zeit entstanden sein.

Die Hürde, über die der Aufbauprozess der Elemente nicht hinwegkam, war das Nichtvorhandensein eines bestimmten Atomkerns. Die Natur hatte es versäumt, einen stabilen Kern mit 5 Nukleonen zur Verfügung zu stellen. Kaum dass die Neutronensummierung beim Helium-4 angelangt war, hieß es: *Rien ne va plus.* Nirgends zeigte sich ein Weg, auf dem Neutronensummierung zu schweren Atomen hätte führen können.

Wie sich zeigen sollte, hatte die Ungunst der Natur nicht nur den Neutronensummierungsprozess blockiert. Denn eine nahe liegende Möglichkeit, die Massenzahl-5-Hürde zu überspringen, hätte ja eventuell die sein können, dass zwei Helium-4-Kerne zusammenstießen und miteinander zu einem Kern mit der Massenzahl 8 verschmolzen. Aber bedauerlicherweise hatte die Natur nicht nur auf einen stabilen Kern mit 5 Nukleonen, sondern auch auf einen mit 8 verzichtet.

Der Weg zur Synthese der schweren Elemente im heißen Urknall war vollständig blockiert. Gamows großen Hoffnungen zum Trotz konnte die Milliarden Grad heiße Feuerkugel am Anbeginn der Zeit nicht die magische Glut gewesen sein. Das Pendel war zuvor von den Sternen zum Urknall hin geschwungen. Gerade als man sich völlig ratlos fragte, wo man denn eigentlich noch nach der unauffindbaren magischen Glut suchen könne, schlug es wieder zu den Sternen hin aus.

DER SCHLÜSSEL ZU DEN STERNEN

Wie wir entdeckten, dass der Schlüssel zum Geheimnis der Atome in den Sternen und der Schlüssel zur Enträtselung der Sterne in den Atomen zu finden ist

Für mich sind die Sterne die Schmelztiegel, in denen leichtere Atome zu komplexeren Elementen verbunden werden.
Arthur Eddington

Gamows Unternehmen hatte in der Sackgasse geendet, und das warf ein gravierendes Problem auf. Man wusste von keinen anderen Hochöfen im Universum, die in puncto Temperatur und Dichte die für die Elementensynthese erforderlichen Voraussetzungen geboten hätten. Die Atome konnten einfach nirgends sonst als im Urknall oder in den Sternen entstanden sein. Von daher gesehen schien es an der Zeit, sich noch einmal mit den Verhältnissen im Inneren der Sterne zu befassen. Wie sicher waren sich die Astronomen eigentlich, dass sie wirklich Bescheid wussten, wie es tief drinnen in den Sternen aussah?

Nach Arthur Eddingtons Theorie hing die absolute Leuchtkraft eines Sterns im Wesentlichen von seiner Zentraltemperatur und diese wiederum von seiner Masse ab. Diese Voraussage stimmte vollkommen überein mit Beobachtungen an Sternen wie der Sonne, deren Zentraltemperatur Berechnungen zufolge nach Dekaden von Millionen Grad maß. Das war zwar für die Synthese von schweren Elementen viel zu kühl, reichte aber vollkommen aus für die Verschmelzung von Wasserstoffkernen zu Heliumkernen, einen Prozess, der große Mengen von Kernbindungsenergie freisetzte und damit immerhin die Herkunft des Sonnenscheins zu erklären vermochte.

Eine Theorie, die es auf so viele beachtliche Erfolge gebracht hatte, konnte nach den Gesetzen der Wahrscheinlichkeit nicht ganz falsch sein. Aber ganz unproblematisch war Eddingtons Geistesprodukt auch nicht. Sein größtes Manko: Es bot keinerlei Erklärung für die Existenz der roten Riesensterne – worin insofern eine besonders pikante Pointe lag, als Eddington seine Aufmerksamkeit anfangs vollständig auf die roten Riesen konzentriert hatte, die er aufgrund ihrer offenkundigen Gasförmigkeit für noch am ehesten verstehbar hielt. Später hatte sich dann bekanntlich herausgestellt, dass auch die Sonne aus »ionisiertem« Gas (oder Plasma) bestand und dass Eddingtons Theorie faktisch für die meisten Sterne galt. »Für die meisten« heißt: nicht für die roten Riesen.

Nicht nur ließ Eddingtons Theorie jeden schmählich im Stich, der sich von ihr eine Erklärung der Größe und ungeheuren Leuchtkraft der roten Riesen erhoffte – eigentlich besagte sie sogar, dass es diese Sterne gar nicht geben dürfte.

Riesenprobleme

Rote Riesen vereinten relativ niedrige Temperatur mit enormer absoluter Leuchtkraft, Eigenschaften, die sich, wie Henry Noris Russell erkannt hatte, miteinander vereinbaren ließen, wenn man die riesige Oberfläche dieser Sterne berücksichtigte. Vor Probleme stellte jedoch ihre gewaltige Größe. Sie bedeutete, dass ein Großteil der Materie eines solchen Sterns in Schichten weit weg von dessen Zentrum verteilt ist. Und da die Gravitationskraft mit zunehmender Entfernung von einer Massenkonzentration immer stärker abnimmt, musste die Hülle eines roten Riesen zu einem großen Teil ein sehr geringes Gewicht besitzen.

Nun ist es aber das Gewicht, das auf die Zentralregion drückt und die Kerntemperatur eines Sterns bestimmt. Wenn die äußeren Schichten verhältnismäßig wenig wiegen, kann das Gas im Kern dem Druck dieser Schichten bereits bei relativ geringer Temperatur standhalten. Hier genügen schon wenige Millionen Grad statt der 15 Millionen, die im Inneren der Sonne herrschen. Und da liegt das Problem. Wenige Millionen Grad – das ist bei weitem nicht das

Temperaturniveau, das die Wasserstoffverschmelzungsreaktionen anheizt, aus denen Sterne ihre Energie beziehen. Rote Riesen hätten von Rechts wegen gar nicht scheinen dürfen.

Selbst der als Meister des lateralen Denkens gerühmte George Gamow war mit seinem Latein am Ende. Genervt brachte er den Gedanken ins Spiel, in roten Riesen werde nicht Wasserstoff, sondern ein anderer Brennstoff verarbeitet. Er tippte auf Lithium, das drittleichteste Element, weil es bekanntermaßen bei niedrigerer Temperatur »verbrannte« als Wasserstoff. Dummerweise war es mit der Häufigkeit von Lithium in Sternen nicht weit her, so dass Gamow sich, ob er wollte oder nicht, von dem Gedanken wieder verabschieden musste.

Die roten Riesen blieben ein astronomisches Mysterium. Niemand konnte ihre Energiequelle oder die Ursache ihrer ungeheuren Aufgeblähtheit nennen. Jedermann war klar, dass nur eine neue Idee über den toten Punkt in der Theoriebildung hinweghelfen konnte. Und genau die lieferten zwei junge in England tätige theoretische Physiker: Ray Lyttleton und Fred Hoyle.

Ein Stern wie ein Pfirsich

Fred Hoyle schien nicht unbedingt prädestiniert für die Hochschullaufbahn. Während seiner Schulzeit in Yorkshire hatte er oft die Schule geschwänzt, und lesen hatte er autodidaktisch in der hintersten Reihe des örtlichen Kinos gelernt. Doch dann schloss er entgegen aller Wahrscheinlichkeit die Schule Ende der 1930er-Jahre mit einem Stipendium für Cambridge ab, legte die ersten Examina mit den höchsten Auszeichnungen ab und avancierte zum Schüler von Paul Dirac, der damals gemeinhin als der größte englische Physiker seit Newton galt.

Dirac hatte keinen Schüler haben wollen, und Hoyle hatte keinen pädagogischen Vormund haben wollen. Aber irgendein Fakultätsmitglied in Cambridge hatte sich in Kenntnis dieses Sachverhalts einen Jux daraus gemacht, die beiden zusammenzuspannen. Doch obwohl der Bund nicht gerade im Himmel geschlossen worden war, schlug die Bekanntschaft mit Dirac für Hoyle sehr zum Vorteil aus. Denn der große Mann erteilte ihm einen Rat, den Hoyle sich zu Herzen nahm und der die Richtung seiner wissenschaftlichen Laufbahn bestimmen sollte.

Dirac eröffnete Hoyle, dass das goldene Zeitalter der Physik – die quantentheoretische Revolution, in der Dirac selbst eine Hauptrolle gespielt hatte – vorüber sei. Falls Hoyle den Wunsch habe, sich mit der Lösung bedeutender Probleme einen Namen zu machen, solle er deshalb sein Interesse besser über den Grenzzaun der Physik hinaus auf fruchtbarere Wissenschaftsfelder richten. Hoyle war hin- und hergerissen zwischen der Biologie und der Astronomie. Für die Astronomie entschied er sich aus dem einfachen Grund, weil sie ihm als Erste ein interessantes Problem ins Blickfeld brachte – oder besser gesagt, einen interessanten Arbeitspartner: einen jungen Astronomen der Cambridge University namens Ray Lyttleton. Hoyle lernte Lyttleton 1939 durch Zufall kennen, und die beiden verstanden sich auf Anhieb prächtig. Sie schlossen sich zu einem Forschertandem zusammen und machten die Theorie der Sterne zum Gegenstand ihrer Zusammenarbeit.

Dank den Arbeiten von Hans Bethe in den USA und Carl Friedrich v. Weizsäcker in Deutschland waren die beiden englischen Theoretiker in einer besseren Position als Eddington. Sie wussten genauestens Bescheid sowohl über die Sequenz der Kernreaktionen, die den Sternen die Energie lieferten, als auch über das Abhängigkeitsverhältnis der erzeugten Wärme zu Temperatur und Dichte im Sternkern. Die Integration dieses neuen Wissens in die Theorie der Sterne führte sie einen großen Schritt über Eddington hinaus.

Um eine Voraussage über die absolute Leuchtkraft eines Sterns treffen zu können, hatte Eddington Information über zwei Größen benötigt: die Masse und die Oberflächentemperatur des Sterns. Hoyle und Lyttleton konnten auf die separate Ermittlung der Oberflächentemperatur verzichten. Allein aus der Masse eines Sterns konnten sie seine absolute Leuchtkraft und seine Oberflächentemperatur ableiten. Hinzu kam: Waren Leuchtkraft und Temperatur eines Sterns bekannt, so ließ sich daraus seine Größe erschließen. Denn ein Stern, der trotz hoher Temperatur nur schwache Leuchtkraft besaß, musste klein sein, groß hingegen einer, der bei niedriger Temperatur stark leuchtete. Hoyle und Lyttleton verfügten also über ein leistungsfähiges Instrumentarium zur Größenbestimmung jedes beliebigen Sterns.

Damit machten sie sich umgehend an das Rote-Riesen-Problem. Gab es irgendeine Möglichkeit, wie ein Stern zustande kommen konnte, der dann zu so monströser Größenordnung anschwoll? Hocherfreut stellten Hoyle und Lyttleton fest: Diese Möglichkeit gab es. Ein Stern musste sich aufblähen wie ein großer roter Luftballon, wenn zwischen seinem Kern und seinen äußeren Zonen ein Unterschied in der Zusammensetzung bestand – genauer gesagt: wenn der Kern aus schwereren Teilchen bestand als der Rest des Sterns.

Da hatte man nun die Blaupause des roten Riesen. Es handelte sich bei ihm um einen Stern, dessen Inneres in zwei Zonen unterschiedlicher Zusammensetzung aufgeteilt war, eine innere und eine äußere, ähnlich, wie in einem Pfirsich ein harter Stein inmitten des Fruchtfleischs ruht. Jetzt war nur noch zu klären, wie ein Stern zu dieser pfirsichähnlichen inneren Beschaffenheit kommen konnte.

Der nächstliegende infrage kommende Weg ist schlicht der Alterungsprozess. Man darf ja nicht vergessen, dass ein Stern, je älter er wird, desto mehr von dem Wasserstoffvorrat in seinem Kern zu Helium verbrennt, und da Helium viermal so schwer ist wie Wasserstoff, steigt dabei das mittlere Gewicht der Gasteilchen im Zentrum. Man konnte sich also die Sache so vorstellen, dass ein Stern mit der Zeit einem Pfirsich immer ähnlicher wurde, bis er zu guter Letzt zum roten Riesen anschwoll. Das Ganze war ein Paradebeispiel für die kleinen Ursachen mit den großen Wirkungen: Ein relativ simpler Wandel in der inneren Verfassung eines Sterns zog hier einen absolut spektakulären Wandel im äußeren Erscheinungsbild nach sich.

Die Sache hatte nur einen Haken. Nach geltender astronomischer Lehrmeinung war es überhaupt nicht möglich, dass sich im Zentrum eines Sterns jemals ein Ballast von Heliumkernen anhäufte. Wie Eddington herausgefunden hatte, läuft in jedem Stern ein gigantischer Quirl – der Effekt der Rotation der Sterne: indem sie die Bestandteile eines Stern durcheinander quirlt, sorgt sie dafür, dass in dessen Innerem jederzeit Verhältnisse herrschen wie in einem gut gerührten Kuchen.

Der Quirl im Inneren der Sterne

Die meisten Sterne, auch die Sonne, drehen sich wie Kreisel. Ihre Oberfläche wird daher von der Fliehkraft auswärts gezogen wie Kinder auf einem sich schnell drehenden Kettenkarussell. Der Effekt macht sich am stärksten am Äquator eines Sterns bemerkbar, wo die Drehbewegung am schnellsten ist. Die Sterne tragen dadurch einen kleinen »Rettungsring« um die Mitte.[1]

Dieser Wulst wirkt sich auf den Wärmestrom in dem Stern aus. Da der Äquator von den Gluten im Kern etwas weiter entfernt ist als die Pole, ist die Äquatorialregion etwas kühler als die Polregionen. Infolgedessen fließt Wärme – die es ja immer vom wärmeren zum kälteren Ort zieht – von den Sternpolen zum Sternäquator.

Man könnte denken, dass Wärme sich im Gas des Sterns in ganz ähnlicher Weise fortpflanzt wie im Material einer Metallstange. Doch als Eddington sich ein bisschen eingehender mit den Verhältnissen im Inneren eines rotierenden Sterns befasste, stellte er fest, dass es mit dem Temperaturausgleich dort in Wirklichkeit eine etwas kompliziertere Bewandtnis hat. Die Wärme pflanzt sich nicht im Medium Gas fort, sondern das Gas wandert von der Zone höherer Temperatur zu der Zone niedrigerer Temperatur und trägt die Wärme mit sich fort.

Versteht sich, dass die Gasströmung nicht nur in einer Richtung erfolgen kann. Denn dadurch würde in dem Stern Gas an einer Stelle massiert und an einer anderen gänzlich verschwinden, was offensichtlich ein Unding ist. Der Strömung muss vielmehr eine Gegenströmung entsprechen, so dass das Gas am Ende zu seinem Ausgangspunkt zurückkehrt. Daraus zog Eddington den Schluss, dass in den Eingeweiden der Sterne unaufhörlich ungeheure Gasströme zirkulieren müssen, die sich schnell genug bewegen, um das Gas selbst in einem langsam rotierenden Stern gründlich verquirlen zu können. Kurz, sie zeitigen die gleiche Wirkung wie ein gigantisches Rührwerk. Das Rührwerk befördert frisch erzeugtes Helium aus dem Kern heraus und verrührt es in der Hauptmasse des Sterns. So verhindert es, dass je eine pfirsichartige Binnenstruktur zustande kommt.

Der Quirl im Inneren der Sterne schien Hoyles und Lyttletons Überlegungen die Grundlage entzogen zu haben. Aber die beiden

Astronomen dachten nicht daran, die Flinte ins Korn zu werfen. Sie waren auf eine viel versprechende Lösungsmöglichkeit für das Rätsel der roten Riesen gekommen. Da *musste* es doch eine Möglichkeit geben, dieses Hindernis zu überwinden. Sie brauchten sie nur noch zu finden.

Durch Nebelbänke im All

Eine Möglichkeit, die die beiden Forscher in Betracht zogen, beruhte auf der Voraussetzung, dass im interstellaren Raum Wasserstoffgaswolken trieben. Beim Durchgang eines Sterns durch eine solche Wolke konnte es nicht ausbleiben, dass der Stern Gas aus ihr aufsammelte, das sich in großer Menge auf seiner Oberfläche anlagerte.[2] Handelte es sich um eine Gaswolke von entsprechender Dichte, steckte der Stern, wenn er hervorkam, in einem dicken Überzug aus Wasserstoffgas. Mit einer Hülle aus reinem Wasserstoff und einem inneren Bereich, der ein Gemisch aus Wasserstoff und schwerem Helium – gleichsam der »Asche« des »Wasserstoff-Brennens« – war, hatte der Stern jetzt exakt den pfirsichartigen Aufbau, der ihn zum roten Riesen machte.

Wenn Hoyle und Lyttleton mit ihrem Modell richtig lagen, verharrte der Stern nur begrenzte Zeit in dieser Verfassung, dann verquirlte das Rührwerk in seinem Inneren die Gashülle mit allem Übrigen wieder zu einem homogenen Gemisch. Der Stern schrumpfte dabei auf seine ursprüngliche Größe zusammen und war wieder der alte – bis er das nächste Mal einer Wasserstoffgaswolke begegnete. Die Möglichkeit, dass solche Begegnungen sich wiederholten, bedeutete, dass ein Stern im Lauf seines Lebens mehrmals zum roten Riesen werden konnte.

Es war ein ingeniöses Programm, das Hoyle und Lyttleton sich da für die Genese der roten Riesen hatten einfallen lassen. Aber die ganze Denkanstrengung war für die Katz gewesen, wie sich zeigen sollte. Als die beiden Astronomen mit der Feinarbeit an den Einzelheiten fertig waren, meldete sich ein verlegener Eddington zu Wort und bekannte, dass in seinen Berechnungen ein Fehler steckte. Er hatte die Geschwindigkeit der in Sternen zirkulierenden Gasströmungen enorm überschätzt. In Wirklichkeit waren sie unerhört träge. Durch die Sonne zum Beispiel krochen sie mit ein Hundertmilliardstel Meter pro Sekunde. Es dauerte ein Jahr, bis sie sich um die Breite eines Baumwollfadens weiterbewegt hatten, ein Menschenalter würden sie brauchen, um das Zifferblatt einer Armbanduhr zu überqueren. Undenkbar, dass dieses lahme Umrühren im Inneren eines Sterns eine Durchmischung bewirken könnte.

Nichts konnte demnach verhindern, dass im Kern eines Sterns sich Helium-»Asche« vom Wasserstoff-Brennen anhäufte. Mit zunehmendem Alter bildete ein Stern unweigerlich eine pfirsichartige Binnengliederung aus. Selbst unsere Sonne wird in fünf Milliarden Jahren schließlich zum roten Riesenstern werden.

Tatsächlich hätte Hoyles und Lyttletons Akkretionsprozedur gar nicht funktionieren können. Sie basierte auf der Existenz von interstellaren kalten Wasserstoffgaswolken. Solche Wolken wurden zwar in den 1950er-Jahren entdeckt, wiesen jedoch viel zu geringe Dichten auf, als dass sie einen durchziehenden Stern mit der einem roten Riesen angemessenen Wasserstoffhülle hätten umkleiden können.[3] Doch obschon in puncto rote Riesen eine falsche Fährte, war der Akkretionsprozess als solcher, wie sich herausstellen sollte, in der Astronomie ein Vorgang von zentraler Bedeutung. Man ist heute allgemein der Überzeugung, dass für manche der energiereichsten astronomischen Objekte – wie Röntgen-Doppelsterne und Quasare – schwarze Löcher, die Gas aus dem interstellaren Raum akkretieren, als Energielieferanten fungieren.

Die Geburt eines roten Riesen

Nachdem das Rätsel der roten Riesen endlich gelöst war, ergab sich ein neues Bild der Entwicklung von Sternen wie der Sonne. Es war ungleich facettenreicher als das von Eddington entworfene. Hätte das Rührwerk tatsächlich existiert, hätte es den ganzen Wasserstoff-Brennstoffvorrat nach und nach mit Helium-»Asche« durchmischt. Das Brennen im Kern hätte nachgelassen, bis zuletzt die Temperatur zu niedrig gewesen wäre, um noch Energie erzeugende Kernreaktionen in Gang halten zu können. Das Los von Sternen wie der Sonne wäre demnach ein langsames Verlöschen gewesen. Das war ein Bild der Entwicklung dieser Sterne, wie es realitätsferner nicht hätte sein können. Sie gehen nicht sang- und klanglos unter, sondern setzen vor ihrem Ende den Himmel in Flammen. Wie die genaue Schrittfolge im Alterungsprozess eines Sterns aussieht, ist eine komplizierte Frage. Die wichtigsten Stationen des Geschehens wurden jedoch Mitte der 1950er-Jahre von Fred Hoyle und Martin Schwarzschild, einem Professor am Observatorium der Princeton University, aufgezeigt.

Das Geschehen kommt ungefähr dann in Gang, wenn der zum Brennen verfügbare Wasserstoffvorrat im Kern restlos erschöpft ist. Dem Stern fehlen jetzt die Energie erzeugenden Kernreaktionen, die ihn über die Jahrmilliarden seiner normalen Existenz in Form gehalten haben. Sein Zentrum hält eine kompakte Kugel von Helium-»Asche« besetzt. Da sie ihren Wärmeverlust nicht mehr auszugleichen vermag, kann die Kugel der Gravitationskraft ihrer eigenen Masse nicht mehr widerstehen. Sie beginnt zu schrumpfen.

Durch den Konktraktionsprozess erwärmt sich nicht nur der Kern des Sterns, sondern auch die darüber liegenden Schichten. Da diese brennbaren Wasserstoff enthalten, fangen sie Feuer.[4] Der entflammte Wasserstoff bildet nun um den Heliumkern eine schalenförmige Brennzone. Im Kern gehen Kontraktion und Erwärmung weiter, und mit der Kerntemperatur steigt auch die Umgebungstemperatur. Immer weiter weg vom Zentrum erreicht die Wasserstofftemperatur den Zündpunkt, so dass die Brennzone sich in Richtung Oberfläche auszuweiten beginnt.

Aber die dramatischen Vorgänge, die den Stern in einen roten Riesen verwandeln werden, stehen zu diesem Zeitpunkt noch bevor. Ausgelöst werden sie durch die in gewaltiger Menge aus dem Inferno der Brennzone auf den Kern abregnende »Asche« in Gestalt von Helium, das die Masse und damit auch die Gravitationskraft des Kerns steigert, mit der Folge, dass dieser sich noch schneller zusammenzieht und erwärmt.

Die gesteigerte Massenanziehungskraft des Kerns hat noch eine andere Wirkung. Sie reißt Materie aus der Wasserstoff-Brennzone, die nun allein das erdrückende Gewicht der äußeren Sternschichten trägt, in den Kern. Das ist so, als würde man jemandem, der eine einsturzbereite Zimmerdecke in höchster Not mit den Händen abstützt, noch Gewichte an die ohnehin überanstrengten Arme binden. Auf irgendeine Weise müsste es in der schalenförmigen Brennzone zu einer Druckerhöhung kommen, damit sie der Gravitationskraft, die sie zum Einsturz zu bringen droht, standhalten kann.

Zwei Wege führen zur Druckerhöhung: zum einen Temperaturerhöhung, zum anderen Erhöhung der Dichte. In der Brennzone findet beides statt. Jeder der zwei Zustandswechsel würde für sich allein schon das Wasserstoff-Brennen anfachen. Vereint, wie sie jetzt auftreten, entfesseln sie in der Brennzone ein Inferno ohnegleichen.

Die Photonen, die in Auswärtsrichtung durch den Stern schießen, müssen sich auf unendlich gewundener Bahn zur Oberfläche durchkämpfen. Sie stauen sich im Inneren des Sterns. Die lodernde Brennzone erzeugt jetzt weit schneller Energie, als die Photonen diese zur Oberfläche befördern können. Der Überschuss muss irgendwohin entsorgt werden. Er wird zur Aufheizung der Hauptmasse des Sterns verbraucht.

Der Stern bläht sich auf. Und bei der Expansion kühlen sich die Außenschichten ab und ihr Glühen verschiebt sich ins Rotspektrum. In diesem Stadium enthält der Kern etwa 50 Prozent der Gesamtmasse des Sterns. Die ist jedoch auf etwa ein Zehnmilliardstel seines Volumens zusammengepresst. Ein roter Riese besteht also eigentlich aus zwei Sternen – einer gigantischen Kugel von verdünntem Gas mit einer überdichten, überheißen Heliumkugel in der Mitte. Der Sachverhalt ist so bizarr, dass ihn vor Hoyle und Martin Schwarzschild niemand, nicht einmal Eddington, als ernst zu nehmende Hypothese in Betracht gezogen hätte.

Elementensynthese im Inneren von Sternen

Mit der Erklärung, die Hoyle und Lyttleton für die auffallendsten Eigenschaften roter Riesen gefunden hatten, war die Vorstellung, dass die chemischen Bestandteile eines Sterns während dessen gesamter Lebenszeit einheitlich durchmischt seien, ein für alle Mal diskreditiert. Ein Stern mochte als gründlich durchmischte Gaskugel geboren worden sein, doch mit dem Anwachsen des beim Wasserstoff-Brennen produzierten Helium-»Aschehaufens« in seinem Kern war er unaufhaltsam unterwegs zu einer uneinheitlichen Zusammensetzung.

Diese Entwicklung von der Einheitlichkeit in der Frühzeit zur Uneinheitlichkeit im Alter war der Schlüssel zum Verständnis der Sterne.

Mit zunehmender Uneinheitlichkeit herrschten im Inneren eines Sterns immer extremere Bedingungen. In dem überdichten Heliumkern eines roten Riesen konnte die Temperatur auf hundert Millionen Grad steigen – das ist das Zehnfache der Temperatur im Zentrum der Sonne und übertrifft alles, was Eddington sich jemals vorstellte, bei weitem.

Für die Spekulationen über die Elementensynthese hatte das weitreichende Konsequenzen. Es war nun vorstellbar, dass bei der extrem hohen Temperatur, die im Kern eines roten Riesens herrschte, Heliumkerne mit solcher Wucht zusammenprallten, dass sie miteinander verschmolzen, obwohl die Abstoßung zwischen ihnen weit stärker war als zwischen Wasserstoffkernen. Die Heliumfusion war für den Stern eine neue Kernenergiequelle. Ihr Folgeprodukt waren Atomkerne noch schwererer Elemente, des Kohlenstoffs zum Beispiel.

Und es war nicht ersichtlich, warum der Elementenaufbau an diesem Punkt hätte enden sollen. Denn die Kohlenstoff-»Asche« des Helium-Brennens musste aus dem gleichen Grund ins Zentrum des Heliumkerns gravitieren, aus dem die »Asche« des Wasserstoff-Brennens ins Zentrum des Wasserstoffkerns gravitiert hatte. Das Resultat musste ein Stern sein, in dem ein Kohlenstoffkern von einer schalenförmigen Helium-Brennzone und diese wiederum von einer Wasserstoff-Brennzone umschlossen war. Statt in zwei, musste der Stern in drei Zonen unterschiedlicher Zusammensetzung gegliedert sein.

Und wieder musste die zunehmende Uneinheitlichkeit mit extremeren Bedingungen im Inneren des Sterns einhergehen. Denn sobald die Kohlenstoff-»Asche« das Brennen im innersten Bereich des Sterns erstickt und eine Kohlenstoffkugel gebildet hatte, musste auch diese schrumpfen und sich dabei erhitzen. Durchaus vorstellbar, dass in dem ultraheißen Kohlenstoffkern des Sterns Kohlenstoff-Atomkerne mit solcher Wucht zusammenprallten, dass sie zu Kernen eines noch schwereren Elements – Magnesium zum Beispiel – verschmolzen.

Die Schrittfolge in dem Prozess des Uneinheitlichwerdens eines Sterns war nun geklärt. Die Erschöpfung des nuklearen Brennstoffs hatte die Kontraktion und Aufheizung des Sternkerns zur Folge, die ihrerseits zur Entzündung eines neuen nuklearen Brennstoffs führte. Die Erschöpfung des neuen Brennstoffs hatte die Kontraktion und Aufheizung des Sternkerns zur Folge – und so ging es weiter... Wie oft sich dieser Zyklus wiederholte, hing einzig von der Masse des Sterns ab, weil letzten Endes nur das Gewicht der auf das Zentrum des Sterns drückenden Materie darüber entschied, wie hoch die Kerntemperatur steigen konnte. Durchaus vorstellbar, dass in einem sehr massereichen Stern der Zyklus wieder und wieder ablief und die Zentraltemperatur immer höher kletterte, bis der Stern zuletzt aus einem Eisenkern bestand, der umhüllt war von ineinander liegenden Schalen von brennendem Silicium, Sauerstoff, Kohlenstoff, Helium und Wasserstoff.[5] Das Innere dieses Sterns war nicht pfirsichartig, sondern eher zwiebelartig aufgebaut.

Wenn Hoyle und Lyttleton Recht hatten, war der Elementenaufbau das natürliche Resultat der Entwicklung der Sterne. Mehr noch: Die Entwicklung der Sterne war regelrecht der Motor der Entwicklung der Atome und die Entwicklung der Atome wiederum der Motor der Entwicklung der Sterne. Von neuem sah es so aus, als ob die Sterne die Hochöfen mit den »magischen Gluten« wären, in denen alle Elemente synthetisiert worden waren. Indes, die Synthese von Eisen setzte eine Temperatur von stupenden zehn Milliarden Grad voraus. Das war eine tausendmal größere Hitze, als sie im Zentrum der Sonne herrschte. Den meisten Astronomen erschien das als eine von vornherein so absurde Hypothese, dass sie es ablehnten, sie ernsthaft in Betracht zu ziehen.

Gesucht war also der unanfechtbare Beweis, dass Sterne tatsächlich mit den stupend hohen Temperaturen dienen konnten, die von der Elementensynthese erfordert wurden. Diesen Beweis sollte Fred Hoyle im vorletzten Jahr des Zweiten Weltkriegs finden.

DIE ELEMENTARE KERNWAFFE

Wie wir den spektakulären Beweis erbrachten, dass in Sternen tatsächlich die für die Synthese schwerer Elemente erforderlichen extremen Temperaturen und Dichten herrschen

Nun bin ich zum Todbringer und Weltenzerstörer geworden.
Aus der Bhagavadgita, zitiert von Robert Oppenheimer nach der Explosion der ersten Atombombe

Dass Fred Hoyle zu seinem Beweis kam, war die direkte Folge einer Reise in die Vereinigten Staaten, die er während des Krieges machte. Er arbeitete damals in einem geheimen Forschungsinstitut bei Nutbourne in West Sussex an der Entwicklung von Radargeräten für die britische Kriegsmarine. Im Zusammenhang mit dieser Tätigkeit fiel ihm die Aufgabe zu, an einer Tagung von Radarspezialisten teilzunehmen, die Ende 1944 in Washington, D. C., stattfand.

Hoyle überquerte den Atlantik in einem Truppentransportschiff, das zehntausend GIs zum Weihnachtsurlaub in die Heimat beförderte. Von New York fuhr er per Bahn gen Süden, nach Washington, wo die Britische Botschaft ein Besuchsprogramm für ihn ausgearbeitet hatte. Bei seiner Ankunft stellte er fest, dass dieses Programm erst drei Tage später anlaufen sollte. Er konnte sein Glück kaum fassen. Stante pede eilte er zum Bahnhof zurück und nahm den nächsten Zug nach Princeton, New Jersey.

Was ihn im Norden magnetisch anzog, war die Princeton University. Bei der Tätigkeit, die er zu der Zeit ausübte, hatte er selten Gelegenheit, mit irgendjemandem über Astronomie zu fachsimpeln. In Princeton jedoch würde er sich mit Henry Norris Russell, einem der namhaftesten Astronomen der USA, unterhalten können. Und in der Tat war die Begegnung mit Russell durchweg genauso anregend, wie Hoyle es sich vorgestellt hatte. Beim gemeinsamen Mittagessen erwähnte Hoyle beiläufig, dass er nach der Konferenz an die Westküste, nach San Diego, fliegen werde. In diesem Fall, riet ihm Russell, müsse er unbedingt dem Mount-Wilson-Observatorium vor den Toren von Los Angeles einen Besuch abstatten. Er werde dem Direktor sofort schreiben und ihn veranlassen, Hoyle eine Einladung zu schicken. Die Tagung begann, die Tagung endete, Hoyle flog nach San Diego. Am ersten freien Wochenende, das sein Reiseplan auswies, beherzigte er Russells Rat und machte sich auf den Weg nach Norden. Ziel: Los Angeles.

Heller als eine Milliarde Sonnen

Das Institutsgebäude des Mount-Wilson-Observatoriums befand sich in Pasadena, einem malerisch zwischen Orangenhainen gelegenen Wohnvorort nordöstlich von Los Angeles. Als Hoyle ankam, wurde eben ein Wagen für die Abfahrt zum Mount Wilson bereit gemacht. Wenn Hoyle Lust habe, könne er da gleich mit hinausfahren und das Wochenende oben auf dem Gipfel verbringen, meinte der Institutsdirektor. Ein Angebot, das man nicht ablehnen konnte, fand Hoyle. Der Mount Wilson ist ein Berg im San-Gabriel-Gebirge, der nordöstlich von Pasadena und dem Becken von Los Angeles 1740 Meter hoch aufragt. Auf seinem Gipfel stand das größte Spiegelteleskop der Welt, das 100-Zoll-Hooker-Teleskop, mit dessen Hilfe Edwin Hubble Galaxien identifiziert, den Urknall entdeckt und so das moderne Bild des Universums geschaffen hatte.

Am Ende seines Wochenendes auf dem Gipfel des Mount Wilson wurde Hoyle von einem Auto abgeholt, das ihn nach Pasadena zurückbrachte. Hinterm Lenkrad saß der deutsche Astronom Walter Baade. Baade war einer der größten observierenden Astronomen des zwanzigsten Jahrhunderts. Bei Kriegsausbruch war er als feindlicher Ausländer eingestuft und vom Militärdienst ausgeschlossen worden. Die Kriegsjahre hatte er am Hooker-Teleskop verbracht und sich den blanken Nachthimmel über dem verdunkelten Los Angeles zunutze gemacht, um mit dem Blick tief in das All einzudringen.

Während Baade über den palmengesäumten breiten Zubringer nach Pasadena chauffierte, unterhielten sich die beiden Männer über die neuesten Entwicklungen in der Astronomie. Das Gespräch, das dann in Baades Büro im Institut den ganzen Nachmittag über fortgesetzt wurde, streifte eine Vielfalt von Themen, darunter auch die »Novae«, Sterne, die einen plötzlichen spektakulären Lichtausbruch durchlaufen. Weitaus interessanter jedoch, so Baade zu Hoyle, seien die so genannten »Supernovae« mit Lichtausbrüchen von geradezu unglaublicher Heftigkeit. Neben einer Supernova sei eine gewöhnliche Nova nichts weiter als ein Talglicht.

Baade hatte als einer der Ersten die Existenz der Supernovae erkannt. Tatsächlich hatten er und sein schweizerisch-amerikanischer Kollege Fritz Zwicky damals im Jahr 1934 den Begriff überhaupt erst erfunden. Auf den Gedanken, dass es eine eigene Klasse von besonders hellen Novae geben könnte, waren die beiden durch die Tatsache gekommen, dass gelegentlich Lichtausbrüche von Sternen in »Spiralnebeln« beobachtet wurden. Diese über den Nachthimmel verstreuten milchigen Lichtflecken oder -fetzen wurden gemeinhin für im All treibende Wolken von selbst leuchtendem Gas gehalten. Da die Lichtemission von Gas zu schwach ist, um über große Entfernungen wahrgenommen werden zu können, mussten die Spiralnebel verhältnismäßig nahe Himmelsobjekte sein, was vollkommen mit der Auffassung zusammenstimmte, dass es sich bei den in ihrem Inneren eruptiv aufleuchtenden Sternen um normale Novae handelte.

In den frühen 1920er-Jahren richtete jedoch Edwin Hubble das 100-Zoll-Teleskop des Mount-Wilson-Observatoriums auf die Andromeda und löste den in diesem Sternbild mit bloßem Auge erkennbaren länglichen Nebelfleck in einzelne Sterne auf. Der Andromedanebel, der größte Spiralnebel, war keine interstellare Gaswolke. Er war ein Sternsystem – eine Galaxie. Mehr noch: Alle Spiralnebel waren Galaxien weit außerhalb unserer Milchstraße. Wie Gaswolken sahen sie nur deshalb aus, weil für den irdischen Betrachter die einzelnen Sterne über die ungeheure Entfernung ineinander verschwammen.

Von daher gesehen konnten die Novae, die in diesen Galaxien aufleuchteten, keine normalen Novae sein. Um über solche unermesslichen Distanzen hinweg sichtbar zu sein, mussten sie eine außerordentliche Leuchtkraft entwickeln. Baade und Zwicky hatten herausgefunden, dass die absolute Helligkeit einer Supernova eine Million Mal größer war als die einer normalen Nova. In einem kurzen Anfall kosmischer Raserei leuchtet ein einzelner Stern zur Helligkeit von mehr als hundert Milliarden Sonnen auf. Eine stellare Feuersbrunst von unvorstellbaren Ausmaßen.

Hoyle hätte gern noch mehr Einzelheiten über Supernovae erfahren, und Baade schenkte ihm Sonderdrucke von seinen neueren Veröffentlichungen zu dem Thema, die alle in während des Krieges in Großbritannien nicht verfügbaren Wissenschaftsjournalen erschienen waren. In diesen Artikeln fand Hoyle dann die ersten Bauteile für seinen Beweis, dass die Sterne tatsächlich in der Lage waren, die Elemente zu synthetisieren.

Das Plutonium-Problem

Hoyles Heimweg führte über Montreal, wo die Möglichkeit bestand, in einem B-24-Bomber (*vulgo* »Liberator« oder auch »Fliegende Festung«) als Gast direkt nach Schottland mitzufliegen. In Montreal war kein Flugwetter, und Hoyle musste mehrere Tage lang warten, bis es aufklarte. Während des unfreiwilligen Aufenthalts hatte er die zweite bedeutsame Begegnung seiner Transatlantikreise. Tausende Meilen weit weg von der Heimat liefen ihm zwei alte Bekannte aus Cambridge über den Weg.

Der eine war Maurice Pryce, ein ambitionierter theoretischer Physiker, der zusammen mit Hoyle das Studium begonnen hatte. Pryce war eine Zeit lang beim Fernmeldekommando der Marine tätig gewesen, wo Hoyle an seinen Radargeräten arbeitete. Doch plötzlich war er ohne Vorwarnung verschwunden, und Hoyle hatte nie herausgefunden, wohin. Der zweite Bekannte aus Cambridge war Nick Kemmer, ein Kernphysiker russischer Herkunft. Kemmer arbeitete bei Tube Alloys, einer zwielichtigen Firma, die systematisch Universitätsabsolventen mit Kenntnissen in Kernphysik angeworben hatte. Hoyle hegte keinen Zweifel, dass Tube Alloys eine Deckorganisation für das Atombombenbau-Projekt der britischen Regierung war.

Der Plan zum Bau einer Atombombe war im Jahr 1939 aufgekommen, nachdem Wissenschaftler in Deutschland bekannt gegeben hatten, dass der Kern des Uranisotops Uran-235 durch das Eindringen eines Neutrons »gespalten« werden kann. Da dieser Spaltungsprozess mit der Freisetzung von Neutronen einherging, die dann ihrerseits in der Lage waren, weitere Uran-235-Kerne zur Spaltung anzuregen, konnte man auf einmal daran denken, eine unkontrollierte Kernspaltungs-»Kettenreaktion« auszulösen, die eine nicht zu bremsende Sturzflut von Kernbindungsenergie freisetzen würde. Man brauchte dazu nichts weiter als einen ausreichend großen Klumpen Uran-235.

Hoyle hatte angenommen, dass der »Geschäftszweck« der Firma Tube Alloys darin bestand, diesen Klumpen nach und nach zusammenzubringen – keine kleine Aufgabe, wenn man bedachte, dass natürlich vorkommendes Uran größtenteils nicht Uran-235, sondern Uran-238 war und die beiden Isotope in chemischer Hinsicht einander so sehr glichen, dass sie sich auf chemischem Weg nicht voneinander trennen ließen. Die einzige verwendbare Trennmethode, die sich Tube Alloys anbot, beruhte auf der Ausnutzung der Tatsache, dass Uran-235 leichter war und sich infolgedessen schneller bewegte als Uran-238. Ließ man ein uranhaltiges Gas mehrfach durch eine Wand aus feinstporigem Material (wie zum Beispiel gebranntem Ton) diffundieren, reicherte sich das Diffusat bei jedem Durchgang stärker mit Uran-235 an.[1]

Der Anreicherungsprozess verlief quälend langsam. Auf diesem Weg genügend Uran-235 für eine Bombe zusammenzubringen, würde wahrscheinlich Jahre dauern. Konnte es sein, dass Tube Alloys es bereits geschafft hatte? Hoyle hielt das für äußerst unwahrscheinlich. Andererseits hatte Tube Alloys offensichtlich zwei erstrangige Mitarbeiter wie Kemmer und Pryce nach Nordamerika abgeordert, wo fern den Augen des Feindes die neue Waffe vermutlich getestet werden würde. Alles deutete darauf hin, dass das Bombenprojekt sich seinem erfolgreichen Abschluss näherte.

Es ergab keinen Sinn. Es sei denn, ging es Hoyle durch den Kopf, es gab einen anderen, schnelleren Weg zur Bombe. Konnte eine unkontrollierte Kettenreaktion die eruptive Freisetzung von Kernenergie mit sich bringen, so konnte eine geregelte Kettenreaktion mit einem geruhsameren Freisetzungsprozess einhergehen. Eine geregelte Kettenreaktion verlangte den Bau eines »Meilers« oder »Reaktors«.

In einem solchen Reaktor würden aus der Kollision von freien Neutronen und Kernen in der Natur nicht vorkommende Elemente entstehen. Zum Beispiel würde Uran-238 ein Neutron absorbieren und zu Neptunium zerfallen. Die Entdeckung des Neptuniums war

1940 in der Juniausgabe der *Physical Review* bekanntgegeben worden, dem letzten Heft der Zeitschrift, das noch erscheinen konnte, bevor über alle Forschungen, die in irgendeiner Beziehung zum Bombenbau standen, strengste Geheimhaltung verhängt wurde. Neptunium war instabil, was man in Deutschland ebenso gut wusste wie in den USA. Es zerfiel in ein weiteres künstliches Element: Plutonium. Und Plutonium war der perfekte Brennstoff für Bomben. Es war nicht nur spaltbar wie Uran-235, sondern auch als ein von Uran klar verschiedenes Element mit verhältnismäßig einfachen chemischen Mitteln von diesem zu trennen.

Der Haken war, dass man zur Gewinnung von Plutonium einen Atomreaktor bauen musste. Eine solche Anlage zu errichten und gleichzeitig ein Programm zur Anreicherung von Uran durchzuführen, überstieg die Möglichkeiten des vom Krieg gebeutelten Großbritannien im Jahre 1940. Es hatte sich notgedrungen für einen der zwei möglichen Wege zur Bombe entscheiden müssen. Während Hoyle in Montreal Däumchen drehend auf Flugwetter harrte, fiel ihm plötzlich ein, wie sonderbar es doch war, dass die britische Regierung sich ausgerechnet den schwierigeren von den zwei Wegen ausgesucht hatte. Warum machte man sich mehr Arbeit als eigentlich nötig? Es gab nur eine plausible Antwort. Auf dem Plutonium-Weg zur Atombombe musste irgendwo ein abschreckend massives Hindernis lauern.

Wie ein Magnetfeld die ungeordneten Eisenfeilspäne zu Induktionslinien zusammenzieht, zog dieser Gedanke in Hoyles Kopf wirr herumliegende Informationsfetzen zu Schlussketten zusammen. Ihm war das Gerücht zu Ohren gekommen, dass die Amerikaner irgendwo im Südwesten der USA ein Atombombenprojekt auf den Weg gebracht hatten, dessen Mitarbeiterstab sich aus den brillantesten Wissenschaftlern der freien Welt rekrutierte.[2] Es kam ihm komisch vor, dass man für die simple Aufgabe, eine Atombombe zum Explodieren zu bringen, ein Arbeitsteam in solcher Starbesetzung brauchte. Er hatte sich gedacht, dass zur eruptiven Freisetzung von Kernenergie nichts weiter erforderlich sei als zwei Klumpen spaltbaren Materials, die zusammen eine für eine ungebremste Kettenreaktion ausreichende »überkritische Masse« ergäben und die man, um die Sache in Gang zu bringen, nur fest genug gegeneinander knallen müsse. Die Existenz des hochkarätig besetzten amerikanischen Forscherteams war jedoch ein Anzeichen dafür, dass diese einfach gestrickte Vorgehensweise beim Plutonium für den angestrebten Zweck nicht ausreichte. Aus irgendeinem Grund musste eine Kernexplosion in einem künstlichen Element schwieriger auszulösen sein als in Uran-235.

Das Einzige, was Plutonium am Explodieren hindern konnte, war das Plutonium selbst. Möglich, dass die beim Aufeinandertreffen zweier unterkritischer Massen erzeugte Hitze groß genug war, um die beiden Teile wieder auseinander zu treiben, ehe eine Kettenreaktion hatte voll in Gang kommen können. Wenn dem so war, mussten die Bombenbauer einen Weg finden, das Plutonium so lange im überkritischen Zustand zu halten, bis die Kernexplosion in vollem Gang war.

Nach Hoyles Einsicht ließ sich das einzig dadurch erreichen, dass man das Plutonium zu einer Hohlkugel formte und diese zu gegebener Zeit zum Implodieren brachte. Zu diesem Zweck musste man die Plutonium-Hohlkugel mit einem konventionellen chemischen Sprengsatz umhüllen. Die Implosion so zu bewerkstelligen, dass sie den angestrebten Zweck erfüllte, war eine ungeheuer schwierige Sache. Der schalenförmige konventionelle Sprengsatz musste an allen Punkten der Schale absolut gleichzeitig detonieren, damit die Plutonium-Hohlkugel durch vollkommen gleichförmigen Druck von allen Seiten zur überkritischen Masse komprimiert wurde. Je länger Hoyle über diese Schwierigkeit nachdachte, desto mehr verfestigte sich in ihm die Überzeugung, dass er es hier mit dem verborgenen Hindernis auf dem Plutonium-Weg zur Atombombe zu tun hatte. Der Gedanke, dass eine Implosion die unerlässliche Vorbedingung einer eruptiven nuklearen Feuersbrunst sein müsse, sollte zur zweiten wesentlichen Komponente von Hoyles Beweis werden, dass Sterne ohne weiteres die zur Synthese aller Atome notwendige Hitze entwickeln können.

Die elementare Kernwaffe

Als die Wetterlage über Montreal wieder freundlicher geworden war, hob die B-24 zum Flug nach Schottland ab. In Glasgow bestieg Hoyle einen Zug, der ihn in Richtung Süden trug, und kam gerade noch rechtzeitig zum Weihnachtsfest in Nutbourne an. Erst in den relativ ruhigen Tagen zwischen Weihnachten und Neujahr hatte er die nötige Muße, um die Vielfalt der Eindrücke von seiner Amerikareise durchmustern zu können. Beim Wiederlesen der Artikel, die Baade ihm mitgegeben hatte, erinnerte er sich an seine Vermutung, dass eine Implosion nötig war, um eine Atombombe zur Explosion zu bringen. Konnte es sein, dass auch bei der Explosion einer Supernova eine Implosion als Initialzündung fungierte?

Auf den ersten Blick erschien es abwegig, diese Parallele zu ziehen. Bestand doch ein gewaltiger Unterschied der Größenordnung zwischen einer Bombenexplosion und der Explosion eines Sterns. Wie nur sollten die beiden Phänomene irgendetwas gemeinsam haben können? *Wenn* allerdings hinter einer Supernova die Implosion eines Sterns steckte, dann wäre immerhin eine große Frage geklärt: woher die Energie der Explosion stammte. Die Kontraktion eines Sterns wäre unweigerlich mit der Freisetzung von Gravitationsenergie verbunden – ein Faktum, das im neunzehnten Jahrhundert einige Gelehrte auf den Gedanken gebracht hatte, dass die Sonne ihre Temperatur durch langsames Sichzusammenziehen aufrechterhält. Im Fall eines implodierenden – also regelrecht in sich zusammenstürzenden – Sterns würde durch die dramatische Verdichtung eine wahrhaft horrende Menge von Gravitationsenergie freigesetzt. Als Treibsatz für einen Supernova-Ausbruch würde sie ohne weiteres ausreichen.[3]

Sich vorzustellen, wie es zur Implosion eines Sterns kommen könnte, erforderte nicht allzu viel Fantasie. Nachdem er einen nuklearen Brennstoff nach dem anderen verbraucht und dabei immer schwerere Elemente aufgebaut hat, bildet ein massereicher Stern zuletzt einen Eisenkern aus. Weil das Eisen auf der Bindungsenergiekurve ganz unten auf dem Talgrund der Kernstabilität liegt, kann durch seine Umwandlung in noch schwerere Elemente keine Bindungsenergie mehr freigesetzt werden. Im Gegenteil: Entsprechende Reaktionen entziehen dem Sternkern sogar Wärme und verursachen dadurch einen fatalen Druckabfall im Zentrum des Sterns. Da dem Gewicht des umgebenden Sternmantels kein Gegendruck mehr antwortet, stürzt der Mantel auf den Kern ab – der Stern implodiert.

Den Vorgängen, die sich im Inneren eines implodierenden Sterns abspielen mussten, gehörte Hoyles ganzes Interesse. In dem Maß, wie die Materie des Kerns auf immer kleineres Volumen zusammengepresst wurde, schnellte seine Temperatur hoch und höher. Binnen kurzem näherte sich die Kernmaterie Dichtegraden himmelweit höher als selbst die Maximalwerte in normalen Sternen, während die Temperatur auf Milliarden und Abermilliarden Grad hinaufschoss. Es waren Verhältnisse, wie sie niemand in einem Stern je für möglich gehalten hatte. Sobald Hoyle diese Milieubedingungen als die natürliche Folge einer Implosion diagnostiziert hatte, änderte sich das Bild, das er von den Sternen hatte, total. Das Innere der Sterne, das lange Zeit als zu kühl für eine Elementensynthese nennenswerten Umfangs angesehen worden war, konnte nun doch Standort des Hochofens mit der magischen Glut sein.

Die ganze Idee stand und fiel natürlich mit dem Wert der Prämisse, dass massereiche Sterne am Ende ihres Lebens implodieren. Nun durfte man zwar getrost davon ausgehen, dass ein solcher kataklysmatischer Kollaps im Prinzip in der Lage wäre, die Energie für einen Supernova-Ausbruch zu liefern, doch war das keine Gewähr dafür, dass er es *wirklich* auch tat. Wenn Hoyle daran lag, die Idee, dass der Ort der magischen Gluten im Inneren von Sternen zu finden sei, mit überzeugenden Argumenten zu unterbauen, musste er einen klaren Beweis dafür erbringen, dass die behaupteten stupend hohen Dichte- und Hitzegrade im Inneren von Supernovae auch tatsächlich erzeugt wurden.

Die Asche längst untergegangener Sterne

Der überheiße Zustand, in dem sich laut Hoyle ein kollabierender Sternkern befand, musste einen wüsten Aufruhr von Kernreaktionen entfesseln, der sich über den ganzen Stern ausbreitete. In dem daraus geborenen Chaos würden die im Lauf der gesamten Lebenszeit des Sterns synthetisierten Atomkerne mit exorbitanter Wucht gegeneinander prallen und entweder in leichtere Kerne zersplittern oder zu schwereren Kernen verschmelzen.

Was bei einem solchen Tohuwabohu von Kernreaktionen am Ende herauskommen würde, war allem Anschein nach nicht vorauszusagen. Doch der Anschein konnte trügen. Es gab, wie Hoyle sich klar machte, einen ganz speziellen Systemzustand, bei dem das Endergebnis von Kernreaktionen, mochten sie noch so komplex sein, allemal voraussagbar war. Dieser sehr spezielle Systemzustand war das nukleare thermische Gleichgewicht.

In einem System, das sich im thermischen Gleichgewicht befindet, laufen alle Reaktionen gleich schnell ab, das heißt für ein System von Atomkernen: Im gleichen Tempo, wie einzelne Atomkernarten durch die ablaufenden Kernreaktionen aufgebaut werden, werden vorhandene Atomkerne derselben Art durch gegenläufige Reaktionen abgebaut. Bei so perfekt ausbalancierten Kräften des Werdens und des Vergehens ist das Ergebnis ein »stationärer Zustand« *(steady state)*, in dem die Mengen der einzelnen Atomkernarten »ausfrieren« und dem rundherum herrschenden Chaos zum Trotz in der Zeit unverändert bleiben. Wesentliche Voraussetzung für die Herausbildung eines nuklearen thermischen Gleichgewichts sind extreme Häufigkeit und extreme Heftigkeit der Kernprozesse. Beide Bedingungen sind nur in einem sowohl ultraheißen als auch ultradichten Milieu zu erfüllen, in dem die Atomkerne extrem schnell umherfliegen und obendrein die mittlere Entfernung zwischen ihnen klein ist.

Das ist genau der überheiße, überdichte Zustand, wie ihn Hoyle sich im Inneren eines implodierenden Sterns dachte. Wenn also Implosion die Energiequelle der Sternexplosion ist, dann herrscht in Supernovae nukleares thermisches Gleichgewicht. Zudem ist die relative Häufigkeit der verschiedenen Atomkerne in einem System, das sich im nuklearen thermischen Gleichgewicht befindet, vollständig berechenbar. Sie hängt einzig von der Bindungsenergie der einzelnen Kerne sowie der Temperatur und der Dichte des Systems ab. Damit lief die Frage, ob in Supernovae tatsächlich nukleares thermisches Gleichgewicht gegeben war oder nicht, auf die einfachere Frage hinaus, ob die Elemente in den im Universum beobachteten Häufigkeiten in einem nuklearen thermischen Gleichgewicht bestimmter Temperatur und Dichte hervorgebracht worden sein konnten.

Zur Beantwortung dieser Frage war die Kenntnis sowohl der Häufigkeit der einzelnen Elemente als auch der Bindungsenergie der einzelnen Atomkerne erforderlich. Nach West Sussex verbannt und hier von Außenweltkontakten abgeschnitten, wie er war, hatte

Hoyle zu derlei Daten keinen Zugang. Glücklicherweise hatte er im Zusammenhang mit seiner Arbeit für die Kriegsmarine im März 1945 eine Dienstreise nach Cambridge zu machen.

Im Zeichen von fünf Milliarden Grad

In der Universitätsstadt angekommen, suchte Hoyle zuallererst das Cavendish-Laboratorium auf. Es wäre doch gelacht, sagte er sich, wenn sich in dem Institut, wo J. J. Thomson das Elektron entdeckt und Ernest Rutherford seine bahnbrechenden Experimente zur Radioaktivität durchgeführt hatte, nicht eine Tabelle der Kernmassen auftreiben ließe, anhand deren er die für ihn entscheidend wichtigen Kernbindungsenergien berechnen konnte. Gleich nach seinem Eintritt in das Institutsgebäude lief ihm Otto Frisch über den Weg, der österreichische Physiker, der 1939 als Erster die britische Regierung vor der Gefahr gewarnt hatte, dass Hitlerdeutschland eine Atombombe bauen könnte. Frisch war unlängst aus Los Alamos zurückgekommen, und dank einer glücklichen Fügung hatte er gleich zur Hand, was Hoyle suchte. Er brauchte nur in die Schreibtischschublade zu greifen, in der sein Exemplar der von dem deutschen Kernphysiker Josef Mattauch erstellten Kernmassentabelle ruhte.

Nach West Sussex zurückgekehrt, machte sich Hoyle an die Berechnung der Elementhäufigkeiten, wie sie unter den Bedingungen nuklearen thermischen Gleichgewichts im Inneren einer Supernova geschaffen würden. Er ahnte schon so ungefähr, wie das Ergebnis ausfallen würde. In dem überheißen, überdichten Milieu des nuklearen Infernos würden bevorzugt Atomkerne mit möglichst fester Bindung produziert werden. Da der am festesten gebundene Kern der von Eisen-56 war, schätzte Hoyle, dass die Kernprozesse im Inneren einer Supernova in kurzer Zeit nahezu alles in Eisen oder Elemente mit vergleichbarem Atomgewicht umwandeln würden. Die Umwandlung in Elemente der so genannten Eisengruppe war ebenso unvermeidlich, wie dass ein Ball in abschüssigem Gelände nach unten rollt, bis er am tiefsten Punkt in eine stabile Lage findet. Das war in der Tat ein sehr treffender Vergleich. Die Atomkerne mussten auf der Kernbindungsenergiekurve dem Talgrund der Kernstabilität zustreben.

Hoyles Vorausahnung bestätigte sich. Die Palette der im nuklearen thermischen Gleichgewicht bei weitem häufigsten Elemente reichte vom Scandium mit der Massenzahl 45 über das Eisen-56 bis zum Nickel mit der Massenzahl 60. Es waren, und das wohl nicht von ungefähr, genau jene Elemente, die das Entstehen der menschlichen Kultur ermöglicht hatten. Hoyle fertigte eine Kurvendarstellung der Häufigkeitswerte dieser Elemente in Abhängigkeit von ihrer Massenzahl an. Heraus kam der Umriss eines Berggipfels. Aus flachen Vorbergen in der Umgebung des Scandiums stieg er über Titanium, Vanadium, Chrom und Magnesium zu einer scharfen Spitze beim Eisen-56, dem häufigsten Element der Eisengruppe, empor. Jenseits des Gipfels fiel die Umrisslinie über Cobalt und Nickel steil ab zu sanften Hügeln bei Kupfer und Zink.

Hoyle verglich seinen Befund mit einer Tabelle, die er in einem aus der Univeritätsbibliothek Cambridge entliehenen Buch des schweizerisch-norwegischen Mineralogen und Geophysikers Victor Goldschmidt entdeckt hatte. Goldschmidt hatte 1937 eine bahnbrechende Studie zur Zusammensetzung des Universums durchgeführt. Aus Faktenmaterial über die Erdkruste, die Sonne und Meteoriten hatte er eine tabellarische Übersicht über die Häufigkeit der einzelnen Elemente im Kosmos erarbeitet. Tatsächlich hatte schon Carl Friedrich v. Weizsäcker im Jahr 1938 diese Tabelle benutzt. Weil es v. Weizsäcker nicht gelang, anhand seiner Theorie der Elementensynthese unter Bedingungen des nuklearen thermischen Gleichgewichts die von Goldschmidt festgestellten relativen Häufigkeiten zu rekonstruieren, gab der deutsche Gelehrte diese Theorie schließlich auf.

Goldschmidts Tabelle der relativen Häufigkeiten umfasste die Elemente von Massenzahl 23 (Natrium) an aufwärts. Die von Hoyle vorgenommene grafische Darstellung der Elementhäufigkeit in Abhängigkeit von der Kernmasse ergab eine steil abfallende Kurve. Das schwere Element Silber mit der Massenzahl 108 zum Beispiel war eine Million Mal seltener als das leichtere Magnesium mit der Massenzahl 24. Indes zeigte sich eine bemerkenswerte Ausnahme von der generellen Abnahme der Häufigkeit bei zunehmender Kernmasse der Elemente. Zwischen den Elementen mit der Massenzahl 45 und der Massenzahl 60 zeichnete die Häufigkeitskurve einen scharfen Gipfel. Hoyle verglich seine zwei Kurven miteinander. Die beiden Gipfel waren absolut deckungsgleich. Damit hatte er den eindeutigen Beweis dafür, dass die Elemente der Eisengruppe unter Bedingungen nuklearen thermischen Gleichgewichts entstanden waren.

In seinen Berechnungen hatte Hoyle mit dem Temperaturwert fünf Milliarden Grad gearbeitet. Das bedeutete jetzt, dass irgendwo draußen im All – wahrscheinlich tief drinnen in Supernovae – tatsächlich ein extrem heißer Hochofen arbeitete, dessen Temperatur das Tausendfache der Zentraltemperatur der Sonne betrug.

Im Jahr 1946 veröffentlichte Hoyle einen Artikel, in dem er den Gedanken zur Diskussion stellte, dass in einem massereichen Stern, dessen nuklearer Brennstoff erschöpft war, der Kern kollabierte, sich erhitzte und schwere Elemente – darunter Eisen – produzierte. Wenn Hoyle Recht hatte mit seinen Mutmaßungen über die Supernovae, hatte das schwerwiegende Konsequenzen für die gängigen Anschauungen vom Inneren der Sterne. Die Fachwelt war sich einig darin, dass Sterne es auf eine im Bereich der Sonnentemperatur liegende Binnentemperatur von fünfzehn Millionen Grad bringen konnten. Waren sie darüber hinaus auch – eingestandenermaßen nur in dem seltenen Fall, dass sie sich selbst in Stücke sprengten – in der Lage, eine Temperatur von fünf Milliarden Grad hervorzubringen, dann war gewiss die Vermutung nicht von der Hand zu weisen, dass sie auch alle Zwischenstufen zwischen fünfzehn Millionen und fünf Milliarden Grad zu erzeugen vermochten. Wenn dem so war, waren sie problemlos in der Lage, sämtliche in der Natur vorkommenden Elemente zu synthetisieren.

Hoyle hatte nicht einmal eine vage Vorstellung davon wie die komplexe Sequenz von Kernreaktionen aussehen könnte, die möglicherweise im Inneren von Sternen immer schwerere Elemente aufbaute. Sollte es jedoch gelingen, sie zu entdecken, könnte man aus ihr eventuell nicht nur die »Eisenspitze«, sondern auch alle anderen Einzelheiten in Goldschmidts Häufigkeitstabelle erklären. Kurzum, es wäre vielleicht möglich, Entstehung und Häufigkeit jedes einzelnen Elements zu erklären.

Die Entstehung der Elemente

Es versteht sich von selbst, dass alles, was Hoyle bis hierher ausarbeitete, schon 1938 von Carl Friedrich v. Weizsäcker hätte ausgearbeitet werden können. Aber v. Weizsäcker hatte den Astronomen nichts zu erwidern gewusst, als sie ihm entgegenhielten, dass er in Sternen vergeblich nach Temperaturen von Milliarden Grad suchen werde. Außerdem war er der Überzeugung, dass von den in der Natur vorkommenden Elementen nicht nur ein Teil, sondern alle in einem irgendwo im All lokalisierten überheißen Hexenkessel zustande gekommen seien.

Hoyles intellektuelle Glanzleistung bestand darin, dass er nicht nur den Ort im Universum, wo möglicherweise nukleares thermisches Gleichgewicht herrschte, ausfindig machte, sondern auch erkannte, dass die Natur nicht nach einfachem Muster strickte und dass die Synthese der Atome unter Bedingungen nuklearen thermischen Gleichgewichts womöglich nicht die ganze Geschichte von der Entstehung der Elemente war. Sie mochte die Herkunft der Elemente der Eisengruppe erklären können, aber für die Entstehung aller übrigen in der Natur vorkommenden Elemente war ein grundlegend anderes Modell gefordert.

Es war von vornherein klar, dass dieses »andere Modell« eine komplizierte Sache sein würde. Denn das nukleare thermische Gleichgewicht war der einzige Systemzustand, bei dem die Häufigkeit der Elemente ausschließlich von den Faktoren Temperatur und Dichte abhing. Unter allen anderen möglichen Bedingungen würde die Häufigkeit der einzelnen Elemente von der genauen Sequenz der vorausgegangenen Kernreaktionen abhängen.

Hoyles Aufgabe bestand demnach darin, für sämtliche Elemente auf der Palette zwischen dem Helium und den Elementen der »Eisenspitze« die Sequenz von Kernreaktionen ausfindig zu machen, die für ihre Synthese im Inneren eines Sterns erforderlich war. Eine einschüchternde Aufgabe, fürwahr. Doch ebendiese komplexe Sequenz von »ungleichgewichtigen Reaktionen« hatte die meisten der Elemente in unserem Körper – Kohlenstoff, Magnesium, Calcium usw. – zustande gebracht.

Die Wegrichtung war klar. Bethe und v. Weizsäcker hatten die Sequenz von Kernreaktionen entdeckt, die im Inneren von Sternen

Wasserstoff in Helium umwandelte. Nun bestand das Problem darin, die Sequenz von Kernreaktionen zur Umwandlung von Helium in noch schwerere Elemente zu finden. Pech nur, dass sich auf dem Weg in diese Richtung ein großes Hindernis auftürmte. Dieses Hindernis war das Element Beryllium.

DIE BERYLLIUM-BARRIERE

Wie das Haupthindernis auf dem Weg zum Aufbau der Elemente in den Sternen schließlich beseitigt wurde

> Wenn wir beim Ausblick ins All erkennen, wie viele zufällige Umstände in der Physik und der Astronomie sich vereinigt haben, um zu unseren Gunsten zusammenzuwirken, dann scheint es fast so, als hätte das Universum mit unserem Kommen gerechnet.
>
> *Freeman Dyson*

George Gamows heroisches Bemühen um den Nachweis, dass alle in der Natur vorkommenden Atome in den ersten Minuten der Existenz des Universums hätten erzeugt worden sein können, hatte als Fehlschlag geendet. Zwar konnten in der Feuerkugel des Urknalls große Mengen Helium entstanden sein, aber dass dabei auch irgendwelche Elemente mit bedeutend höherem Atomgewicht als Helium hervorgebracht wurden, war völlig ausgeschlossen.

Gamow hatte sich bei seiner Suche nach der magischen Glut an den Urknall gehalten, weil der Konsens der Fachwelt in den 1930er-Jahren noch dahin lautete, dass die Sterne weder dicht noch heiß genug für die Elementensynthese seien. In den 1940er-Jahren hatten dann jedoch Fred Hoyle und Ray Lyttleton erkannt, dass Sterne mit der fortschreitenden Aufzehrung des nuklearen Brennstoffs in ihrem Kern zunehmend uneinheitlicher im Aufbau wurden und dass dies seinerseits höhere Dichten und Temperaturen bedingte, als Arthur Eddington sie je für möglich gehalten hatte.

Nachdem das Pendel von den Sternen zum Urknall als Ort der magischen Gluten geschwungen war, schlug es jetzt wieder zu den Sternen hin aus.

Indizien dafür, dass die Atome in den Sternen geschaffen wurden, lieferte nicht bloß die Theorie. Seit Anfang der 1950er-Jahre konnten sich die Verfechter dieser Auffassung auch auf Beobachtungen an realen Sternen berufen. Die beiden amerikanischen Astronomen Lawrence Aller und Joseph Chamberlain hatten 1951 festgestellt, dass der Anteil von schweren Elementen in manchen Sternen beträchtlich höher als in anderen war. Auf den ersten Blick konnte man das für eine eher belanglose Beobachtung halten. Sie gewann jedoch überraschend an Bedeutung, wenn man sie im Lichte einer älteren Entdeckung deutete, die Walter Baade gemacht hatte.

Baade hatte während des Krieges den blanken Nachthimmel über dem verdunkelten Los Angeles nach Kräften dazu genutzt, das Sterngewimmel der Milchstraße durch das riesige 100-Zoll-Hooker-Teleskop auf dem Mount Wilson zu inspizieren. Als er 1944 am Fuß des Mount Wilson mit Fred Hoyle zusammentraf, war er inzwischen aufgrund seiner Beobachtungen zu dem Schluss gekommen, dass es im galaktischen System zwei grundverschiedene Typen von Sternen gebe, die er als Population I und Population II bezeichnete.

Die Population I besteht überwiegend aus blauen, heißen Sternen. Sie finden sich in den »Spiralarmen«, den lang gezogenen Sternenbändern, die sich um das galaktische Zentrum winden und dem ganzen System seine charakteristische Wasserstrudelform geben. Die Sterne der Population II hingegen sind rot und relativ kühl und finden sich im Zentrum des Milchstraßensystems. Aller und Chamberlain hatten ihrerseits entdeckt, dass die Sterne der Population I reicher an schweren Elementen waren als die der Population II.

Anfangs hatte Baade nicht die leiseste Ahnung, worauf die Verschiedenheit der zwei Sterntypen zurückzuführen sein könnte. Bis zum Jahr 1953 war er dann allerdings zu dem Schluss gekommen, dass ein Altersunterschied die Ursache war. Population-I-Sterne sind jung. Sie wurden vor relativ kurzer Zeit in den »Kinderstuben« der Galaxis, den Spiralarmen, geboren. Daher hatten die massereichsten unter ihnen – jene Sterne, die heiß und blau sind und ihre Lebensbahn in halsbrecherischer Geschwindigkeit durchmessen – noch keine Zeit gehabt, auszubrennen und zu sterben.[1] Population-II-Sterne hingegen sind die ältesten Sterne der Galaxis. Sie wurden vor Jahrmilliarden geboren, als das Milchstraßensystem noch jung war. Daher sind die massereichsten blauen Sterne unter ihnen schon längst ausgebrannt und nur noch kühle, überwiegend rote Sterne übrig.

Nun konnte Allers und Chamberlains Entdeckung neu formuliert werden. Die Beobachtung, dass Sterne der Population I reicher an schweren Elementen waren als Sterne der Population II, war gleichbedeutend mit der Beobachtung, dass junge Sterne reicher an schweren Elementen waren als alte. Und genau das war es, was man erwarten durfte, wenn die Elemente in den Sternen erzeugt wurden. Denn wenn ein Stern sein Lebensende erreicht hatte und entweder mit ungeheurer Gewalt explodierte oder sacht seine äußersten Schichten abstieß, musste ein Teil der schweren Elemente, die er im Lauf seines Lebens aufgebaut hatte, mit ins All geschleudert werden und dort das zwischen den Sternen treibende Gas mit schweren Elementen anreichern. Da dieses interstellare Gas der Rohstoff war, aus dem sich neue Sterne bildeten, musste jede neue Sternengeneration reicher an schweren Elementen als die Vorgängergenerationen ins Dasein treten.

Doch obschon Allers und Chamberlains Entdeckung stark für die Atomsynthese in den Sternen sprach, war die Sache damit längst noch nicht abschließend bewiesen. Das Dumme war, dass der Elementenaufbau in den Sternen auf dasselbe Hindernis stieß wie der Elementenaufbau im heißen Urknall. Die Natur hatte sich nicht dazu verstehen können, irgendwelche stabilen Atomkerne mit der Massenzahl 5 oder 8 in ihr Angebot aufzunehmen. Damit war der Weg zu schwereren Elementen versperrt, denn um über das Helium mit seiner Massenzahl 4 hinauszugelangen, hätte man es entweder durch Einbau eines weiteren Nukleons zu Helium-5 beziehungsweise Lithium-5 umwandeln oder zwei Helium-4-Kerne zu einem Beryllium-8-Kern verschmelzen müssen. Alle diese Folgekerne hatten nur einen kurzen Moment lang Bestand und zerfielen dann wieder.

Aber damit war noch nicht alles verloren. Die Sterne hatten gegenüber dem Urknall eminent wichtige Vorteile. Zum einen ist die Materie in Sternkernen viel dichter zusammengepresst als im Urknall-Universum während der Zeitspanne, in der dort Elementensynthese möglich war. Kernreaktionen sind bei höherer Dichte häufiger, weil die Kerne zwischen den Kollisionen kürzere Wegstrecken zurücklegen; die Folge ist ein beschleunigter Ablauf von Reaktionssequenzen. Ein zweiter großer Vorteil der Sterne gegenüber dem Urknall ist der Zeitfaktor. Ausdehnung und Abkühlung der Feuerkugel des Urknalls gingen so schnell vonstatten, dass die Bedingungen für eine Elementensynthese nur während ungefähr der ersten zehn Minuten des Universums erfüllt waren. Sterne hingegen bleiben über Jahrmillionen, wenn nicht Jahrmilliarden dicht und heiß. Da ist viel Zeit selbst für sehr seltene Vorgänge zwischen Kernen. Ein solcher Vorgang ist das gleichzeitige Aufeinandertreffen von drei Heliumkernen.

Der Tripel-Alpha-Prozess

Mit größter Wahrscheinlichkeit geht ein solches Aufeinandertreffen so aus, dass die Kerne sich gegenseitig abstoßen und in verschiedene Richtungen davonstieben. Indes besteht eine kleine Chance, dass im Augenblick der größten Annäherung die Kernkraft zugreift und die drei Heliumkerne zu einem Kohlenstoff-12-Kern verbindet. Dieser so genannte »Tripel-Alpha-Prozess« ist sehr selten. Gleichwohl machte er Hoffnung, dass es möglich ist, die leidige Beryllium-Barriere zu überspringen.

Diese Hoffnung stand bedauerlicherweise auf ziemlich schwachen Beinen. Die Heliumkerne im Inneren eines roten Riesen mussten mit ungeheurer Geschwindigkeit umherfliegen. Allfällige Kontakte zwischen ihnen konnten nicht anders als von extrem kurzer Dauer sein. Genau genommen hatten drei zufällig aufeinander treffende Kerne gerade mal eine Trilliardstelsekunde (10^{-21} sec) Zeit für die Reaktion, die sie zu Kohlenstoff verschmelzen würde. Die Wahrscheinlichkeit einer Kernreaktion innerhalb dieser Zeitspanne war minimal. Der Tripel-Alpha-Prozess – der große Hoffnungsträger für die Verfechter der stellaren Kernsynthese – konnte, wie es aussah, schlechterdings nicht funktionieren.

Aber im Jahr 1952 nahm ein junger Forscher an der New Yorker Cornell University den Prozess noch einmal unter die Lupe. Ed Salpeter war ein Kernphysiker, der sich besonders für Kernreaktionen mit eventueller Relevanz für die Astronomie interessierte. Mit seiner Untersuchung des Tripel-Alpha-Prozesses setzte er nicht bei der Kollision von drei, sondern von zwei Heliumkernen an. Diese Zusammenstöße führten zu nichts, so musste es scheinen, war doch das einzige denkbare Folgeprodukt ein instabiler Beryllium-8-Kern. Indes war dieser Kern keineswegs so instabil, dass er gar keine Lebenserwartung gehabt hätte – sie war lediglich extrem kurz. Nach seiner Entstehung überlebte der Beryllium-8-Kern einen Sekundenbruchteil, bevor er dann wieder in zwei Heliumkerne auseinander brach.

Auf die Verhältnisse in einem roten Riesen übertragen, bedeutete dies, dass im Heliumkern des Sterns immer eine gewisse Zahl von – gerade erst zustande gekommenen und noch nicht zur Selbstzerstörung gelangten – Beryllium-8-Atomkernen vorhanden war. Die Situation war in etwa mit einem Feuerwerk zu vergleichen, bei dem jedem einzelnen Feuerwerkskörper nur ein flüchtiger Augenblick der Glorie gegönnt ist, aber die gewaltige Zahl von kontinuierlich gezündeten Feuerwerkskörpern gewährleistet, dass in jedem Augenblick welche am Himmel explodieren.

Die mittlere Lebensdauer von Beryllium-8-Atomkernen beläuft sich auf eine Hundertbilliardstelsekunde (10^{-17} sec). Allein, selbst diese kurze Spanne, so machte Salpeter sich klar, war das Zehntausendfache der Zeit, die zwei im tiefsten Inneren eines roten Riesen aufeinander treffende Heliumkerne beisammenblieben. Mag also Beryllium-8 nach menschlichen Maßstäben nur den denkbar kürzesten Augenblick lang bestehen bleiben, nach den Maßstäben der submikroskopischen Welt lungert es eine Ewigkeit herum – für jeden zufällig daherfliegenden Heliumkern ein Ziel wie auf dem Präsentierteller serviert.

Faktisch reicht die Zeit, die sich der Beryllium-8-Kern im Schussfeld aufhält, für zehntausend potenzielle »Treffer« von Heliumkernen aus. Folglich hat der Zweistufenprozess, bei dem zunächst zwei Heliumkerne kollidieren und einen Beryllium-8-Kern bilden, um auf der zweiten Etappe dann mit einem dritten Heliumkern zu Kohlenstoff-12 zu verschmelzen, eine zehntausendmal höhere Erfolgsaussicht als der einstufige Prozess, bei dem alle drei Heliumkerne gleichzeitig aufeinander treffen.

Wie schnell der zweistufige Tripel-Alpha-Prozess Kohlenstoff produziert, hängt natürlich von der Zahl der Beryllium-8-Kerne ab, die für Zielübungen zur Verfügung stehen. Die ist nicht unbedingt leicht zu berechnen, denn im Kern eines roten Riesen bildet sich ständig Beryllium-8 und löst sich wieder auf. Wenn jedoch Temperatur und Dichte ein gewisses Niveau haben, bildet sich eine Lage heraus, in der sich Werden und Vergehen in perfekt ausbalanciertem Gleichgewicht befinden. Unter den Bedingungen eines solchen »stationären Zustands« *(steady state)* bleibt die Beryllium-8-Konzentration konstant, so, wie der Wasserstand in einem Schwimmbecken konstant bleibt, wenn laufend Wasser in gleicher Menge, wie es abfließt, in das Becken nachgepumpt wird.

Die Beryllium-8-Konzentration im Kern eines roten Riesen lässt sich aus der Temperatur und der Dichte errechnen. Salpeter nahm für die Temperatur etwa hundert Millionen Grad an und für die Dichte etwa das Hunderttausendfache der Dichte des Wassers. Aufgrund dieser Werte kam er zu dem Ergebnis, dass die mittlere Beryllium-8-Konzentration im Kern eines roten Riesen 1:1 000 000 000 sein müsse: Auf je eine Milliarde Helium-Atomkerne müsste im Mittel ein Beryllium-8-Atomkern kommen.

Eine unglaublich schwache Konzentration. Aber vielleicht gerade stark genug, um dem Tripel-Alpha-Prozess in der Tiefe des roten Riesen ein passables Tempo in der Kohlenstoffproduktion zu ermöglichen. Endlich zeichnete sich eine Möglichkeit ab, über die Beryllium-Barriere hinauszugelangen. Der Weg zur stellaren Synthese aller in der Natur vorkommenden Elemente schien sich zu eröffnen.

Akademischer Amtsschimmel

Jenseits des Atlantiks war auch Fred Hoyle der Gedanke an einen zweistufigen Prozess zur Kohlenstofferzeugung direkt aus Helium gekommen – sogar schon einige Jahre früher, nämlich 1948. Aber aufgrund eines hinderlichen Details im akademischen Komment der Cambridge University konnte er die Idee nicht auf ihre Tragfähigkeit abklopfen.

Hoyle hatte diese Aufgabe einem seiner Doktoranden als Dissertationsthema überlassen. Bedauerlicherweise hatte der Doktorand, nachdem er die erforderlichen Berechnungen zu zwei Dritteln ausgeführt hatte, von dem Thema genug gehabt und die Arbeit aufgegeben. Eigentlich hätte das Hoyle nicht viel ausmachen müssen. Er brauchte sich ja die vorliegenden Berechnungen nur herzunehmen und sie selbst zu Ende zu führen. Leider lag die Sache nicht ganz so einfach. Der fahnenflüchtige Doktorand hatte es nämlich versäumt, bei der Fakultät seine auf drei Jahre befristete Zulassung als Doktorand zu stornieren. Unter diesen Umständen untersagte es der Komment der Cambridge University Hoyle, sich seinerseits mit dem Thema zu befassen, solange die Dreijahresfrist nicht verstrichen oder der Student vorher mit einem anderen Thema promoviert worden war.

Solchermaßen daran gehindert, seine eigene Idee auf den Prüfstand zu stellen, wurde Hoyle die Verhältnisse in Cambridge gründlich leid. Sein Verdruss erreichte einen neuen Höhepunkt, als er 1952 Salpeters Artikel über die Kohlenstoffsynthese aus Helium via Tripel-Alpha-Prozess las.

Hoyles Enttäuschung über Cambridge ließ ihn ohne zu zögern Ja sagen, als ihm Ende 1952 eine Einladung zu einem Arbeitsaufenthalt in den USA ins Haus flatterte. Dort sollte er dann einen großen Schritt über Salpeter hinaus und in diesem Zusammenhang eine der haarsträubendsten Voraussagen der Wissenschaftsgeschichte machen.

Frühstück in Amerika

Am Ausgangspunkt der Einladung nach Amerika stand ein glücklicher Zufall. Hoyle nahm 1952 an einer Tagung der Internationalen Astronomischen Vereinigung (International Astronomical Union [IAU], eine 1919 gegründete, heute weltweit führende Organisation zur Förderung der internationalen Zusammenarbeit in der Astronomie) in Rom teil. Walter Baade leitete die Sitzung der Kommission für Sternsysteme. Allerdings hatte er nicht daran gedacht, eine Sekretärin zum Protokollführen zu bestellen. Als er Hoyle unter den Zuhörern entdeckte, bat er ihn, als Protokollführer auszuhelfen. Während Hoyle an jenem Tag mit fliegender Hand Protokollnotizen aufs Papier warf, ahnte er nicht im Entferntesten, dass er mit diesem Handlangerdienst seinem Bekannten einmal die verdiente Priorität an einer bedeutenden astronomischen Entdeckung sichern würde. Diese Entdeckung betraf die Tatsache, dass der Kosmos fast doppelt so alt war, wie alle Welt bisher geglaubt hatte. Nicht seit 2 Milliarden, sondern seit 3,6 Milliarden Jahren existierte er schon. Und

Baade hatte es herausgefunden – er und niemand sonst, ganz ohne Frage. Gleichwohl wurde nach der Tagung von Rom der unverschämte Versuch gemacht, ihm diese Ehre zu stehlen.

Baades Blauäugigkeit war zweifellos nicht ganz unschuldig an der Affäre. Statt das neue Alter des Universums, wie mit wissenschaftlichen Entdeckungen von einigem Gewicht üblich, in einem Fachjournal zu veröffentlichen, gab er es mündlich vor einer Zuhörerschaft bekannt. Eine Gruppe von skrupellosen Astronomen hatte daraufhin nichts Eiligeres zu tun, als die Zahl von 3,6 Milliarden Jahren im eigenen Namen zu publizieren und die Priorität der Entdeckung für sich zu beanspruchen. Unter Berufung auf Hoyles Sitzungsprotokoll wurde dieser Anspruch zurückgewiesen und die Ehre der Entdeckung dem deutschen Astronomen zuerkannt.

Baade fühlte sich ersichtlich zu Dank verpflichtet, denn Hoyle erhielt bald darauf eine Einladung, die ersten drei Monate des Jahres 1953 am California Institute of Technology in Pasadena zu verbringen. Baade saß im Leitungsausschuss sowohl des Caltech als auch des Mount-Wilson-Observatoriums.

Lieblicher Orangenduft umfing Hoyle, als er zum ersten Mal über den hübschen Campus mit den Bauten im spanischen Stil, den Olivenbäumen und den sorgfältig gestutzten und bewässerten Rasenflächen schlenderte. Ein Stück weit nördlich zeichnete sich vor dem Himmel der hochragende Gipfel des Mount Wilson ab, wo er acht Jahre zuvor – ferne Weltteile waren noch erfüllt vom Geschützdonner des Zweiten Weltkriegs – ein so denkwürdiges Wochenende verlebt hatte. Die Kuppel des 100-Zoll-Hooker-Teleskops gleißte im kalifornischen Sonnenlicht. Mit dem eben begonnenen kurzen Aufenthalt in Kalifornien verband der Flaneur auf der »Olive Walk«-Promenade große Hoffnungen. Sie sollten sich in überreichem Maß erfüllen.

Schlechte Aussichten für den zweistufigen Tripel-Alpha-Prozess

Hoyles Lehrverpflichtung Nummer eins war eine Vorlesung für eine Hörerschaft, die sich aus den Astronomen des Caltech und des nahe gelegenen Mount-Wilson-Observatoriums zusammensetzte.

Im Rahmen seiner Vorbereitung auf diese Aufgabe beschäftigte er sich noch einmal eingehend mit dem Tripel-Alpha-Prozess. Nicht lange, und er begann sich zu fragen, ob Salpeters Vorstellungen von der Effizienz des Prozesses nicht doch ein bisschen zu optimistisch waren.

Nach Hoyles Berechnungen konnte der Tripel-Alpha-Prozess unmöglich sämtlichen im Universum vorhandenen Kohlenstoff produziert haben: Die seit dem Urknall vergangene Zeit hätte dafür einfach nicht ausgereicht. Die Problematik steckte in der zweiten Phase – der Kollision des dritten Heliumkerns mit dem Beryllium-8-Kern und der Verschmelzung der beiden Kerne zu Kohlenstoff-12. Die Kernreaktion, die Beryllium-8 und Helium-4 zusammenschloss, war einfach zu lang.

Wie Salpeter errechnet hatte, kam im Kern eines roten Riesen auf je eine Milliarde Helium-Atomkerne im Mittel nur ein Beryllium-8-Kern. Um dieses enorme Ungleichgewicht zu kompensieren und ein angemessenes Tempo der Kohlenstoffproduktion zu erzielen, hätte ein verhältnismäßig hoher Prozentsatz der Kollisionen von Beryllium-8- mit Helium-4-Kernen zur Verschmelzung führen müssen. Doch als Hoyle die Sache eingehender untersuchte, stellte er fest, dass in viel zu wenigen Fällen das Aufeinandertreffen der zwei Kernarten in einen Verschmelzungserfolg mündete. Der Tripel-Alpha-Prozess, wie Salpeter ihn konzipiert hatte, wäre absolut nicht in der Lage gewesen, die unbezweifelbar in der Natur vorhandenen großen Mengen von Kohlenstoff zu erzeugen.

Leider war niemandem irgendeine andere Möglichkeit eingefallen, wie die leidige Beryllium-Barriere zu überwinden gewesen wäre. Wenn der Tripel-Alpha-Prozess das Problem nicht zu lösen vermochte, dann waren die Astronomen in der Frage, wie die Natur die weit überwiegende Mehrzahl der im Kosmos vorhandenen Elemente zustande gebracht hatte, mit ihrem Latein am Ende. Dessen eingedenk, machte sich Hoyle auf die Suche nach einer Möglichkeit, wie der Prozess doch noch funktionieren könnte.

Kohlenstoff in einem ganz besonderen Zustand

An der Eins-zu-einer-Milliarde-Konzentration des Berylliums-8 war nichts zu ändern. Sie war durch die Lebensdauer des Berylliums sowie durch die Temperatur und die Dichte im Kern des roten Riesen ein für alle Mal festgelegt. Also nahm Hoyle die Kernreaktion zwischen dem Beryllium-8 und dem Helium-4 ins Visier. Gab es vielleicht irgendeine Möglichkeit, sie zu beschleunigen?

Die gab es. Sie verlangte aber von dem als Folgeprodukt entstehenden Kohlenstoff-12-Kern eine ganz besondere Eigenschaft. Seine Energie musste nahzu exakt gleich der vereinigten Energie des Berylliums-8 und des Heliums-4 bei der für das Zentrum eines roten Riesen charakteristischen Temperatur sein. Sollte durch einen glücklichen Zufall eine solche Konstellation existieren, wären Beryllium-8 und Helium-4 sehr rasch zu Kohlenstoff-12 verschmolzen. Die Kernreaktion wäre, wie der *terminus technicus* lautet, »resonant«.

Die Energie eines Kohlenstoff-12-Kerns wird, wie die aller anderen Atomkerne auch, vom Verhalten seiner Bestandteile bestimmt – der Protonen und Neutronen, aus denen er aufgebaut ist. Wenn sie wild in ihm herumruckeln und -zittern, besitzt der Kern mehr Energie, als wenn sie sich nur träge bewegen. Eine Einschränkung der Variationsmöglichkeiten ergibt sich hier lediglich aus der Bedingung, dass die Kriterien der Quantentheorie erfüllt sein müssen. Die erlauben nur eine begrenzte Zahl diskreter »Energiezustände«, ganz ähnlich wie sie im Atom nur eine begrenzte Zahl stationärer Elektronenbahnen zulassen. Ebenso wie beim Atom heißt der niedrigste Energiezustand »Grundzustand«, und alle anderen werden als »angeregte Zustände« bezeichnet. Vor diesem Hintergrund ist die von Hoyle gefundene Bedingung für die Beschleunigung der Kernreaktion zwischen Beryllium-8 und Helium-4 in präziserer Form so auszudrücken: Der Kohlenstoff-12-Kern müsste einen angeregten Zustand besitzen, dessen Energieniveau sehr nahe bei dem Niveau der vereinigten Energie eines Beryllium-8-Kerns und eines Helium-4-Kerns in einem roten Riesen liegt.

Hoyle addierte die Energiebeträge und erhielt als Summe die Energie des erwünschten Zustands. Der lag exakt 7,65 Megaelektronenvolt (MeV) über dem Grundzustand. Falls der Kohlenstoff ein solches Energieniveau besaß, war die Beryllium-Barriere durchbrochen und der Weg frei zur Synthese aller in der Natur vorhandenen schweren Elemente. Die perfekte Lösung, so schien es. Ein kleiner Haken war da freilich noch. Nach Ausweis aller Experimente existierte kein Energiezustand des Kohlenstoffs mit dem Wert 7,65 MeV.

Hoyle hatte indessen absolutes Vertrauen zu seiner Logik. Er dachte nicht daran, sich durch eine solche Lappalie, wie Versuchsergebnisse es waren, entmutigen zu lassen: Der 7,65-MeV-Zustand musste einfach existieren. Wenn er es nicht täte, dann würde es ja, Hoyles Logik zufolge, im Universum keinen Kohlenstoff geben. Und ohne Kohlenstoff gäbe es keine Menschen, da der Mensch, wie die Lebewesen insgesamt, ein kohlenstoffabhängiger Organimus ist. Hoyle ging von der Prämisse aus – und niemand hatte sich je einer gewagteren Logik bedient –, die bloße Tatsache, dass er selbst als lebendes Wesen vorhanden war und sich den Kopf über die Kohlenstoffproduktion in Sternen zerbrach, sei schon Beweis genug dafür war, dass Kohlenstoff-12 einen angeregten Zustand mit dem Energiewert 7,65 MeV haben musste.

Schließlich kam er zu der Überzeugung, es sei das Beste, die Sache mit einem der Kernphysiker des Caltech zu besprechen. Der Mann, an den er sich wandte, hieß William Fowler.

Die haarsträubendste Voraussage der Wissenschaftsgeschichte

Fowler war der Physiker, der gemessen hatte, wie schnell der Kohlenstoff-Stickstoff-Zyklus in Sternen Wasserstoff in Helium umwandelt. Er hatte damit den Beweis erbracht, dass die Umwandlung zumindest in der Sonne durch den alternativen Proton-Proton-Zyklus erfolgen muss. Aufgrund seiner bahnbrechenden Studien zum Kohlenstoff-Stickstoff-Zyklus galt Fowler als der Gründervater einer neuen Wissenschaftsdisziplin, der experimentellen Kernphysik. Seine Begegnungen mit Astronomen sowohl des Caltech wie des nahen Mount-Wilson-Observatoriums hatten ihn ungemein aufgeschlossen für die Denkweise und die Ideen dieser Leute gemacht. Aber als er die gewagte Behauptung hörte, die Fred Hoyle ihm bei seinem Besuch im Kellogg-Strahlenlaboratorium im Frühjahr 1953 vortrug, fiel er aus allen Wolken.

Atomkerne sind schrecklich kompliziert. Wer eine Voraussage über irgendeine Eigenschaft von ihnen treffen will, muss über das Verhalten ihrer sämtlichen Protonen und Neutronen genauestens Bescheid wissen. Mathematische Verfahren zu deren Berechnung existierten jedoch nicht. Die kompliziertesten Systeme, deren Verhalten Physiker vorauszusagen vermochten, waren »Zweikörpersysteme« (wie beispielsweise Erde und Mond); das »Vielkörpersystem« eines Atomkerns zu berechnen, überstieg ihr Können bei weitem.

Dennoch saß da jetzt in Fowlers Büro ein Astronom, der von sich behauptete, er könne etwas, was kein Kernphysiker der Welt konnte: einen Energiezustand eines Atomkerns präzise voraussagen. Noch haarsträubender wurde die ganze Sache dadurch, dass die Voraussage nicht auf kernphysikalischen Überlegungen gründete, sondern auf dem Argument, dass es ja uns Menschen gebe und folglich Kohlenstoff-12 einen bislang unbekannten Energiezustand mit dem Wert 7,65 MeV besitzen müsse.

Höchstwahrscheinlich irrte Hoyle. Sollte er jedoch Recht haben, ergäben sich daraus weit reichende Konsequenzen für die stellare Elementensynthese. Diese Überlegung hielt Fowler davon ab, Hoyle die Tür zu weisen, abgesehen von der heimlichen Bewunderung für einen Mann, der die Chuzpe hatte, mit einer derart hanebüchenen Behauptung im Kellogg-Laboratorium aufzukreuzen.

Fowlers Reaktion war der klügste Schritt, den er je im Leben unternahm – ein Schritt, der ihm in letzter Konsequenz den Nobelpreis eintragen sollte. Er hörte sich an, was der englische Astronom zu sagen hatte, und trommelte dann die Mitglieder seiner kleinen Forschungsgruppe zusammen. Wie er da, umgeben von sachlich-nüchternen Experimentalwissenschaftlern, in Fowlers Büro saß, war sich Hoyle absolut im Klaren darüber, dass jetzt seine wissenschaftliche Reputation auf dem Spiel stand. Er wiederholte sein ungewöhnliches Argument für die Existenz eines angeregten Zustands des Kohlenstoffs-12 mit Energieniveau 7,65 MeV und fragte, ob er nicht in bisherigen Versuchsreihen aus welchem Grund auch immer durch den Raster gefallen sein könnte. Die anschließende Expertendiskussion ging großenteils über Hoyles Horizont. Zu guter Letzt kamen Fowlers Mitarbeiter jedoch zu einem einhelligen Befund. Ja, falls der Kohlenstoff-12-Kern im angeregten Zustand ganz bestimmte Eigenschaften aufwies – von »gerader Parität« und »Spin gleich null« war die Rede –, gab es durchaus die Möglichkeit, dass dieses Energieniveau bei den bisherigen Versuchen durch das Raster gefallen sei.

Hoyles Idee hatte den ersten Härtetest bestanden, und seine Reputation hatte nicht gelitten. Aber was das Wichtigste war: Er hatte das Interesse der Nuklearphysiker des Kellogg-Laboratoriums geweckt. Jetzt, wo sie damit rechnen mussten, dass ein Energiezustand des Kohlenstoffs-12 übersehen worden war, blieb ihnen nichts übrig, als ein speziell für die Suche nach diesem Tarnkappenträger maßgeschneidertes Experiment durchzuführen.

Zehn Tage lang saß Hoyle in Erwartung des Ausgangs der Versuchsreihe auf glühenden Kohlen. Jeden Nachmittag stieg er in die Unterwelt des Kellogg-Laboratoriums hinunter, wo Fowlers Mitarbeiter Ward Whaling und sein Forschungsteam sich bienenfleißig in einem Verhau von Stromkabeln und Trafos und taucherglockenähnlichen Hohlkugeln tummelten, in denen Atomkerne mit Atomkernen beschossen wurden. Und jeden Nachmittag stieg er erleichtert darüber, dass seine Idee noch einmal vierundzwanzig Stunden lang überlebt hatte, ohne widerlegt zu werden, wieder in das schmerzhaft helle kalifornische Sonnenlicht hinauf. Am zehnten Tag jedoch wurde Hoyle, als er unten ankam, von Whaling in Empfang genommen. Der riss ihm fast den Arm aus dem Schultergelenk, so stürmisch und ausdauernd schüttelte er ihm, mit einer wortreichen Beglückwünschung, die Hand. Hoyles Voraussage hatte sich bewahrheitet. Das schier Unglaubliche war der Fall: Kohlenstoff-12 besaß einen Energiezustand sehr nahe dem Wert 7,65 MeV.[2]

Es war das frappierendste Ergebnis, das Fowler im Kellogg-Laboratorium je erlebt hatte. Er hatte sich schlechterdings nicht vorstellen können, dass Hoyles haarsträubende Voraussage tatsächlich bestätigt werden würde. Aber so war es gekommen. Eine Sensation. Fowlers Verblüffung wuchs, wenn er daran dachte, auf welcher Prämisse Hoyles Voraussage beruhte. Das 7,65-MeV-Energieniveau im Kohlenstoff-12 *müsse* existieren, hatte Hoyle gemeint, weil andernfalls auch der Mensch und alle anderen Organismen, deren Lebensgrundlage der Kohlenstoff ist, nicht existieren würden: Hoyle hatte sich eines naturwissenschaftlichen Denkmodells bedient, das später den Namen »anthropische Kosmologie« erhalten sollte. Und bis auf den heutigen Tag ist Hoyle der Einzige geblieben, der aufgrund anthropischer Argumentation eine späterhin experimentell bestätigte Voraussage machte.

Kosmische Koinzidenzen

Als sich bei Hoyle der erste Überschwang der Freude gelegt hatte, begann sein Verstand das seltsame Bild zu verarbeiten, das sich da plötzlich vor seinem Blick enthüllt hatte. Die Existenz der rund zwanzig schweren Elemente von essenzieller Bedeutung für Entstehung und Bestand des organischen Lebens – Elemente wie Kohlenstoff und Sauerstoff und Eisen – hing, das war jetzt sonnenklar, von einer Reihe höchst merkwürdiger Koinzidenzen ab. Zu diesen gehörte die »Feinabstimmung« der Eigenschaften von mindestens drei verschiedenen Atomkernen.

Nummer eins war der Beryllium-8-Kern. Jahrelang hatte es so ausgesehen, als ob seine Instabilität das Haupthindernis für die Erzeugung des Kohlenstoffs und sämtlicher noch schwererer Elemente wäre. Jetzt begriff Hoyle, dass die Kurzlebigkeit des Berylliums-8 nur scheinbar ein hinderlicher, in Wirklichkeit jedoch ein ausgesprochen glücklicher Umstand war. Hätte die Natur den Kern stabil geschaffen, würden Kernreaktionen den gesamten Heliumvorrat eines Sterns im Handumdrehen in Kohlenstoff umwandeln, sobald im Inneren dieses Sterns das für die Verschmelzung von Heliumkernen erforderliche Temperaturniveau erreicht wäre. Weil er die plötzliche Freisetzung ungeheurer Mengen von Kernenergie nicht verkraften könnte, würde der Stern zerplatzen. Mit seinem Untergang wäre die Möglichkeit dahin, dass er weitere für die Entwicklung des organischen Lebens unentbehrliche Elemente wie beispielsweise Calcium, Magnesium oder Eisen produziert.

Der zweite Atomkern mit feinabgestimmten Eigenschaften war der des Kohlenstoffs-12. Damit es zum Tripel-Alpha-Prozess und zum menschlichen Leben im All kommen konnte, musste Kohlenstoff-12 einen angeregten Zustand mit einem Energiewert fast genau gleich der vereinigten Energie eines Beryllium-8- und eines

Helium-4-Kerns besitzen. Die Energie der beiden Kerne zusammengenommen beträgt 7,3667 MeV. Sie liegt damit knapp unter dem Energieniveau von 7,6549 MeV im Kohlenstoff-12-Kern. Aber die Hitze im Inneren eines roten Riesensterns ist groß genug, um die Bewegungsenergie der Kerne knapp über die kritische Schwelle von 7,6549 MeV hinauftreiben zu können. Damit Kohlenstoff erzeugt werden konnte, mussten ein Energieniveau im Kohlenstoff-12 und die Temperatur im Inneren eines roten Riesen genau die richtige Höhe haben. Es war eine schier unfassliche Koinzidenz.

Doch damit war das Feinabstimmungswerk der Natur noch nicht beendet. Sobald sich im Kern eines roten Riesen ein Kohlenstoff-12-Atomkern gebildet hat, kann es nicht ausbleiben, dass er von weiteren Helium-4-Kernen getroffen wird. Wäre bei solchen Kollisionen die Zeit jedes Mal ausreichend für eine Kernreaktion zwischen Kohlenstoff-12 und Helium-4, würde der Kohlenstoff-12 im gleichen Tempo, wie er entsteht, zu Sauerstoff-16 umgewandelt. Die konstruktive Leistung des Alpha-Tripel-Prozesses würde zunichte gemacht und der kosmische Kohlenstoffvorrat bedeutend reduziert. Demnach darf, damit es solche kohlenstoffabhängigen Wesen wie uns überhaupt geben kann, die Kernreaktion zwischen Kohlenstoff-12 und Helium-4 nicht zu schnell ablaufen.

Andererseits würde, wenn bei Kollisionen zwischen einem Kohlenstoff-12- und einem Helium-4-Kern zu selten Zeit für eine Verschmelzungsreaktion bliebe, sehr wenig Sauerstoff-16 erzeugt und infolgedessen im Kosmos Sauerstoff nicht in ausreichender Menge vorhanden sein, um als Grundlage organischen Lebens dienen zu können.

Es bedarf eines diffizilen äquilibristischen Kunststücks, damit im kosmischen Rahmen weder Sauerstoff auf Kosten des Kohlenstoffs noch Kohlenstoff auf Kosten des Sauerstoffs überhand nimmt. Wie die Kernreaktion zwischen Beryllium-8 und Helium-4 muss auch die zwischen Kohlenstoff-12 und Helium-4 langsam sein, darf aber auch nicht zu langsam vonstatten gehen.

Das ist, wie Hoyle nachweisen konnte, nur dann der Fall, wenn die Reaktion zwischen Kohlenstoff-12 und Helium-4 nicht resonant ist – ich will sagen, wenn es im Sauerstoff-16 kein Energieniveau mit einem Wert gibt, der sich fast mit dem deckt, welchen die vereinigte Energie eines Kohlenstoff-12-Kerns und eines Helium-4-Kerns bei der im Inneren eines roten Riesen herrschenden Temperatur besitzt.

Die vereinigte Energie eines Kohlenstoff-12- und eines Helium-4-Kerns beläuft sich auf 7,1616 MeV. Das Energieniveau im Sauerstoff-16 liegt mit 7,1187 MeV äußerst nahe beim kritischen Wert, dank einer wundersamen glücklichen Fügung jedoch gerade noch ein Stückchen *unter* jenem Wert. Da die ultrahohe Temperatur im Inneren eines Sterns die Bewegungsenergie der miteinander reagierenden Atomkerne nur steigern, nicht senken kann, war keine Möglichkeit gegeben, dass der Wert der vereinigten Energie von Kohlenstoff-12 und Helium-4 sich vollends auf das Niveau 7,1197 MeV verlagern konnte.

Um Haaresbreite war das Lebewesen Mensch dem ewigen Nichtsein entgangen. Läge das Energieniveau im Sauerstoff-16 ein Stückchen über statt unter 7,1616 MeV, wäre die Kernreaktion zwischen Kohlenstoff-12 und Helium-4 resonant, und sämtlicher im Inneren von Sternen erzeugte Kohlenstoff würde sofort in Sauerstoff-16 umgewandelt. Im Kosmos gäbe es fast keinen Kohlenstoff. Leben ist überhaupt nur möglich, weil die Natur die Eigenschaften dreier verschiedener Atomkerne in Feinregulierung aufeinander abgestimmt hat. Beryllium-8 ist für einen instabilen Atomkern ungewöhnlich langlebig. Kohlenstoff-12 besitzt genau den Energiezustand, der seine Erzeugung begünstigt. Und dem Sauerstoff-16 fehlt der Energiezustand, der seine Erzeugung auf Kosten des Kohlenstoffs begünstigen würde.

Aber was hatten all diese Koinzidenzen zu bedeuten? Eine der von verschiedenen Seiten angebotenen Erklärungen lautete dahin, dass der Kosmos faktisch von allem Anfang an auf die Entwicklung des Lebens hin angelegt sei. Sie kam, es versteht sich fast von selbst, von religiöser Seite. Hoyle als Naturwissenschaftler zog jedoch lieber prosaischere Erklärungen in Erwägung.

Eine Möglichkeit war, dass jenseits unseres Universums andere Universen existieren, von denen jedes etwas anderen physikalischen Gesetzen gehorcht. So könnte zum Beispiel in manchen die Kernkraft stärker oder die Gravitationskraft schwächer sein als in unserem Universum – die Zahl denkbarer unterschiedlicher Konstellationen war unbegrenzt. Sollte in der Tat eine Vielzahl solcher Universen existieren, dann steht außer Zweifel, dass Leben nur in denjenigen entstehen würde, in denen die nuklearen und die elektromagnetischen Kräfte in der Weise zusammenwirken, dass sie Beryllium-8, Kohlenstoff-12 und Sauerstoff-16 mit den ganz besonderen Eigenschaften ausstatten, die diese in unserem Universum besitzen. In der großen Mehrzahl der alternativen Universen hätten die Atomkerne dieser Elemente andere Eigenschaften; infolgedessen gäbe es dort keine Formen intelligenten Lebens, die sich über etwaige andere Zusammenhänge wundern könnten. Diese seltsam verquere Logik kennt man heute unter dem Namen des »anthropischen Prinzips«. Das anthropische Prinzip läuft, kurz gesagt, darauf hinaus, dass die Dinge sind, wie sie sind, weil sie für uns nicht anders sein können, denn wenn sie anders wären, könnten wir das nicht zur Kenntnis nehmen, weil es uns nicht gäbe.

Die Reihe von merkwürdigen Koinzidenzen bei den Atomkernen, die Hoyle als Erstem auffiel, sollte einen tief greifenden Einfluss auf sein Leben haben. Sie brachte ihn zu der Überzeugung, dass der Kosmos genau so strukturiert ist, dass er die Entstehung von lebenden Organismen ermöglichte. Das Leben auf der Erde war nicht durch einen im höchsten Grad unwahrscheinlichen Zufall entstanden, sondern weil es buchstäblich ein kosmisches Phänomen ist.

Der Alpha-Prozess

Mit dem Nachweis, dass Helium im Inneren eines roten Riesen in Kohlenstoff umgewandelt werden konnte, hatte Hoyle das letzte Hindernis beseitigt, das uns den Einblick in die Natur des stellaren Elementensyntheseprozesses versperrte. Wir begriffen nun, wie eine Reihe der auf der Erde vorkommenden Elemente erzeugt werden konnten – etwa der Sauerstoff, der enststeht, wenn ein Heliumkern mit solcher Wucht gegen einen Kohlenstoffkern prallt, dass die beiden Kerne verschmelzen; oder das Neon, das aus der Verschmelzung eines Helium- und eines Sauerstoffkerns entsteht.

Diesen Aufbauprozess durch schrittweise Summierung von Heliumkernen – *alias* Alpha-Teilchen – in einem Atomkern bzw. dessen Folgeprodukten bezeichnet man als »Alpha-Prozess«. Auf diesem

Weg kommen nicht nur Sauerstoff-16 und Neon-20 zustande, sondern auch Atomkerne wie die von Magnesium-24, Silicium-28, Argon-36 und Calcium-40. Sie alle sind deutlich häufiger als die jeweils etwas schwereren oder etwas leichteren Atomkerne – was für Hoyles These zu sprechen schien, der zufolge die genannten Kerne Produkte des Alpha-Prozesses waren.

Als Hoyle im März 1953 vom Caltech nach England zurückkehrte, hatte er die ersten beiden Schritte des Alpha-Prozesses – die Umwandlung von Kohlenstoff in Sauerstoff und die Umwandlung von Sauerstoff in Neon – in allen Einzelheiten ausgearbeitet. Außerdem hatte er die Erstfassung eines ehrgeizigen Artikels abgeschlossen, der unter dem Titel »Die Synthese der Elemente vom Kohlenstoff bis zum Nickel« im darauf folgenden Jahr im *Astrophysical Journal* erscheinen sollte.

Hoyle hatte nun zwei verschiedene Prozesse identifiziert, die zur Synthese schwerer Elemente führten: den »Gleichgewicht«-Prozess, der – wahrscheinlich im Inneren einer explodierenden Supernova – die »Eisenspitze«-Elemente hervorbrachte, und den »Alpha«-Prozess, der – wahrscheinlich in massereichen, heißen Sternen – Elemente wie Sauerstoff, Schwefel, Silizium und Calcium schuf. Sobald auch nur einige wenige dieser schweren Elemente in einem Stern entstanden waren, entstand eine ganze Menge neuer Elementbildungsmöglichkeiten, denn möglicherweise reagierten ja auch diese Atomkerne miteinander. Zum Beispiel könnten in einem Stern, dessen Kern bereits zum großen Teil in Kohlenstoff umgewandelt war, zwei Kohlenstoff-Atomkerne kollidieren und zu Magnesium-24 verschmelzen.

Selbstverständlich kann Magnesium-24 auch über den Alpha-Prozess aus Neon-20 entstehen. Das ist sogar der wahrscheinlichere Fall, denn zwischen einem Heliumkern und einem Neonkern wirken weit schwächere elektrostatische Abstoßungskräfte als zwischen zwei Kohlenstoffkernen. Nichtsdestoweniger vermittelt schon die bloße Tatsache, dass mehr als ein Weg zu dem Folgeprodukt Magnesium-24 führen, eine gewisse Anschauung von der komplexen Skala der im Inneren eines Sterns möglichen Reaktionen.

Der ganzen Vielfalt möglicher Kernreaktionskonstellationen zum Trotz konnte man jedoch für viele der in der Natur vorhandenen

Elemente keinen plausiblen Entstehungsweg angeben. So hatte man sich zum Beispiel noch überhaupt keine Vorstellung von der Genese sehr schwerer Elemente wie Gold, Zinn und Uran bilden können. Alle drei sind schwerer als Eisen und müssten demzufolge durch Nukleonensummierung im Atomkern von Eisen oder einem anderen »Eisenspitze«-Element aufgebaut werden.

Das stellt vor gewaltige Probleme. Die Atomkerne der »Eisenspitze«-Elemente halten auf der Kernbindungsenergiekurve den Talgrund besetzt, sind demnach die am festesten gebundenen Kerne überhaupt. Sie in schwerere Elemente umzuwandeln heißt so viel wie sie auf der Bindungsenergiekurve hangaufwärts zu befördern, und dazu ist Energiezufuhr erforderlich. Das Dumme ist nur, dass bei Sternen die schiere Stabilität von Kernreaktionen abhängt, die Energie abgeben und so die Wärme erzeugen, die dem Druck der Gravitationskraft entgegenwirkt. Es war kaum vorstellbar, dass ein Stern Kernreaktionen verkraften könnte, die ihm allen Ernstes vampirartig Wärmeenergie aussaugen würden.

Noch gewichtiger war eine zweite Schwierigkeit, die bei der Erzeugung sehr schwerer Atomkerne ins Spiel kam. Die erfordert nämlich die Verschmelzung von Kernen mit hoher Ordnungszahl (= Protonenzahl), und Kerne mit hoher Ordnungszahl stoßen einander aufgrund ihrer entsprechend hohen elektrostatischen Ladung mit enorm starken Kräften ab. Damit sie einander so nahe kommen, dass sie verschmelzen, müssten sie mit Geschwindigkeiten nahe der Lichtgeschwindigkeit kollidieren. Solche Geschwindigkeiten sind jedoch für Atomkerne mit hoher Ordnungszahl unter gar keinen Umständen zu erreichen, auch bei den heißesten im Inneren von Sternen überhaupt denkbaren Temperaturen nicht.

Die elektrostatische Abstoßung setzte der Elementensynthese eine prinzipielle Grenze. Sie schloss die Möglichkeit aus, dass die schwersten in der Natur vorkommenden Atome aus der Kollision von geladenen Kernen hervorgingen. Es *musste* also neben dem »Gleichgewicht«- und dem »Alpha«-Prozess noch ein drittes Verfahren zum Elementenaufbau geben.

DIE STELLAREN SCHMELZTIEGEL

Wie wir schließlich die Hauptwege entdeckten, auf denen Atome entstehen

Die Sterne sind's,
Die Sterne über uns, die unsre Wege lenken.
William Shakespeare

Fred Hoyle war sich im Klaren darüber, dass die schwersten Elemente unmöglich durch die Kollision geladener Atomkerne im Inneren von Sternen entstehen konnten. Er plante, seinem Artikel über die Synthese der mittelschweren Elemente zu einem späteren Zeitpunkt eine Fortsetzung folgen zu lassen, in der er einen ganz anderen Typ von Kernreaktionen, die zum Elementenaufbau führen, untersuchen wollte: solche, bei denen das auf einen Atomkern auftreffende Teilchen nicht ein anderer Kern, sondern ein Neutron ist.

Ein Neutron kann von einem Atomkern nicht abgestoßen werden, weil es keine elektrische Ladung besitzt. Es kann ohne weiteres durch die Wehrmauer des Atomkerns schlüpfen und drinnen dann von der starken Kernkraft festgehalten werden. Den Aufbau immer schwererer Atomkerne dachte sich Hoyle als eine Sequenz solcher »Neutroneneinfänge« (oder »Neutronenabsorptionen«) durch einen Ausgangskern, der als eine Art »Kristallisationskeim« fungiert, beispielsweise einen Eisenkern.

Diese Neutronensummierungsprozedur war faktisch sehr ähnlich derjenigen, die Carl Friedrich v. Weizsäcker Ende der 1930er-Jahre in Betracht gezogen hatte. Der deutsche Kernphysiker hatte jedoch sein Konzept verworfen, als er von Astronomen belehrt worden war, dass Temperaturen und Dichten in der dafür vorausgesetzten außerordentlichen Variationsbreite in Sternen schlechterdings nicht zu haben seien. (Das war dann, wie wir uns erinnern, für George Gamow der Startschuss für die Suche nach einem alternativen Hochofen, in dem die Atomsynthese stattfinden könnte, und für die Erfindung des heißen Urknalls.) Von den 1930er- bis zu den 1950er-Jahren hatte dann allerdings unser Bild von den Sternen einen revolutionären Wandel durchlaufen. Verabschiedet hatte man sich von Arthur Eddingtons Auffassung über das Innenleben der Sterne, das überall im Wesentlichen das gleiche sei, mit Zentraltemperaturen, die nirgends groß über die im Zentrum der Sonne herrschenden rund zehn Millionen Grad hinausgingen. Sie war durch ein differenzierteres Bild ersetzt worden, auf dem die besonders massereichen Sterne einen Kernbrennstoff nach dem anderen erschöpften und dabei immer dichter und heißer wurden. Unter so vielfach abgestuften Extrembedingungen liefen möglicherweise Syntheseprozesse mannigfachster Art ab, auch solche, die auf Neutroneneinfang basierten.

Hoyle knüpfte an den Neutronensummierungsprozess sehr viel bescheidenere Hoffnungen, als sie seinerzeit v. Weizsäcker gehegt hatte. Anders als sein deutscher Vorgänger wollte er dem Vorgang nicht die Produktion sämtlicher Atomarten des Universums zurechnen, sondern lediglich die Erzeugung derjenigen, die nicht durch den Alpha- oder den Gleichgewichtsprozess hervorgebracht werden konnten – also im Wesentlichen das Zustandekommen der allerschwersten Elemente. Voraussetzung eines jeden Neutronensummierungsprozesses war naturgemäß das Vorhandensein von Neutronen. Hoyles vordringlichstes Problem bestand also darin, im Inneren von Sternen eine glaubhafte Neutronenquelle ausfindig zu machen.

Eine Quelle von freien Neutronen

In einem Stern für einen gleich bleibenden Bestand von freien Neutronen zu sorgen, ist in etwa das Gleiche, wie an der Oberkante eines Kliffs für einen gleich bleibenden Bestand von Lemmingen zu sorgen. Neutronen kommen mit dem unbezähmbaren Wunsch zu sterben auf die Welt, und sobald sie ungefähr zehn Minuten außerhalb eines Atomkerns verbracht haben, lösen sie sich jählings auf. Zudem beherbergen Sterne in ihrem Inneren große Mengen neutronenhungriger Atomkerne, die allesamt jedes freie Elektron, dessen sie habhaft werden könnten, lange vor Ablauf von dessen zehnminütiger Lebensfrist verschlingen würden.

Das raue, gefährliche und kurze Leben des durchschnittlichen Neutrons erforderte es, nach einem Kernprozess zu suchen, der Neutronen ebenso schnell ersetzte, wie sie durch Absorption oder Auflösung verloren gingen. Aus dem Stegreif fielen Hoyle zwei nahe liegende Möglichkeiten ein: das »Kohlenstoff-Brennen«, das Kohlenstoff in Sauerstoff umwandelt, und das »Sauerstoff-Brennen«, das zu dem Folgeprodukt Neon führt. Beide Prozesse strahlen zum Zeitpunkt der Vollendung jeweils ein einzelnes überschüssiges Neutron ab. Diese übrig gebliebenen Neutronen präsentierten sich als das ideale Treibmittel für den Neutronensummierungsprozess. Es schien so, als brauchte Hoyle nicht weiterzusuchen. Es stellte sich jedoch heraus, dass in Sternen eine noch viel bessere Neutronenquelle vorhanden war. Entdeckt wurde sie nicht von Hoyle, sondern von dem jungen Kanadier Alastair Cameron.

Cameron war Nuklearphysiker in Chalk Hill bei Montreal. Sein Interesse für die Atomsynthese war 1952 durch einen kurzen Artikel in einem amerikanischen Wissenschaftsmagazin geweckt worden, der die Arbeit von Paul Merrill vorstellte, einem Astronomen an den kalifornischen Observatorien Mount Wilson und Mount Palomar. Merrill hatte in den Spektren von einem Dutzend roten Riesensternen ein obskures Element namens Technetium entdeckt. Das war eine große Überraschung, denn Technetium ist außerordentlich instabil; selbst das langlebigste von seinen 21 Isotopen zerfällt mit einer Halbwertszeit von lediglich 4,2 Millionen Jahren. Mit anderen Worten: Jeder Himmelskörper, der bedeutend älter als 4,2 Millionen Jahre ist, sollte schon längst alles Technetium, mit dem er auf die Welt kam, verloren haben. Auf die Erde trifft das ohne Zweifel zu, denn hier ist nicht die geringste Spur von in der Natur vorkommendem Technetium zu finden. Und auch auf die roten Riesen sollte es zutreffen, denn die typischen Vertreter dieser Sternklasse sind noch älter als die Erde.

Deshalb war es eine Überraschung, dass die von Merrill beobachteten roten Riesen ganz unbezweifelbar Technetium enthielten, und das in solcher Menge, dass im Licht eines jeden der spektrale Fingerabdruck des Elements zu identifizieren war. Dafür gab es nur eine Erklärung: Die Sterne mussten das Technetium erst vor relativ kurzer Zeit produziert haben. Und da es höchst unwahrscheinlich war, dass sie alle durch Zufall gerade eine episodische Phase der Technetiumproduktion hinter sich gebracht hatten, als Merrill ihnen seine Aufmerksamkeit zuwandte, mussten die Sterne das Element ständig produzieren.

Eine Entdeckung, die an Bedeutung selbst die von Aller und Chamberlain übertraf. Deren Feststellung, dass junge Sterne reicher an schweren Elementen waren als alte, rechtfertigte ja lediglich die Schlussfolgerung, dass zu irgendeinem Zeitpunkt weit zurück in der Vergangenheit einmal eine stellare Atomsynthese stattgefunden hatte. Merrills Entdeckung bewies, dass die Sterne in der Gegenwart Atome synthetisierten. Cameron wusste, dass zur Erzeugung von Technetium eine Neutronenquelle nötig war. In dem Magazinartikel stand auch, dass Merrill in seinen Beobachtungsobjekten die Elemente Barium und Zirkonium gefunden hatte; auch für deren Synthese wurden Neutronen gebraucht. Aber wo kamen die Neutronen her?

Gleich Hoyle machte Cameron sich auf die Suche nach einem Kernprozess, der in der Lage wäre, Neutronen schneller zu liefern, als sie zerfallen oder von gefräßigen Atomkernen verschlungen werden konnten. Nicht lange, und er stieß auf eine Reaktion, auf die der Steckbrief zu passen schien. Es handelte sich um die Verschmelzung eines Helium-4-Kerns und eines Kohlenstoff-13-Kerns – eines schweren Kohlenstoffisotops – zu einem Sauerstoff-16-Kern. Nach Abschluss der Prozedur war ein einzelnes Neutron übrig.

Da für die Reaktion Helium erforderlich war, würde sie naturgemäß in einer Region des roten Riesen stattfinden müssen, wo reichlich Helium vorhanden war. Was sich als glückliche Fügung erwies, denn eine heliumreiche Region ist zugleich eine wasserstoffarme Region, weil Wasserstoff bei der Erzeugung von Helium verbraucht wird. Und Wasserstoff ist in Sternen einer der größten Neutronenfresser.

Alles passte zusammen. Zum Aufbau schwerer Atome – einschließlich der Elemente Technetium, Barium und Zirkonium, die Merrill in seinen roten Riesen beobachtet hatte – war nichts weiter nötig, als dass die durch den von Cameron gefundenen Prozess freigesetzten Neutronen mit nuklearen Kristallisationskeimen wie beispielsweise Eisenkernen kollidierten und von diesen absorbiert wurden. Es gab da allerdings noch ein Problem. Ob der Cameronsche Prozess Neutronen in ausreichender Menge für einen gelingenden Neutronensummierungsprozess zu liefern vermochte oder nicht, hing davon ab, wieviel Kohlenstoff-13 in einem Stern vorhanden war. Denn es war ja die Reaktion von Kohlenstoff-13 mit Helium-4, die das so eminent wichtige freie Neutron übrig ließ. Das Dumme war nur, dass Kohlenstoff-13 ein äußerst seltenes Isotop war.

Also musste Cameron noch einen Prozess entdecken, der imstande war, die Häufigkeit des Isotops in einem Stern zu steigern. Glücklicherweise gab es einen solchen Prozess; es war der Kohlenstoff-Stickstoff-Zyklus, der in den meisten massereichen Sternen für die Umwandlung von Wasserstoff in Helium verantwortlich war. Als Nebenprodukt schuf er kleine Mengen von Kohlenstoff-13. Eine sofortige Verschmelzung von Kohlenstoff-13 und Helium-4 war allerdings ausgeschlossen. Dafür war die Temperatur in einem Stern, in dem der Kohlenstoff-Stickstoff-Zyklus ablief, einfach zu niedrig. Auf irgendeine Weise müsste der Kohlenstoff-13 bis zu einem späteren, heißeren Stadium in der Entwicklung des Sterns erhalten bleiben. Wenn das möglich wäre und auch stattgefunden hätte, würde dann allerdings die zentral wichtige Reaktion ablaufen, die das Neutron freisetzte.

Es sah ganz danach aus, als hätte Cameron da ein Kartenhaus von Theorie aufgebaut. Jedenfalls mögen die beiden Gutachter so gedacht haben, die ein ablehnendes Votum abgaben, als Cameron einen Artikel, der seine Überlegungen zusammenfasste, zur Publikation bei dem *Astrophysical Journal* einreichte. Unter normalen Umständen wäre der Artikel damit für alle Ewigkeit gestorben und vergessen gewesen. Der Herausgeber des Journals hatte jedoch so eine leise Ahnung, dass irgendetwas dran war an dem Papier, und so entschloss er sich, ein drittes Votum einzuholen. Der Gutachter, an den er sich nun wandte, war Fred Hoyle.

Auf Hoyle fiel die Wahl nicht von ungefähr. Herausgeber des *Astrophysical Journal* war der indische Astrophysiker Subrahmanyan Chandrasekhar, der im englischen Cambridge gearbeitet hatte, bevor er in die USA auswanderte. Er kannte Hoyle persönlich, und er kannte auch Hoyles Pionierleistung auf dem Gebiet der stellaren Elementensynthese. Camerons Artikel wurde Hoyle kurz nach seiner Rückkehr aus den USA zur Begutachtung vorgelegt. Der Gutachter hatte kaum angefangen zu lesen, da wusste er schon, dass er einen brillanten Gedanken vor sich hatte. Hier wurde eine viel glaubhaftere Neutronenquelle vorgeschlagen, als das Kohlenstoff-Brennen und das Sauerstoff-Brennen es waren, die Möglichkeiten, für die er selbst optiert hatte.

Kopfzerbrechen machte Hoyle einzig noch die Frage, ob der Kohlenstoff-Stickstoff-Zyklus tatsächlich die für das Funktionieren der ganzen Konstruktion erforderliche Menge Kohlenstoff-13 erzeugen konnte. Vor seiner Rückkehr nach England hatte er gemeinsam mit dem theoretischen Physiker Martin Schwarzschild von der Princeton University Berechnungen angestellt, die eine Beziehung zu diesem Problem hatten. Sie hatten die komplexe Situation ans Licht gebracht, die sich in einem Stern gegen Ende seines Lebens herausbilden kann, wenn dann unter Umständen mehrere verschiedene Kernbrennstoffe brennen, jeder in einer anderen Region. Die Gesamtlage konnte, wie Hoyle wusste, tatsächlich so kompliziert sein, dass es unmöglich war, Camerons Neutronenerzeugungsprozedur prinzipiell zu verwerfen. Hoyle riet deshalb Chandrasekhar, den Artikel des kanadischen Physikers zur Publikation anzunehmen. Heute gilt Camerons Kohlenstoff-13/Helium-4-Reaktion weit und breit als die Neutronenquelle des Elementensyntheseprozesses in allen roten Riesen, deren Masse kleiner ist als die achtfache Sonnenmasse.[1]

Nach der Identifikation einer glaubhaften intrastellaren Neutronenquelle war als Nächstes die Frage zu entscheiden, ob die Neutronensummierungsprozedur imstande war, die schwersten Elemente in den in der Natur beobachteten Mengenverhältnissen zu erzeugen. Cameron nahm das Problem im Alleingang in Angriff, Hoyle mit drei Kollegen zu einer hochkarätig besetzten »Viererbande« vereint. Seine Genossen waren Willy Fowler sowie das Ehepaar Geoffrey und Margaret Burbidge.

Der S-Prozess

Gleich Hoyle hatte Geoffrey Burbidge seine Laufbahn als theoretischer Physiker begonnen. Er wechselte zur Astronomie über, nachdem er eine glanzvolle Vertreterin dieser Wissenschaft geheiratet hatte: Margaret Burbidge wurde später als erste Frau in der dreihundertjährigen Geschichte des Amtes zum »Astronomer Royal« ernannt. Die Burbidges übersiedelten 1954 nach Cambridge; im Herbst dieses Jahres hielt Geoffrey dann einen Vortrag über die gemeinsame Forschungstätigkeit des Paares. Unter den Zuhörern war auch Willy Fowler. Fowler war vom Caltech turnusgemäß für ein *Sabbatical* von seinen Verpflichtungen beurlaubt worden und hatte sich entschlossen, das Ferienjahr in Cambridge zu verbringen, um sich hier an der Universität, an der Hoyle arbeitete, so viel astronomisches Wissen wie nur irgend möglich anzueignen.

Die Burbidges hatten die Häufigkeit verschiedener Elemente in Sternen gemessen. Dabei waren sie auf höchst eigentümliche Exemplare dieser Himmelskörper gestoßen, in denen der Anteil von Elementen mit höherem Atomgewicht als Eisen ganz anomal hoch war. Fowler spitzte die Ohren, als er das hörte. Nach dem Vortrag sprach er Geoffrey Burbidge an. Er stellte sich als experimenteller Nuklearphysiker vor und meinte, die ungewöhnlichen Elementhäufigkeiten ließen sich vielleicht damit erklären, dass im Inneren der Sterne ablaufende Kernprozesse die schweren Elemente aktuell produzieren. Das war der Beginn einer eminent fruchtbaren Zusammenarbeit.

Bald tummelten sich Fowler und die Burbidges auf demselben Forschungsgebiet wie Hoyle und Cameron. Es lag auf der Hand, dass die von den Burbidges in Sternen gefundenen schweren Elemente nicht aus Kollisionen von elektrisch geladenen Kernen hervorgegangen sein konnten. Dafür war die zwischen den Kernen wirkende Abstoßung viel zu stark. Blieb als einzige sinnvolle andere Möglichkeit die, dass die schweren Elemente durch Neutronensummierung in einem nuklearen Kristallisationskeim wie beispielsweise einem Eisenkern entstanden waren.

Neutronensummierung war ein extrem langsames Geschäft. Selbst bei funktionierendem Cameronschen Neutronenerzeugungsprozess konnten die Teilchen nur sehr selten sein. Zwischen zwei Kollisionen eines Kerns mit einem Neutron würden im Normalfall Hunderttausende Jahre liegen. In Anbetracht dieses Sachverhalts bezeichneten Fowler und die Burbidges die Neutronensummierung als den »S-Prozess« *(slow process)*.

Durch eine Folge von Neutroneneinfängen mit Beta-Zerfall-Intermezzi, bei denen in einem instabilen Zwischenkern ein Neutron in ein Proton umgewandelt wurde, konnte der S-Prozess Elemente mit höherem Atomgewicht als Eisen erzeugen. Welche Elemente das waren und in welchen Mengenverhältnissen sie zueinander standen, das hing davon ab, wie lange der Prozess hatte arbeiten können. Wenn reichlich Zeit war, würde jeder Atomkern so lange Neutronen absorbieren, bis der Punkt erreicht war, wo nichts mehr ging. Alles würde demnach in den schwersten Atomkern umgewandelt werden, den der S-Prozess zu schaffen imstande war – das war der mit 83 Protonen voll gestopfte Kern des Metalls Bismut, wie sich zeigen sollte.

Die Informationen aus der wirklichen Welt enthüllten jedoch die Existenz eines ganzen Spektrums von S-Prozess-Elementen – nicht nur von schwersten, sondern auch von leichten und mittelschweren. Das konnte nur eines bedeuten, nämlich dass der S-Prozess häufig, lange bevor er seinen Endpunkt erreicht hatte, abgewürgt wurde. Was höchstwahrscheinlich darauf zurückzuführen war, dass rote Riesensterne früher oder später in einen instabilen Zustand gerieten und ihre äußersten Schichten abstießen. Alle bis zu diesem Zeitpunkt in dem Stern erzeugten S-Prozess-Elemente wurden dabei ins All hinausgeschleudert.

Der S-Prozess konnte also im Inneren eines Sterns ein ganzes Spektrum von schweren Atomkernen hervorbringen, darunter auch die Elemente Technetium, Barium und Zirkonium, die Merrill in roten Riesen entdeckt hatte. Aber die bloße Tatsache, dass er solche Elemente hervorbringen *konnte*, war noch kein Beweis dafür, dass er sie auch *wirklich* hervorbrachte. Gefragt war der Beweis, dass der S-Prozess schwere Elemente in den gleichen Mengenverhältnissen hervorzubringen vermochte, wie sie in der Natur beobachtet wurden.

Die ersten Berechnungen von Fowler und den Burbidges fielen ermutigend aus. Sie wählten einen relativ leichten nuklearen Kristallisationskeim aus – Neon-20 – und kalkulierten, was im Lauf einer langsamen Neutronensummierung passieren würde. Unter den Faktoren, die einen Einfluss darauf haben mussten, welche Menge von diesem oder jenem Kern erzeugt wird, war vor allem der so genannte »Einfangquerschnitt« des jeweiligen Kerns zu berücksichtigen – seine Bereitschaft, sich jedes ihm in die Quere kommende Neutron einzuverleiben. Unter Verwendung von Einfangquerschnitten, die von anderen Forschern in Laborversuchen ermittelt worden waren, konnten Fowler und die Burbidges voraussagen, welche Kerne durch den S-Prozess in größeren und welche in kleineren Mengen erzeugt werden müssten. Beim anschließenden Vergleich ihrer Voraussage mit den relativen Häufigkeiten von Elementen mit ungerader Nukleonenzahl konnten sie eine nahezu perfekte Übereinstimmung feststellen. Das war das erste handfeste Indiz dafür, dass der S-Prozess bei der Elementensynthese eine Rolle gespielt hatte.

Da für die Einfangquerschnitte schwerer Kerne noch keine zuverlässigen Messwerte verfügbar waren, musste das Forscherteam seine Berechnungen beim Scandium-46 abbrechen. Die für weitergehende Kalkulationen benötigten Daten wurden von der US-Atomenergiekommission als Geheimmaterial unter Verschluss gehalten und erst 1956 für die Öffentlichkeit freigegeben. Zu diesem Zeitpunkt arbeiteten Fowler und die Burbidges allerdings schon am Caltech in Kalifornien, wo dann auch Hoyle zu ihnen stieß.

Hoyle war in das Forscherteam nicht schon gleich bei dessen Konstituierung mit eingestiegen, weil die Last der vollen Lehrverpflichtung, die ihn damals in Cambridge drückte, prohibitiv wirkte. Aber 1956 erhielt er abermals eine Einladung an das Caltech. Er kam im Frühjahr in Pasadena an, suchte umgehend den Kontakt mit Fowler und den Burbidges und fand sie bei der Arbeit in einem fensterlosen Raum im Keller des Kellogg-Laboratoriums. Die Zeit war jetzt reif für die definitive Klärung des Entstehungsprozesses der Elemente. Denn nicht nur die neuerdings von der Geheimhaltungspflicht befreiten Einfangquerschnitte hatte man zur Verfügung, sondern auch die gerade erst von den amerikanischen Forschern Hans Suess und Harold Urey veröffentlichten akkuraten Schätzungen der relativen Elementhäufigkeiten im Kosmos.

Eines Tages bemerkte Hoyle eine eindeutige Korrelation zwischen dem Einfangquerschnitt und der kosmischen Häufigkeit der einzelnen schweren Kerne. Schwere Elemente mit kleinem Querschnitt waren relativ häufig, Elemente mit großem Querschnitt hingegen relativ selten. Und genau mit diesem Sachverhalt war zu rechnen, wenn die Elemente aus dem S-Prozess hervorgegangen waren. Ein Atomkern mit kleinem Einfangquerschnitt musste lange warten, bis er ein Neutron absorbieren und sich in einen Kern anderer Art verwandeln konnte. Infolgedessen – infolge des Mangels an Gelegenheit zum Umbau – musste er häufig vorkommen. Ein Kern mit großem Einfangquerschnitt dagegen nutzte jede noch so kleine Gelegenheit zum Neutroneneinfang und war deswegen – weil er damit seine Identität zugunsten eines Kerns anderer Art aufgab – selten. Das dahinter steckende Prinzip kann man auch an menschlichen Populationen beobachten: Sie zählen allemal mehr Erwachsene als Säuglinge, weil jeder Mensch sein Leben viel längere Zeit als Erwachsener denn als Säugling verbringt.

Weitere Indizien für das Wirken des S-Prozesses lieferten Beobachtungen, die Margaret und Geoffrey Burbidge mit einem Teleskop auf dem Mount Wilson machten. Einer der von ihnen untersuchten Sterne war der gelbe Riese HD 46407 im Sternbild Großer Hund, der sich als reich an Barium, Strontium, Yttrium und Zirkonium erwies. Nicht nur waren diese Elemente allesamt durch den S-Prozess erzeugbar, sondern die einzelnen relativen Häufigkeiten in dem Stern stimmten auch vollkommen überein mit den auf der Grundlage des S-Prozesses getroffenen Voraussagen. Ungeachtet seines Erfolgs als Erklärung für das Zustandekommen von Elementen wies der S-Prozess jedoch einen recht schwerwiegenden Mangel auf: Er konnte zwar viele, aber nicht *alle* Elemente mit höherem Atomgewicht als Eisen erzeugen.

Der R-Prozess

Die Wurzel des Problems war die Langsamkeit des Prozesses. In dem großen Intervall von etwa hunderttausend Jahren zwischen den einzelnen Neutroneneinfängen hatte ein eventuell entstandener instabiler Kern normalerweise reichlich Zeit zum Beta-Zerfall, ehe sich das nächste Neutron auf Kollisionskurs näherte. Da bei einem Beta-Zerfall stets ein Neutron in ein Proton umgewandelt wurde, war der S-Prozess für den Part des Erzeugers neutronenreicher Atomkerne eine glatte Fehlbesetzung.

Diese Schwachstelle der Neutronensummierungsprozeduren hatte schon v. Weizsäcker damals im Jahr 1938 erkannt. Er hatte herausgefunden, dass die langsame Summierung von Neutronen in einem als »Kristallisationskeim« fungierenden Ausgangskern wie etwa dem Eisenkern zwar Elemente wie Barium und Zirkonium, nicht aber solche wie Thorium und Uran hervorbringen konnte.

Thorium und Uran sind neutronenreiche Elemente. Sie sind unmöglich herzustellen, solange Beta-Zerfall durch Umwandlung von Neutronen in Protonen die zielführenden Prozessschritte immer wieder rückgängig macht. Das Problem lässt sich nur auf eine Weise ausschalten, nämlich indem man dafür sorgt, dass kein etwa entstehender instabiler Kern Gelegenheit zum Beta-Zerfall erhält. In der Praxis läuft das darauf hinaus, die Kerne einem so intensiven Neutronenbombardement auszusetzen, dass jeder eventuell sich bildende instabile Kern immer schon von einem neuen Neutron getroffen wird, bevor er Zeit zum Beta-Zerfall gehabt hat. Anstelle von einem Treffer etwa alle hunderttausend Jahre erfordert dies eine Trefferrate von mindestens einem pro Sekunde.

v. Weizsäcker war zu der Schlussfolgerung gelangt, dass eine Neutronensummierungsprozedur nur unter einer Bedingung mit einer gewissen Wahrscheinlichkeit als Produktionsmechanismus für sämtliche Elemente infrage käme: Die Neutronen müssten mit zwei ganz verschiedenen Geschwindigkeiten angeliefert werden – teils sehr langsam für die Produktion neutronenarmer Elemente wie Barium und Zirkonium, teils sehr schnell für die Produktion von neutronenreichen Elementen wie Thorium und Uran. Aber wie konnte das gehen, dass eine einzelne Neutronenquelle zwei so gegensätzliche Anforderungen erfüllte?

Die Antwort lautete natürlich: Es geht nicht. Hoyle war das schon seit dem Moment klar, als er die Möglichkeit des Aufbaus schwerer Elemente durch Neutronensummierung erstmals in Erwägung gezogen hatte. Im Inneren von Sternen musste es zwei verschiedene Prozesse geben: eine langsame Neutronensummierung in einem als Kristallisationskeim fungierenden Ausgangskern wie etwa Eisen – den S-Prozess – und eine schnelle Summierung in einem ähnlichen Ausgangskern, die in Hoyles Team bald den Namen »R-Prozess« erhielt *(rapid process)*.

Die Existenz von zwei Arten des Neutroneneinfangprozesses war für Hoyle viel leichter theoretisch zu verarbeiten als für v. Weizsäcker. Denn der deutsche Physiker hatte nach einem einzelnen Prozess gesucht, der sämtliche Elemente im Kosmos hervorgebracht haben könnte, Hoyle hingegen hatte schon früh erkannt, dass es eine ganze Palette von Kernprozessen gab.

Hoyle beschloss, den Effekt eines R-Prozesses in einem Eisenkern zu berechnen, und kam zu einem ermutigenden Ergebnis. Die geschätzten Häufigkeiten von R-Prozess-Elementen stimmten mit den Beobachtungsdaten überein. Mehr noch: Es sollte sich zeigen, dass der R-Prozess für den größten Teil der Elemente mit höherem Atomgewicht als Eisen verantwortlich war – Elemente wie Gold, Silber und Platin. Aber genau wie beim S-Prozess lautete auch hier die große Frage: Wo kamen die Neutronen her? Die Neutronenquelle des R-Prozesses musste ohne Frage etwas Überdimensionales sein, um jeden Atomkern mit einem Neutron pro Sekunde bombardieren zu können.

Auf der Erde war als Quelle eines solchen Hagelschauers von Neutronen einzig eine Kernwaffenexplosion denkbar. Tatsächlich war in Geheimunterlagen über einen amerikanischen H-Bombentest auf dem Bikini-Atoll, die in den 1950er-Jahren freigegeben worden waren, das Auftreten von überschweren Atomkernen dokumentiert, die nur durch den starken Neutronenfluss – anders gesagt: den R-Prozess – entstanden sein konnten.

Hoyle hatte schon früher die Explosion einer Kernwaffe und die Explosion einer Supernova in Parallele zueinander gesetzt. Das hatte ihm 1945 das erste handfeste Indiz dafür geliefert, dass in Sternen Elementensynthese stattfand. Es war daher nur natürlich, dass Hoyle sich jetzt die Supernovae als die mutmaßlichen Milieus des R-Prozesses ausguckte.

Die Vermutung schien durch eine Supernova in der Galaxie IC4812 effektvoll bestätigt zu werden. Der Ausbruch hatte im Jahr 1937 stattgefunden und war über die folgenden zwei Jahre von Walter Baade beobachtet worden. Bei der Durchsicht von Baades Aufzeichnungen stellte Geoffrey Burbidge fest, dass die Helligkeit in einigermaßen frappierender Weise abgeklungen war. Nach etwa 55 Tagen war sie auf die Hälfte des Ausgangsniveaus abgesunken, nach abermals 55 Tagen auf ein Viertel, nach weiteren 55 Tagen auf ein Achtel usw. Der Vorgang ähnelte verblüffend dem Rückgang der Strahlung einer radioaktiven Substanz mit einer Halbwertszeit von 55 Tagen.

Wie es sich traf, war bei dem Bombentest auf dem Bikini-Atoll ein Isotop eines künstlichen Elements mit einer Halbwertszeit von um die 60 Tagen aufgetreten. Es handelte sich um Californium-254. Wenn der R-Prozess es bei der Explosion einer Kernwaffe hervorbringen konnte, warum sollte er es dann nicht auch bei einer Supernova-Explosion erzeugen können? Burbidge machte also den kühnen Vorschlag, dass hinter der Art, wie die Helligkeit von Baades Supernova abklang, der Californium-Zerfall steckte.

Im Prinzip war der Gedanke richtig, wie sich herausstellen sollte. Nur im Detail stimmte er leider nicht. Heute wissen die Astronomen, dass beim Abklingen der Helligkeit einer Supernova in Wirklichkeit zwei andere radioaktive Elemente eine Rolle spielen: Nickel-56 mit einer Halbwertszeit von 6 Tagen und Cobalt-56 mit einer Halbwertszeit von 77 Tagen. Zusammen simulieren die zwei Substanzen den Zerfall eines einzelnen radioaktiven Isotops mit einer Halbwertszeit von 60 Tagen.

Eineinhalb Jahre lang schlug sich das Team mit den Rätseln der Elementensynthese herum. Im September 1956 machten die vier dann ihr Material in einem Artikel von enzyklopädischem Ausmaß publik.

»B hoch zwei FH«

Der Wissenschaft war nun eine Reihe von Atomsyntheseprozessen bekannt, aus denen die Entstehung der meisten im Kosmos vorhandenen Elemente schlüssig zu erklären war. In seinem Artikel gab das Forscherteam erstmals einen umfassenden Überblick über die Gesamtheit dieser Prozesse.

Der erste war selbstverständlich das »Wasserstoff-Brennen«, die Umwandlung des leichtesten Elements, Wasserstoff, in das zweitleichteste Element, Helium. »Wasserstoff-Brennen« vollzieht sich in der Sonne bei der relativ mäßigen Temperatur von fünfzehn Millionen Grad und ist im Übrigen die Energiequelle der allermeisten Sterne. Die zwei verschiedenen Wege des Prozesses – zum einen der Proton-Proton-Zyklus, zum anderen der Kohlenstoff-Stickstoff-Zyklus – waren 1939 von Hans Bethe, Charles Critchfield und Carl Friedrich v. Weizsäcker entdeckt worden. Willy Fowler wies später nach, dass in der Sonne der Proton-Proton-Zyklus die dominierende Rolle spielt. Ihm ist der Sonnenschein und alles Leben auf der Erde zu verdanken.

Der zweite Elementensyntheseprozess ist der Tripel-Alpha-Prozess, die Verschmelzung von drei Heliumkernen zu Kohlenstoff-12. Er vollzieht sich bei der sehr viel höheren Temperatur – etwa hundert Millionen Grad –, die im Zentrum von roten Riesen herrscht, Sternen in einem späteren Entwicklungsstadium als die Sonne, deren Vorrat an brennbarem Wasserstoff im Sternkern erschöpft ist. Die Einzelheiten des Vorgangs waren von Ed Salpeter und Fred Hoyle eruiert worden. Auch in diesem Fall spielte Fowler bzw. seine Arbeitsgruppe im Kellogg-Laboratorium des Caltech eine zentrale Rolle beim Nachweis der Funktionsfähigkeit der Prozedur.

Indem er die Beryllium-Barriere durchbrach, machte der Tripel-Alpha-Prozess den Weg frei zur Synthese aller im Kosmos vorhandenen schweren Elemente. Und der direkteste Weg ist die Summierung von Heliumkernen – *alias* Alpha-Teilchen – in einem Kohlenstoffkern. Diese dritte, »Alpha-Prozess« genannte Elementenaufbauprozedur ist imstande, Sauerstoff-16, Neon-20, Magnesium-24, Silizium-28, Argon-36 und Calcium-40 zu erzeugen. Sie setzt noch extremere Rahmenbedingungen voraus als der Tripel-Alpha-Prozess, so etwa Sterntemperaturen von hundert Millionen bis zu einer Milliarde Grad.

Der Alpha-Prozess ist jedoch sehr selektiv; in der Reihe der Elemente, die er zu erzeugen vermag, finden sich zahlreiche Lücken. Noch schwerer wiegt die Einschränkung, die seiner Leistungsfähigkeit aus der Schritt für Schritt zunehmenden elektrischen Ladung der entstehenden Kerne erwächst. Hat die Ladung eine gewisse Größe erreicht, werden Alpha-Tteilchen so stark abgestoßen, dass sie selbst in Sternen mit der höchsten überhaupt möglichen Sterntemperatur, in denen sich Alpha-Teilchen mit ungeheurer Geschwindigkeit fortbewegen, einem so geladenen Atomkern nicht mehr nahe genug kommen, um mit ihm verschmelzen zu können.

Fast die einzige Art und Weise, wie wirklich schwere Kerne entstehen können – ganz zu schweigen von einigen der Kerne, die der Alpha-Prozess in seinem Produktionsprogramm überspringt –, besteht darin, dass ein Kern nacheinander Teilchen einfängt, denen seine Ladung nichts ausmacht. Konkret heißt das: dass er Neutronen einfängt. Der vierte und der fünfte Elementensyntheseprozess sind folglich Neutronensummierungsprozesse. In beiden Fällen ist der Ausgangspunkt ein geeigneter nuklearer »Kristallisationskeim« – entweder ein »Eisengruppe«-Atomkern oder der Kern eines leichten Elements –, auf den im Prozessverlauf geschossartig Neutronen auftreffen. Im Fall des S-Prozesses geschieht das in einem unvorstellbaren Zeitlupentempo – nur etwa alle hunderttausend Jahre einmal kommt es zur Kollision zwischen Kern und Neutron –, so dass jeder eventuell entstandene instabile Kern in der Regel reichlich Zeit zum Beta-Zerfall hat, ehe ihm wieder ein Neutron in die Quere kommt. Beim R-Prozess hingegen ist die Trefferrate so hoch – annähernd ein Neutroneneinschlag im Kern pro Sekunde –, dass einem etwaigen instabilen Kern zwischen den einzelnen Neutroneneinfängen keine Zeit zum Beta-Zerfall bleibt.

Der in roten Riesen ablaufende S-Prozess produziert eine ganze Palette von schweren Kernen wie zum Beispiel Technetium, Barium und Zirkonium. Er leistet allerdings überhaupt nichts für den Aufbau neutronenreicher Kerne, und er bringt auch keine Kerne zustande, die im Gewicht über dem Bismut-209 mit seinen 83 Protonen liegen. Den Ausfall ersetzt der R-Prozess, der höchstwahrscheinlich in den Höllenspektakeln der Supernovae-Explosionen abrollt. Er bringt eine anders bestückte Palette von Atomkernen hervor, auf der sich einige der schwersten heute bekannten Elemente überhaupt finden, so zum Beispiel Thorium, Uran und Californium.

Indes, S-Prozess und R-Prozess können zwar allerschwerste Kerne machen, aber sie können nicht alle schwersten Kerne machen. Manche schweren Atomkerne besitzen seltene Isotope mit relativ wenigen Neutronen. Zu diesen zählen beispielsweise Zinn-112, Platin-190 und Quecksilber-196. Die Existenz solcher protonenreichen Elemente ließ sich nur aus einem postulierten sechsten Elementensyntheseprozess erklären, der imstande war, im nuklearen Kristallisationskeim nicht Neutronen, sondern Protonen zu summieren. Hoyle und seine Mitforscher nannten ihn den Protoneneinfangprozess oder kurz P-Prozess. Er setzt ein wasserstoffreiches Milieu und eine Temperatur von über einer Milliarde Grad voraus, was dafür spricht, dass er wahrscheinlich in explodierenden Supernovae stattfindet.

Alle sechs bisher genannten Elementensyntheseprozesse setzen sich aus einer Reihe diskreter Einzelschritte zusammen. Es gibt jedoch einen siebten Elementenaufbauprozess, der nach einem ganz anderen Schema funktioniert. Dies ist der Gleichgewichtprozess, bei dem die relativen Häufigkeiten der verschiedenerlei Elemente in einem Inferno von Kernreaktionen »ausfrieren«. Höchstwahrscheinlich ist das Milieu, in dem er stattfindet, der stellare Super-GAU einer Supernova-Explosion, denn der Gleichgewichtprozess kann nur bei einer Temperatur von über einer Milliarde Grad in Gang kommen. Seine Signatur, die den relativen Häufigkeiten der Eisengruppe-Elemente unauslöschlich eingeschrieben ist, war für Hoyle, der sie im Jahr 1945 als Erster bemerkte, ausreichendes Indiz dafür, dass die Sterne die Hochöfen waren, in denen die Atome hergestellt wurden, und lenkte damit seine Forschungstätigkeit auf den Kurs, auf dem sie in der gemeinsam mit Margaret und Geoffrey Burbidge sowie Willy Fowler durchgeführten grundlegenden Arbeit ihren Höhepunkt erreichte.

Der Aufsatz, in dem das Forscherteam die sieben im Inneren von Sternen und Supernovae aktiven Kernprozesse darstellte, füllte 104 Seiten. Er erschien 1957 in den *Reviews of Modern Physics* – dem einzigen Fachjournal, dessen Einzelhefte so umfangreich waren, dass er in einem einzigen von ihnen untergebracht werden konnte – und ist bei Insidern heute noch unter dem inoffiziellen Titel »B hoch zwei FH« bekannt (nach den Anfangsbuchstaben der Nachnamen seiner Verfasser: Burbidge, Burbidge, Fowler, Hoyle).

»B hoch zwei FH« war ein geistiger Kraftakt. Hier wurde klipp und klar dargelegt, wie zum Beispiel der größte Teil allen Goldes, Urans und Jods der Welt innerhalb von Augenblicken in dem thermonuklearen Inferno einer Supernova-Explosion erzeugt wurde, das meiste Barium und Zirkonium hingegen durch Jahrmillionen währende Vorgänge im Inneren von roten Sternen entstanden war. Der Aufsatz erklärte auch, warum die nach Wasserstoff und Helium im Weltall am weitesten verbreiteten Elemente Sauerstoff, Kohlenstoff, Neon, Stickstoff, Magnesium, Silizium und Eisen sind. Die sieben sind ebenjene Elemente, von denen in stellaren Kernreaktionen die größten Mengen erzeugt wurden.

Im Hinblick auf seine Fähigkeit, die Entstehung der weit überwiegenden Mehrzahl der natürlich vorkommenden Elemente zu erklären, gilt »B hoch zwei FH« zu Recht als eine der größten Leistungen der Physik des zwanzigsten Jahrhunderts.[2] Freilich wies der

Aufsatz auch einen gravierenden Mangel auf. Nicht für alle in der Natur vorhandenen Elemente konnte er eine Entstehungsprozedur angeben. Genauer gesagt: Über die Genese der allerleichtesten Elemente wusste er nichts zu sagen.

Hoyle und seine Mitforscher mochten ihre Köpfe noch so sehr anstrengen, es fiel ihnen keine Sequenz von Kernreaktionen ein, die nennenswerte Mengen von Deuterium, dem schweren Wasserstoffisotop, von Lithium, Beryllium oder Bor, den dritt-, viert- und fünftleichtesten Elementen, hervorzubringen imstande gewesen wäre. Sie alle waren äußerst wärmeempfindlich. Weit davon entfernt, leichte Elemente zu erzeugen, vernichteten stellare Kernreaktionen sie vielmehr. Beispielsweise wurde in der Sonne alles Deuterium im zweiten Schritt des Proton-Proton-Zyklus, der die Sonnenenergie erzeugte, in Helium-3 umgewandelt.

Um die Entstehung der leichtesten Elemente erklären zu können, sahen Hoyle und seine Mitforscher sich gezwungen, die Existenz einer noch unidentifizierten achten Sequenz von Kernreaktionen zur Elementensynthese zu postulieren. Man gab dem ungeborenen Kind sogar schon einen Namen: X-Prozess. Wäre der X-Prozess erst einmal ans Licht gebracht, würde sich die Existenz aller fragilen leichten Elemente aus ihm erklären. *Ein* leichtes Element freilich war alles andere als fragil, und dennoch war seine Existenz ein großes Rätsel. Dieses Element war das Helium.

Bei oberflächlicher Betrachtung schien es kein Problem zu sein, die Existenz des zweitleichtesten natürlichen Elements zu erklären. War doch die Mehrzahl aller Sterne, die Sonne mit eingeschlossen, unaufhörlich damit beschäftigt, Wasserstoff in Helium umzuwandeln. Aber wie Hoyle bereits 1955 gedämmert war, gab es im Weltall eigentlich viel zu viel Helium. Tatsächlich war das vorhandene Helium das Zehnfache dessen, was die Sterne hatten hervorbringen können.

Wo stammte das ganze zusätzliche Helium her? Die Antwort auf diese Frage sollten zwei junge Radioastronomen finden, die bei der Bell Telephone Company in New Jersey arbeiteten. Sie hießen Arno Penzias und Robert Wilson, und was sie entdeckten, sollte ihnen beiden den Nobelpreis für Physik eintragen.

ZWEI STÄTTEN

Wie wir uns darüber klar wurden, dass die Atome an zwei Orten entstanden sind – im Inneren von Sternen und in der Feuerkugel des Urknalls

Und Gott sprach: Es werde Licht! und es ward Licht.
1. Mose 1,3

Was Arno Penzias und Robert Wilson verlockt hatte, sich bei der Bell Telephone Company als Mitarbeiter in deren Forschungsabteilung zu verdingen, war der Umstand, dass die Gesellschaft eine sehr ungewöhnliche Antennenanlage in Betrieb hatte, die in den beiden die Hoffnung nährte, sie auch für radioastronomische Zwecke nutzen zu können.[1] Die Anlage war im Jahr 1960 auf Crawford Hill, einer bewaldeten Erhebung bei Holmdel im Norden von New Jersey, zu dem Zweck errichtet worden, von Echo 1, einem hoch über der Erde im Raum schwebenden silberglänzenden Ballonsatelliten von 30 Meter Durchmesser, reflektierte Radiosignale aufzufangen.

Echo 1 war der Großvater aller modernen Nachrichtensatelliten. Er wurde schon bald von Telstar abgelöst, der das empfangene Signal nicht wie Echo 1 passiv reflektierte, sondern verstärkt zur Erde zurückstrahlte. Zum Start des Telstar-Projekts entschloss man sich bei den Bell Laboratories, zwei Radioastronomen einzustellen, weil Angehörige dieses Berufsstands große Erfahrung im Empfang von schwachen Radiosignalen hatten, wie sie damals auch von Satelliten ausgesandt wurden.

Penzias kam 1962 von der New Yorker Columbia University und Wilson 1963 vom Caltech nach Holmdel. Da die beiden die einzigen Radioastronomen unter den Mitarbeitern der Gesellschaft waren, schlossen sie sich naturgemäß schnell enger zusammen. Wegen der laufenden technischen Arbeiten an dem Telstar-Projekt hatte die Antenne Penzias in der ersten Zeit nach seinem Eintritt bei Bell nicht für seine radioastronomischen Interessen zur Verfügung gestanden. Das änderte sich jedoch schon bald, nachdem Wilson eingetroffen war. Die Satellitentechniker beendeten ihre Arbeit und reisten ab; von nun an konnten Penzias und Wilson auf Crawford Hill ungehindert schalten und walten.

Die Antenne auf dem Hügel, ein so genannter Hornreflektor, hatte eine sehr ungewöhnliche Form. Am ehesten wäre sie noch als konusförmiges Gebilde, das einer gigantischen, auf der Seite liegenden Eistüte ähnelte, zu beschreiben. Am dicken Ende des Konus – da, wo bei der Eistüte die köstliche kalte Kugel aufgedrückt wird – befand sich eine 20 mal 20 Fuß große quadratische Öffnung. Sie fungierte als Kollektor für die vom Himmel kommenden Radiowellen, die von hier durch einen Hohlleiter zum dünnen Ende des Konus geführt wurden, das mit einem Bretterhäuschen verbunden war, in dem der eigentliche Empfänger für die Radiowellen stand.

Die eigentümliche Form der Antenne diente der Abschirmung gegen unerwünschte Radiowellen, wie sie von allen möglichen Objekten in der Umgebung einer Empfangseinrichtung – von Gebäuden, Bäumen, ja sogar vom Boden – ausgehen und ein schwaches Signal wie das eines kleinen Satelliten leicht überdecken können. Radiowellen können jedoch an den scharfen Rändern von Öffnungen nicht leicht durch Beugung die Richtung ändern, und diesen Umstand machten sich die Konstrukteure des Hornreflektors zunutze. Die Ränder der 20-mal-20-Fuß-Öffnung des Kollektors waren so scharf wie nur irgend möglich gehalten, so dass, wenn die Antenne zum Himmel gerichtet war, unerwünschte Radiowellen aus der Umgebung kaum in sie hineingelangen konnten.

Die Fähigkeit des Hornreflektors von Crawford Hill, auch ein sehr schwaches Radiosignal unbeeinträchtigt von allgegenwärtigen Radar-, Rundfunk- und sonstigen störenden Radiowellen zu empfangen, war für Penzias und Wilson das attraktive Moment ihrer Arbeit bei der Bell-Forschung. Die beiden planten nämlich, einen vermuteten dünnen Wasserstoff-Halo, einem »Hof«, rund um die Milchstraßen-»Scheibe« nachzuweisen. Falls vorhanden, musste ein solcher Halo eine schwache Radiostrahlung emittieren.

Nun vermochte der Hornreflektor von Crawford Hill unerwünschte Radiowellen zwar sehr gut, aber letztlich doch nicht vollständig abzublocken. Es war unvermeidlich, dass ein gewisses Quantum der überall in der Erdatmosphäre vorhandenen Radiostrahlung in die Antenne Eingang finden würde, und möglicherweise würde es im Empfänger ein Rauschen erzeugen, das stärker war als der Effekt jedweder schwachen Strahlung eines galaktischen Halos. Penzias und Wilson entschlossen sich deshalb, vor Beginn der eigentlichen Beobachtung alle Quellen störender Radiowellen zu identifizieren und die Intensität des von diesen in ihrer Empfangsanlage erzeugten Rauschens zu messen, um diese Daten später bei der Auswertung ihrer Beobachtungsergebnisse berücksichtigen zu können.

Die gegebene Wellenlänge für die Suche nach Radiowellenemissionen vom Rand der Milchstraße lag bei 21 Zentimetern, weil dies die Wellenlänge ist, auf der in der Kälte des interstellaren Raums umhertreibende Wasserstoffatome funken wie kleine Radiostationen. Nun hatten aber die Telstar-Techniker einen auf die Wellenlänge 7,35 Zentimeter eingestellten Empfänger zurückgelassen. Unter diesem Umständen schien es Penzias und Wilson das Vernünftigste, das Verhalten der Anlage erst einmal bei Wellenlänge 7,35 Zentimeter zu testen, ehe sie sich an die Montage eines Empfängers für die Wellenlänge 21 Zentimeter machten.

Auf der Wellenlänge 7,35 Zentimeter durfte das kalte Wasserstoffgas des Milchstraßen-Halos überhaupt keine Radiowellen emittieren, was Penzias und Wilson ein patentes Kriterium für den Test der Anlage an die Hand gab. Wenn sie den 20-Fuß-Reflektor gen Himmel richteten und von dem daraufhin gemessenen Radiorauschen alle Effekte der identifizierten Quellen von unerwünschten Radiowellen abzogen, musste die verbleibende Signalstärke gleich null sein.

Als Penzias und Wilson diesen Test im Juni 1964 durchführten, war sofort klar, dass irgendetwas überhaupt nicht in Ordnung war. Selbst wenn man alle nur denkbaren Quellen störenden Radiorauschens in Rechnung stellte, schien der Hornreflektor noch ein weiteres Signal aufzunehmen. Es war schwach, gleichwohl absolut unbezweifelbar. Seine Intensität entsprach der einer Strahlung, wie sie von einem Körper mit einer Temperatur von 3,5 Grad über dem absoluten Nullpunkt ausgehen musste.[2]

Zunächst glaubten Penzias und Wilson, es mit einem artifiziellen Signal aus einer Großstadt irgendwo in der Umgebung des nördlichen New Jersey zu tun zu haben. Der beste Platz für radioastronomische Beobachtungen ist ein abgelegenes Tal, wo man gegen störende Radiowellen abgeschirmt ist. Der Hornreflektor von Crawford Hill war jedoch auf einer Anhöhe errichtet worden, damit er zu jedem Satelliten am Himmel »Blickkontakt« haben konnte.

Falls es sich bei dem unerwünschten Radiosignal um ein Produkt menschlicher Technik handelte, konnte es nur aus der dreißig Meilen weiter nördlich gelegenen Stadt New York stammen. Aber als Penzias und Wilson ihre Hornantenne nach New York richteten, verstärkte sich das Radiorauschen nicht. Es zeigte sich überhaupt völlig richtungsunabhängig, egal, auf welchen Punkt über dem Horizont sie die Antenne einstellten. Damit schied sowohl die Sonne als auch die Milchstraße als Quelle aus, denn beide okkupierten jeweils nur eine begrenzte Himmelsregion.

Blieb nur noch die Möglichkeit, dass die Strahlungsquelle in der Antennenanlage selber zu suchen war. Penzias und Wilson sahen sich um – und entdeckten, dass sich im Inneren der großen Eistüte ein Taubenpaar eingenistet und im Lauf der Zeit den Strahlungskollektor mit einer Kotschicht überzogen hatte. War es möglich, dass der Kot eine schwache Radiostrahlung aussandte, die für das unerwünschte Rauschen verantwortlich war?, fragten sich die Astronomen. Es gab nur eine Möglichkeit, das herauszufinden. Sie fingen die Tauben ein und verschickten sie mit dem innerbetrieblichen Zustelldienst an ein Bell-Forschungslabor in einem entfernten Teil von New Jersey. Dann kletterten sie mit harten Besen bewaffnet in den Hornreflektor und räumten den Vogelmist aus.

Voller Zuversicht, dass sie in ihrem Programm nun endlich weiterkommen würden, richteten Penzias und Wilson daraufhin von neuem den 20-Fuß-Hornreflektor gen Himmel – und stellten zu ihrem Verdruss fest, dass der Pegel des irritierenden Mikrowellenrauschens nicht nennenswert gesunken war. Die Antenne von Crawford Hill registrierte nach wie vor eine Temperatur von 3,5 Grad über dem absoluten Nullpunkt.

Mittlerweile hielt sich das geheimnisvolle Radiorauschen unverändert schon seit über einem halben Jahr. Das bedeutete, dass es nicht aus einer Quelle im Sonnensystem stammen konnte, denn eine solche würde in diesem Zeitraum infolge der Fortbewegung der Erde auf ihrer Bahn um die Sonne unweigerlich ihre Position am Himmel verändert haben. Penzias und Wilson hatten nun alles Erdenkliche getan, um die Quelle des unerklärlichen Radiosignals zu orten. Aber gerade als sie drauf und dran waren, die Segel zu streichen und das ganze Projekt aufzugeben, ergab es sich, dass Penzias mit einem befreundeten Radioastronomen vom MIT namens Bernie Burke telefonierte.

Nicht das mysteriöse Radiorauschen in der Antenne von Crawford Hill, sondern eine ganz andere Angelegenheit war der Anlass für Penzias' Anruf. Aber wie es im Gespräch unter Fachkollegen eben zu gehen pflegt – man blieb nicht durchweg bei der eigentlichen Sache, schweifte da- und dorthin ab, tauschte Informationen und Meinungen über Aktualitäten aus, und da Burke wusste, dass Penzias mit der Antenne der Bell-Forschung im All sondierte, fragte er den Anrufer nach dem Stand seiner Arbeit. Nachdem der von seinen Erfahrungen mit dem Hornreflektor berichtet hatte, meinte Burke, soweit er wisse, habe eine Gruppe von Physikern der Princeton University vor, nach einem schwachen Radiorauschen aus dem All zu suchen. Könnte das Rauschen, das Penzias so viel Kopfzerbrechen machte, womöglich das Signal sein, hinter dem die Princeton-Gruppe her war?

Von dem Gedanken, das anomale Signal könnte irgendeinen ernst zu nehmenden Hintergrund haben, hatten Penzias und Wilson sich bereits verabschiedet. Denn die Tatsache, dass es mit gleicher Intensität aus allen Richtungen des Universums einfiel, hätte ja nur bedeuten können, dass der ganze Kosmos von einer schwachen Radiostrahlung erfüllt war. Zufällig war dies genau der Schluss, zu dem Robert Dicke, der Leiter der Princeton-Gruppe, gekommen war. Wenn das Universum einstmals eine Phase extrem hoher Temperatur und Dichte durchlaufen hatte, so hatte Dicke sich klar gemacht, dann musste das gesamte All sich in einem Zustand des »Nachglimmens« befinden, der sich in schwachen Radiowellen manifestierte.

Penzias, dessen Wissbegier durch das Gespräch mit Burke angefacht worden war, rief Dicke an. Das Resultat war ein Besuch der Princeton-Gruppe in Holmdel nur wenige Tage später. Die Forscher bestätigten umgehend, dass Penzias und Wilson die allgegenwärtige kosmische Strahlung entdeckt hatten, hinter der man in Princeton hergewesen war. Was aber sowohl Dicke als auch Penzias und Wilson nicht wussten: Die Strahlung war bereits siebzehn Jahre zuvor vorausgesagt worden – von zwei Schülern George Gamows.

Das Nachglimmen der Schöpfung

Gamow hatte bekanntlich als Erster erkannt, dass der Kosmos mit einem ultradichten, ultraheißen Zustand begann. Unerklärlicherweise jedoch hatte der geistige Vater der Idee des heißen Urknalls eine wichtige Konsequenz seines Konzepts übersehen. Sie hing mit dem intensiven Licht der Feuerkugel des Urknalls zusammen. Wenn Gamows Schüler Ralph Alpher und Robert Herman Recht hatten, musste es auch heute noch vorhanden sein.

Es musste in den Äonen seit dem Urknall schwächer geworden, stark abgekühlt sein. Es müsste nicht mehr einer Temperatur von etlichen tausend Grad entsprechen, sondern nur noch einer von wenigen Grad über dem absoluten Nullpunkt. Die Wellenlängen müssten aus dem sichtbaren Bereich des Spektrums in das Radiowellengebiet verschoben sein.

Alpher und Herman hatten ihre Voraussage über die Reststrahlung aus dem Urknall 1948 publiziert, aber sie war weitgehend unbeachtet geblieben, was hauptsächlich daran lag, dass die zugrunde liegende Theorie in Misskredit geraten war. Die im Universum vorhandenen schweren Elemente waren größtenteils nicht am Anbeginn der Zeit, wie Gamow gehofft hatte, sondern später im Inneren von Sternen entstanden. Zusammen mit Gamows Theorie der Entstehung der Elemente hatte man auch die Idee des heißen Urknalls *ad acta* gelegt – »das Kind mit dem Bade ausschütten« nennt man diese Art von Gründlichkeit.

Jetzt, siebzehn Jahre nach Alphers und Hermans Voraussage, waren Penzias und Wilson zufällig auf die Reststrahlung des Urknalls gestoßen. Das »Nachglimmen der Schöpfung« war das älteste existierende Fossil. Seit fünfzehn Milliarden Jahren hatte es sich durch das Weltall ausgebreitet, beladen mit unschätzbaren Informationen über den Zustand des Universums kurz nach seiner Geburt. Es war ein beweiskräftiges Indiz für die Realität einer extrem heißen Explosion am Anbeginn der Zeit.

Verstreute Puzzleteile begannen sich ineinander zu fügen. Hoyle und seine Mitforscher hatten zwar die Entstehung der Mehrzahl schwerer Elemente rekonstruieren können, waren aber jedwede Erklärung dafür schuldig geblieben, dass das zweitleichteste Element, Helium, zuletzt in der Gesamtmasse des Universums mit rund 25 Prozent zu Buche schlug. Wäre das Helium im Inneren von Sternen aus Wasserstoff zusammengebacken worden, hätte als Nebenprodukt unvermeidlicherweise Sternenlicht entstehen müssen. Aber wenn man alles Sternenlicht im Weltall zusammenrechnete, betrug die Endsumme weit weniger, als man erwarten durfte, wenn die Sterne 25 Prozent der Masse des Universums in Helium umgewandelt hätten. Auf das Konto der Sterne gingen nur einige wenige Prozent.

Anfang der 1960er-Jahre waren dann Hoyle und sein Schüler Roger Taylor zu dem Ergebnis gekommen, dass für das Helium-Rätsel nur eine einzige Lösung infrage kam. Zu irgendeinem Zeitpunkt in der Vergangenheit musste die meiste, wenn nicht alle Materie des Universums durch einen viele Milliarden Grad heißen Hochofen gewandert sein, der gewaltige Mengen Wasserstoff in Helium umwandelte. Hoyles und Taylors Kandidat für den Part des Hochofens war ein explodierender »Superstern«, der viele Millionen Mal so schwer wie ein gewöhnlicher Stern war. Wenn ein solches Objekt bei Beginn der Explosion auf über zehn Milliarden Grad erhitzt war, mussten in den ersten hundert Sekunden des anschließenden Geschehens – dem Zeitraum, innerhalb dessen die Materie noch nicht zu weit zerstreut und zu stark abgekühlt für den Elementenaufbau war – etwa 25 Prozent der Materie des Sterns in Helium umgewandelt werden.

Das Dumme war nur, dass es keinerlei Anhaltspunkte für die Existenz von Supersternen gab.[3] Und dabei hätten diese Objekte in exorbitanter Zahl existieren müssen, wenn sie so viel von der Materie des Universums zu Helium hätten verarbeitet haben sollen. Hoyle hatte sich für sie stark gemacht, weil er auf den Gedanken fixiert war, dass der Kosmos nie und nimmer aus einem singulären Urknall geboren sein konnte, sondern seit ewigen Zeiten existierte. Das machte ihn blind für eine einfachere und näher liegende Lösung seines Problems – nämlich die, dass der heiße Urknall für die erklärungsbedürftige Heliumhäufigkeit verantwortlich war.

Schon 1940 hatte Gamow dargelegt, wie Kernreaktionen in einer expandierenden und sich abkühlenden Feuerkugel Wasserstoff in effizienter Weise in Helium hatten umwandeln müssen. Seine Berechnungen waren nicht besonders ausgefeilt, ihre Ergebnisse wurden jedoch im Großen und Ganzen bestätigt durch differenziertere Kalkulationen, die Hoyle, Willy Fowler und Robert Wagoner in den 1960er-Jahren durchführten.[4] Etwa eine Sekunde nach dem Zeitpunkt X, dem Augenblick der Schöpfung, musste das Universum ein unvorstellbar heißer Hexenkessel gewesen sein, in dem Elektronen, Positronen, Neutrinos und Photonen wild durcheinander flogen. Inmitten dieses Wirbels musste es eine kleine Menge von viel schwereren Teilchen gegeben haben – die Protonen und Neutronen, die sich über kurz oder lang zu Atomkernen zusammenschließen sollten.

In der Anfangsphase dürfte es sogar kaum von großer Bedeutung gewesen sein, ob ein Teilchen ein »Proton« oder ein »Neutron« war; häufige Kollisionen mit leichteren Teilchen mussten Kernreaktionen *en masse* bewirken, bei denen unentwegt Protonen in Neutronen und Neutronen in Protonen umgewandelt wurden. Nun ist allerdings ein Neutron ein kleines bisschen schwerer als ein Proton, und das bedingt, dass geringfügig mehr Energie zu seiner Erzeugung nötig ist. In der allerersten Anfangsphase, als alle Teilchen noch mit solcher Geschwindigkeit umherflogen, dass sie mehr als genug Bewegungsenergie besaßen, um ein Proton in ein Neutrum umzuwandeln, fiel dieser Mehraufwand an Energie in keiner Weise ins Gewicht, und Protonen und Neutronen waren gleich häufig. Im gleichen Maß jedoch, wie Expansion und Abkühlung der Feuerkugel des Urknalls fortschritten, verloren die Teilchen an Energie, bis schließlich der Punkt erreicht war, wo der für die Schaffung von Neutronen erforderliche höhere Energieaufwand manifeste Wirkung zu zeitigen begann. Die weniger energieintensive Protonenproduktion überwog nach und nach gegenüber der Produktion von Neutronen.

Dieser Sachverhalt ist der Schlüssel zum Verständnis der gegebenen Heliumhäufigkeit im Universum. Denn nachdem sich das Universum durch die kosmische Expansion so weit abgekühlt hatte, dass die Energiedichte für die Aufrechterhaltung des zahlenmäßigen Gleichgewichts zwischen Protonen und Neutronen nicht mehr ausreichte, bildete sich ein Übergewicht der Protonen gegenüber den Neutronen heraus. Um es genauer zu sagen: Berechungen haben ergeben, dass sechs- bis siebenmal so viel Protonen wie Neutronen vorhanden waren.

Auf jedes Neutron kamen also ungefähr sieben Protonen, anders ausgedrückt: Auf je 2 Neutronen kamen 14 Protonen; es so auszudrücken, ist keine tautologische Wiederholung des Sachverhalts, sondern weist auf einen wichtigen Aspekt an ihm hin. Ein Heliumkern besteht aus 2 Protonen und 2 Neutronen, nach seiner Bildung sind von den durchschnittlich dafür zur Verfügung stehenden Protonen 12 übrig. Werden alle im Universum vorhandenen Neutronen zu Heliumkernen verarbeitet, ist das Resultat ein Gemisch von Heliumkernen und Wasserstoffkernen (= Protonen) im Verhältnis 1:12.

Nun wiegt ein Heliumkern viermal so viel wie ein Wasserstoffkern. 4 Heliumkerne und 12 Wasserstoffkerne wiegen zusammen so viel wie 16 Wasserstoffkerne. Der von dem Hochofen am Anbeginn der Zeit erzeugte Heliumanteil an der Gesamtmasse des Universums beträgt demnach 4:16, das sind in anderer Schreibweise 25 Prozent. Und so hoch ist ungefähr der Heliumanteil, den wir in der Sonne und den Sternen beobachten können.[5]

Indes, die bloße Tatsache, dass der heiße Urknall Helium im richtigen Mengenverhältnis hervorgebracht haben *könnte*, hat zwar etwas Bestechendes, ist aber nicht unbedingt auch schon ein definitiver Beweis. Diesen Beweis sollte die Erforschung der Genese anderer leichter Elemente, insbesondere von Deuterium und Lithium, erbringen.

Zwei Stätten

Die Herkunft des Deuteriums blieb ein Rätsel, weil Sterne es nicht nur nicht auf-, sondern sogar abbauen. Die Bildung von Deuterium aus Wasserstoff ist zwar der erste Schritt im Proton-Proton-Zyklus, über den ein Stern wie die Sonne das Licht und die Wärme produziert, an denen unser Leben hängt. Aber das im ersten Schritt erzeugte Deuterium wird schon im zweiten Schritt des Zyklus wieder abgebaut. Denn in dem wasserstoffreichen Binnenmilieu eines Sterns wird jeder neu entstandene Deuteriumkern prompt von einem herumfliegenden Proton getroffen und umgehend in einen Helium-3-Kern, das leichte Heliumisotop, umgewandelt.

Von daher gesehen dürfte es im Universum praktisch überhaupt kein Deuterium geben. Dem ist jedoch nicht so. Astronomen haben den »schweren Wasserstoff« anhand seines spektralen Fingerabdrucks in interstellaren und intergalaktischen Gaswolken identifiziert. Faktisch kommen auf alle hunderttausend Wasserstoffkerne einige Deuteriumkerne.[6] Da Sterne Deuterium ab- statt aufbauen, stellt sich die Frage, woher das vorhandene kommt. Auch in diesem Fall ist die Antwort im heißen Urknall zu finden.

Im frühen Universum bestand für Kernbildungsprozesse die Tendenz, beim Helium zu enden, da Helium der stabilste von allen leichten Atomkernen ist und der Weg der zu ihm führenden Kernfusionen im Effekt »bergab« verläuft. Hätte diese Tendenz sich durchsetzen können, wäre alles Deuterium mit der gleichen Unabwendbarkeit der Heliumbildung zum Opfer gefallen, wie es im Proton-Proton-Zyklus der Sterne geschieht. Expansion und Abkühlung der Feuerkugel des Urknalls vollzogen sich jedoch in sehr hohem Tempo, so dass Kernreaktionssequenzen noch kurz vorm Abschluss zum Stehen gebracht wurden.

Die Menge des gebildeten Deuteriums hängt sehr stark von den zum Zeitpunkt seiner Bildung herrschenden Rahmenbedingungen ab. Sind im Umfeld sehr viele Protonen oder Neutronen vorhanden, wird ein Deuteriumkern sehr bald eines absorbieren und sich in einen Kern anderer Art verwandeln.

Welche Bedingungen in dem Hochofen am Anbeginn der Zeit herrschten, können wir erschließen, indem wir uns die Expansion des Universums rückläufig vorstellen. Theoretiker, die das taten und auf dieser Grundlage die Menge des Deuteriums berechneten, das im frühen Universum entstanden sein müsste, kamen zu einem Ergebnis, das in sehr hohem Grad mit den Beobachtungen übereinstimmt, die Astronomen heute im Universum machen.

Das andere leichte Atom, dessen Entstehung ein Rätsel aufgab, ist Lithium, das drittleichteste Element nach Wasserstoff und Helium. Lithium-7 wird bei Temperaturen jenseits der Schwelle von ungefähr einer Million Grad zerstört, und selbst in den kühlsten Sternen liegen die Temperaturen weit darüber. Wo stammt also das Lithium im Kosmos her? Wieder schafft der Urknall Rat. Etliche der vorhandenen Neutronen müssen sich mit Helium zu schwereren Elementen verbunden haben, und das in einem Häufigkeitsverhältnis von einigen Lithiumatomen je zehn Milliarden Atome. Das kommt der Lithiummenge sehr nahe, die Astronomen in alten Sternen beobachten, deren Oberfläche so stark abgekühlt ist, dass hier keine Lithium verbrauchenden Kernfusionen stattfinden.

Die Voraussage der Häufigkeiten von leichten Elementen zählt zu den großen Triumphen der Urknalltheorie. Aus der Sicht der Astronomen bleibt danach wenig Raum für Zweifel, dass die Atome an zwei Hauptproduktionsstätten geschaffen wurden – im Urknall die leichtesten und in den Sternen alle übrigen.

Aber wie bei allen stark verallgemeinernden wissenschaftlichen Aussagen geht es auch in diesem Fall nicht ohne Einschränkungen ab. Einige wenige Elemente bleiben, deren relative Häufigkeiten nicht einfach aus den Kernreaktionen im Urknall oder in Sternen zu erklären sind. So fügen sich beispielsweise Beryllium und Bor, das viert- und das fünftleichteste Element, nicht in dieses Schema. In Sternen werden sie in verschwindend kleinen Mengen produziert und verfallen der Kernumwandlung schon bei Temperaturen, die noch unterhalb der für die Heliumsynthese aus Wasserstoff erforderlichen liegen. Dennoch gibt es sie im Universum.

Die Herkunft des Berylliums und des Bors enträtselt sich bei einem genaueren Blick auf die kosmische Strahlung, ein Trommelfeuer von ungemein energiereichen Teilchen, das unablässig aus dem Weltraum auf die Erdatmosphäre niedergeht. Die kosmische Strahlung – die wahrscheinlich ein Überbleibsel aus gewaltigen Supernova-Explosionen ist – enthält einen höheren Anteil von Beryllium und Bor als die Erd- und die Sonnenmaterie. Nach der allgemein akzeptierten Auffassung ist die Strahlung ursprünglich ein Elementengemisch gleicher Zusammensetzung wie alle andere Materie auch, in dem auf seinem Weg durchs All beim Zusammenstoß mit den Protonen interstellarer Gaswolken ein Teil der Kerne zertrümmert wird. Diesem Modell zufolge sind also Beryllium und Bor nichts weiter als Kerntrümmer.

Die Rätsel der leichten Elemente sind noch nicht alle gelöst. Aber kein Naturwissenschaftler zweifelt ernstlich daran, dass das generelle Schema der Elementensynthese im Urknall in den Grundzügen richtig ist. Die leichten Elemente sind fossilisierte Relikte aus dem frühen Universum, und ihre relativen Häufigkeiten leiten sich direkt von den besonderen Bedingungen her, wie sie in den ersten Minuten der Schöpfung herrschten.

In der Optik von uns Menschen wirklich von Belang sind jedoch nicht die leichten, sondern die schweren Elemente. Denn sie ermöglichen das Leben. Und der Weg zu den schweren Elementen führt über die Supernovae.

DIE MOTOREN DER SCHÖPFUNG

Wie ein Todesfall in der Nachbarschaft erhellte, unter welchen Umständen schwere Elemente ins All geschleudert werden und wie sie dort die interstellaren Gaswolken anreichern

Alle Menschen sind Brüder. Wir stammen alle aus derselben Supernova.
Allan Sandage

Ein hohes Gut ist, niemals zu vergessen
Die Lust am schieren Lebendigsein, hergeführt aus
zeitlosen Quellen,
Die durch Gestein in Welten älter noch als unsre Erde
Bahn sich brechen.
Stephen Spender

Ungefähr alle zwanzig Jahre wird in der Galaxis ein Stern zur Supernova. Wir wissen das, weil in anderen Galaxien – zumindest in solchen, die in Größe und Form unserem Milchstraßensystem vergleichbar sind – Sternexplosionen in dieser Häufigkeit beobachtet werden.[1] Paradoxerweise bleiben Supernovae in unserer Galaxie meist unbemerkt. Der Grund ist Staub. Er ballt sich in den Räumen zwischen den Sternen und saugt das sichtbare Licht auf wie ein Schwamm das Wasser. Aufgrund des interstellaren Staubs ist es extrem schwierig, gewöhnliche Sterne zu erblicken, die weiter als einige tausend Lichtjahre – das ist gerade mal ein Zehntel der Distanz zwischen der Sonne und dem galaktischen Zentrum – entfernt sind.[2]

In seltenen Fällen jedoch explodiert eine Supernova so nahe bei unserem Sonnensystem, dass sie mit bloßem Auge zu sehen ist. Aus geschichtlicher Zeit ist eine ganze Reihe solcher Vorfälle bekannt.

So beobachteten zum Beispiel im Jahr 1054 chinesische und japanische Astronomen einen »neuen Stern« im Sternbild Stier. Er war so hell, dass er 23 Tage lang sogar mit bloßem Auge gegen den hellen Taghimmel ausgemacht werden konnte. Der auskühlende Überrest dieser Supernova – als krabbenförmiger heller Nebelfleck erscheinende, mit weiß glühenden Gasfäden durchzogene expandierende Materie – ist als »Crabnebel« noch heute am Nachthimmel zu erkennen.

In neuerer Zeit wurden Supernovae in den Jahren 1572 und 1604 beobachtet. Die ältere der beiden – die »Tychonische« genannt nach dem dänischen Astronomen Tycho Brahe, der das Ereignis protokollierte – war anderthalb Jahre lang mit bloßem Auge zu sehen. Die jüngere – die »Keplersche« nach Johannes Kepler, dem Astronomen, dem wir die Entdeckung der Planetenbewegungsgesetze verdanken und vor allem die Erkenntnis, dass die Planeten sich nicht auf Kreisbahnen, sondern auf elliptischen Bahnen um die Sonne bewegen – brannte etwas über ein Jahr lang am Himmel. Die Supernova von 1604 war schlecht getimt. Wäre sie nur fünf Jahre später auf die Szene geplatzt, hätte vielleicht Galileo Galilei sie durch das erste astronomische Fernrohr überhaupt beobachtet. Dass es zu dieser Gelegenheit nicht kam, wäre nicht weiter bedauerlich gewesen, wenn innerhalb kurzer Frist eine neue Supernova auf den Plan getreten wäre. Aber Supernovae haben es so an sich, in kürzere Zeiträume zusammengedrängt aufzutreten, zwischen denen sich große Intervalle dehnen. Kaum mehr als drei Jahrzehnte lagen zwischen den Auftritten der stellaren Selbstmörder von 1572 und 1604, aber in den folgenden drei Jahrhunderten ließ sich weit und breit kein Nachahmungstäter blicken. Zum Glück änderte sich die Lage in der jüngsten Vergangenheit.

Ein Todesfall in der Nachbarschaft

Der erste Hinweis auf die Supernova kam von einem kanadischen Astronomen, der im Observatorium Las Campanas hoch oben in den chilenischen Anden arbeitete. In den frühen Morgenstunden des 24. Februar 1987 entwickelte Ian Shelton ein Foto, das mit einem der Teleskope des Observatoriums aufgenommen worden war. Es zeigte eine der beiden mit bloßem Auge sichtbaren Nachbargalaxien des Milchstraßensystems, die Große Magellansche Wolke.

Als Shelton die Aufnahme betrachtete, bemerkte er verwundert einen sehr hellen Stern an einer Stelle, wo vorher nichts von einem Stern zu sehen gewesen war. Unter den Kollegen, die er ins Bild setzte, war auch ein Chilene namens Oscar Duhalde. Der hatte eine Stunde zuvor zum Himmel aufgeblickt und dabei in der Großen Magellanschen Wolke einen neuen Stern entdeckt. Duhalde, so stellte sich heraus, war nach 383 Jahren der Erste, der wieder einmal mit bloßem Auge eine Supernova erblickt hatte.

Sie erhielt den Namen Supernova 1987A. Da sich die Explosion in einer Himmelsregion ereignet hatte, die im Lauf der Jahre häufig fotografiert worden war, konnte man anhand älterer Platten mühelos den Stern identifizieren, den es da zerrissen hatte. Das Megadrama hatte sich am Rand des »Tarantelnebels«, einer riesigen leuchtenden Gaswolke, abgespielt. Das Gas leuchtet, weil es in der Umgebung einer Gruppe heißer Sterne, die sich in jüngerer Zeit in seinem Inneren gebildet haben, ionisiert wird und die aus den Ionen in der kühleren Außenschicht neu sich formierenden Atome sichtbares Licht aussenden. Einer der jungen, heißen Sterne, so stellte sich heraus, war der Vorgänger der Supernova 1987A.

Er hieß Sanduleak -69° 202 und war ein am Ende seiner Entwicklung angekommener »blauer Überriese«, ein Objekt von enormer Leuchtkraft.[3] Tatsächlich verströmte er so viel Licht – einhunderttausendmal mehr als die Sonne –, dass er bereits auf der allerersten mit langer Belichtungszeit gemachten Aufnahme der Großen Magellanschen Wolke vom Ende des neunzehnten Jahrhunderts zu sehen war. Nachdem die Astronomen den Vorgängerstern identifiziert hatten, war es nicht schwer, dessen Geschichte zu rekonstruieren. Sanduleak -69° 202 erwies sich seiner Klassifikation zum »Überriesen« mit der zwanzigfachen Sonnenmasse würdig, aufgrund deren er seinen Lebenszyklus in rasender Geschwindigkeit durchlaufen hatte.

Aus dem Gas des Tarantelnebels hatte er sich vor nicht mehr als zwanzig Millionen Jahren zusammengeballt – vor einem bloßen Augenblick, nach kosmischem Maßstab. Zum Vergleich: Die Sonne ist mehr als zweihundertmal so alt. Als die Kerntemperatur von Sanduleak -69° 202 auf zehn Millionen Grad gestiegen war, begann der Kohlenstoff-Stickstoff-Zyklus Wasserstoffkerne zu Helium zu verschmelzen. Wasserstofffusion setzt so viel mehr Bindungsenergie als jedwede andere denkbare Kernreaktion frei, dass sie einen gewöhnlichen Stern über einen Zeitraum von 95 Prozent seiner Lebenserwartung am Leuchten erhalten kann. Sanduleak -69° 202 hatte jedoch infolge seiner großen Masse eine höhere Zentraltemperatur als die Sonne, so dass alle Kernprozesse in ihm beschleunigt abliefen. Etwa eine Million Jahre vor der Gegenwart war dann aller Wasserstoff in dem Stern zu Helium umgewandelt, und daraufhin spitzten sich die Verhältnisse zur Krise zu.

Der Heliumkern des Sterns zog sich zusammen, und seine Temperatur stieg. Bei fünfzig Millionen Grad setzten Kernreaktionen ein, die das Helium über den Tripel-Alpha-Prozess in Kohlenstoff umwandelten. Gleichzeitig blähten sich die äußeren Schichten auf, und der Stern wurde zu einem roten Überriesen von mehrhundertfachem Sonnenvolumen. Die Aufblähung erreichte schließlich ein solches Ausmaß, dass die Gravitation die äußersten Zonen nicht mehr halten konnte und das Gas von dort als »Sternwind« in den Weltraum davontrieb. Der Wind nahm vielleicht ein Viertel der Masse von Sanduleak -69° 202 mit. Das hatte zur Folge, dass der Stern zu einem blauen Riesen von nur noch fünfzigfacher Sonnengröße schrumpfte.

Unterdessen näherte sich der Sternkern einer neuen Krise. Das Innerste war nun in Kohlenstoff umgewandelt. Die Zentralregion des Sterns reagierte mit erneuter Kontraktion; die Temperatur im Zentrum stieg an, der Kohlenstoff begann sich in Neon zu verwandeln. Der Kohlenstoff »brannte« gerade mal tausend Jahre, ehe neuerlich Kontraktion und Erhitzung des Zentrums eintraten und das Neon sich in Silizium zu verwandeln begann.

Der Stern näherte sich jetzt dem Ende einer Sackgasse. Mit zunehmendem Gewicht der »brennenden« Atomkerne verringert sich die durch Kernfusion zu erzielende Ausbeute an Kernbindungsenergie. Der Atomkern, der aus dem »Brennen« von Silizium entsteht, ist das Eisen, und der Eisenkern ist der stabilste, am festesten gebundene überhaupt. Die Fusion von Eisen mit anderen Kernen setzt keine Kernbindungsenergie frei. Vielmehr entzieht sie dem Stern sogar Wärmeenergie.

Binnen eines Jahres hatte der Stern durch »Brennen« seinen gesamten Neonvorrat in Silizium umgewandelt. Die Zentraltemperatur stieg auf 400 Millionen Grad, und die letzte noch mögliche Kernreaktion setzte ein. Im Zentrum verschmolzen Siliziumkerne zu Eisen, eine Reaktion, die nach nicht mehr als zwei Tagen abgeschlossen war. In dem Stern war jetzt keine Energiequelle mehr vorhanden, die der ungeheuren Gravitationskraft des verdichteten Kerns hätte entgegenwirken können.

Das Innere des Sterns war in dieser Entwicklungsphase eine Reihe von konzentrisch angeordneten, aus unterschiedlich lange in Fusionsprozessen »gebrannter« Materie bestehenden Kugelschalen, die einen Kern aus Eisen umschlossen, der allein schon eine um 50 Prozent größere Masse als die Sonne hatte. Die ihn umhüllenden Kugelschalen aus (hauptsächlich) Silicium, Neon, Kohlenstoff und Helium hatten zusammen eine Masse äquivalent dem Sechsfachen der Sonnenmasse. Die äußerste Schicht bestand aus dem ursprünglichen, seit der Geburt des Sterns unverändert gebliebenen Wasserstoff. Nachdem im Eisenkern das definitive Ende aller nuklearen Fusionsvorgänge eingetreten war, stürzte das Zentrum des Sterns unter seiner eigenen Schwerkraft in sich zusammen.

So ganz durchschaut noch niemand, wieso der Kollaps des Sternkerns zur explosiven Ausdehnung der Außenzonen führt. Sehr viel spricht allerdings dafür, dass Neutrinos, die geisterhaftesten, immateriellsten Teilchen in der Rüstkammer der Natur, hier die wirkende Ursache sind.

Neutrinos entstehen in dem Stern in großer Fülle, wenn Protonen energiereiche Elektronen anlagern und sich Neutronen bilden. Freie Elektronen sind in einem Stern immer vorhanden. Die Protonen stammen aus Kernen, die bei heftigen Kollisionen zersplittern und damit in ihrem Fall das Resultat umständlicher Atomaufbauarbeit im Bruchteil einer Sekunde zunichte machen. Wenn Protonen und Elektronen sich im Zentrum des Sterns zu Neutronen vereinigen, ist das Resultat zum einen ein »Neutronenkern« – ein überdichter Rückstand von nur zwanzig Kilometer Durchmesser, aber so schwer wie die Sonne – und zum anderen eine Flut von Neutrinos.

Normalerweise durchqueren Neutrinos Materie mit der gleichen Leichtigkeit, mit der die Photonen des Lichts transparentes Glas durchqueren. Doch die überdichte kollabierte Materie im Zentrum des Sterns versperrt ihnen den Durchgang. Solchermaßen am Fortkommen gehindert, treiben die Neutrinos alles vor sich her gleich der Stoßwelle einer Bombe: Die äußeren Schichten des Sterns werden fortgeblasen in den Weltraum. In Experimenten auf der Erde wurden insgesamt 19 Neutrinos registriert – die ersten, die von einem anderen Himmelskörper als der Sonne stammten. Für die Experimentatoren in Japan und Amerika war dies ein Riesentriumph.

Falls es – was noch keineswegs abschließend bewiesen ist – tatsächlich Neutrinos sind, die einen Stern zur Supernova zersprengen, dann haben wir es hier mit einer kolossalen Ironie der Natur zu tun. Dann stecken nämlich hinter den kataklysmischsten kosmischen Ereignissen ausgerechnet die immateriellsten Teilchen im Universum.[4]

Die Motoren der Schöpfung

Die Supernova 1987A verschaffte den Astronomen Gelegenheit, Beobachtungen zum Aufbau von Elementen wie zu deren Zerstreuung in alle Winde des Weltraums an der Quelle zu machen. Aussagekräftige Hinweise auf den tatsächlichen Ablauf einer Elementensynthese im Inferno der Explosion ließen sich an der Lichtkurve der Supernova ablesen.

Im Stadium maximaler Helligkeit leuchtete die Supernova 1987A heller als 250 Millionen Sonnen. So intensiv gleißte der stellare Scheiterhaufen, dass die Bewohner der südlichen Halbkugel ihn selbst dann noch problemlos am Nachthimmel erkennen konnten, wenn der Mond oder die Straßenbeleuchtung das diffuse Licht der Großen Magellanschen Wolke überstrahlten.

Rätselhaft war, warum die Supernova so lange so hell blieb. Ihr Helligkeitsmaximum hatte sie am 20. Mai erreicht, drei Monate, nachdem Sanduleak -69° 202 detoniert war. Anders als erwartet war die Expansion der Feuerkugel nicht mit rascher Abkühlung und Helligkeitsabstieg einhergegangen. In der zweiten Maihälfte hätte sie allenfalls noch als unbedeutendes Glimmen wahrnehmbar sein dürfen. Doch irgendetwas sorgte dafür, dass die Feuerkugel heiß blieb und hell weiterleuchtete. Aber was?

Die Erklärung lieferten zwei amerikanische Gelehrte namans David Arnett und Stan Woosley. Unabhängig voneinander stellten sie den Gedanken zur Diskussion, dass die Wärmequelle der Feuerkugel radioaktives Nickel-56 war. Arnett und Woosley zufolge wurde das Isotop erzeugt, wenn die vom Neutronenkern des Sterns nach außen durchbrechende Stoßwelle in die Sauerstoffschicht der zwiebelartigen Schalenstruktur einbrach. Der Stoß drückte die Schicht mit solcher Wucht zusammen, dass die dadurch entstehende Hitze ein Feuerwerk von Kernreaktionen auslöste. In null Komma nichts synthetisierten Fusionsreaktionen die Sauerstoffkerne zu Nickel-56.

Nach Arnetts Berechungen entsprach die Masse des in der Supernova 1987A erzeugten Nickels-56 etwa 7 Prozent der Sonnenmasse. Nickel-56 zerfällt rasch zu Cobalt-56, das seinerseits im Lauf weniger Monate zu Eisen-56 zerfällt. Bei diesem Zerfallsprozess wird effektiv mehr Wärme freigesetzt als bei der anfänglichen Supernova-Explosion. In der ersten Zeit nach dem Ausbruch war das Nickel-56 im Inneren des Sterns verborgen, so dass die Wirkungen der von ihm ausgehenden Hitze für Beobachter auf der Erde nicht zu sehen waren. Doch je weiter die äußeren Schichten des Sterns sich ausdehnten und je mehr sie sich dabei zwangsläufig verdünnten, desto tiefer reichte der Blick des Beobachters ins Innere des Sterns hinein, bis schließlich die durch Radioaktivität erhitzte Gasschicht vor ihm zutage lag.

Die Bestätigung dieses Modells ließ nicht lange auf sich warten. Nachdem sie ihr Helligkeitsmaximum erreicht hatte, begann die Supernova genau im Zerfallstempo von Cobalt-56 an Helligkeit zu verlieren. Gegen Ende des Jahres 1987 wurden dann in Satelliten und auf den Instrumententrägern von bis an den Rand des Weltraums aufgestiegenen Höhenballons Gamma-Strahlen mit der typischen Energiesignatur von Cobalt-56 registriert. Noch erregender waren die Beobachtungen an der optischen Spektrallinie des Cobalts. Im Lauf der nächsten zwei Jahre konnten Astronomen am anglo-australischen Teleskop in Australien die Linie im Spektrum der Supernova langsam verblassen sehen. Das Element verwandelte sich vor ihren Augen in Eisen.[5]

Der kosmische Suppenkessel

Supernovae sind die Motoren der Schöpfung. Nicht nur bringen sie neue Elemente zur Welt, sondern sie streuen diese Elemente in die Strömungen des Weltraums zusammen mit vielen anderen Elementen, die im normalen Entwicklungsgang eines Sterns entstehen. Dieses Zurückgeben von Elementen an den Weltraum gehört zu ihren wichtigsten Funktionen. Während rote Riesen und andere moderat instabile Sterne größtenteils mittelschwere Elemente wie Kohlenstoff und Sauerstoff ausstoßen, schleudern einzig Supernovae nennenswerte Mengen der schwersten Elemente von sich.

Als Sanduleak -69° 202 zur Supernova wurde, schoss der Sternmantel mit einer Geschwindigkeit von rund zehntausend Kilometern pro Sekunde in den Raum. Anfangs waren die durch die Explosion abgestoßenen Massen durch nichts aufzuhalten. Sie fegten alles, worauf sie trafen, vor sich her und gruben so einen ständig größer werdenden Hohlraum in das umgebende interstellare Medium. Das interstellare Gas leistet jedoch einen gewissen Widerstand. Wie Schnee den Schneepflug hemmt, so hemmt das interstellare Medium alles, was sich in ihm fortbewegt. Die Bremswirkung ist minimal, weil das interstellare Gas von extrem geringer Dichte ist; in jeder Volumeneinheit des Raums von der Größe eines Zuckerwürfels irrt gerade mal ein einzelnes Atom umher.[6] Aber mit jedem Jahr, das vergeht, häuft sich mehr interstellares Gas vor dem expandierenden Mantel der Supernova 1987A an. Das wachsende Gewicht fortzuschieben wird immer schwerer. Zuletzt – vielleicht nach Ablauf einiger Jahrtausende – wird der Gegendruck so groß sein, dass die Supernova-Massen ganz zum Stillstand kommen.

Lange vorher jedoch wird der expandierende Supernova-Mantel anfangen zu zerfleddern. Keine Supernova-Explosion verläuft unter vollkommen radialsymmetrischen Kräftewirkungen, und eben so wenig setzt das interstellare Medium den abgestoßenen Sternmassen allseits gleichförmige Bremskraft entgegen. Infolgedessen bewegt sich der explodierende Sternmantel an manchen Stellen schneller, an anderen langsamer. Wo sich vordem quasi eine abgezirkelte sphärische Stoßfront gleich Wellenringen auf einer Wasserfläche ausbreitete, greifen nun nach und nach lange Filamente wie Finger in den Raum. Wie das Schlusstableau aussehen wird, veranschaulicht exemplarisch der Überrest der Supernova von 1054, der mit seinem markanten krabbenähnlichen Erscheinungsbild selbst erklärt, warum er den Namen Krabben- oder Crabnebel trägt.

Der bleibende Effekt der Bremsung und des Zerfledderns der abgestoßenen Massen von Supernova 1987A wird eine Durchmischung des interstellaren Mediums mit im Inneren von Sanduleak -69° 202 zusammengekochten schweren Elementen sein.

Der US-Astronom Laurence Marschall hat das interstellare Medium mit dem Suppenkessel verglichen, der bei amerikanischen Farmerfamilien auf dem Küchenherd am Köcheln gehalten wird.[7] In den Kessel wandern Gewürze, Gartenkräuter und -gemüse, dazu gelegentlich Reste von Wildbret oder Geflügel. Dann und wann holen sich Familienmitglieder eine Mahlzeit aus dem Kessel, und sobald der Inhalt zur Neige zu gehen beginnt, schießt jeder seine bevorzugten Kräuter oder sonstigen Ingredienzien nach. So spiegelt die Zusammensetzung des Gemischs in dem Kessel zu jedem Zeitpunkt dessen Entstehungsbedingungen. Wenn beispielsweise im Garten die Karotten gerade besonders gut gedeihen oder der Bauer erst neulich eine Gans geschlachtet hat, dann ist das im Suppenkessel zu erkennen.

Dem Zutatenmix im Suppenkessel durchaus vergleichbar, so Marschall, ist das Bild der Elementhäufigkeiten in unserer Galaxie. Auch es spiegelt seine Entstehungsbedingungen. Wie die verschiedenen Familienmitglieder jedes das Seine zur Gesamtsubstanz des Suppenfonds beitragen, so tragen die verschiedenen Himmelskörper – Supernovae, rote Riesen und andere Sterntypen – jeder das Seine zur Gesamtsubstanz des interstellaren Mediums bei. Jeder erzeugt während seiner Entwicklung ein für ihn charakteristisches Sortiment von Elementen und reichert mit einem Teil davon den gemeinsamen Pool an.

Die Asche längst untergegangener Sterne

Aber Sterne bringen in den gemeinsamen Pool nicht nur ein, sie nehmen auch aus ihm heraus. Denn das Gas des interstellaren Mediums ist der Rohstoff zu neuen Sternen.

Und bei deren Bildung, so scheint es, spielen wiederum die Supernovae eine entscheidende Rolle. Denn das interstellare Gas neigt dazu, in kalten, lichtlosen Ansammlungen umherzudriften, und zeigt wenig Bereitschaft zu Reaktionen oder Veränderungen irgendwelcher Art.

Eine Supernova kann hier als Veränderungen einleitender Katalysator wirken. Wenn ihr abgestoßener Mantel mit Hochgeschwindigkeit in eine interstellare Gaswolke rast, wird das Gas durch die ungeheure Wucht der Kollision komprimiert. Mehr ist vielleicht nicht nötig, um den Ruhezustand des Gases zu beenden und zu bewirken, dass große Klumpen von ihm sich unter dem Einfluss der eigenen Schwerkraft zusammenziehen. Sobald diese die Dichte- und Hitzegrade erreichen, bei denen die Kernreaktionen des »Wasserstoff-Brennens« in Gang kommen, ist ein Schwarm neuer Sterne geboren.

Entspricht dieses Szenario der Realität – und viele Astronomen vermuten, dass es das tut –, dann kommt Selbstmördersternen wie Sanduleak -69° 202 eine Schlüsselfunktion als Auslöser des ganzen Sternbildungsprozesses zu. Supernovae sind in mehr als einer Hinsicht die Motoren der Schöpfung.

Die Zusammensetzung eines neugeborenen Sterns spiegelt die zu der fraglichen Zeit gegebene Zusammensetzung des interstellaren Mediums, so wie ein Schöpflöffel aus dem bei Marschall erwähnten Suppenkessel die Zusammensetzung des Inhalts spiegelt. Natürlich dürfte die Zusammensetzung des interstellaren Mediums in unserer Galaxie von einem Gebiet zum anderen wechseln und am jeweiligen Ort beispielsweise davon abhängen, wie weiträumig oder dicht die Sterne gestreut sind und wie häufig Supernovae auftreten. Aber da die Sterne von einem Ende der Galaxis bis zum anderen unentwegt »Asche« aus Kernreaktionen an die Umgebung verlieren, wird die interstellare Materie mit der Zeit überall mit schweren Elementen angereichert.

Das bedeutet aber nun offenkundig, dass schwere Elemente in der Galaxis in der Vergangenheit weniger häufig waren, als sie es heute sind. Die Bestätigung dafür ist im Licht der ältesten Sterne zu finden. Sterne, die kurz nach der Geburt der Galaxis – vor ungefähr zehn Milliarden Jahren – entstanden, enthalten nur einen kümmerlichen Anteil von schweren Elementen. In manchen sehr alten Sternen ist Eisen in mehr als tausendmal geringerer Konzentration als in der Sonne vorhanden.

Seit der Geburt jener uralten Sterne hat sich die Konzentration schwerer Elemente im interstellaren Medium unablässig erhöht. Hätten wir einen Film von der Entwicklung unserer Galaxie und würden ihn im Zeitraffermodus vom ersten Tag bis heute abspielen, bekämen wir ein ratterndes Feuerwerk von Supernova-Ausbrüchen zu sehen. So ungefähr eine Milliarde Sterne sind seit der Geburt des Milchstraßensystem detoniert.[8]

Keiner dieser stellaren Todesfälle war umsonst. Sie alle verstreuten schwere Elemente in die Winde des Weltraums. Und diese Elemente gingen nicht verloren, sondern in neue Sterne ein, die sich aus der mit abgestoßenen Supernova-Mänteln angereicherten interstellaren Materie zusammenballten. Seit der Geburt der Galaxis starben zahllose Sterne der ältesten Generation und zahllose wurden aus ihrer Asche phönixgleich neu geboren.

Zum Teil durchmaßen die Sterne der nächsten Generation ihrerseits ihre Lebenbahn bis zum Ende und starben als Supernovae. Der kosmische Zyklus von Tod und Wiedergeburt wiederholte sich in der Geschichte unserer Galaxie viele Male. Die Sonne zum Beispiel wird vielfach als ein Stern der dritten Generation eingeschätzt. Das bedeutet, dass lange vor der Geburt der Sonne bereits zwei Generationen von Sternen ihr Leben zu Ende gelebt und dabei die interstellare Materie mit der Asche aus ihren nuklearen Gluten angereichert hatten. Ohne diese älteren Sternengenerationen besäße die Sonne nicht den in ihr vorhandenen hohen Anteil von schweren Elementen. Es gäbe keine Planeten mit festen Oberflächen aus Gestein und Metallen wie Merkur, Venus, Erde und Mars, weil diese vorwiegend aus schweren Elementen wie Eisen, Nickel und Aluminium bestehen. Und selbstverständlich gäbe es auch kein organisches Leben. Denn ohne schwere Elemente wie Kohlenstoff und Stickstoff, Phosphor und Jod, Natrium und Kalium ist die komplexe Chemie des Lebens nicht denkbar.

Damit wir leben können, sind Sterne in Milliarden, nein, in Dekaden, ja, Hunderten von Milliarden gestorben. Das Eisen in unserem Blut, das Calcium in unseren Knochen, der Sauerstoff, der bei jedem Atemzug unsere Lunge weitet – das alles wurde in den Gluten im Inneren von Sternen geschaffen, die lange vor der Geburt der Erde untergingen.

Dass die schweren Elemente in unserem Körper uns in einen direkten Zusammenhang mit kataklysmischen Ereignissen stellen, die vor Jahrmilliarden in unserer Galaxie stattfanden, ist schon außergewöhnlich genug. Doch das ist nicht die ganze Geschichte. Denn die schweren Elemente in unserem Körper könnten uns auch mit einer

Zeit verbinden, die so unvorstellbar weit zurückliegt, dass wir gegenwärtig nur denkbar vage Kenntnisse von ihr besitzen. Es ist die Zeit vor der Geburt des Milchstraßensystems selbst.

Die Spuren uralter Sterne

In populärwissenschaftlichen Darstellungen wird die Geschichte vielfach in der Form erzählt, dass das Milchstraßensystem sich aus dem ersten aus dem Urknall hervorgegangenen Gas zusammenballte, das aus Wasserstoff und Helium bestand sowie aus einer winzigen Menge anderer leichter Elemente, die in den ersten Minuten des Universums produziert wurde. Folglich hätten die allerersten Sterne der Galaxis überhaupt keine schweren Elemente enthalten. Indes erweist sich bei der Untersuchung des Lichts urältester Sterne in der Milchstraße, dass noch die an schweren Elementen ärmsten unter ihnen sie in einem Tausendstel oder Zehntausendstel der Konzentration, in der sie in der Sonne vorhanden sind, besitzen. Kein Stern enthält gar keine.

Selbstverständlich könnte es sein, dass Sterne ohne jeden Anteil von schweren Elementen heute so selten sind, dass wir lediglich aufgrund dieses Umstands bisher noch keinen haben entdecken können. Dem steht auf der anderen Seite die Möglichkeit gegenüber, dass unsere wissenschaftlichen Instrumente auf Prozentsätze schwerer Elemente, die kleiner sind als ein Zehntausendstel der Prozentsätze in der Sonne, nicht ansprechen. Wie dem auch sei, die einfachste Erklärung dafür, warum wir noch keine Sterne ohne einen Anteil von schweren Elementen identifiziert haben, ist die: Es gibt keine. Mit anderen Worten: Unsere Milchstraße enthielt bereits zum Zeitpunkt ihrer Geburt zumindest einige schwere Elemente.

Indizien dafür liefert eine unvorhergesehene Quelle – die Quasare. Quasare (»quasistellare Radioquellen«) liegen tief im Kern mancher Galaxien. Nach verbreiteter Meinung handelt es sich um gigantische schwarze Löcher – von zehn Milliarden Sonnenmassen in manchen Fällen –, die Materie einsaugen und sie dabei zur Weißglut erhitzen. Ein typischer Quasar übertrifft unsere Milchstraße an Leuchtkraft um mehr als das Hundertfache.

Diese phänomenale Leuchtkraft hat zur Folge, dass Quasare über gewaltige Entfernungen hinweg zu beobachten sind – über sehr viel größere Distanzen als normale Galaxien. Sie sind Leuchtfeuer an der äußersten Grenze der Reichweite unserer Teleskope, eine Eigenschaft, die sie für Astronomen zu außerordentlich nützlichen Helfern macht. Denn auf seinem ungeheuer weiten Weg durch das All bis zur Erde durchquert das Licht ferner Quasare an der Strecke liegende Galaxien und Gaswolken. Meist ist die Leuchtkraft dieser Objekte zu schwach, als dass sie, und sei's auch mit den stärksten Teleskopen, direkt beobachtet werden könnten. Doch indem es einen Teil vom Licht des Quasars absorbiert, hinterlässt jedes im Quasarspektrum seine unauslöschliche Signatur. Der Wasserstoff in einem durchquerten Objekt absorbiert das Licht des Quasars bei der für Wasserstoff charakteristischen Wellenlänge, Calcium absorbiert bei der für Calcium charakteristischen Wellenlänge usw. Das Endergebnis ist ein Spektrum mit einer großen Zahl von »Ausbissen« (Absorptionslinien) – einem von Wasserstoff verursachten breiten, weil die Atome des Wasserstoffs die in der Schöpfung am zahlreichsten vertreteten sind, und einer Menge von schmalen für alles Übrige.

Bei der eingehenderen Untersuchung dieser spektralen Fingerabdrücke stellten Astronomen fest, dass viele der unsichtbaren Objekte zwischen uns und diesem oder jenem Quasar schwere Elemente enthalten. Bei den fraglichen Objekten ist der Ausbiss im Wellenlängenbereich des Wasserstoffs sehr breit, was anzeigt, dass sie große Mengen Wasserstoff enthalten und es sich bei ihnen so gut wie sicher um aufgrund ihrer schwachen Leuchtkraft unsichtbare Galaxien handelt. Eben weil es Galaxien sind, ist die Herkunft ihrer schweren Elemente kein Rätsel. Sie wurden in den Sternen der Galaxie erzeugt und von diesen am Ende ihrer Entwicklung bei einer Supernova-Explosion in den Raum verschossen, wie es auch in unserem Milchstraßensystem geschieht.

Entdeckten die Astronomen in dem Raum, der uns von den Quasaren trennt, einerseits viele Objekte, die schwere Elemente enthielten, so registrierten sie andererseits auch viele, die völlig frei von schweren Elementen zu sein schienen. Bei diesen Objekten ist der Ausbiss im Wellenlängenbereich des Wasserstoffs schmal, was anzeigt, dass sie wenig Wasserstoff enthalten und es sich bei ihnen so gut wie sicher nicht um voll ausgebildete Sternensysteme, sondern um intergalaktische Gaswolken geringer Dichte handelt. Die Frage war: Enthielten diese Wolken wirklich keine schweren Elemente, oder war es nicht vielmehr schlicht und einfach so, dass die von ihren schweren Elementen verursachten Ausbisse – solche fallen ja stets schwächer aus als der vom Wasserstoff verursachte Ausbiss – zu geringfügig waren, als dass sie von den astronomischen Instrumenten hätten registriert werden können?

Letzteres ist der Fall, wie sich herausstellte. In den jüngst vergangenen Jahren haben Astronomen schwache Fingerabdrücke schwerer Elemente ausgemacht, die aus einer Anzahl dieser dünnen intergalaktischen Gaswolken stammen. Es ist noch zu früh für eine abschließende Beurteilung der Sachlage, aber es könnte sein, dass 10 Prozent, vielleicht aber auch 100 Prozent aller dieser Wolken schwere Elemente enthalten.

Diese Entdeckung wirft neue Fragen auf, Fragen nach der Herkunft der schweren Elemente. Wie gelangten sie in die intergalaktischen Gaswolken? Enthalten diese Wolken doch keine Sterne, die schwere Elemente hätten erzeugen und in den Raum abstoßen können. Es kann nur eine Antwort geben: Die schweren Elemente sind Produkte einer älteren Sternengeneration, die unterging und die Wolken mit ihrer Asche durchmischte.

Im kosmischen Kontext sind Zeit und Entfernung Synonyme, denn was wir vom Kosmos sehen, sehen wir dank Licht, und weil das Licht von entfernten Objekten länger als das von nahen braucht, um zu uns zu kommen, befinden sich jene für uns weiter hinten in der Vergangenheit. Manche intergalaktischen Wolken sind sehr weit weg von uns – fast so weit wie die Quasare, deren Licht wir unser Wissen von ihnen verdanken und die ihrerseits für uns sich nahe am Rand des beobachtbaren Universums befinden. Um aus dieser Entfernung zu uns zu gelangen, war das Licht etwa 14 Milliarden Jahre unterwegs.[9] Mit anderen Worten: Die Wolken existierten schon, als das Universum erst eine Milliarde Jahre alt war. Daraus folgt unausweichlich, dass die für die Durchmischung der intergalaktischen Gaswolken mit schweren Elementen verantwortlichen Sterne ihre Entwicklung in der Zeit davor begannen und beendeten – innerhalb der ersten Jahrmilliarde des Universums.

Was waren das für Sterne in der Morgendämmerung der Zeit, und was brachte sie zum Brennen? Unumwunden gesagt: Niemand weiß es wirklich, da kein Teleskop der Welt in Zeit und Raum so weit entfernte Objekte zu erfassen vermag.[10] Doch obgleich die Wahrheit jenseits der Grenze des gegenwärtig beobachtbaren Universums liegt, können wir guten Gewissens einige Spekulationen riskieren.

Die kosmische Verbindung

Am Anfang war der Urknall, und die heiße, glühende Materie des Urknalls breitete sich gleichmäßig über den Kosmos aus. Heute, etwa fünfzehn Milliarden Jahre nach dem Urknall, ist die Materie nicht mehr gleichmäßig im Weltraum verteilt – sie ist zu Galaxien und Sternen verdichtet. Ja sogar schon zur Zeit der fernsten gegenwärtig beobachtbaren Quasare – eine Milliarde Jahre nach dem Urknall – gab es Galaxien und Sterne in Hülle und Fülle. Zu irgendeinem Zeitpunkt in der ersten Jahrmilliarde nach dem Urknall muss also im Universum der Übergang von homogen und merkmallos zu klumpig und bestirnt stattgefunden haben. Wieso?

Es scheint, dass die Materie sich im Urknall doch nicht vollkommen gleichmäßig ausbreitete. Worauf die erste Ungleichmäßigkeit zurückzuführen sein könnte, ist derzeit noch eine offene Frage (manche buchen sie auf das Konto von »Quantenfluktuationen« während des allerersten Sekundenbruchteils des Urknalls). Der springende Punkt hierbei ist jedoch, dass die Gravitation sich auf jede noch so kleine Unregelmäßigkeit verstärkend auswirkt. In einem verklumpten Gas verstärkt sie die Klumpenbildung. Wo in der sich abkühlenden Feuerkugel leicht verdichtete Bereiche auftraten, war die Gravitation höher als im Durchschnitt, wodurch die Verdichtungen Materie stärker anzogen, was wiederum die Gravitation steigerte, wodurch Materie aus der Umgebung noch stärker angezogen wurde usw. Nicht lange nach dem Urknall begannen sich Gasansammlungen jedweder Größe zu bilden. Irgendwann erreichten die Ansammlungen ein Stadium, in dem es zur Geburt der ersten Sterne kam. Wann genau das war, vermag niemand zu sagen, aber welche dramatische Veränderung damit einherging, kann man sich leicht vorstellen. »Das Universum leuchtete auf wie ein Christbaum«, beschrieben Astronomen das Bild.

Unbekannt ist auch die Größe der Gaswolken, in denen sich die ersten Sterne bildeten. Man weiß allerdings, dass Gaswolken Zeit brauchen, um sich zusammenzuziehen, und dass die Kontraktion umso länger dauert, je größer die Wolke ist. Die Wahrscheinlichkeit spricht also dafür, dass sich die ersten Sterne des Universums in kleinen Wolken ausformten – Wolken, deren Masse weit geringer war als die heutiger Sternsysteme wie beispielsweise der Milchstraße. Jene Sterne waren es, die dann sterbend das intergalaktische Gas mit schweren Elementen anreicherten. In Zeiten vor der Geburt unserer Galaxie vollendeten sie ihre Entwicklung und gingen unter – ja sogar noch vor der Geburt der ältesten Quasare, die wir je registrieren konnten. Sie bildeten eine prägalaktische Sternengeneration.

Und wo sind sie geblieben? Wie an so vielen Stellen dieser Geschichte sind wir auch hier vorerst noch ganz auf Mutmaßungen angewiesen. Wahrscheinlich sind jedoch die kleinen Gasansammlungen, in denen die ersten Sterne eruptiv aufblühten wie ein Hautausschlag, miteinander kollidiert und zu größeren Gasansammlungen verschmolzen. Noch im heutigen Universum können wir Galaxien zusammenwachsen sehen, und dieser Fusionsprozess spielte nach verbreiteter Auffassung in der Entwicklung der Galaxien eine bedeutende Rolle und tut dies noch immer. Wenn es tatsächlich so war, dass die kleinen Gasansammlungen sich zu größeren Ansammlungen vereinigten, dann könnten sie sich mit der Zeit zu den großen Galaxien von heute ausgewachsen haben – auch zur Milchstraße. Auf diesem Weg könnten ausgebrannte Kerne prägalaktischer Sterne sogar Eingang in die Galaxis gefunden haben – so dass unsere Milchstraße nicht nur eine Kinderstube für junge Sterne, sondern auch ein Seniorenheim für einige der ältesten Sterne im Universum wäre.

Wie viel komplizierter präsentiert sich nun die Entwicklung unserer Galaxie. Wie viel faszinierender und aufregender aber auch. Überlegen Sie nur einmal, wie das wäre, wenn wir in dem Menschengewimmel einer heutigen Millionenstadt wie London oder New York unversehens einen ägyptischen Pharao oder einen babylonischen Priester oder einen römischen Legionär entdeckten!

Indes, ob irgendwo noch die greise Gestalt eines prägalaktischen Sterns überdauert hat oder nicht, ist in unserer Geschichte nur von peripherem Interesse. Das eigentlich Wichtige ist, was aus der bloßen Existenz einer prägalaktischen Sternengeneration folgt: dass die Milchstraße nicht aus der anfänglichen Materie des Urknalls gebildet sein kann. Lange vor der Geburt der Milchstraße – wie überhaupt jeder Galaxie – wurde ein Teil der Urmaterie zu schweren Elementen verarbeitet und in den Weltraum geschleudert. Einerlei also, ob die Galaxis aus der Vereinigung kleinerer Gaswolken entstand oder aus der Kontraktion einer einzelnen großen Wolke unter dem Einfluss ihrer eigenen Schwerkraft – in jedem Fall enthielt sie so gut wie sicher schon bei ihrer Geburt schwere Elemente. Und ein Teil von diesen könnte, als sich die Sonne bildete, ohne weiteres ins Sonnensystem eingewandert und hier heimisch geworden sein.

Somit kann es einerseits zwar keinem Zeifel unterliegen, dass die schweren Elemente in unserem Körper größtenteils in Sternen früherer Generationen erzeugt wurden, deren Leben und Sterben sich im Milchstraßensystem vollzog, andererseits jedoch ist nicht auszuschließen, dass ein gewisser Teil dieser Elemente in Sternen einer prägalaktischen Generation aufgebaut wurde, die lange vor der Geburt unserer Galaxie, bald nach dem Anbeginn der Zeit, existierte.

Und wenn es lange vor der Milchstraße schon schwere Elemente gab, dann konnten diese Elemente sich vielleicht in etlichen abgeschiedenen Winkeln des Universums zu Planeten mit fester Oberfläche aus Gestein und Metallen zusammenballen. Und vielleicht begann das Leben, so unwahrscheinlich es auch klingen mag, auf diesen Planeten – also nicht erst vor vier Milliarden, sondern bereits vor fünfzehn Milliarden Jahren.

Dass wir trotz allem Suchaufwand noch keine Spur von ET entdeckt haben, liegt vielleicht nicht daran, dass wir die ersten intelligenten Wesen im Kosmos sind, wie manche behaupten, sondern daran, dass wir die letzten, in der Dämmerung des Universums geborenen Vertreter intelligenten Lebens sind. Nicht nur die Sterne, auch der Geist leuchtete heller vor dem Äon der Galaxien. Einst summte der Weltraum vom kommunikativen Verkehr zwischen den Himmelkörpern, doch dieser Verkehr ist längst erstorben. Das Leben war eine Sache der strahlenden Frühzeit des Universums.

Das ist natürlich hemmungslose Spekulation. Aber sie macht immerhin eines klar: Wir haben auf der Suche nach der Herkunft der Atome in unserem Körper einen weiten Weg zurückgelegt, immer mit dem Ziel vor Augen, unsere Stellung im Kosmos zu begreifen. Aber wir sind immer noch sehr, sehr weit von diesem Ziel entfernt.

EPILOG

Neugierige Atome

> Raus aus der Wiege
> auf festen Boden:
> Da stehen sie nun,
> Atome mit Bewusstsein,
> Materie voll Neugier.
> *Richard Feynman*

Wir haben einen weiten Weg hinter uns ... Zuerst kamen wir darauf, dass alles aus Atomen gemacht ist – aus winzigen unteilbaren Materiekörnchen, von denen es gerade mal eine Handvoll verschiedener Arten gibt, die aber mit ihren zahllosen Kombinationsmöglichkeiten alle möglichen verschiedenen Substanzen bilden können. Diese scharfsichtige Ahnung, die über zweitausend Jahre früher da war als der Beweis für die Existenz der Atome, hob einen Zipfel des Schleiers, der das Wesen der Welt vor unseren Sinnen verbarg, und enthüllte die Einfachheit hinter den Erscheinungen. Eine Rose oder ein Goldbarren oder ein Mensch waren alle nur Muster aus Atomen. Die Komplexität der Erscheinungswelt war eine Sinnestäuschung, nichts als ein Abglanz der unendlich vielen Kombinationsmöglichkeiten einer Handvoll Grundbausteine. Alles war nur eine Frage des Bauplans.

Lange Zeit später entdeckten wir, dass die Atome nicht die kleinsten Dinge sind. Sie setzten sich aus noch kleineren Bausteinen zusammen, und der Unterschied zwischen – beispielsweise – einem Kohlenstoffatom und einem Sauerstoffatom und einem Goldatom lag einfach in der Konstellation dieser Bausteine. Der Gedanke stellte sich ein, dass die Atome produziert worden waren, dass sie subatomarer Baustein für subatomarer Baustein aus Vertretern der leichtesten Atomart, aus Wasserstoffatomen, aufgebaut worden waren. Die Atome waren nicht fix und fertig, sondern in Baukastenform ins Universum gekommen.

Erstaunlicherweise hatten die zum Aufbau der Atome führenden Nuklearprozesse überall um uns herum ihre unauslöschlichen Fingerabdrücke hinterlassen, was unübersehbar deutlich wurde, sobald man über die Möglichkeit verfügte zu bestimmen, welche Elemente im Universum häufig und welche selten waren. Die relative Häufigkeit der einzelnen Elemente, so stellte sich heraus, hing mit der Beschaffenheit des jeweiligen Atomkerns zusammen. Dafür gab es nur eine Erklärung. Am Zustandekommen der Häufigkeitsverteilung mussten Kernprozesse beteiligt gewesen sein. Hier hatte man den ersten zwingenden Beweis, dass alle Elemente tatsächlich im Lauf der Geschichte des Kosmos zusammengesetzt worden waren. Nun begann die Suche nach dem Ort, wo das stattgefunden hatte.

Man fand schließlich heraus, dass die Natur hauptsächlich zwei Hochöfen benutzt hatte – das Inferno des heißen Urknalls und das Innere der Sterne. Helium und die leichten Elemente wurden in den ersten zehn Minuten der Existenz des Universums erzeugt und wanderten später in die Sterne der ersten Generation mit ein. Die Elemente mit höherem Atomgewicht als Helium wurden in der Gluthitze im Zentrum der Sterne schrittweise aufgebaut und dann in den Weltraum ausgeworfen, in erster Linie von roten Riesen, die ihre äußeren Schichten sacht abstießen, sowie von Supernovae, die Sternmaterie durch die ganze Galaxie katapultierten.

Wir fanden heraus, dass die Atome, aus denen unser Körper besteht, eine facettenreiche und komplexe Geschichte haben. Sie wurden in längst untergegangenen Sternen geschaffen, die sie im Todeskampf ins Weltall ausstießen, wo sie im interstellaren Raum drifteten und die dort schon vorhandenen Gas- und Staubwolken anreicherten – gleichsam als neue Zutaten im »kosmischen Suppenkessel«. Der Inhalt dieses Kessels verdichtete sich mancherorts zu neuen Sternen, und am Ende ihrer Entwicklung gaben diese Sterne ihrerseits die von ihnen erzeugten Atome sterbend an den interstellaren Raum ab.

Niemand vermag mit Sicherheit zu sagen, wie oft sich dieser Zyklus von Tod und Wiedergeburt im Kosmos wiederholte, bevor eine kalte Wolke aus Gas und Staub in einer Außenregion der Milchstraße sich vor fünf Milliarden Jahren unter dem Einfluss ihrer eigenen Gravitation langsam zusammenzuziehen begann. Die Wolke hatte Dekaden von Millionen, vielleicht sogar Hunderte von Millionen Jahre lang tintenschwarz vor der Hintergrundkulisse der Sterne gehangen. Was ihre Kontraktion in Gang setzte, ist nicht sicher. Vielleicht waren es die auftreffenden Trümmermassen einer in der Nähe explodierenden Supernova. Nachdem der Schrumpfungsprozess erst einmal eingesetzt hatte, war er allerdings nicht mehr aufzuhalten. Zu gegebener Zeit wanderten die in der Wolke vorhandenen schweren Elemente in die sich bildende Sonne und ihre Entourage von Planeten ein. Sie wurden zu Ingredienzien des Erdballs, seiner Gesteine und schließlich auch der ersten Urzellen des organischen Lebens.

Wie das Leben auf der Erde begann, ist nicht bekannt. Vielleicht trat es als Spontanbildung in den Tümpeln flüssiger Chemikalien auf, die sich auf der noch im Abkühlen begriffenen Erdoberfläche gebildet hatten. Vielleicht kamen seine Keime, wie manche behaupten, von einschlagenden Kometen getragen, aus dem Weltall auf unseren Planeten. Doch wie auch immer das Leben anfing, es war sofort der natürlichen Selektion unterworfen, die all jene Organismen ausmerzte, welche sich im Wettstreit um die knappen Ressourcen als weniger tüchtig denn andere ihresgleichen zeigten. Das organische Leben ließ die Ursuppe hinter sich und wurde im Kampf ums Dasein immer komplexer.

Nach Millionen und Abermillionen von Jahrhunderten traten Wesen auf den Plan, die der Welt, in der sie lebten, Gedanken, Spekulationen, Theorien widmeten und sich fragten, wie sie selbst wohl in diese Welt hineingekommen waren. Die vor so langer Zeit in der Feuerkugel des Urknalls, in zahllosen Sternen allenthalben in der Galaxis geschaffenen Atome wurden zu Ingredienzien des Menschen. Sie wurden, kurz gesagt, zu neugierigen Atomen.

Aber wieso ist das Universum so angelegt, dass Atome schließlich Wissen über sich selbst erlangen wollen? Das ist ohne Frage eines der großen ungelösten Rätsel der Naturwissenschaft.

ANHANG

DANKSAGUNG

Mein Dank geht an die folgenden Personen, die mir während der Abfassung dieses Buches entweder direkt bei der Arbeit geholfen oder mich mit Ideen versorgt oder mich einfach nur in meinem Tun bestärkt haben: Karen, meine Mum und meinen Dad, Neil Belton, Charlotte Mendelson, Murray Pollinger, Sara Menguc, Sir Fred Hoyle, Harald Fritzsch, Roger Tayler, Robert Wilson, David Tytler, Jordi Miralda-Escude, Peter Kalmus, John Mather, Sir Martin Rees, Max Tegmark, John Emsley, Ken Croswell, Juliet Walker, Nigel Henbest, Nick Booth, Anne Bean, Peter Fink, Elisabeth Geake, Nick Meyhew-Smith, Michael White, Stephen Hedges, David Hough, Pauline und David Parslow, Pat und Brian Chilver. Es versteht sich hoffentlich von selbst, dass keiner und keine der Genannten für etwaige Irrtümer im Text verantwortlich ist.

ANMERKUNGEN

Das Abc der Natur

[1] Die Art von Gas, die Bernoulli vorschwebte, wird als »ideales« Gas bezeichnet zur Unterscheidung von den »realen« Gasen, deren Verhalten unter Umständen – zum Beispiel unter der Einwirkung von sehr hohem Druck – von dem des idealen abweicht. Unter Druck von außen können die Bestandteile eines realen Gases auf so engem Raum zusammengepresst werden, dass Wechselwirkungskräfte zwischen ihnen auftreten. Das muss man bei der Interpretation seines Verhaltens in Rechnung stellen.

[2] Ein Wassermolekül setzt sich aus zwei Wasserstoffatomen und einem Sauerstoffatom zusammen.

[3] Es soll hier nicht verschwiegen werden, dass RTM-Bildern eine gewisse Deutungsproblematik anhaftet, weil die Stärke des Tunneleffekt-Stroms nicht nur von der Oberflächenstruktur der Probe, sondern auch von der Stromspannung abhängt. Daher sahen sich anfangs einige Kritiker veranlasst, die vom RTM gelieferten Bilder skeptisch zu bewerten. Glücklicherweise war das RTM nur das erste eines ganzen Arsenals von »Übermikroskopen«. Ihr Einsatz lässt für Naturwissenschaftler heute nicht mehr den geringsten Raum zum Zweifel zu, dass sie tatsächlich Atome vor Augen haben.

[4] Dies sind die heutigen Messwerte. Bei aller Brillanz im Theoretischen war Dalton ein schludriger Experimentator, und seine Messungen ließen selbst nach dem Maßstab der Zeit zu wünschen übrig.

Atome sind nicht die kleinsten Dinge

[1] Die Zahl der heute bekannten Elemente beläuft sich auf mehr als hundert, von denen allerdings nur 92 in der Natur vorkommen.

[2] Das Stipendium war ursprünglich einem anderen Studenten zuerkannt worden, dessen Leistungen höher bewertet worden waren als die Rutherfords, doch hatte der Betreffende es ausgeschlagen, weil er heiraten wollte. In späteren Jahren, als er unbestritten die Nummer eins in der britischen Naturwissenschaft war, konnte Lord Rutherford, der größte Experimentalphysiker seiner Generation, in Tränen ausbrechen bei dem Gedanken, dass sein Leben leicht auf anderer Bahn hätte verlaufen können.

[3] Tatsächlich senden die radioaktiven Elemente noch eine dritte Strahlenart aus, die von dem französischen Physiker Paul Villard 1900 entdeckten Gamma-Strahlen.

Aber die – später als eine elektromagnetische Strahlung von der Art der Röntgenstrahlung identifizierte – Gamma-Strahlung spielt für die Aufhellung der Radioaktivität nur eine untergeordnete Rolle.

[4] Geigers Name wurde weltbekannt durch den Geigerzähler, dessen maschinengewehrähnliches Knattern vor hoher Strahlungsintensität warnt.

[5] Genauer: positiv geladene Heliumatome. Zu echten Heliumatomen werden sie erst, wenn sie an Geschwindigkeit verlieren und ihre Ladung durch Hinzutreten von Elektronen neutralisiert wird.

[6] Und wie Henri Becquerel entdeckte, wurden Elektronen sogar als Beta-Strahlen von Atomen emittiert.

[7] Die Laborberichte Marie Curies sind eine ernüchternde Warnung vor der Kraft der Radioaktivität. Beinah siebzig Jahre nach dem Tod der Schreiberin gelten sie immer noch als zu gefährlich, um in die Hand genommen werden zu können, und werden in bleigefütterten Kisten aufbewahrt. Wenn die Schreiberin die Seiten glatt strich, tat sie es mit von Strahlenschäden geschwollenen, von strahlenden Ablagerungen durchtränkten Fingern. Legt man einen fotografischen Film zwischen die Seiten und hinterher ins Entwicklerbad, so kann man noch heute beobachten, wie sich auf ihm die geisterhaften Fingerabdrücke der Entdeckerin des Radiums und Poloniums materialisieren.

Die zerfallende Sonne

[1] Nach dem Gesetz von Gay-Lussac: Druck und Temperatur eines Gases ändern sich in gleichem Maßstab.

Das Schimmern der Sterne und die Folgerungen

[1] Bei naturwissenschaftlichen Laien ist Young am bekanntesten durch seine – unabhängig von Champollion – vorgenommene Entzifferung des Steins von Rosette. Er wies nach, dass die Akkommodation des Auges auf Gegenstände unterschiedlicher Entfernung durch Veränderung der Linsenkrümmung zustande gebracht wird, und stellte eine Theorie des Farbensehens auf, der zufolge die Fähigkeit des Auges, jeden Farbeindruck durch Mischen der drei Grundfarben Rot, Grün und Blauviolett entstehen zu lassen (die »Trichromasie«), durch drei jeweils für eine dieser Farben empfindliche Zapfentypen der Netzhaut zu erklären ist. Damit lieferte er gleichzeitig auch eine Erklärung der Farbenblindheit: Sie beruhte für ihn auf dem Funktionsausfall eines Zapfentyps.

[2] Ein Sachverhalt, der eine ironische Facette zeigt, wenn man bedenkt, dass Helium nach Wasserstoff das zweithäufigste Element im ganzen All ist.

[3] Tatsache ist: Selbst wenn die Sonne vollständig aus Uran bestünde, würde sie nur halb so hell scheinen, wie unser Zentralgestirn es unter den gegebenen Bedingungen tut. Die sehr lange Halbwertszeit des Urans sorgt dafür, dass die in den Ato-

men dieses Elements eingeschlossene Energie gleichsam nur in Form eines Rinnsals freigesetzt wird, nicht sturzflutartig wie beim Radium.

Die anomal hohe Masse des Wasserstoffatoms

[1] Goldstein gab, nebenbei bemerkt, den Kathodenstrahlen ihren Namen.

[2] Tatsache ist, dass die – den Gesetzen der Mechanik eklatant widersprechende – Konstanz der Lichtgeschwindigkeit von den beiden Amerikanern Albert Michelson und Edward Morley 1887 im Experiment nachgewiesen wurde. Aber zu der Zeit, als Einstein seine ersten Anstrengungen zur Auflösung der Divergenz zwischen Mechanik und Elektromagnetismus unternahm, war ihm das aufregende Ergebnis des Michelson-Morley-Experiments noch unbekannt.

[3] Minkowski hatte seinen Studenten für einen »faulen Hund« gehalten, der es zu nichts bringen würde.

[4] Diese »Kernkraft« ist teilidentisch mit der so genannten »starken Kraft« oder »starken Wechselwirkung«, neben der noch eine »schwache Kraft« oder »schwache Wchselwirkung« existiert.

[5] Dies ist genau der Vorgang, in dem Julius Robert Mayer im neunzehnten Jahrhundert die Quelle der Sonnenenergie ausgemacht haben wollte.

[6] Aus dem natürlichen Zerfall radioaktiver Elemente in der Erdkruste.

Die »Höllennatur« der Sterne

[1] Schwarze Löcher haben ein so starkes Schwerefeld, dass ihm nichts entkommen kann, nicht einmal das Licht; daher ihre Schwärze.

[2] Die auf einen Körper einwirkende Schwerkraft kann man einfacher als sein Gewicht bezeichnen.

[3] Anders ausgedrückt: der Last von zwanzig Millionen Elefanten, auf eine kleine Münze gehäuft.

[4] Streng genommen ist es natürlich der Druckunterschied zwischen Innen- und Außenseite einer kugelschalenförmigen Materieschicht, der die Gravitationskraft ausgleicht.

[5] Bizarrerweise wird, wenn eine Gaskugel sich unter den geschilderten Umständen zusammenzieht, durch die innere Reibung im Gas Gravitationsenergie in Wärmeenergie umgewandelt und das Gas im Endeffekt erwärmt. Mit anderen Worten: Wenn eine Gaskugel Wärme verliert, wird sie wärmer. Damit steht sie ganz im Gegensatz etwa zu einem Stück Kohle, das ja durch Wärmeverlust abkühlt.

[6] Genau genommen ist es das Infrarotlicht (oder die Infrarotstrahlung), eine Art unsichtbares Licht, die Sie bestimmt schon kennen gelernt haben: Sie ist es nämlich, die Ihre Haut wärmt, wenn Sie in der Sonne sitzen.

[7] Wie viel Zeit genau er braucht, hängt von der »Opazität« der jeweils durchwanderten Materie ab – also davon, in welchem Grad eine Materieschicht den Durch-

gang von Licht (oder irgendeiner anderen Strahlung) zu behindern vermag. In der Sonne benötigt das Licht für den Weg vom Zentrum zur Oberfläche, den es unbehindert in zwei Sekunden zurücklegen würde, etwa dreißigtausend Jahre.

[8] Genau genommen war nach Eddingtons Überzeugung für den Druck, der die Gravitationskraft ausglich, nicht allein das heiße Gas, sondern auch das auswärts fließende Licht verantwortlich. Licht übt Druck aus, weil es Energieträger ist und Energie laut Einstein ihr Massenäquivalent hat. Indes wissen wir heute, dass dieser »Strahlungsdruck« nur in sehr massereichen Sternen, die eine entsprechend hohe Temperatur und Leuchtkraft haben, eine signifikante Rolle spielt.

[9] Wasserstoff emittiert auch eine charakteristische »Lyman-Serie«, wenn sein Elektron auf die Bahn 1 springt. Diese Spektrallinien liegen im ultravioletten Bereich des Spektrums, sind also für das bloße Auge unsichtbar.

[10] Was, wie wir heute wissen, so nicht ganz stimmt. Es sollte sich herausstellen, dass unter bestimmten Voraussetzungen zwei Elektronen sich eine Bahn teilen können.

[11] In der Praxis wird die Elektronenenergie in einer eigenen Einheit, dem Elektronenvolt (eV), gemessen.

[12] Annihilation ist tatsächlich möglich. Sie findet allerdings nur statt, wenn Teilchen wie Proton und Elektron mit dem ihnen zugeordneten »Antiteilchen« zusammenstoßen (das erste Antiteilchen, das »Positron«, wurde 1932 entdeckt). Leider ist aufgrund der Schwierigkeiten, die es macht, Antiteilchen in größerer Zahl zu produzieren, keine realistische Prozedur vorstellbar, mit der auf dem Weg der Annihilation ein nennenswerter Energiebetrag zu erzeugen wäre.

Der Tunneleffekt in der Sonne

[1] Genau gesagt, mit ebendem Quantum Bewegungsenergie, das sie benötigen würde, um von der Tischplatte zum Kraterrand hinaufzurollen.

[2] Wie man die Energie kreisender Elektronen in Elektronenvolt (eV) misst, so die von Atomkernen in Millionen Elektronenvolt oder »Megaelektronenvolt« (MeV). Darin kommt zum Ausdruck, dass bei der Umlagerung von Kernbestandteilen eine Million Mal höhere Energiebeträge im Spiel sind als bei der Umlagerung von Elektronen. Kernenergie, mit einer Umlagerung im Kern verbunden, repräsentiert also ein eine Million Mal größeres Potential als lediglich mit der Umlagerung kreisender Elektronen verbundene chemische Energie.

[3] Eine Technik, die das leistete, wurde später von zwei Physikern der Universität Cambridge entwickelt. John Cockcroft und Ernest Walton bauten 1932 den ersten Apparat für die Teilchenbeschleunigung mittels Hochspannung – eine Methode, die ihnen zuerst von George Gamow nahe gelegt worden war. Für die Platzierung eines Protons in einem Lithiumkern, mit der sie das Lithium in das nächstschwerere Element (Beryllium) umwandelten, erhielten die beiden 1951 den Nobelpreis für Physik.

[4] Mancherseits wird die Geburt der Kernphysik in das Jahr 1934 datiert, von dem

an das Neutron als ein Teilchen *sui generis* allgemein anerkannt war und nicht mehr als ein mit einem Elektron verschweißtes Proton behandelt wurde.

[5] Positronen sind die »Antiteilchen« der Elektronen, also Elektronen mit positiver Ladung; sie wurden 1932 entdeckt. Neutrinos sind geisterhafte Teilchen, die Materie durchqueren, als wäre sie gar nicht vorhanden; ihre Existenz wurde bereits 1930 theoretisch deduziert, aber erst 1957 experimentell nachgewiesen.

Ein Rezept für Sonnenschein

[1] Ebendarum sind Lithium, Beryllium und Bor auf der Erde selten.

[2] Kurz: »CN-Zyklus«. Im deutschen Sprachgebiet am gebräuchlichsten ist die Bezeichnung »Bethe-Weizsäcker-Zyklus« nach den beiden Physikern, die ihn 1938 unabhängig voneinander entdeckten.

[3] Die enorme Temperaturabhängigkeit der Kernreaktionen im Inneren von Sternen ist keine direkte, sondern über mehrere Stufen vermittelt: Die Kernreaktionen hängen vom Tunneleffekt ab, dieser von der Geschwindigkeit der eingefangenen Protonen und deren Geschwindigkeit wiederum von der Temperatur.

[4] Deuterium kommt in der Natur in eher kleinen Mengen vor: Nur jedes siebentausendste Wassermolekül enthält ein Deuteriumatom; diese Moleküle nennt man »schweres Wasser«.

[5] Um genau zu sein, muss man dazu sagen, dass daneben konkurrierende Reaktionen auftreten, die so aussehen, dass ein Helium-3-Kern sich mit einem Helium-4-Kern zu einem Berylliumkern vereinigt und dieser entweder durch radioaktiven Zerfall oder durch Einfang eines Protons sich in zwei Helium-4-Kerne spaltet.

[6] Die natürliche Ursache dieser Langsamkeit hat damit zu tun, dass es *de facto* zwei Kernkräfte gibt – die »starke« und die »schwache«. Einzig die schwache Kraft vermag ein Neutron in ein Proton umzuwandeln (und umgekehrt) und ist demnach sowohl für den radioaktiven Beta-Zerfall als auch für die Deuteriumerzeugung in Sternen verantwortlich. Aber im Vergleich zu der starken ist die schwache Kraft sehr reaktionsträge, mit der Folge, dass zwei Protonen, die nach dem Durchdringen des elektrostatischen Walls einander direkt begegnen, sich fast jedes Mal wieder trennen, lange bevor die schwache Kraft sie in Deuterium umwandeln kann.

[7] Wäre die Möglichkeit gegeben, dass zwei Protonen sich zu Helium-2 vereinigen, würde die Sache sehr rasch vonstatten gehen und aller im Universum vorhandene Wasserstoff wäre schon vor langer Zeit ohne den kleinsten Rückstand von Sternbrennstoff zu Helium-2 umgewandelt worden. Die starke Kernkraft ist faktisch nur ein ganz klein wenig zu schwach, um den Zusammenhalt für Helium-2 leisten zu können: Dass es uns überhaupt geben kann, ist einer äußerst glücklichen Zufallskonstellation der Kernphysik zu danken.

Gottes Hochofen

[1] Nochmals gesagt: Diese Zahlen sind die Werte, auf die Aston gekommen wäre, wenn er, wie Chemiker es heute tun, Kohlenstoff-12 als Standardmaß gewählt hätte.

[2] Nach der Entdeckung des Neutrons sollte man in ihr die Summe der im Atomkern enhaltenen Protonen und Neutronen bzw. der »Nukleonen« (so die gemeinsame Bezeichnung für Protonen und Neutronen) erkennen.

[3] Tatsächlich ist der Proton-Proton-Zyklus nur deshalb möglich, weil jeder Schritt des Prozesses ein Schritt abwärts auf der Bindungsenergiekurve ist. Deuterium besitzt weniger Energie je Nukleon als der Wasserstoff, Helium-3 weniger als Deuterium und Helium-4 weniger als Helium-3.

[4] Abgesehen natürlich von dem Fall, dass die Kerne vor dem Zusammenprall künstlich beschleunigt werden – so die Vorgehensweise Ernest Rutherfords, der Sauerstoff-17 produzierte, indem er Stickstoff-14-Kerne mit Alpha-Teilchen beschoss.

[5] Genau genommen spielte hierbei auch die zum jeweiligen Zeitpunkt bereits erreichte Häufigkeit von freien Elektronen in dem fraglichen Gas eine Rolle, denn die freien Elektronen erhöhten die Zahl der in dem Gas umherschwirrenden und mit Atomen kollidierenden Teilchen und damit auch die Wahrscheinlichkeit der Abtrennung von weiteren Elektronen.

[6] Die Sterntemperaturen reichen von ca. 3000 Grad Celsius bei den relativ kühlen »roten« Sternen bis zu ca. 50 000 Grad Celsius bei den ultraheißen »blauweißen« Sternen.

[7] Ein Wasserstoffplasma enthält faktisch etwa viermal so viel Teilchen – Atomkerne plus Protonen – wie ein Eisenplasma gleicher Dichte.

[8] Eddingtons Theorie konnte die absolute Leuchtkraft der Sonne auf zwei verschiedenen Wegen ableiten – der eine ging von einem 35-prozentigen, der andere von einem 90-prozentigen Wasserstoffanteil aus. Für den (richtigen) höheren Wert konnte sich die astronomische Zunft nur schwer erwärmen, so dass des Anaxagoras Idee von einer eisernen Sonne sich bis in die 1950er-Jahre hinein am Leben hielt.

[9] In Anbetracht der Tatsache, dass ein sich selbst überlassenes Neutron binnen etwa zehn Minuten in Selbstzerstörung endet, war es kein Kinderspiel, was da verlangt wurde.

[10] Das Umgekehrte trifft natürlich für einen schweren Kern auf der anderen Seite des Stabilitätstals zu. Für schwere Kerne gilt das Gegenteil des im Folgenden Ausgeführten.

[11] Streng genommen lässt sich nur bei Materie im thermischen Gleichgewicht sinnvoll von einer Temperatur sprechen.

Das Inferno am Anbeginn der Zeit

[1] Für den Weizsäckerschen Elementenaufbauprozess war eine konstante Neutronendichte Vorbedingung. v. Weizsäcker setzte mithin stillschweigend voraus, dass die Neutronen im Tempo ihrer Selbstzerstörung aus einer »nicht spezifizierten« ex-

ternen Quelle ersetzt wurden. Dieser Weg stand Gamow nicht offen, da sein Hochofen das ganze Universum war, für das es *per definitionem* kein Außerhalb gab. Gamow war daher ganz auf die bei Anbeginn des Universums vorhandenen Neutronen angewiesen.

[2] Die Energiedichte der Materie ist gemäß Einsteins berühmter Formel gleich dem Produkt der Materie und dem Quadrat der Lichtgeschwindigkeit.

[3] Zu dem Zweck, die Eignung verschiedener Materialien zum Bau eines Kernreaktors, in dem als spaltbarer Bombenbrennstoff verwendbares Plutonium hergestellt werden sollte, bestimmen zu können.

Der Schlüssel zu den Sternen

[1] Die Sonne zum Beispiel ist am Äquator etwa siebzig Kilometer dicker als von Pol zu Pol.

[2] Die Möglichkeit, dass Sterne auf ihrer Bewegung durch den Raum so viel Gas und Staub durch »Akkretion« aufnahmen, dass dies schließlich eine Veränderung in ihrem Aufbau bewirkte, war zu dem Zeitpunkt, als er Hoyle kennen lernte, Lyttletons Forschungsthema und hatte Hoyles Interesse für die Astronomie geweckt.

[3] Die Wasserstoffwolken sind zu kalt und zu dunkel, um mit einem herkömmlichen optischen Fernrohr wahrgenommen werden zu können. Sie wurden mithilfe von Radioteleskopen beobachtet – Antennen, die Radiowellen (eine mit dem Auge nicht wahrnehmbare Form von Licht) aus dem All empfangen.

[4] Hier liegt der entscheidende Unterschied zwischen einheitlich aufgebauten Sternen, wie Eddington sie sich vorstellte, und den uneinheitlich aufgebauten Sternen Hoyles und Lyttletons. Im einheitlich aufgebauten Stern würde die unmittelbare Umgebung des Kerns aus dem gleichen heliumverseuchten Gemisch bestehen wie der Kern selbst. Nirgends würde da unvermischter Wasserstoff auf Entzündung warten.

[5] Sobald der Kern eines Sterns aus Eisen besteht, verfügt der Stern effektiv über keinen nuklearen Brennstoff mehr, da Eisen den am festesten gebundenen Kern besitzt, der keine Freisetzung von Kernenergie durch Verschmelzung mit anderen Kernen erlaubt.

Die elementare Kernwaffe

[1] Das war faktisch ebenjene »Diffusionstrennungsmethode«, als deren Vorreiter wir Francis Aston kennen gelernt haben. Er entdeckte bereits vor dem Ersten Weltkrieg, dass Neon bei wiederholtem Durchgang durch eine Wand aus gebranntem Ton immer leichter wird, und fand dadurch seine Vermutung bestätigt, dass dieses Gas sich aus zwei Hauptisotopen – einem leichteren und einem schwereren – zusammensetze.

[2] Der Aufenthaltsort dieser geballten Intelligenz – während des Kriegs eines der bestgehüteten Geheimnisse – war Los Alamos in New Mexico.

[3] Mit der Vermutung, dass der Kollaps des Sternkerns der Treibsatz der Supernovae war, stand Hoyle nicht allein. In einem 1934 publizierten Artikel, der zu den Klassikern der Literatur über die Supernovae zählt, waren Baade und Zwicky zu der gleichen Schlussfolgerung gekommen. Dabei blieb nun allerdings die kleine Frage offen, wie aus der Implosion eine Explosion wird. Doch diese Einzelheit würde, so Hoyles Überzeugung, schon noch früh genug geklärt werden. Heute, ein halbes Jahrhundert später, schlagen sich die Supernova-Theoretiker immer noch mit dem Problem herum.

Die Beryllium-Barriere

[1] Unsere Sonne zum Beispiel ist ein junger Population-I-Stern.

[2] Mit heutiger Präzisionsmesstechnik konnte der Wert auf exakt 7,6549 MeV fixiert werden.

Die stellaren Schmelztiegel

[1] In roten »Überriesen«, deren Masse mehr als das Achtfache der Sonnenmasse beträgt, gilt die Reaktion von Neon-22, einem seltenen Isotop, mit Helium als Quelle von freien Neutronen. Kollision und Verschmelzung der beiden Kerne resultieren in Magnesium-25 plus einem überschüssigen Neutron. Die Neon-22-Neutronenquelle wurde 1960 von Alastair Cameron identifiziert.

[2] Viele Jahre später sollte Fowler den Nobelpreis erhalten, Hoyle jedoch bei der Vergabe übergangen werden – eine der schmählichsten Ungerechtigkeiten in der Geschichte der Wissenschaft. Hoyle selbst ist überzeugt, dass der Preis ihm vorenthalten wurde, weil er das Nobelpreiskomitee dafür kritisiert hatte, dass es für die Entdeckung der Pulsare nicht die eigentliche Entdeckerin, die Studentin Jocelyn Bell, sondern deren akademischen Lehrer ausgezeichnet hatte.

Zwei Stätten

[1] Jede Vorrichtung zum Abstrahlen und/oder Empfangen von Radiowellen ist eine Antenne. Auf unseren Dächern stehen Dipol-Fensehempfangsantennen, die Radiowellen von den Rund- oder Richtstrahlsendeantennen der Fernsehanstalten empfangen. Die der Allgemeinheit bekanntesten Empfangsantennen der Radioastronomie sind die parabolförmigen Radioteleskope, mit denen schwache Radiosignale aus dem Kosmos empfangen werden können.

[2] Der absolute Nullpunkt bezeichnet die tiefste Temperatur, die ein physikalisches System theoretisch erreichen kann. Je weiter ein Körper abgekühlt wird, desto träger bewegen sich seine Atome. Am absoluten Nullpunkt (der -273,15 Grad auf der Celsiusskala entspricht) dürften sie sich gar nicht mehr bewegen; deswegen gilt das

Nernstsche Wärmetheorem, dem zufolge man in der Praxis dem absoluten Nullpunkt beliebig nahe kommen, ihn jedoch nie erreichen kann.

[3] Eine Zeit lang wiegte sich Hoyle in der Hoffnung, in den neu entdeckten »Quasaren« einen vollwertigen Ersatz für die fehlenden Supersterne gefunden zu haben. Es zeigte sich jedoch, dass es sich bei ihnen nicht um Sterne, sondern um die mit ungeheurer Leuchtkraft ausgestatteten Kerne neugeborener Galaxien am Rand des beobachtbaren Universums handelt.

[4] Hoyle war sich – und das verdient höchste Anerkennung – nie zu gut dafür, Beiträge zu Theorien zu leisten, denen er selbst nicht zuzustimmen vermochte, so auch zur Urknall-Theorie (der er sogar ihren Namen gab).

[5] Da zum Zeitpunkt der Heliumsynthese im Urknall auf je ein Neutron zwischen 6 und 7 Protonen kamen, liegt die Zahl genau genommen näher bei 23 Prozent.

[6] Das ist doch nicht viel, könnte man denken; es sei jedoch daran erinnert, dass Wasserstoff viel, viel häufiger ist als jedes andere Element. Deuterium kommt in der Natur häufiger vor als die meisten schweren Elemente.

Die Motoren der Schöpfung

[1] Im beobachtbaren Universum gibt es rund eine Trillion (10^{18}) Galaxien. Wenn in allen von ihnen sich durchschnittlich einmal alle zwanzig Jahre ein Supernova-Ausbruch ereignet, erlebt das Universum in jeder Sekunde tausend Supernovae.

[2] Glücklicherweise dringen Radiowellen und Infrarotlicht durch den interstellaren Staub. Mit Teleskopen, die auf diese Formen des Lichts ansprechen, können Astronomen mitten ins Zentrum der Galaxis blicken.

[3] Der Stern war nach Nicholas Sanduleak vom Warner-Swasey-Observatorium in Cleveland, Ohio, benannt, dem Astronomen, der ihn in den 1960er-Jahren katalogisiert hatte. Sanduleak nahm ihn unter der Nummer 202 in der Breite 69° südlich des Himmelsäquators in seinen Katalog auf; daher die Katalogbezeichnung: Sanduleak -69° 202.

[4] Faktisch leiteten die Neutrinos 99 Prozent der Energie der Supernova ab. Die expandierende Feuerkugel, die an unserem Himmel leuchtete, war nichts anderes als die Hinterlassenschaft des heftigen Neutrinoausbruchs.

[5] 1987A war eine Supernova »Typ II«, d. h. aus einem massereichen Stern, hervorgegangen. In einer Supernova »Typ I«, die aus einem masseärmeren, aber hochgradig verdichteten Stern hervorgeht, kann zwanzigmal mehr Materie in radioaktives Nickel-56 umgewandelt werden. Die Folge ist eine entsprechend höhere Maximalhelligkeit des »Typs I«.

[6] Das ist eine noch größere Verdünnung, als selbst die besten Vakuumtechniker sie jemals auf der Erde zustande gebracht haben.

[7] Vgl. Marschall, *The Supernova Story*, Princeton: Princeton University Press 1994, S. 211.

[8] Die Mehrheit der Astronomen ist überzeugt, dass in der fernen Vergangenheit Supernovae häufiger auftraten als heute.

[9] Oder vielmehr ein »Lichtdefizit«, denn auf die Existenz dieser intergalaktischen Wolken können wir nur aus den Ausbissen, die sie im Spektrum eines Quasars hinterlassen, zurückschließen.

[10] Ein derzeit von der NASA als Nachfolge-Instrument des »Hubble Space Telescope« in der Umlaufbahn um die Erde geplantes riesiges neues Weltraumteleskop verspricht die Entdeckung von Sternen und Sternsystemen noch jenseits der fernsten bisher beobachteten Quasare. Falls es gelingt, die zur Finanzierung des Projekts benötigte halbe Milliarde US-Dollar rechtzeitig zusammenzubekommen, könnte das »Next Generation Space Telescope« um das Jahr 2010 in Betrieb genommen werden.

REGISTER

Ich möchte mich nebenberuflich SELBSTSTÄNDIG machen!

Unternehmen gründen als Arbeitnehmer oder Student

Erfolgreich nebenbei selbstständig sein.

Das Wichtigste zusammengefasst

inklusive To-Do-Liste

by StartingUpPublisher

Inhalt

1. Einleitung

Deine Motivation

Was ist deine Motivation? Warum hast du dir diesen Ratgeber besorgt? Du musst dir darüber im Klaren sein, was genau dich zu deinen Entscheidungen verleitet. Höchstwahrscheinlich bist du entweder ein Arbeitnehmer, der seinem jetzigen Job nachgeht oder ein Student. In beiden Fällen möchtest du dir wahrscheinlich etwas neben deiner Haupttätigkeit aufbauen, was dich früher oder später unabhängig und frei von den Entscheidungen derer macht, die eigentlich über dir stehen sollten.

Wichtig ist, dass du stets dein Ziel und dein inneres Bedürfnis vor Augen hast. Dieses Buch ist daher für den Einstieg in die Selbständigkeit von zukünftigen Unternehmern und Unternehmerinnen gedacht, die über eine nebenberufliche Tätigkeit, sei es als Angestellter oder als Student, nachdenken.

Eine praxisnahe To-Do-Liste am Ende des Buches, welche du auch downloaden kannst, soll dich bei deinem Vorgehen unterstützen.

Der Arbeitnehmer

Der Großteil der Bevölkerung schuftet acht Stunden täglich um den Vorgesetzten zufriedenstellen zu können. Doch die große Frage ist: Stellst du dich selbst mit deinen beruflichen Tätigkeiten zu-

frieden? Erfüllt dich der Job, den du täglich von 9 bis 17 Uhr ausübst?

Man sollte bedenken, dass die Zeitspanne von acht Stunden den Großteil eines Tages einnimmt. Hinzu kommt eventuell noch die Reisezeit zur Arbeit und zurück.

Dein Vorteil gegenüber dem Studenten ist, dass du zwar 'keine Zeit' hast, dafür aber höchstwahrscheinlich über bessere finanzielle Mittel verfügst. Selbst wenn du bereits Kinder haben solltest und dich dadurch verpflichtet fühlst, deinen jetzigen Job durchzuziehen, obwohl du unzufrieden bist, kannst du dir etwas neben deiner Haupttätigkeit aufbauen, ohne ein finanzielles Risiko eingehen zu müssen. Das einzige was du dafür brauchst ist Zeit und Willen. Wenn du einen starken Willen hast, erhältst du die dir fehlende Zeit automatisch, indem du sie dir einfach nimmst. Das geschieht ganz automatisch.

Ob du nun aus welchem Grund auch immer unzufrieden in deinem Job bist oder aber einfach nur dein eigenes zweites Standbein aufbauen willst, den ersten Schritt hast du bereits erfolgreich erledigt: Du hast dich informiert. Du hast dir einen Ratgeber zugelegt und wahrscheinlich auch viel im Internet recherchiert. Damit bist du bereits auf einem guten Weg zu deinem Ziel, auch wenn du es vielleicht aktuell noch nicht glauben magst.

Dein Stein ist bereits jetzt ins Rollen gekommen.

Nun liegt es an dir, ob dein Stein auf seinem Weg zum Erfolg weiter rollt oder sich von herumliegenden Gegenständen (Herausforderungen und Problemen) aufhalten lässt.

Der Student

Auch du als Student hast bereits den Stein ins Rollen gebracht. Dein Nachteil im Gegensatz zum Arbeitnehmer ist höchstwahrscheinlich, dass du nicht über die nötigen finanziellen Mittel verfügst, die du zum investieren benötigst. Doch auch dafür gibt es, wie du in den folgenden Kapiteln noch erfahren wirst, einige gute Lösungen.

Dein Vorteil im Vergleich zum Arbeitnehmer ist die Zeit. Während deiner dreimonatigen Semesterferien solltest du nicht den Großteil deiner Zeit auf YouTube, TikTok, Instagram oder Partys verbringen, sondern ein ausgewogenes Verhältnis zwischen deiner Freizeit, Uniarbeiten, Sport und der Verwirklichung deiner Ziele finden.

Nutze die Zeit nach Beendigung deiner Klausuren und setze dich mit einem freien Kopf an die Planung deines zukünftigen Unternehmens.

Wenn du ein wirkliches Ziel hast, welches fast 24/7 in deinem Kopf herumschwirrt, dann erfüllt dich das Arbeiten an der Erreichung deines Ziels um ein Vielfaches mehr, als die kurzfristigen Glücksgefühle, die du während des Konsums von Videos in di-

versen Social Media Kanälen oder während dem Spielen an der Playstation erhältst. Nutze dein junges unverbrauchtes Potential, welches riesig ist. Sei dir darüber im Klaren, dass du so gut wie alles erreichen kannst und in den nächsten Jahren noch sehr viel lernen wirst.
Stecke dir ein möglichst großes Ziel, welches für dich fast schon unerreichbar erscheint. Beispielsweise könntest du dir vornehmen, dass dein eigenes Unternehmen bis zum Ende deines Studiums so gut läuft, dass du garnicht mehr auf Jobsuche gehen musst.

Tipp: *Egal ob Student oder Arbeitnehmer - schreibe dir auf, was dein Ziel ist. Was möchtest du in einem Jahr erreicht haben? Setze dir unrealistische Ziele. Tu es einfach. Lese dir das geschriebene einmal am Tag durch, sodass du deine Ziele mittels Autosuggestion regelrecht deinem Unterbewusstsein einprügelst.*

Die deutsche Unzufriedenheit im Job

Viele Angestellte in Deutschland sind in ihrem Beruf nicht zufrieden. Das fängt dabei an, dass man angehalten ist, nach genauen Vorgaben zu arbeiten. Die eigene Kreativität, die die Basis für Motivation ist, bleibt auf der Strecke.
Andere klagen darüber, dass sie mit dem Verhalten des Chefs unzufrieden sind, sei es, dass Termine

nicht eingehalten oder Versprechungen plötzlich vergessen werden und man schon wieder bei der nächsten Gehaltserhöhung ausgelassen wurde. Personalentscheidungen werden entweder schlecht oder gar nicht vermittelt. Der Leistungs- und Zeitdruck nimmt immer mehr zu und Stress ist vorprogrammiert. Schlechtes Arbeitsklima, keine oder mangelnde Teamarbeit sind andere Faktoren, die einen Arbeitstag unnötig lang erscheinen lassen. Im schlimmsten Fall kommt es zum „Mobbing".[1] Der vorliegende Ratgeber soll dir daher einen ersten Weg in die richtige Richtung zeigen und dich während der Reise deiner Unternehmensgründung begleiten.
Die To-Do-Liste am Ende des Buches soll dich dazu bringen, das Gelesene auch anzuwenden und einzelne Aufgaben bei erfolgreicher Erledigung abzuhaken. Das positive und motivierende Gefühl beim Abhaken einer erledigten Aufgabe ist sehr wichtig um die eigenen Fortschritte zu dokumentieren sowie stetig am Ball zu bleiben.

Anlagebereites Kapital durch Privatwirtschaft

Es ist kein Wunder, dass immer mehr Berufstätige über eine Selbständigkeit nachdenken. In Deutschland wird von fast allen Parteien die Diskussion der Gründungsoffensive geführt. Doch ist die Kultur der

„Menschen, die an eine Selbständigkeit denken“ in Deutschland nicht besonders gut entwickelt, so dass ein Nachholbedarf besteht. Hinzu kommt, dass an Hochschulen und Universitäten wohl ein gewisses Maß an Wissen vermittelt wird, aber über den Mut und das Durchhaltevermögen wird nicht gesprochen.
Und drittens ist das Potential an anlagebereitem Kapital schlichtweg nicht vorhanden, wenn man von Förderinitiativen der Privatwirtschaft, den Privatanlegern von Crowdfunding Plattformen und Investoren einmal absieht.

Wir brauchen innovatives Unternehmertum

Warum braucht Deutschland mehr Unternehmer? Innovatives Unternehmertum bedeutet Wachstum. Es muss gefördert werden, da es ein Mittel zur Schaffung von Arbeitsplätzen sowie der gesamtwirtschaftlichen Wachstumsrate ist. Besonders sind klein- und mittelständische Unternehmen im Fokus. Wird der Mittelstand gefördert, wird die Wirtschaft in Deutschland, wie in jedem anderen Land, belebt.

Neue, junge Unternehmerkultur in Deutschland

Und doch ist ein Trend, was die Unternehmerkultur in Deutschland betrifft, zu verzeichnen. Seit den letzten Jahren sind immer mehr Startups, meist von der jüngeren Generation, gegründet worden. Verstaubte Büros, festgefahrene Hierarchien, Vorgesetzte, die nur hinter dem Schreibtisch agieren können, gehören der Vergangenheit an. Open-Plan-Büros, Think Tanks (auf Deutsch auch Denkfabrik genannt), zentrale Meeting-Point-Räume, wo sich Mitarbeiter zwanglos zusammensetzen können, um kreativ und eigenständig, sprich mit mehr Verantwortung, neue Konzepte besprechen können, entstehen heute immer mehr. Vorgesetzte binden sich mehr und aktiv in die Abläufe ein, sind eher weltoffen und vorurteilslos gegenüber neuen Ideen, anstatt sich festgefahren in althergebrachten, traditionellen Führungsstilen zu befinden.

Des Weiteren gehen wir auf die Entwicklung des Internets und dessen Chancen ein. Die digitale Selbständigkeit bietet ungeheure Entwicklungsmöglichkeiten. Neben geringen Kosten – im Gegensatz zu Ladengeschäften, Werkstätten oder Büros – bietet das Arbeiten via Internet eine Flexibilität, die nicht hoch genug bewertet werden kann. Ein Trend, der über die letzten Jahre ständig zugenommen hat. Besonders die junge Generation –

die sogenannte „Generation Y“ – empfindet ein digitales, und damit ein flexibleres Arbeiten als normal an, da sie damit praktisch aufgewachsen ist. Aber auch immer mehr ältere Menschen starten noch einmal durch und bauen sich eine neue Existenz auf. In Zukunft wird das Arbeitsumfeld nicht nur im eigenen Wohnviertel oder in der eigenen Stadt stattfinden, sondern sich weltweit erstrecken.

„Nicht angepasst sein, das macht den Unternehmer aus.“

- Erich Sixt, deutscher Unternehmer und Vorstandsvorsitzender des internationalen Mobilitätsdienstleisters Sixt SE

Wenn du also eine Idee hast und du dich berufen fühlst, ein eigenes Unternehmen neben deinem Hauptberuf oder neben deinem Studium aufzubauen, dann kann von uns eigentlich nur der Aufruf kommen: Verfolge dein Ziel und sei ein Mitglied dieser neuen Arbeitskultur! Dieses Buch wird dir dabei helfen und dir die grundlegendsten Dinge, die du brauchst, aufzeigen.

Die Begeisterung der eigenen Idee

Zunächst wird man von seiner Geschäftsidee begeistert und hoch motiviert sein. Es werden vermutlich die wichtigsten Recherchen schon gestartet worden sein und die ersten Höhenflüge lassen einen nicht mehr schlafen – speziell, wenn man eine Marktlücke erkannt hat. Das ist gut so und gehört zu diesem wichtigen Prozess dazu.

Doch dann wird man nach weiterer Verfolgung seines Projekts erkennen, wie vielfältig diese Aufgabe ist. Die meisten Menschen geben genau an diesem Punkt auf. Zu viele Faktoren tauchen plötzlich auf, Bestimmungen müssen eingehalten werden, die richtige Firmenwahl, das Marketing, die Anmeldung bei Behörden und Ämtern, der steuerliche Aspekt und nicht zuletzt immer das Risiko vor Augen zu haben, ob es sich wirklich lohnt, seine Geschäftsidee gewinnbringend auf den Markt zu stellen, überfordert die meisten.

Es ist sicherlich eine gewaltige Aufgabe, kann aber auch eines mit der interessantesten und schönsten Aufgaben des Lebens sein. Der „Berg an Arbeit und Informationen“, der vor einem liegt, beeindruckt, aber er ist sehr viel leichter zu erklimmen, als die meisten Menschen glauben.
So einfach es klingen mag, es steht und fällt mit der richtigen Organisation, dem strukturiertem Denken, einem unerschütterlichem Glauben an seine eige-

nen Fähigkeiten, der Zielstrebigkeit und mit einem positiven Denken. Es ist auch ein Lernprozess, der absolviert werden muss. Und was wären wir alle, ohne zu lernen – tagtäglich.

„Fürchte Dich nicht vor einem großen Schritt. Man kann einen Abgrund nicht mit zwei kleinen Sprüngen überqueren."

- David Lloyd George (1863-1945, britischer Politiker und Staatsmann)

Welche Eigenschaften braucht ein Unternehmer?

Ein zukünftiger Unternehmer muss in aller erster Linie ein Generalist sein wie auch ein Auge für das Detail haben. Das kann in manchen Fällen zu einem Drahtseilakt führen, ist aber durchaus vereinbar.

Was aber ein Fakt ist, sind drei Dinge, die alle Startups gemeinsam haben. Wenn du weißt, dass du eine geniale Geschäftsidee hast, sollten es auch ganz schnell andere Entscheidungsträger wissen. Wenn dann noch ein effektives Netzwerk hinzukommt wie auch Authentizität, dann hast du schon

die drei Grundvoraussetzungen für einen Erfolg.

Geniale Geschäftsidee

Die meisten Startups scheitern an einer Fehleinschätzung der Marktbedürfnisse. Wenn für das eigene Produkt oder den eigenen Service ein Problem gesucht wird, geht das meistens nach hinten los, denn eine Problemlösung wird damit nur an den Haaren herbeigezogen.
Besser ist es, ein echtes Problem zu suchen, eine Lösung dafür zu finden und zu erklären, wie dein Produkt es effektiv beheben kann. Auf diese Weise findet man viel eher und einfacher die richtigen Kunden und / oder Geldgeber.

Beispiele: Wenn du in deiner gewählten Umgebung planst, ein Geschäft zu eröffnen und der einzige Anbieter bist, hast du schon das Problem der Belieferung gelöst. Es ist zwar nicht im Sinne einer technischen Lösung eines Problems, aber es wäre eine, da kein Wettbewerb vorhanden ist.
Wenn du die ultimative Pfanne herstellen oder liefern kannst, die gewährleistet, dass keine Spiegeleier ankleben, hast du ein Alleinstellungsmerkmal. Wenn du einen unkomplizierten Blutzuckerspiegeltest ohne Blutprobe anbieten kannst, hast du ein Problem gelöst. Die beiden letztgenannten Beispiele sind aus der Praxis von jungen Unternehmens-

gründern!

Aufbau eines effektiven Netzwerkes

Baue dir bei deiner Vorbereitung ein gutes Netzwerk auf. Kontakte sind eines mit der wichtigsten Dinge, die du brauchen wirst.

Die Handelskammer wäre eine gute Adresse und Erstanlaufstelle, um sich umfassend beraten zu lassen. Zu diesem Punkt kommen wir noch später.

Es lohnt sich aber auch mit Experten aus deiner Branche Kontakt aufzunehmen. Es gibt viele Beratungsstellen, Technologie- und Gründerzentren, Unternehmervereinigungen, Seminare, Innovations- und Gründerzentren wie auch die Business-Angel.

Für Frauen steht eine Vielzahl an Gesprächsrunden zur Verfügung sowie eine gute Auswahl an Seminaren. Spezielle Vereine für Gründer mit Migrationshintergrund runden das Angebot ab. Nicht selten finden sich bei diesen Beispielen Gleichgesinnte, die sich gegenseitig helfen und unterstützen. Aber wichtig ist der Kontakt zu den Veranstaltern und Beratungsstellen, um weitere Kontakte aufzubauen. Die Erfahrung zeigt, dass ein guter Kontakt zum nächsten führt.

Nicht zuletzt sollten die Portale der Crowd-Fundings, auch Gruppenfinanzierung genannt, angesprochen werden. Hier geht es allein um die Um-

setzung einer Geschäftsidee mittels Geldbeschaffung von mehreren Investoren. Wer bereits ein Geschäftsmodell erstellt hat und auf Fragen gut vorbereitet ist, kann beim Crowd-Funding die ersten Erfahrungen sammeln, respektive Kontakte aufbauen.

Wer sich bei Familie oder Freunden die Finanzierung sucht, wird vielleicht eine zögerliche Reaktion erhalten. Das liegt daran, dass durch den Verleih von größeren Geldmengen und einem eventuellen Risiko eine Freundschaft aufs Spiel gesetzt werden kann. Es wäre besser, erst einige Gespräche mit Experten zu führen, ein detailliertes Geschäftsmodell auszuarbeiten und vor allen Dingen einen klaren Finanzplan zu erstellen. Wenn man danach noch von seiner Geschäftsidee voll und ganz überzeugt ist, könnte dieser Schritt angedacht werden.

Authentizität

Unter dem Motto „Sei du selbst“ musst du Begeisterung und Leidenschaft für dein Produkt zeigen wie auch eine gesunde Selbsteinschätzung. Wenn du weißt, wo dir zu deinem Erfolg noch Unterstützung fehlt, solltest du Menschen finden, die dir zielgerecht unter die Arme greifen können und anhand externer Hilfe den Erfolg realisieren.

Planen und Wissen

Dies ist die erste Grundregel. Aus der Idee wird ein Projekt, aus dem Projekt entsteht ein Arbeitsplan und daraus entsteht die Struktur aller weiteren Arbeitsvorgänge, aller Daten, die gesammelt werden müssen, um ein Geschäftsmodell und einen Finanzplan zu erstellen.
Du wirst erfahren, warum es wichtig ist, deine Zielgruppe genau zu kennen. Wie stellt man eine Marktforschung an und warum ist sie so wichtig?

Ein Must – der Businessplan

Viele Unternehmensgründer verzichten auf die Erstellung eines Businessplans, auch Geschäftsmodell genannt. Wir denken, dass dieser aber essenziell ist, allein aus dem Grund, sich über seine Ziele und Vorstellungen klar zu werden. Eine Struktur entsteht, die wichtig ist, nicht zuletzt aber auch für eventuelle Finanzgeber.
Du wirst chronologisch Schritt für Schritt mehr darüber erfahren, wie du einen persönlichen Plan bei der Umsetzung deines Projektes erstellen kannst, angefangen von der Frage des „Warum" bis hin zur Selbstdarstellung durch das richtige Marketing.

Wichtig: Jede erdenkliche Hilfe holen, wo man Hilfe erwarten kann. Damit meinen wir nicht nur die finanzielle Hilfe, sondern auch die fachliche, die

man vielerorts erhält. Hierzu erfährst du mehr in diesem Buch.

Du wirst über die richtige Firmenwahl informiert werden, wie auch mehr über Pflichten erfahren wie Anmeldungen bei Behörden und Ämtern, Steuern und alles, was man zur Anmeldung eines Unternehmens braucht.
Ein besonderes Kapitel ist das Marketing, da dies mit zu den wichtigsten Dingen einer Selbständigkeit gehört. *"Wer sich nicht selbst auf den Marktplatz stellt und laut schreit, wird niemals von anderen wahrgenommen werden."* Dies ist ein sehr alter, klassischer „Marketingspruch", der seine Gültigkeit bis heute – vor allen Dingen in unserer aktuellen Community-Gesellschaft auf Facebook & Co. – nicht verloren hat und immer noch relevant ist!
Du wirst erfahren, warum eine Website das „A und O" ist – vor allen anderen Selbstdarstellungen im Internet! Wie wichtig die Wahl eines Firmenlogos ist, wird in diesem Kapitel ausreichend ebenso geschildert, wie der Einsatz von Bildern.
Du wirst mehr über die Bedeutung von Keywords erfahren und wie du sie in Texten auf deiner Website richtig einsetzen kannst.

Studenten als nebenberufliche Unternehmer

Nicht zuletzt gehen wir auf die Gruppe von Studenten ein, die ihre Geschäftsidee umsetzen wollen. Es gibt mittlerweile viele Organisationen, die jungen Menschen die Möglichkeit geben, schon während des Studiums unternehmerische Kompetenzen zu erwerben. Darüber hinaus gibt es Förderprogramme, wie auch diverse Wettbewerbe, die von Universitäten sowie der Industrie- und Handelskammer organisiert werden.
Der Student hat eine sehr gute Möglichkeit, sich bei entsprechenden Organisationen – ob als Einzelkämpfer, oder in der Gruppe – zu erkundigen und an interessanten Projekten teilzunehmen.

Zustimmung / Kritik – Negativ vs Positiv

Last but not least wollen wir auf Zustimmung beziehungsweise Kritik eingehen. Es wird immer Bedenkenträger geben, die nicht an die Idee oder deren Umsetzung glauben. Das passiert meist in der Anfangsphase und ist eine normale Erscheinung. Also nicht persönlich nehmen, sondern herausfinden, wo die Gründe liegen.
Kritik kann unter Umständen wertvoll sein und liefert einen anderen Ansichtspunkt. Es kommt natür-

lich immer darauf an, wer die Kritik ausübt und wie konstruktiv sie herüberkommt. Da wir nun mal dazu raten, dass man sich, wenn möglich, immer fachlichen Rat einholen sollte und mit Experten über seine Geschäftsidee redet, sollte man mit der Zeit auf sämtliche Kritik vorbereitet sein. Auf dieser Ebene wird es eher unwahrscheinlich, dass eine unbegründete Kritik geübt wird. Nimm also stets deine Kritik ernst und versuche daraufhin dein Konzept zu verbessern.

Anders verhält es sich, wenn Familienmitglieder und Freunde eine grundlose Kritik „aus dem Bauch heraus" üben. Die Gründe sind vielfältig und sind eher emotional, da sie auf Sorge, Neid oder Unwissenheit basieren.
Wenn du trotz dieser Widerstände bereit bist, ein kalkuliertes Risiko einzugehen und dich von deiner Idee nicht abbringen lässt, kannst du auch andere überzeugen. Dies ist die wichtigste Voraussetzung, um deine Idee umzusetzen.

"Ein Unternehmen ist kein Zustand, sondern ein Prozess."

- Ludwig Bölkow (1912-2003), deutscher Ingenieur und Unternehmer, Gründer des Flugzeugherstellers Bölkow GmbH

Last but not least möchten wir auf die Wortwahl der geschlechtergerechten Sprache eingehen. Uns ist bewusst, dass speziell im deutschsprachigen Raum seit Jahren die Sichtbarmachung der biologischen Geschlechter genutzt wird.

Wir haben in diesem Buch darauf verzichtet, da der Lesefluss für unsere Begriffe dadurch behindert wird. Wir wollen weder die Frau diskriminieren noch hintenanstellen. Ebenso, wie wir den Mann nicht voranstellen wollen. Für uns steht zum Beispiel der Begriff „Kunde“ oder „Student“ immer für beide Geschlechter.

2. Die Selbständigkeit als Ziel

Das eigene Unternehmen

Um es gleich vorweg zu nehmen: Sich nebenberuflich selbständig zu machen, ist ein großer Schritt und sollte von der Leistung und Kraftanstrengung, die lebenseinschneidend sind, nicht unterbewertet werden. Auf der anderen Seite wird dieses Vorhaben bereits in der Vorbereitung Befriedigung und wahrscheinlich auch Glücksmomente hervorbringen.

Warum die Selbständigkeit?

Der Traum von vielen Deutschen ist die eigene Selbständigkeit. Die Motivation ist vielschichtig. Angefangen von einem besseren und selbstbestimmten Leben bis hin zur finanziellen Unabhängigkeit. Wer nur daran denkt, Reichtümer und Ansehen zu scheffeln, wird schon im Anfangsstadium scheitern. Wer sich allerdings neben dem Hauptberuf oder dem Studium mit einer guten Idee und Freude auf eigene Füße stellen will, hat schon mal die Grundidee des selbständig seins verinnerlicht. Mit einer Selbständigkeit wird ein gewisser Status verbunden, aber der Aufbau ist mit viel Arbeit, Durchhaltevermögen, Weitsicht und einer großen Disziplin verbunden.

Der gewohnte Feierabend um 17 Uhr wird vielleicht nicht mehr so oft eintreten. Das hängt allerdings auch davon ab, wie du dein Zeitmanagement betreibst.

Das Geld zum Leben wird auch nicht mehr automatisch am Monatsende auf dem Konto sein. Du wirst vermutlich auch die Erfahrung machen, dass deine Zeit für Familie und Freunde stark eingeschränkt wird.

Damit muss man neben dem zeitlichen Aufwand der Planung fertig werden. Fakt ist, dass eine Selbständigkeit oft mit einem gewissen Risiko verbunden ist. Darum ist der Schritt in die Selbständigkeit neben dem Hauptberuf ein sinnvolleres Vorhaben, damit das Risiko eingeschränkt und somit überschaubar bleibt.

Trotz allem ist der zeitliche Aufwand neben dem Hauptberuf durchaus möglich und nicht so schwierig, wie es sich vielleicht die meisten Menschen vorstellen. Wer einen Internetanschluss besitzt, hat schon mal die gesamte weltweite „Bibliothek“ und Informationsbörse zur Verfügung.

Grundvoraussetzung ist natürlich, dass diese wertvollen Quellen, die aufschlussreiche Informationen geben, auch genutzt werden. Das wäre der erste Schritt, um sich nach Beendigung der Hauptbeschäftigung am Abend und an Wochenenden gut vorzubereiten.

Tipp: *Denke in kleinen Schritten – in sogenannten Baby-Steps. Kleine Ziele werden schneller erreicht, bauen auf und motivieren zum Weitermachen. Nach jedem Erfolgserlebnis möchte man mehr!*

Nebenberufliche Selbständigkeit

Die nebenberufliche Selbständigkeit hat in den letzten Jahren immer mehr an Bedeutung gewonnen. Mehr als die Hälfte aller Gründungen in Deutschland werden neben dem Hauptberuf gestartet.

Der Kapitalbedarf ist wesentlich niedriger und damit überschaubarer. Frauen tendieren eher als Männer zur nebenberuflichen Selbständigkeit, um das Risiko zu minimieren. Sie gehen ihre Gründungsprojekte mehr vorbereitet und strukturell anders an als Männer.[2] Dabei nimmt die Zahl der Frauen mit Kindern – den sogenannten Mompreneurs – immer mehr zu.

Interessanterweise gründen diese Frauen eher größer und häufiger mit Blick auf Wachstumspotential als andere Gründerinnen. Zudem sind sie gut über Förderkredite und BA-Zuschüsse (Bundesagentur für Arbeit) informiert, die sie auch besser nutzen. Sie sind stark auf den persönlichen Dienstleistungsbereich fokussiert und erreichen damit einen gut ausgebauten regionalen Zielmarkt.[2]

In den meisten Fällen werden Geschäftsmodelle aus dem eigenen Umfeld generiert, eben die Pro-

bleme, die eine Mutter mit Kindern hat und dafür eine Lösung entwickelt. Und ebenso sind es mehr Online-Modelle als ortsgebundene Geschäfte.

Aber auch hier gilt, dass es ohne eine ausgiebige Vorbereitung nicht geht. Je mehr du dich damit beschäftigst, umso mehr Erfahrungen wirst du auf diesem Weg sammeln und dich immer sicherer fühlen. Es nimmt über die Zeit Gestalt an und dein „Projekt“ wird einen wichtigen Punkt in deinem Leben einnehmen. Nutze jede positive und negative Erfahrung auf deinem Weg zum Ziel!

"Erfolg hat drei Buchstaben: TUN."

- Johann Wolfgang von Goethe (1749-1832), deutscher Dichter und Naturforscher

Ein Startup neben dem Studium – Alles ist möglich

Das traditionelle Bild von Studenten, die sich neben ihrem Studium zusätzliches Geld verdienen wollen, beinhaltet den Kellnerjob, Nachhilfeunterricht für schwache Schüler oder das Mädchen für alles im Büro. Manche sind auch als Weihnachtsmann unterwegs oder schmeißen sich in ein aberwitziges Tierkostüm, um als Maskottchen für irgendeinen

Sportverein das Publikum zu belustigen.
Um neben dem Studium finanziell über die Runden zu kommen, ist für die meisten Studenten ein Nebenjob fast unverzichtbar.

Doch immer mehr Studenten suchen nach lukrativeren Möglichkeiten, die bewusst längerfristig angelegt werden, also von einem Nebenjob weit entfernt sind. Und dies geschieht meistens in Partnerschaften, ob nun zu zweit oder in größeren Gruppen.

Es wird immer mehr Kritik am deutschen Schulsystem geübt, das im Hinblick auf Förderung von unternehmerischem Denken und Handeln schlecht abschneidet. Die Kritik geht sogar noch weiter, indem behauptet wird, dass Universitäten ihre Studenten kaum auf den wirklichen Berufsalltag adäquat vorbereiten.

Unterstützung von Studenten durch Initiativen der deutschen Wirtschaft

Initiativen, wie die der Stiftung der deutschen Wirtschaft zusammen mit der Heinz Nixdorf Stiftung[3], bieten Unterstützung studentischer Gründerteams bei ihrer Verwirklichung von Projektideen an.
Ziel ist es, jungen Menschen die Möglichkeit zu bieten, schon während des Studiums unternehmerische Fähigkeiten und Kompetenz zu erwerben.

Gründergeist soll geweckt werden und die ersten praktischen Erfahrungen werden in einem zwölfmonatigen Qualifizierungsprogramm ermöglicht, um das so wichtige unternehmerische Know-how zu erlangen. Dieses Förderprogramm findet jedes Jahr statt und hat bereits seit dem Jahr 2005 600 Studenten durch diese Initiative gefördert.
Das Spektrum reicht vom klassischen Startup bis hin zu den immer mehr in die Öffentlichkeit rückenden, gemeinnützigen Ideen der „Social Entrepreneurships".

Die Möglichkeiten, um sich neben dem Studium selbständig zu machen, sind so vielfältig, wie es Studienfächer gibt. Ob nun BWL-Studenten ein cleveres System zur besseren Kosten-/Nutzenanalyse entwickelt haben oder ob Jurastudenten eine neue Plattform ins Leben rufen, wo innerhalb einer privaten Cloud unter Ausschluss der Öffentlichkeit eines Netzes Rechtsberatung vorgenommen wird.
Aber selbst, wenn Ideen entwickelt werden, die mit dem Studium an sich nichts zu tun haben, sind die Möglichkeiten nahezu unbegrenzt. NICHTS ist unmöglich!

„Die Leier spielen kann ich nicht. Aber ich kann aus einem kleinen Dorf einen mächtigen Staat machen."

- Themistokles, Staatsmann und Feldherr Athens, um 524 v. Chr. - um 459 v. Chr.

Was braucht ein Student, um erfolgreich zu sein?

Erst einmal die Idee. Wir wollen aber noch auf etwas anderes eingehen. Es wäre nicht schlimm, wenn man scheitert. Es gehört zur Selbständigkeit mit dazu und man wird nur daraus lernen können. Eine persönliche Überschuldung sollte natürlich vermieden werden. Das Motto ist: „Dream big and start small." Als Unternehmer muss man sich ständig motivieren, Auftraggeber finden, Verhandlungen führen und vor allen Dingen Buchhaltungspflichten einhalten. Belastbarkeit, Disziplin, Ehrgeiz und Verantwortungsbewusstsein sind im ersten Schritt die Basis, auf der man beginnt.

An sich ist der Student in einer sehr guten Position, wenn er an eine studienbegleitende Eigenständigkeit denkt. Er befindet sich durch das Studium in einer Lernphase und erlangt fast tagtäglich neue

Kenntnisse und Wissen. Zudem hat er in den Semesterferien die Möglichkeit, sich auf eine Selbständigkeit vorzubereiten.
Falls die Idee und Umsetzung so gut funktionieren sollte, dass das Studium darunter leidet, kann ein Student immer noch weiter studieren, nur eben langsamer. Aber zu wissen, dass diese Option besteht, gibt erst einmal ein sicheres Gefühl – zumindest aber die Zeit, um zu entscheiden, wo die berufliche Zukunft liegt.

Man sollte das Vorhaben zur nebenberuflichen Existenz auch erst einmal als eine Art Prüfung ansehen:

- Parallel zum Studium klein anfangen. Zu diesem Zeitpunkt sollte das Studium noch an Position Nummer 1 stehen.
- Die Zeit nutzen, um sich und sein Geschäftsmodell zu prüfen.
- Positiv dazu stehen, dass man wertvolle Erfahrungen sammelt – auch wenn mal etwas nicht von Anfang an funktioniert. Jede gemachte Erfahrung ist wichtig!
- Während der Planung und Vorbereitung Kontakte sammeln und ein berufliches Netzwerk aufbauen.

***Tipp**: Viele Hochschulen bieten eine Gründungsberatung an, die mit Rat und Unterstützung zur Seite stehen.*

Geschäftsideen entstehen meist durch einen Bereich des Studienfachs oder durch ein Praktikum. Wenn ein Student Maschinenbau studiert und erkennt, dass es noch keine geruchsneutralen Biogasanlagen gibt, hat er eine Marktlücke erkannt. Aber auch mit einfacheren Geschäftsideen kann man durchaus Erfolg haben.
Im Zeitalter der personalisierten Produkte und Geschenke gibt es zahlreiche Möglichkeiten, sich selbständig zu machen. Wer also handwerklich begabt ist und mit Materialien wie Holz, Metall, Leder, Stoff usw. umgehen kann und aus dem Kunststudium so viel wie möglich herausholen will, hat gute Chancen. Plattformen wie Amazon, aber speziell Etsy, sind voll mit entsprechenden Angeboten. Diese lohnen sich vor allen Dingen, um Ideen zu bekommen und sich inspirieren zu lassen.

Selbständig mit einem Klein- oder Vollgewerbe

Auch ein Student muss sein Vorhaben beim Gewerbeamt anmelden, das daraufhin alle relevanten Behörden, angefangen vom Finanzamt bis hin zur Industrie- und Handelskammer, informiert.
Wer weniger als 22.000 Euro (Stand 2020) mit ei-

ner Selbständigkeit verdient, fällt unter das Kleingewerbe. Es muss einzig und allein eine Einnahme-Überschuss-Rechnung jährlich erstellt werden. Die Pflichten eines Vollgewerbes entfallen damit, wie die doppelte Buchführung, Bilanzen oder Inventur.

Die freiberufliche Tätigkeit als Student

Wer sich als Student freiberuflich selbständig machen will und sich den Status des Freiberuflers sichert, muss eine Steuernummer beim Finanzamt beantragen. Es fällt allerdings keine Gewerbesteuer an, da keine Gewerbeanmeldung nötig ist und es muss nur eine Einnahme-Überschuss-Rechnung jährlich beim Finanzamt eingereicht werden.

In der Regel kann man sich bei der Ausübung von künstlerischen Tätigkeiten bei der Künstlersozialkasse versichern lassen und bezahlt nur den halben Betrag an Kranken- und Rentenversicherung.

Unternehmertum – Learning by doing

Die Vorbereitungsphase zur Selbständigkeit sollte unter dem Motto „Learning by doing“ stehen. Denn nichts anderes bedeutet dieser lebenswichtige Schritt.

Die Planungen und Vorbereitungen sind zwar wichtig und unerlässlich, aber eine zu perfekte Planung bis ins letzte Detail kann eher hinderlich sein, als dass sie förderlich wäre. Man kann schnell den Überblick verlieren und den berühmten Wald vor lauter Bäumen nicht mehr sehen. Das frustriert und in den meisten Fällen besteht die Gefahr des Aufgebens auf halber Strecke. Daher solltest du dich nicht davor scheuen, einfach mal anzufangen.

Das kann schon mit der (falls nötig) Gewerbeanmeldung beginnen, die heutzutage relativ leicht Online gemacht werden kann.

„Es ist besser unvollkommen anzupacken, als perfekt zu zögern.“

- Thomas Alva Edison (1847-1931), US-amerikanischer Erfinder und Unternehmer

Alles bis in kleinste Detail auszuarbeiten, bedeutet Zeit zu verlieren. Die Flexibilität ein Konzept marktgerecht anzubieten oder Produkte und Service anzupassen, sollte speziell in der Planung immer noch einen entsprechenden Raum der Änderung freihalten.
Ein Entrepreneur ist auch immer ein Generalist. Er muss den Überblick behalten und darf niemals im Detail stecken bleiben.

Tipp: *Immer ein kleines Notizbuch oder einen Schmierzettel in der Nähe haben und sofort Ideen, Eingebungen etc. reinschreiben, die aber erst zu einem späteren Zeitpunkt relevant werden. So geht dir nichts verloren und du baust eine Ideen-Sammlung auf. Du lernst in der Gewissheit zu leben, dass du nichts vergessen wirst.*

Bist du reif für eine Marktlücke?

Es soll also schon alles auf dieser Welt geben, was die Menschheit braucht? Dem ist natürlich nicht so. Ob das Auto, der Fernseher, das Smartphone, der Computer oder der Bitcoin: Niemand hätte gedacht, dass alle diese Erfindungen unser tägliches Leben komplett verändern würden. Wer eine Marktlücke entdeckt hat und vor allen Dingen es versteht, daraus ein Geschäft aufzubauen, hat hervorragende Chancen, erfolgreich zu sein.

Es ist allerdings nicht Jedem gegeben, eine Marktlücke zu „erkennen“. Vermutlich muss man auch ein Visionär sein. Eine Marktlücke erkennt man an einer vorhandenen Nachfrage, die niemand bedienen kann und daran, dass es kein entsprechendes Angebot gibt. Marktlücken können sich schon im einfachen, täglichen Leben verstecken, auf die niemand bisher gekommen ist.
Ein Ansatzpunkt sind z.B. verärgerte Kunden. Es geht im Grunde nur darum eine Marktlücke zu schließen. Schlechter Service, lange Warteschlangen, fehlerhafte Produkte – die Liste ist lang.

Beispiel: Die nervenden Warteschlangen an Tankstellen, um sein Auto zu waschen, haben schon viele verärgert. Ganz davon abgesehen, dass diese Tankstellen ein Zusatzgeschäft verlieren.
Seit einigen Jahren tauchen immer mehr spezialisierte Firmen auf, die nur das eine tun! Wagen waschen und von innen blitz-blank säubern, so dass sie fast wie neu aussehen. Es geht nicht nur um einfaches Waschen eines Autos. Es handelt sich um professionelle Autowäschen und Autopflege mit Industrie-Reinigungsmitteln. Diese Firmen besitzen einen gut angelegten und großzügigen Parkplatz. Kunden können nach Vereinbarung eines Termins ihr Auto abgeben oder mal schnell reinsehen.
Der Service ist so gut, dass die Resonanz diesem Geschäftsmodell Recht gibt. Die Arbeit wird auf

mehrere Mitarbeiter verteilt, was einen schnellen Abwicklungsprozess garantiert. Dieses Beispiel zeigt auch, dass man mit Hilfskräften ein lukratives Geschäftsmodell aufbauen kann.

„Wenn jeder findet, dass Sie eine gute Idee haben, sind Sie zu spät.“

- Paul Hawken, US-amerikanischer Umweltschützer und Autor

Über den Tellerrand sehen oder wie im englischsprachigen Raum bekannt „Think out of the box“. Der Blick über den großen Teich lohnt sich immer, wenn man nach einer Marktlücke Ausschau hält. Vor wenigen Jahren war es undenkbar, sein Baby oder den Hund mittels einer angebrachten Kamera heimlich zu beobachten und dann auch noch vom Arbeitsplatz aus das Ganze zu steuern, indem man schnell den Babysitter oder Nachbarn informieren kann, um das Baby vor dem Schlimmsten zu bewahren. Dem Hund, der gerade im Begriff ist, das verlockende Käsebrot vom Küchentisch zu stibitzen, wird vom Büroschreibtisch aus sein Namen zugerufen, der dann so überrascht ist, dass er sein Vorhaben sofort verdattert wieder aufgibt. Das war in Deutschland alles noch nicht bekannt. Bis vor

einigen Jahren. Aus dieser Geschäftsidee ist eine riesige Industrie entstanden, die entsprechend gut entwickelte Kameras anbietet.

Noch heute ist es so, dass man die Ausrüstung zu guten Preisen nur über Amazon im englischsprachigen Raum bekommen kann. Aber langsam zieht Deutschland nach. All dies ist nur möglich, wer mit offenen Augen durch seine Welt läuft.

Firmen im Generationswechsel

Laut der KfW Bankengruppe sind fast 40 Prozent der Inhaber von KMUs (kleine und mittlere Unternehmen, auch unter Mittelstand bekannt) älter als 55 Jahre und müssen sich vor ihrem Renteneintritt Gedanken machen, wie ihre Unternehmen fortbestehen sollen.

In den kommenden zwei Jahren sind 236.000 kleine und mittlere Unternehmen davon betroffen. Für die meisten wird es zeitlich eng, da Nachfolger noch nicht gefunden wurden oder aber die Suche noch gar nicht gestartet wurde. Immerhin geht es um insgesamt zwei Millionen Angestellte und circa 90.000 Auszubildende![4]

Vermutlich haben viele Gründungswillige nicht über diese Möglichkeit der Existenzgründung nachgedacht. Immerhin haben sich laut KfW nur noch 44 Prozent von 10.000 befragten Mittelständlern dazu

entschlossen, ihre Firma innerhalb der Familie zu belassen.
Doch der Trend der Veräußerung an externe Interessenten ist steigend, was auch mit der demografischen Entwicklung zusammenhängt. Der Bedarf an Nachfolgern wird dadurch noch erhöht und die Suche damit erschwert. Es wird prognostiziert, dass in den kommenden zehn Jahren mehr Nachfolger gebraucht werden als zurzeit vorhanden. Sicher ist, dass die familieninterne Unternehmensfolge immer mehr an Bedeutung verliert.

Die Vorteile liegen bei einer Übernahme klar auf der Hand. KMUs sind insofern attraktiv, da sie ein bewährtes Geschäftsmodell aufweisen inklusive Auftragsbestand, Kundenstamm, Mitarbeiter, Lieferanten und Fachwissen.
90 Prozent dieser Unternehmen erzielen eine positive Rendite. Es gibt im Internet sogenannte Nachfolge-Börsen, allen voran die der IHK, laut deren Aussage jährlich mehr als 1.000 Unternehmen ihren Nachfolger finden.[5]
Wer also Interesse an dieser Möglichkeit hat, sollte als erste Anlaufstelle die IHK aufsuchen, um sich zu informieren. Je nach Vertrag, wird meistens eine Zusammenarbeit sowie Einarbeitung gewährleistet. Ein wertvoller Lernprozess, der den Start nur leichter machen kann.

Digitale Selbständigkeit – Ein Arbeitsmodell der Zukunft?

Das Zeitalter des Internets hat uns schon viele neue Entwicklungen, neue Berufe, Produkte aber besonders Dienstleistungen gebracht, die unser Leben grundlegend geändert haben.
Der Trend sich digital zu verwirklichen ist steigend und hat seinen Zenit noch lange nicht erreicht. Die digitale Verwirklichung einer Geschäftsidee ist für alle Freiberufler, Selbständige, Studenten und Freelancer eine sehr gute Chance, da mehr Selbstbestimmung und Unabhängigkeit erreicht werden können.

Für viele fängt es Zuhause mit einem Büro in der Ecke des Wohnzimmers an. Ähnlich wie es in früheren Zeiten die Garage getan hat. Vorteil: Geringe, wenn nicht sogar Null Kosten. Stimmt natürlich nicht, denn der kluge Kopf weiß, dass Strom und der Internet-Provider bezahlt werden müssen.
Was aber das Reizvolle an dieser Idee ist, dass man – ob als Solopreneur, Einzelkämpfer oder als Gruppe – die Kosten relativ geringhalten kann. Egal, wo man sich mit seinem Laptop gerade aufhält, man ist erreichbar und kann agieren. Die digitale Geschäftsebene ist für alle geeignet, die sich nebenberuflich selbständig machen wollen, wie

auch für diejenigen, die an einen hauptberuflichen Start denken. Wo liegen nun die Vorteile?

- Ob als Einzelkämpfer, Freelancer, in einer Partnerschaft oder als Gruppe – mit dem Internet und den Cloud-basierten Lösungen wird die Arbeit dezentralisiert
- Der Inhaber, Angestellte und freie Mitarbeiter erhalten die Chance, ihren Arbeitsalltag selbst zu bestimmen
- Flexibles Arbeiten (zeit- und ortsunabhängig)
- Outsourcing und das Zurückgreifen auf externes Expertenwissen möglich, je nach Bedarf
- Keine Präsenzzeiten in einem Büro erforderlich
- Keine Präsenztermine beim Auftraggeber vor Ort
- Telefonischer Kontakt über entsprechende Internet-Kanäle
- Bessere Vereinbarung von Beruf und Familie

Aber auch immer mehr Startups gründen ihre Unternehmen ausschließlich auf dem digitalen Weg. Sie operieren national, wenn nicht sogar international. Internet-Büros befinden sich im Heimatland wie auch im Ausland, wo die Experten für verschiedene

Aufgabenbereiche rekrutiert werden, sei es nun als Festangestellte oder als Freiberufler.

Dabei wird auf flache Hierarchien gesetzt. Konferenzen werden per Video und Online-Meetings abgehalten. Aufgaben, Kundenaufträge und die interne Organisation werden über Cloud-basierte Portale abgewickelt. Zugeteilte Mitarbeiter haben projektbezogen Zutritt und teilen mit Kollegen und externen Kräften ihre Aufgaben, Lösungsansätze und Arbeitsprozesse. Selbst Kunden können mit einbezogen werden, die auf diese Weise an den Aufgaben teilnehmen und wenn nötig, ihre Erfahrung, Anforderungen an das Projekt oder wichtige Hinweise einfließen lassen.

Diese digitalen Modelle sind kostensparend und überaus attraktiv für Startups, die sich noch in der Frühphase ihrer Entwicklung befinden. Es kann komplett darauf verzichten werden, eigene Büroräume zu mieten. Dadurch fallen auch andere Kosten, beispielsweise für Strom, Büromöbel, Versicherungen etc. weg.

Wie wichtig die digitale Arbeitswelt wird und ist, sieht man sehr deutlich an Berufsgruppen, die sich immer mehr für eine Cloud-Lösung entscheiden. Rechtsanwälte, Architekten, Notare, Steuerberater, Programmierer, Grafiker, Übersetzungsdienste, Werbetexter und viele mehr entscheiden sich für eine Cloud-Lösung, auf der sie nicht nur national,

sondern auch weltweit – zum Beispiel auf Reisen – agieren können, ohne den Kontakt zum Client/Kunden/Mitarbeiter zu verlieren. Egal, von welchem Ort man sich ins Netz einloggen kann, die Kommunikation, E-Mails wie auch der Datentransfer von wichtigen Dokumenten wird zum Kinderspiel.

3. Planung und Organisation

Planungsphase – woran scheitern viele

Bevor du überhaupt an eine Realisierung deiner Selbständigkeit denkst, steht die Planungsphase an. Laut KfW (Kreditanstalt für Wiederaufbau) klafft zwischen dem Wunsch nach einer Selbständigkeit und dessen Realisierung eine Lücke. 41 Prozent der deutschen Bevölkerung würde eine selbständige Tätigkeit wählen, allerdings sind nur 30 Prozent bereit, den Schritt der Selbständigkeit in den nächsten fünf Jahren zu wagen.[6] Der Wunsch ist also größer, als die tatsächliche Durchführung.

Was uns zu der weiteren Information führt, dass laut KfW die durchschnittliche Vorbereitungsphase sieben Monate von der Idee bis zum Unternehmensstart beträgt. Allerdings nehmen sich 50 Prozent der Gründer nur drei Monate der Planung und Vorbereitung Zeit, wenn auch am Anfang viele Gründer einen längeren Zeitraum in der Planung veranschlagen.
Eine intensive Vorbereitung beinhaltet die Optimierung der Geschäftsidee sowie den Businessplan und notwendige Behördengänge, die nach Erfahrungswerten und je nach Art des Geschäftsmodells im Durchschnitt 2,5 Monate in Anspruch nehmen. Und auch hier wird diese Phase gerne abgekürzt,

da 50 Prozent der Gründer diese Aufgaben in weniger als einen Monat absolvieren.[7]

All diese interessanten Zahlen zeigen, dass schon in der Planungsphase die ersten Fehler gemacht werden. Sie zeigen uns aber auch, dass der Wunsch einer selbstbestimmten Tätigkeit in Deutschland relativ hoch ist.

Eine gründliche Recherche sowie Vorbereitungszeit sind die Grundlage für den Erfolg einer Geschäftsidee. Dennoch gilt auch hier: Nicht im Detail stecken bleiben. Die goldene Mitte stellt hier, wie so oft, einen guten Richtwert dar.

Danach erfolgt die Ausarbeitung eines Businessplans, gefolgt von einem realistischen Finanzplan, um festzustellen, ob sich dein Startup lohnt.

***Tipp**: Auch im Falle der nebenberuflichen Selbständigkeit als Angestellter oder Student ist eine gründliche Vorbereitungsphase das A und O. Nicht nur, dass gesetzliche und steuerliche Aspekte berücksichtigt werden müssen, es geht bis hin zu Themen wie Kapitaleinsatz, Standortfrage, Beobachtung der Konkurrenz und vielem mehr.*

„Nicht Erfolg ist der Schlüssel zum Glück, sondern Glück ist der Schlüssel zum Erfolg. Wenn du gerne tust, was du tust, wirst du auch erfolgreich sein.“

- Albert Schweitzer (1875-1965), deutsch-französischer Arzt, Philosoph, evangelischer Theologe, Organist, Musikwissenschaftler und Pazifist.

Welche Unternehmensform (Rechtsform)?

Eine Selbständigkeit steht nur solange unter einem nebenberuflichen Charakter, wenn bestimmte Kriterien eingehalten werden. Dazu gehören Arbeitszeiten sowie das tatsächlich erzielte Einkommen. Wichtig ist die Beschäftigung, die deinen Arbeitsmittelpunkt bildet. Es kann für eine Nebenbeschäftigung ein Arbeitsaufwand von maximal 18 Stunden pro Woche veranschlagt werden.

Das Einkommen aus einer nebenberuflichen Selbständigkeit darf also nicht das Einkommen der Hauptbeschäftigung übertreffen.

Das Nebengewerbe

Bei einer nebenberuflichen Existenzgründung genügt in den meisten Fällen die Anmeldung als **Nebengewerbe** (auch **Mini Gewerbe,** oder **Kleingewerbe** genannt).
Für Existenzgründer ist das Nebengewerbe eine ideale Lösung. Du kannst die nebenberufliche Selbstständigkeit nutzen, um zu testen, ob und wie gut deine Geschäftsidee ankommt. Die Gründung geht relativ einfach von statten und komplizierte Buchführungsvorschriften fallen weg.
Bei einem Umsatz unter 22.000 Euro (Stand 2020) im ersten Geschäftsjahr und wenn 50.000 Euro im Folgejahr nicht überschritten werden, tritt die Kleinunternehmerregelung laut Umsatzsteuergesetz § 19 in Kraft.
Des Weiteren müssen weitere Zulassungsvoraussetzungen für das Gewerbe überprüft werden. Sind diese bereits erfüllt oder gibt es keine, kann das Gewerbe beim Gewerbeamt angemeldet werden.

Freiberufliche Tätigkeit

Aber auch im freiberuflichen Feld ist seit den letzten Jahren ein Trend zu beobachten. Laut der neuesten Jahresstatistik des Bundesverbands der Freien Berufe (BFB)[8] ist die Zahl der selbständigen Freiberufler zwischen den Jahren 2017 und 2018 von

1,382 Millionen auf 1,407 Millionen Freiberufler gestiegen. Dies entspricht einem Zuwachs von 1,8 Prozent.
Ein weiterer positiver Effekt ist der Zuwachs an sozialversicherungspflichtig beschäftigten Mitarbeitern von Freiberuflern. Anfang 2015 ist erstmals die Marke von 3 Millionen überschritten worden, was einem Plus von 3,4 Prozent gleichkommt.

Viele Menschen, die über eine entsprechende Ausbildung verfügen oder jahrelang einem Hobby nachgegangen sind, machen sich also mehr und mehr im freiberuflichen Berufsfeld selbständig.
Welche Tätigkeiten dazu gehören, wird im Einkommensteuergesetz, § 18[9], genau definiert. Dazu zählen unter anderem selbständig ausgeübte wissenschaftliche, schriftstellerische, künstlerische, erzieherische oder unterrichtende Tätigkeiten.

Wer also in seinem Hauptberuf ein IT-Ass mit entsprechendem Background ist oder sich als Fotograf oder Künstler beweisen möchte, sollte über eine freiberufliche Tätigkeit nachdenken.
Der große Vorteil: Ein Freiberufler muss keine doppelte Buchführung führen sowie keine Bilanz erstellen. Alle steuerlichen Angaben werden über die Einnahme-/Überschussrechnung getätigt. Doch wie so bei vielem, gibt es Unterschiede. Bleiben wir beim Beispiel des Fotografen. Er kann durchaus auch als Gewerbetreibender gelten, wenn er Auf-

tragsarbeiten annimmt. Dazu zählen Portraitaufnahmen, die Produktfotografie, architektonische Auftragsarbeiten und Hochzeiten. In diesem Fall muss ein Gewerbe angemeldet werden.

Das Einzelunternehmen

Auch ein Einzelunternehmen kann durchaus für einen Gewerbetreibenden oder Freiberufler sinnvoll sein, wenn du als Einzelkaufmann mit uneingeschränkter Haftung tätig werden möchtest. Diese Rechtsform ist sinnvoll, wenn eine Einzelperson oder ein Nichtkaufmann als Freiberufler oder Gewerbetreibender auftritt. Wird eine Umsatzgrenze nicht überschritten, ist auch kein Eintrag in das Handelsregister notwendig.

Die Vorteile eines Einzelunternehmens liegen darin, dass kein Mindestkapital erforderlich ist. Die Gründung ohne Formalitäten ist kostengünstig. Vorschriften für die Bilanzierung werden vom Handelsgesetzbuch (HGB)[10] geregelt. Bei geringem Umsatz reicht es aus, eine Überschussrechnung zu erstellen, die Gewinn wie Verlust aufweist.

Die Unternehmergesellschaft (UG)

Die Unternehmergesellschaft (UG), auch als Mini GmbH oder Ein Euro GmbH bekannt, eignet sich sehr gut für einen nebenberuflichen Einstieg. Das

Startkapital beträgt nur ein (1) Euro. Die Unternehmergesellschaft ist eine Kapitalgesellschaft, die Haftung ist auf das Firmenvermögen begrenzt. Die UG kann allein oder maximal mit drei Personen gegründet werden.

Die Gründungsformalitäten sind denkbar einfach und können mit einem vereinfachten Musterprotokoll getätigt werden. Wer allerdings einen Gesellschaftervertrag mit Rechten und Pflichten der Gesellschafter festlegen möchte, sollte einen Notar konsultieren.

Anmeldung bei Ämtern und Behörden

Auch als Unternehmer eines nebenberuflichen Startups sind Behördengänge erforderlich. Bei welchen Behörden du dich anmelden musst, hängt von der Rechtsform wie auch von der Branche ab. Dabei sind in der Regel das Gewerbeamt, die Industrie- und Handelskammer (IHK), die Handwerkskammer, das Handelsregister, die Berufsgenossenschaft und – last but not least – das Finanzamt die wichtigsten Behörden.

Gewerbe: Jeder Gründer, außer Freiberufler, müssen ein Gewerbe beim Gewerbeamt anmelden. Dazu benötigt man die ausgefüllte Gewerbeanmeldung und eventuell einen Handelsregisterauszug oder die Handwerkskarte. Das Gewerbeamt informiert nach erfolgter Anmeldung folgende Behörden:

das Amtsgericht und Finanzamt, ebenso zuständige Berufsgenossenschaften und die IHK oder Handwerkskammer.

Freiberufler: Freiberufler benötigen keine Gewerbeanmeldung, müssen sich aber beim Finanzamt anmelden. Der zu diesem Zweck gestellte Fragebogen zur steuerlichen Erfassung muss mit allen Angaben zur Tätigkeit ausgefüllt werden. In manchen Fällen ist eventuell eine Mitgliedschaft in einer Standeskammer Pflicht. Standeskammern sind zuständig für Rechtsanwälte, Ärzte und Architekten.

Industrie- und Handelskammer (IHK)

Mit einer Gewerbeanmeldung wird man auch gleichzeitig Mitglied der zuständigen IHK. Handwerker allerdings müssen sich bei der zuständigen Handwerkskammer registrieren lassen. Es handelt sich hierbei um Pflichtmitgliedschaften, die unabhängig von der Größe eines Unternehmens sind. Freiberufler sind von dieser Pflicht befreit.

Die Industrie- und Handelskammer[11] ist mit 79 Standorten (Stand: 2019) in Deutschland vertreten. Die IHK ist für Existenzgründer nicht nur wichtig, sondern steht auch in vielen Bereichen hilfreich und unterstützend zur Seite.

***Tipp**: Das reichhaltige Angebot der IHK, angefangen von rechtlichen Fragen, Aus- und Weiterbildungen, Förderungen bis hin zur Beratung und Schulung für Existenzgründer und vielem mehr sollte man nutzen!*

Amtsgericht:

Durch das Amtsgericht werden Eintragungen im Handelsregister vorgenommen. Wenn du als Kaufmann einer Kapitalgesellschaft auftrittst, ist dies verpflichtend.

Bei einem Einzelunternehmen hängt dies von folgenden Faktoren ab:

- Höhe des eingesetzten Kapitals
- Art der Buchführung
- Jahresumsatz ja nach Branche
- Anzahl und Art der Geschäftsvorgänge
- Verwendung und Gewährung von Krediten
- Beschaffenheit und Größe der Geschäftsräume
- Anzahl von Beschäftigten

Kleingewerbe sowie gewerblich tätige Gesellschaften bürgerlichen Rechts (GbR) sind nicht zum Eintrag ins Handelsregister verpflichtet.

Deutsche Gesetzliche Unfallversicherung (DGUV)[12]:

Nach der Unternehmensgründung muss in den meisten Fällen eine Anmeldung bei der Berufsgenossenschaft vorgenommen werden, falls dies nicht schon durch das Gewerbeamt vorgenommen wurde. Die Aufgabe der Berufsgenossenschaften besteht darin, gesetzliche Unfallversicherungen für Unternehmer und Mitarbeiter bereit zu stellen. Sie sind ebenso verantwortlich für die Verhütung von Arbeitsunfällen, Berufserkrankungen und arbeitsbedingten Gesundheitsgefahren.

Krankenversicherung:

Unabhängig ob als Freiberufler oder Gewerbetreibender, eine Anmeldung bei einer Krankenkasse ist Pflicht. Dies kann mit einer privaten oder gesetzlichen Krankenversicherung vorgenommen werden.

Welche Genehmigungen sind notwendig?

Bei einigen Berufen besteht die sogenannte Meisterpflicht. Dazu zählen die meisten Handwerker, Mechaniker, Elektrotechniker, Bäcker, Fleischer, Friseure und viele mehr. Dahingegen sind Fliesenleger, Uhrmacher, Gold- und Silberschmiede, Drechsler, Schneider etc. frei von der Meisterpflicht und müssen keinen Meisterbrief vorlegen. Hinzu kommen noch alle Berufe, die eine handwerksähnliche Dienstleistung anbieten. Auch hier gibt es keine Meisterpflicht.

Fazit: Wer sich als Handwerker selbständig machen möchte, muss als erstes prüfen, ob ein Meisterbrief erforderlich ist. Erst dann kann die eigentliche Planung in Angriff genommen werden und danach der Gründungsprozess.

Tipp*: Da es auch bei der Frage, ob man einen Meisterbrief benötigt oder nicht, Ausnahmen gibt, ist es sinnvoll sich vorher bei der Handwerkskammer vertrauensvoll zu informieren.*

Der Arbeitgeber muss informiert werden

Wenn du dein Startup neben deinem Hauptberuf planst, musst du deinen Arbeitgeber um Erlaubnis

fragen, sofern dies nicht schon in deinem Arbeitsvertrag behandelt wird. Auf alle Fälle ist es eine Pflicht. Sinn und Zweck dieser Erlaubnis ist es, dass man als Arbeitnehmer nicht in Konkurrenz zum Unternehmen steht. Ebenso darf es keine negativen Einschränkungen zum Hauptberuf geben wie beispielsweise Übermüdung am Arbeitsplatz oder Nachlassen der Motivation und des Pflichtgefühls.

Standortanalyse

Die Standortanalyse ist eines mit der wichtigsten Punkte in der Planungsvorbereitung. Die Analyse ist eng verknüpft mit der Frage nach der Zielgruppe. Die Angabe des Standorts sowie Begründung der Standortwahl ist Pflicht beim Verfassen des Geschäftsmodells. Wer also an die Eröffnung eines Ladens oder Büros denkt, wird dem Standort Aufmerksamkeit schenken müssen.

Die zwei wichtigsten Punkte sind die Zielgruppen- sowie Wettbewerbsanalyse. Bei einer digitalen Nebenbeschäftigung, wie beispielsweise bei der Gründung eines Online-Shops, sind Standortbestimmungen so gut wie unerheblich. Es sei denn, man bietet ein Produkt an, das auch transportiert werden muss wie Möbel oder Nahrungsmittel. Letztere müssen ihr Ziel frisch und schnell erreichen. In

diesem Fall könnten hohe Transportkosten eine Kalkulation schwierig oder fast unmöglich machen.

Nehmen wir das Beispiel eines Cafés. Sinnvoll wäre ein Stadtteil mit konstanter Laufkundschaft. Büros, Firmen, Läden und Universitäten wären ideal, da dort viele Menschen arbeiten und sich gern einen Cappuccino gönnen, bevor sie am Arbeitsplatz erscheinen. In der Mittagspause kann dein Café zum Treff werden. Wer dann noch Sehenswürdigkeiten in unmittelbarer Nähe hat, wird Touristen gerne willkommen heißen.

4. Geschäftsmodell

Von der Idee zum Geschäftsmodell

Zuerst steht die Idee. Die Darstellung eines Geschäftsmodells ist nicht nur für dich selbst wichtig, sondern wird bedeutend, wenn man nach Kapitalgebern sucht. Es sollten dabei wesentliche Faktoren des Unternehmens aufgezeigt werden. Warum, womit und wie wird Geld generiert. Wie wird Umsatz erzielt, worin besteht das Angebot, wer sind die Zielkunden und welchen Nutzen würden sie haben.

Da die Konkurrenz immer größer wird, wird auch die Entwicklung eines Geschäftsmodells unabdingbar. In früheren Zeiten hat ein Kino im richtigen Viertel seinen Standort gefunden. Heute bieten Amazon & Co. die neuesten Serien und Filme zum Herunterladen an und bringen sie auf das Tablet.

Dies soll aufzeigen, wie wichtig ein Geschäftsmodell ist, denn keine Bank wird sich auch nur annähernd für Jemanden interessieren, der nicht fähig ist, seine Idee profund und enthusiastisch rüberzubringen.

Die Idee

Nur wenn du ein wichtiges Bedürfnis erfüllen kannst oder ein Problem eines Kunden löst, wirst du mit deiner Idee erfolgreich sein. Wo willst du mit deinem Unternehmen in 5 oder 10 Jahren stehen? Es genügt, in einem kurzen Abschnitt deine Idee zu erläutern. Im Allgemeinen sollte der positive Effekt des Niederschreibens von möglichen Ideen und Einfällen nicht unterschätzt werden.

Beispiel: Du möchtest in deinem Viertel einen Gartenbaubetrieb eröffnen. Das Viertel, ein typisches Wohngebiet mit vielen Ein- und Zweifamilienhäusern, hat circa 150.000 Einwohner und du hast nur einen Mitbewerber, der mehrere Kilometer von deinem Standort entfernt ist. Deine Marktanalyse hat ergeben, dass viele Einwohner deinen Plan sehr willkommen heißen würden, da du in ihrem direkten Einflussbereich wärst. Des Weiteren hast du festgestellt, dass deine Preise Akzeptanz gefunden haben sowie die meisten Befragten Folgeaufträge vergeben würden. All diese Angaben sollten knapp, aber präzise genannt werden.

Der Gründer und seine Fähigkeiten

Man wird bei der Idee stecken bleiben, wenn nicht genau erklärt wird, was man vorzuweisen hat und wo noch Lücken vorhanden sind. Was braucht es, um die Idee erfolgreich umzusetzen? Welche Fähigkeiten und Kenntnisse kannst du vorweisen oder welche Fähigkeiten werden noch benötigt? Welche Ressourcen müssen noch erbracht werden?

Tipp: *Wer ein Sportlerass ist und über die entsprechende Ernährung für Sportler Bescheid weiß, vielleicht sogar Kinder trainiert, selbst an vielen Sportwettbewerben teilgenommen und sich ständig weitergebildet hat, sollte genau diese Fähigkeiten und Kenntnisse gut schildern.*

Definition von Zielgruppen

Wer ist die Zielgruppe? Dabei muss zwischen Privatkunden (Enduser, auch als B2C bekannt) und Geschäftskunden (B2B bezeichnet) unterschieden werden. Beim Privatkunden werden Faktoren wie Alter, Herkunft, Geschlecht, Berufsumfeld etc. wichtig. Das kann bis hin zu Wünschen, sozialem Hintergrund und Lebenseinstellungen gehen. Bei Geschäftskunden werden die Bereiche der Unternehmensgröße, Branche, Produktangebot oder Service wichtig.

Als Maxime könnte man sagen, dass sich mögliche Bedürfnisse aus bestehenden Problemen, ob bei Privatkunden oder Geschäftskunden, ergeben, die mit dem Anbieten einer Lösung besser oder sogar ganz gelöst werden.

"Ein Problem ist halb gelöst, wenn es klar formuliert wird."

- John Dewey (1859-1952), amerikanischer Philosoph und Pädagoge

Marktanalyse

Die Marktanalyse beinhaltet eine exakte Beschreibung der Zielgruppe sowie die Marktforschung. Basierend auf diesen beiden Bereichen kann eine Analyse des Marktes vorgenommen werden, gefolgt von einer Beobachtung der Mitbewerber. Mit diesen Informationen wird eine Abschätzung des eigenen Umsatzpotentials möglich.

Einer der häufigsten Gründe, warum eine Existenzgründung scheitert, ist eine unzureichende oder eine auf Annahmen und Vermutungen basierende Marktanalyse. In diesem Fall kann man eigentlich nicht von einer Analyse sprechen. Wer nach Kapitalgebern sucht, ob bei Banken oder auf Crowdfun-

ding-Plattformen, wird sehr schnell feststellen, dass gezielte, in die Tiefe führende Fragen gestellt werden. Wer da nicht hundertprozentig fundierte Antworten geben kann, ist raus aus dem Spiel.

Die Zielgruppe wurde bereits im Geschäftsmodell definiert (Definition von Zielgruppen). Daraus sollte sich eine gute Annäherung an den relevanten Markt ergeben. Eine Beschreibung des Marktes sollte im Geschäftsmodell unbedingt erfolgen – dies kann mit drei, vier Sätzen ausgearbeitet werden. Achte dabei darauf, dass Wettbewerb und Umfeld genannt werden.

Nun kann die aktuelle Marktgröße bestimmt werden wie auch die Marktdynamik und das Marktwachstum.

Wie groß ist das Marktvolumen?

Vielleicht hast du eine Marktlücke erkannt. Davon kannst du profitieren, musst aber auch mit baldigen Wettbewerbern rechnen. Auf alle Fälle sollte eine Abschätzung ausgehend von den Zielgruppen zum Marktvolumen aufgezeigt werden sowie auch zur Marktentwicklung. Hierzu zählen auch Trends, die den Markt zurzeit aber auch zukünftig beeinflussen könnten.

Wie kann nun eine Marktgröße ermittelt werden? Die Formel kann wie folgt aussehen: Die Anzahl der tatsächlichen Kunden im Einflussbereich x reale Menge pro Käufer pro Jahr x Marktpreis.

Beispiel: Mit einem Online-Geschäft wird man einen anderen Radius haben als mit einem Ladengeschäft. Ebenso haben saisonale Produkte eine gesonderte Stellung.

Folgende Fragen solltest du dir stellen:

- Wie groß ist der Aktionsradius?
- Kann ich den Aktionsradius bedienen?
- Könnte ich den Aktionsradius erweitern? Wenn ja, in welchem Zeitraum?
- Wie viele zukünftige Kunden arbeiten und leben hier?
- Biete ich einen regulären Preis an, obwohl Mitbewerber Rabatte gewähren?

Marktentwicklung

Wie sieht es aber nun mit der Marktentwicklung aus? Die Marktdynamik spielt eine große Rolle und muss unter gewissen Kriterien analysiert werden. Es reicht nicht aus, zu behaupten, dass man sich in einem wachsenden Markt bewegt. Ist es vielleicht ein stagnierender oder gar schrumpfender Markt? Als erster Indikator sollte die Marktentwicklung der letzten fünf bis zehn Jahre begutachtet werden. Des Weiteren sind entwicklungsbeeinflussende Faktoren zu ermitteln, die zu dem aktuellen Marktpotential führen.

Beispiel: Werden Produktionen durch gesetzliche Reglementierung beeinflusst, ob nun aus sicherheits- oder gesundheitstechnischen Gründen, so kann dies zu einem Verlust des Marktpotentials führen. Aber auch ein Wettbewerber kann die Marktentwicklung für einen neuen Unternehmer beeinträchtigen: Wer mit einem Fahrradladen in seinem Viertel starten möchte, wird kaum Freude haben, wenn eine Sportkette mit Markenartikeln dort seine nächste Filiale eröffnet.

***Tipp**: Wer die Möglichkeit hat, mit Experten der gewählten Branche zu sprechen, sollte dies unbedingt in Angriff nehmen. Die Industrie- und Handelskammer wäre eine gute Anlaufstelle!*

Folgende Kriterien sind wichtig, um den Markt zu hinterfragen:

- Wie sieht die aktuelle Marktgröße aus?
- Welches Wachstumspotential des Marktes kann erwartet werden?
- Welche und wie viele Mitbewerber gibt es?
- Wo liegen die Stärken und / oder Schwächen der Mitbewerber?
- Wie viele zukünftige Kunden könnten angesprochen werden?
- Welche Marktpreise können oder sollten kalkuliert werden?

Mitbewerber

Von der Aussage, dass du keine Mitbewerber hast, solltest du Abstand nehmen! Es gibt so gut wie keine Fälle, wo es keine Mitbewerber gibt. Nenne bis zu fünf Konkurrenten in deinem Geschäftsmodell – das wäre realistisch. Damit wird die Positionierung im Vergleich zum Wettbewerb deutlich.

Welche Kaufentscheidung würden deine Zielkunden treffen? Nenne mindestens fünf Faktoren, die zu einer Kaufentscheidung führen könnten. Bessere Qualität als von Mitbewerbern, unmittelbare

Nähe, gute Verkehrsanbindung, genügend Parkplätze, persönlicher und freundlicher Service, Zusatzleistungen, wie Lieferdienst oder Umtauschmöglichkeiten etc.

Welche Lösungen für Kundenprobleme und Bedürfnisse werden angeboten?:

Wie werden im Detail die Bedürfnisse von Kunden erfüllt? Führe die grundlegenden Bedürfnisse oder Probleme deiner Zielgruppe auf. Es folgt die Beschreibung der Dienstleistung oder Produkte, die zur Lösung des Problems führen. Dies dient dazu, den Kundennutzen explizit aufzuzeigen. Wenn dein Angebot einen einzigartigen Kundennutzen hat und sogar konkurrenzlos sein sollte, wird dies zum signifikanten Wettbewerbsvorteil.

Hierzu ein **Beispiel**: Ein Schuster bietet Absätze in verschiedenen Farben an, die zudem vom Kunden selbst ausgetauscht werden können. Er erreicht damit ein Alleinstellungsmerkmal.

Marktforschung

Deine Annahmen sollten im Planungsprozess möglichst früh auf gesicherte Beine gestellt werden. Dazu gibt es sehr gute Möglichkeiten, um zum Beispiel mit einem Fragebogen von zukünftigen Kunden Meinungen zu erfahren.

Ein Fragebogen kann über das Internet laufen oder er wird persönlich in einer Geschäftsstraße vorgestellt. Als Anregung gibt es bereits sehr viele Umfrage-Tools online.[13]

- Stelle als erstes fest, ob Kundenbedürfnisse und/oder Probleme tatsächlich vorhanden sind, respektive überhaupt wahrgenommen werden.

- Was genau bewegt den zukünftigen Kunden, dein Produkt oder Service zu kaufen. Persönlicher, schnellerer Service und Beratung? Bessere Qualität? Mehr Wert für weniger Geld? Genügend Parkplätze vorhanden bzw. bessere Anbindung der Öffentlichen Verkehrsmittel?
- Welche Mitbewerber hast du in deinem Marktsegment? In manchen Fällen kommen gute Hinweise der Befragten, die die Beurteilung des Wettbewerbs von einem anderen Standpunkt aus sehen. Auch hat man die Chance, zu erfahren, ob die Konkurrenz noch mit anderen Pluspunkten aufwarten kann, an die man nicht gedacht oder nicht erkannt hat.
- Werden deine Zielkunden eine Kaufbereitschaft zeigen – auch wenn der Preis höher sein sollte als der von der Konkurrenz?

Die Analyse des Fragebogens ist entscheidend und bringt relativ schnell einen weiteren guten Überblick, in welche Richtung dein Vorhaben geht. Darum sollten die Ergebnisse einer Umfrage sehr genau genommen werden.
Die kleinen Dinge sind es manchmal, die eine Wirkung haben können. Eventuell negatives Feedback kann unter Umständen sehr hilfreich sein, um nochmals das Angebot zu verifizieren oder sogar die Zielgruppe zu verändern.

Wenn das Feedback einer Umfrage positiv ausgefallen ist, kann der Markt validiert werden. Hierzu sind folgende Kennzahlen wichtig: Kaufhäufigkeit, Zielgruppen-Größe, Prognose deiner Marktanteile und erzielbarer Preis. Mit diesen Kennzahlen ermittelst du dein Umsatzpotenzial.

Optimale Positionierung

Qualität und Preis sind klassische Merkmale einer Positionierung. Ist man also führend in Sachen Qualität oder Preis und wie verhält es sich bei der Konkurrenz? Die Positionierung zu ermitteln ist eine Herausforderung für jeden Existenzgründer, da der Kundennutzen eines Angebotes ermittelt werden sollte, um die eigene Position im Wettbewerb zu bestimmen und damit auch die verbundene Strategie.
Als Regel gilt: Je konkreter ein Leistungsverspre-

chen ist, umso stärker ist die Glaubwürdigkeit. Auch hierzu gibt es gute Online Tools, die mit fundierten Kenntnissen aufwarten.[14]

Wie werden Kunden gewonnen?

Zum Geschäftsmodell gehört auch die Planung wesentlicher Marketingaktivitäten. Wie teuer wird es nach deiner Schätzung sein einen Kunden zu akquirieren. Anhand dieser Information kann eine verlässliche Kalkulation des Marketingbudgets vorgenommen werden. Wichtig ist dabei, ob der Vertrieb im eigenen Laden, im Online-Shop oder über Amazon laufen soll.
Ebenso kommen andere Marketingkanäle in Betracht. Je nach Produkt können Supermärkte von Vorteil sein, da die Produktion oder der Einkauf die Basis des Geschäftes sind, der Vertrieb aber von „Partnern“ durchgeführt wird. Speziell im „grünen Marktsegment“ und ökologisch ausgerichteten Geschäften und Läden – wie auch im Onlinebereich – nimmt dieser Vertriebsweg immer mehr zu, da das Interesse, über lokal ansässige Zulieferer zu beziehen, im Trend liegt.

Das Umweltbewusstsein tritt dabei in den Vordergrund, da lange Transportwege vermieden werden und zudem Tiere nicht auf langen und unnötigen Fahrten ersticken oder verdursten. Es sind also gleich mehrere Aspekte, die hier zum Tragen kom-

men. Wer sich in diesem Geschäftsbereich selbständig machen will, sollte dies in seinem Geschäftsmodell klar zum Ausdruck bringen.

Die Anbindung eines Kunden ist wesentlich leichter als die Neukundengewinnung. Darum sollten Maßnahmen einer Kundenbindung im Geschäftsmodell unbedingt genannt werden.

Ermittlung der wesentlichen Ausgaben

Kalkuliere die Gründungskosten und Investitionen. Je nach Unternehmensart werden Betriebskosten hinzugefügt, wie auch wesentliche Kosten aus dem laufenden Geschäft. Dazu gehören auch Marketingausgaben, sowie Miete, Löhne, Versicherungen etc.

Nun können in der Gegenüberstellung der Ausgaben und Einnahmen Aussagen zur Marge gemacht werden. Du kannst nun den voraussichtlichen Break Even sowie den Kapitalbedarf ermitteln.

Ressourcen: Zu den Ressourcen zählen Kapital, Ausstattung für einen Laden oder Büro, Mitarbeiter, Fuhrpark falls nötig, das erste Warenlager sowie Onlineauftritt oder Entwicklungskosten.

Hier sollte auf alle Fälle mit erwähnt werden, wenn Partnerschaften eingegangen werden, da sie über den Erfolg oder auch Misserfolg mit entscheidend

sein können. Vertriebs- oder Entwicklungspartner sind ein wichtiger Bestandteil, ebenso Lieferanten. Bei Letzteren sind Verträge mit günstigen Bedingungen sehr wichtig, wenn eine Win-Win-Situation gegeben ist, da es Stabilität bedeutet.

***Tipp**: Die Relevanz eines Geschäftsmodells ist sehr wichtig, auch wenn man schon in der Ideen- und Planungsphase weit vorangeschritten sein sollte. Heutzutage können sich Märkte sehr schnell ändern.*
Die letzten 15 Jahre haben gezeigt, wie schnell völlig neue Marketingkanäle entstanden sind und neue Trends gesetzt wurden. Die Liga der Wettbewerber ist enorm groß und muss speziell in dieser Phase beobachtet werden.

Davon sind Kaufentscheidungen stark abhängig, vor allen Dingen, wenn man den gesamten Social Media-Bereich betrachtet, da eine Community in unserer heutigen Gesellschaft nach ihren eigenen Gesetzen funktioniert.

„Es ist in Ordnung, Erfolge zu feiern. Es ist jedoch wichtiger, die Lektionen des Scheiterns zu beachten."

- Bill Gates, US-amerikanischer Unternehmer, Programmierer und Mäzen

5. Businessplan

Ein Businessplan sollte nicht nur für die Bank oder Investoren erstellt werden, sondern auch für dich selbst. Mit einem Businessplan, oder auch Geschäftsplan, werden strukturierte Zusammenfassungen deiner Geschäftsidee beziehungsweise deines Unternehmenskonzepts ausgearbeitet. Durch das strukturierte Arbeiten werden Zusammenhänge klarer und man bekommt einen guten Überblick. Es entsteht ein persönlicher Leitfaden für die nebenberufliche Selbständigkeit.

Unter anderem kann ein Businessplan folgendes enthalten:

- Welche Strategie verfolgst du mit deiner Geschäftsidee?
- Für welche Zielgruppe ist deine Geschäftsidee?
- Wo liegen Chancen und Risiken?
- Lohnt sich die Umsetzung deiner Geschäftsidee?

Wichtig: Letzter Punkt wird zu einem wesentlichen Teil des Finanzplans. Hier muss dargelegt werden, ob sich die Idee auch finanziell lohnt.

Wichtig sind die nachfolgenden drei Bereiche, die in einen Businessplan gehören:

- Die strukturierte Überprüfung aller relevanten Bereiche, wie zum Beispiel die Zielgruppe und wie sie erreicht werden kann. Wer sind die Hauptmitbewerber? Wodurch werden Kaufentscheidungen beeinflusst? Welcher Standort wäre ideal?
- Mit einer wirtschaftlichen Berechnung wird eine praktische Umsetzbarkeit überprüft. Damit wird das wirtschaftliche Risiko reduziert. Eine kritische Vorgehensweise dieses Punktes, die ohne irgendwelche Annahmen oder Vermutungen auskommen sollte, bringt Punkte bei Finanzgebern.

Finanzplan

Das Herzstück eines Businessplans ist der Finanzplan. Die Unternehmensentwicklung wird in Zahlen dargestellt und gibt darüber Aufschluss, ob sich eine Gründung überhaupt wirtschaftlich lohnt. Ebenso wird klar, wie viel Kapital notwendig ist. Neben dem Businessplan wird der Finanzplan elementar wichtig, wenn für die Gründung Geld gebraucht wird.

Banken oder Investoren schätzen in den meisten

Fällen nur anhand des Finanzplans ein, ob man auch in der Lage ist, Kredite inklusive Zinsen zurückzuzahlen. Damit kann ein guter Finanzplan zum Erfolgsfaktor werden.

Der Finanzplan als Controlling

Aber genau wie der Businessplan, ist auch ein Finanzplan erst einmal für einen selbst wichtig. Er ist ein gutes Controlling-Instrument, um die Finanzen im Überblick zu behalten und vor allen Dingen finanzielle Risiken frühzeitig zu erkennen.

Es gibt keine Bestimmungen, wie man einen Finanzplan aufbaut. Das Internet bietet eine Vielzahl an Mustern, da es eben keine vorgeschriebene Norm gibt. Wir schlagen einen Finanzplan vor, der das Wesentliche speziell für Banken oder Investoren logisch aufgebaut wiedergibt.

- Geplante Umsätze
- Variable Kosten (umsatzabhängig)
- Gründungskosten
- Investitionen
- Laufende Kosten inklusive Löhnen und Marketingkosten

- Finanzierungsplan
- Liquidität und Kapitalbedarf
- Rentabilitätsrechnung

Zuerst sollten die Umsätze ermittelt werden, die mit Produkten oder Serviceleistungen erzielt werden. Dies sollte eine Schätzung für die ersten Verkäufe in Wochen, Monaten und Jahren beinhalten. Es muss dabei berücksichtigt werden, dass man neu am Markt ist und deshalb Verkaufszahlen erst einmal langsam ansteigen.

Ermittlung der Kosten:

Nun können auf Basis der Umsatzentwicklung die Kosten ermittelt werden. Zu diesen Kosten der Existenzgründung gehören die variablen Kosten wie Materialkosten oder der Wareneinkauf. Fixe Kosten, auch Betriebskosten, beinhalten Miete, Marketingkosten, Löhne und Gehälter, Versicherungsgebühren usw.

Der Deckungsbeitrag

Den Deckungsbeitrag zu ermitteln ist eines mit der wichtigsten Punkte im Finanzplan. Nach Abzug der variablen Kosten bleibt der Teil des Verkaufserlöses

zur Deckung der Fixkosten übrig.

Wichtig: Der Deckungsbeitrag sollte stets positiv sein, denn bei steigendem Absatz werden nach und nach alle Fixkosten gedeckt sein. Somit kann die Gewinnschwelle erreicht werden, mit anderen Worten der Break-Even!

Gewinn- und Verlustrechnung (GuV)

Die Gegenüberstellung von Umsatz und Kosten führt zur Gewinn- und Verlustrechnung in deinem Finanzplan. Es wird die operative Entwicklung eines Unternehmens dargestellt. Zinsen und Steuern müssen dabei berücksichtigt werden.

Genaue Überprüfung der Gründungskosten

Bevor man an den Start gehen kann, fallen erst einmal die Gründungskosten an. Dazu zählen eventuelle Beratungskosten wie Rechtsanwalts-, Steuer- oder Notarkosten, Eintrag ins Handelsregister, Ausgaben der Geschäftsausstattung, Kosten für Personalsuche usw. Diese Kosten können – je nach Geschäftsart – von einigen Hundert bis hin zu mehreren Tausend Euro reichen. Da diese Kosten den Kapitalbedarf sehr beeinflussen können, soll-

ten die Gründungskosten genau im Detail geprüft werden!

Investitionskosten planen

Die Investitionskosten nehmen neben den Gründungskosten einen meist umfangreichen Posten im Finanzplan ein. Sie sind je nach Geschäftsmodell sehr unterschiedlich. Freiberufler haben in der Regel niedrigere Investitionen zu tätigen, wie Büroausstattung oder technische Geräte, falls diese nicht schon sowieso vorhanden sind, wie beispielsweise bei einem Fotografen. Wer aber ein Ladengeschäft, einen Fahrdienst oder einen Übersetzungsdienst anstrebt, hat in der Regel höhere Ausgaben.

Investitionen und Folgejahre beachten:

Bei der Planung der Investitionskosten sollten auch die Investitionen für eine Erweiterung und eventuelle Ersatzinvestitionen beachtet werden, die bei der geschäftlichen Entwicklung der Folgejahre anfallen. Abschreibungen im Rahmen der Gewinn- und Verlustrechnung müssen ermittelt werden.

Planung der Liquidität

Jetzt sind fast alle wichtigen Angaben für die Liquiditätsplanung beisammen. Die Ergebnisse aus dem

operativen Geschäft und alle Ausgaben der Gründung und Investitionen sind die Bestandteile einer Liquiditätsplanung. Auf der anderen Seite wird das vorhandene Startkapital eingetragen. So geht einem nichts verloren und man kann mit diesem Finanzplan die Entwicklung eines Kontostandes leicht verfolgen.

In den meisten Fällen wird sich der Kontostand am Anfang im Minus befinden. Jetzt weiß man anhand der Liquiditätsplanung, wie hoch der Kapitalbedarf ist, der extern gedeckt werden muss.

6. Marketing Konzept

Eigenmarketing & Personal Branding

Es ist unbestritten, dass die Eigenwerbung ein wichtiger Grundstein für den Erfolg eines Selbständigen ist. Das Eigenmarketing sollte ein wesentlicher Bestandteil bei den Vorbereitungen einer nebenberuflichen, wie natürlich auch einer hauptberuflichen Geschäftstätigkeit sein.
Besonders Einzelunternehmer und Freiberufler müssen sich optimal präsentieren und besonders gut vermarkten, um Kunden anzuziehen und Aufträge zu erhalten. Wir sind der Meinung, dass das Eigenmarketing auch in einen Businessplan gehört.

Die Selbstvermarktung ist ein wichtiges Instrument. Dazu zählen Werbemaßnahmen, Flyer, Anzeigen in regionalen Zeitungs- und Magazinmedien, E-Mail-Kampagnen, Werbegeschenke, Loyalty-Cards (Kundenkarten), Visitenkarten, eventuell Briefpapier und vieles mehr. Nicht alles davon wäre sinnvoll einzusetzen, aber einiges sollte berücksichtigt werden. Was aber in jedem Fall unabdingbar ist, ist die eigene Unternehmer-Website! Alles andere zuvor genannte sollte erst einmal sekundär betrachtet werden.

Klassisches Marketing

Bei dem Eigenmarketing wird zwischen dem traditionellen und dem Online Marketing unterschieden. Ersteres wird auch als Hard Copy bezeichnet, also alles, was auf Papier gedruckt wird oder per Drucker ausgedruckt werden kann. Flyer, Briefpapier, Visitenkarten etc. zählen dazu.

Die Unternehmer-Website

Zuerst müssen wir klären, was der Begriff „Website" eigentlich bedeutet. Der Begriff „Website" wird oftmals mit dem einer einzelnen Webseite vertauscht. Der Grund hierfür ist, dass das englische Wort „site" in der Übersetzung „Seite" suggeriert. Korrekt ist allerdings die Übersetzung „Sitz" im Sinne eines Unternehmenssitzes. Deine Website ist also dein Firmensitz. Wenn das verinnerlicht ist, wird einem klar, was auf eine Website gehört und was nicht.

Das wichtigste Marketinginstrument ist eine professionelle Unternehmer-Website. Man kann am Anfang ruhig auf alle anderen hier beschriebenen Marketingprodukte in gedruckter Form verzichten, aber die Erfahrung zeigt, dass eine Website eine höhere Akzeptanz hat als Plattformen wie Facebook, Google, Twitter oder Instagram etc.

Eine Website ist also die eigene Plattform, die man nutzt, um sich nach eigenen Regeln darstellen zu

können. Der Aufbau, der Inhalt, Produktbeschreibungen, Service, die Vorstellung „Über uns“, ein Blog – all das sind wesentliche Tools, die eine enorme Rolle spielen und damit eine marketingtechnische Wirkung haben. Keine anderes Portal kann dies bieten!

Wichtig: Eine Website ist immer der erste Anlaufpunkt für Informationen und sei es nur, wenn es um die Adresse, Telefonnummer und was überhaupt geboten wird, geht. Wenn dann noch Informationen über Produkt, Lieferservice, Selbstvorstellung, Background und die Geschichte hinter dem Gründer geboten werden, hat man schon die richtige Basis, um erstens das Interesse geweckt zu haben und zweitens eventuelle Kunden und damit Aufträge zu generieren! Aus diesen Gründen gewinnen professionelle Websites immer mehr an Relevanz.

Der Aufbau einer Unternehmer-Website

Wer es professionell machen will, sollte sich im Vorwege einige Websites genauer ansehen. Du wirst schnell feststellen, dass auf seriösen Websites auf jeglichen Schnick-Schnack verzichtet wird. Keine Werbung, keine überflüssigen oder gar suspekten Klick-Links, die auf andere nicht zum Unternehmenszweck gehörende Unterseiten führen und die Besucher nur verärgern. Die oberste Prä-

misse ist absolut KEINE bezahlte Werbung auf der Website zu schalten!

Um es auf den Punkt zu bringen: Eine Website ist klar in der Aussage, übersichtlich strukturiert und vor allen Dingen informativ. Sie hat keine hunderte von unübersichtlichen Unterseiten, dafür aber einen sehr guten Menüaufbau, der sich bei jeder Unterseite wiederholt. Sie hat auch keine wiederholenden Texte oder Phrasen, die nur langweilen.
Eine gute Website ist nach den neuesten Erkenntnissen bezüglich Benutzerfreundlichkeit aufgebaut, das heißt, der Besucher scrollt von oben nach unten. Dies ist bei Insidern auch als „State of the Art“ bekannt. In den dadurch entstehenden Segmenten, die automatisch entstehen, können Kurzvorstellungen, Links zu weiteren Beschreibungen oder Infos gesetzt werden, die maximal nicht sechs Punkte mit kurzen, prägnanten Texten versehen, überschreiten sollten.

Was beim Aufbau einer Webseite zu bedenken ist:

Wir leben in einer schnelllebigen Zeit, was eine Überreizung nach sich zieht. Die Tatsache, dass das Angebot auf dem Online Markt zu groß ist und wir mit dieser Informationsflut bombardiert werden wirkt sich sehr auf unsere Aufmerksamkeitsspanne aus. Wer hier nicht das Interesse weckt, ist raus

aus dem Spiel. Der Besucher wird schnell gelangweilt sein und verlässt Seiten wieder.

Wichtig: Die Aufmerksamkeitsspanne von Besuchern im Web beträgt nur wenige Sekunden! Wird er nicht innerhalb kürzester Zeit fündig, so verlässt er die Website wieder.

Das Motto ist: Weniger ist mehr. Je klarer und einfacher eine Website gestaltet ist, umso größer ist die Chance, sich am Markt durchzusetzen.

Wer mehr als 100 Produkte anbietet, sollte einen Link zu einer Produkt-Aufstellung implementieren, der die Anzahl der Produkte aufweist. Hier kann der Besucher sich dann bei Interesse selbst informieren.

Bilder sagen mehr als tausend Worte

Wenn auch mit Bildern, Bannern und Grafiken eher sparsam umgegangen werden sollte, so ist es doch ratsam, sie vor dem Hintergrund einer ausgewogenen Website, einzusetzen. Es ist darauf zu achten, dass nur qualitativ hochwertige bildliche Darstellungen mit entsprechender Auflösung eingesetzt werden. Vor allen Dingen ist die Bildgröße wesentlich, um nicht bei zu großen Bildern eine zu lange Ladezeit hervorzurufen. Der Besucher wird selten abwarten, bis sich alle Bildinhalte korrekt geladen

haben. Auf Animationsbilder oder kleine Grafiken sollte ganz verzichtet werden!

Achtung: Bei gekauften Bildern muss auf das Urheberrecht geachtet werden!

Wie alle Medien, so ist auch das Webdesign immer einem Wandel unterworfen. Wenn fast alle Website Besitzer Stockfotos eingesetzt haben, so geht der Trend mehr zu einer sehr persönlichen Aussage. Wenn uns freundlich lächelnde Menschen ansehen, so ist das nicht unbedingt aus dem realen Leben und kann keinen Besucher mehr überzeugen. Niemand wird glauben, dass die abgebildeten, gutaussehenden Personen auch wirklich die Mitarbeiter sind. Wenn, dann bilde nur reale Menschen ab, um eine Nähe zum Besucher zu erschaffen.

Immer mehr Websites benutzen eine Art Storyboard. Kollagen von handwerklichen Arbeitsprozessen, die dem Betrachter eine Geschichte erzählen, haben mehr Aussagekraft als unpersönliche Bilder von der Stange. Wer einen handwerklichen Betrieb aufbauen will, kann beispielsweise Nahaufnahmen von Produkten und wie sie entstehen benutzen, die bei besonderem Licht und in warmen Farben gezeigt werden.

Man sollte immer eine Auge auf Trends, was das Webdesign betrifft, haben. Es gibt nichts Schlimmeres, wenn eine Website veraltet, langweilig oder zu

standardisiert ist.

Farbwahl und Design

Das Design und die Farbwahl sollten nicht unterschätzt werden. Ein stimmiges Bild einer Website ist entscheidend für den ersten Eindruck. Farben beispielsweise können ein Produkt oder einen Service gut unterstreichen. Sie lehnen sich idealerweise an die Branche an. Damit suggeriert man Beständigkeit. Wer selbstgezüchtete Kakteen anbietet, wäre mit grünen Elementen gut bedient und entspricht damit der Erwartungshaltung des Besuchers. Wer individuell handgefertigte Holzprodukte herstellt, kann ein Farbspektrum von dunkelbraun, beige, ockerfarben bis hin zu rot- und kastanienbraun etc. wählen.

Bei der farblichen Gestaltung ist die Farbkombination ein weiteres Mittel, um die Seite interessant zu machen. Dabei sollten Tools benutzt werden, mit denen man Töne mit verschieden starken Kontrasten und Helligkeiten produzieren kann. Das wirkt professionell, da das Auge, beziehungsweise das Gehirn, dies unbewusst wahrnimmt.

Firmenlogo

Eines mit der wichtigsten Elemente, nicht nur für die eigene Website, ist ein aussagekräftiges Firmenlogo. Ein Firmenlogo sollte also auf alle Fälle vorhanden sein. Es gibt eine Vielzahl an Online Logo-Creator Websites, die einem versprechen, dass man in nur fünf Minuten sein professionelles Logo erstellen kann.

Diese Seiten sind gut geeignet, um die erste Idee zu bekommen, respektive sich inspirieren zu lassen, soweit man nicht schon eine feste Vorstellung hat. Ansonsten sollte klar sein, dass man dies bei solch einem wichtigen Element nicht in Minutenschnelle erledigen kann. Immerhin wird das fertige Produkt für einige Jahre, so hoffen wir, die Website schmücken. Es bei Nichtgefallen wieder nach wenigen Monate auszutauschen, könnte schlecht für das Image sein.

Darüber hinaus haben Logo-Creator Websites oftmals das gleiche Gestaltungsschema, was dazu führt, dass sich all diese so produzierten Logos in gewisser Weise ähneln.

Ein gutes Firmenlogo baut Loyalität zwischen der Firma, dem Geschäft etc. und dem Kunden auf. Es schafft eine Markenidentität und vermittelt Professionalität.

Ein Firmenlogo kann auf vielfältige Weise entstehen. Wer kennt nicht die drei Streifen von Adidas,

den Stern von Mercedes-Benz oder die Muschel von Shell. Und jeder weiß, dass der jagende Windhund für die Reisebusgesellschaft in Amerika steht. Der Fantasie sind da keine Grenzen gesetzt. Sei es, dass man seine Initialen benutzt und oder den Nachnamen als Firmennamen mit einer Grafik. Es kann auch ein Fantasiename sein oder ein Wortspiel. Aber als Regel gilt, es sollte schlicht sein. Alle guten und berühmten Logos sind einfach in der Aussagekraft gehalten, haben keine komplizierten Grafiken oder gar Texte.

Typografie (Schriftart), Layout, Muster und Farbe: Das sind die Dinge, um die du dich kümmern musst. Es sind die Dinge, die einen enormen Einfluss auf Menschen haben, die ein Logo wahrnehmen.
Die Schriftart kann über Erfolg oder Misserfolg entscheidend sein. Die richtig angewandte Schrift verstärkt die Wirkung deines Firmenlogos, währenddessen die falsche Schrift eher abschreckend sein kann und eine Ablehnung hervorrufen kann.

Beispiel: Wer ein Atelier mit selbst entworfener Kleidung im Bohemian Stil starten möchte, sollte sich eine geschwungene Kursivschriftart aussuchen, die zum Produkt passt. Ein Handwerker, der alles möglich macht, anpacken kann und ein kerniger Typ ist, sollte eine starke Schrift wählen, die in ihrer Struktur geradlinig ist und ohne Verzierungen auskommt.

Wenn du jetzt die Hinweise über das Firmenlogo soweit gelesen hast, wirst du sicherlich verstehen, dass die Kreation eines doch sehr persönlichen zu dir gehörenden Firmenlogos ausgesprochen wichtig ist und nicht in fünf Minuten erledigt werden kann. Falls du die finanziellen Mittel zur Verfügung hast, solltest du einen Grafiker beauftragen, der darauf spezialisiert ist.
Ansonsten stehen diverse Portale zur Verfügung, wo freischaffende Grafiker hervorragende Firmenlogos zu einem adäquaten Preis erstellen können.

Corporate Identity

Ein Firmenlogo gehört mit zum Prozess des Erschaffens eines Branding, sollte sehr überlegt sein und nicht in Windeseile erstellt werden. Wenn das Design der Website eher dezent gehalten werden sollte, kann ein Firmenlogo durchaus mehr in den Vordergrund rücken.

Was aber wichtig ist: Mit dem Firmenlogo sollte ein Wiedererkennungswert geschaffen werden, so dass Interessenten und Kunden das Logo mit dem Produkt, mit deiner Person und deinem Firmennamen etc. in Verbindung bringen.
Bei allem sollte das Erschaffen eines Branding (also dem Entwickeln eines Markennamens) im Vordergrund stehen. Dies ist ein Teil einer Corporate Identity (CI), um damit ein Selbstbild zu setzen.

Ziel ist es, sich von anderen Unternehmen und Geschäften etc. zu unterscheiden.
Dazu gehören alle Druckerzeugnisse wie Visitenkarten, Briefbögen etc. wie eben auch der Online-Auftritt. Selbst Arbeitskleidung fällt unter Corporate Identity.

Strukturierung einer Website

Die Menüsteuerung – das Rückgrat jeder Website:

Ein weiterer sehr wichtiger Punkt ist die Menüsteuerung, die den Besucher durch die Website führt. Hier sollte man sich auf das Wesentliche konzentrieren. Das Menü befindet sich entweder in der oberen Zeile oder auf der linken Seite. Dies sollte dann auch in allen Unterseiten wiederholt werden.
Der Besucher wird in der Lage sein, das zu finden, was für ihn wichtig ist. Alle weiteren Informationen und Details können auf den Unterseiten platziert werden, die durch entsprechende Verlinkung von der Hauptseite aus erreichbar sind.

Generell gelten folgende Faustregeln beim Erstellen eines Navigationsmenüs:

- Der Übersichtlichkeit halber sind weniger Einträge besser
- Ebenso, je weniger Menüebenen, desto besser
- Menübezeichnungen sollten nur Einzelbegriffe sein wie „Produkt“ oder „Service“
- Menübegriffe sollten immer selbsterklärend sein wie beispielsweise „Impressum“ oder „Kontakt“
- Erfahrungsgemäß ist die horizontale Ausrichtung der Menübegriffe besser als die vertikale Ausrichtung

Eine Menünavigation könnte zum Beispiel wie folgt aussehen:

- Startseite oder Home
- Produkte
- Service
- Shop oder Preise
- Kontakt

- Blog (kann auch im Footer stehen)

Eine allgemein gültige Idealstruktur einer Navigation gibt es nicht, da es je nach Unternehmensart verständlicherweise individuell ist. Man sollte aber nach den ersten Monaten anhand von Klickhäufigkeiten seine Website gut beobachten.

Ebenso sollte man sich gut überlegen, ob man Preise im Netz veröffentlichen will. Bei Beratungsdiensten ist dies eine individuelle Leistung, die nur anhand von weiteren Angaben des Kunden gemacht werden kann. Es sollte also ein Formular zur Kontaktaufnahme existieren mit der Möglichkeit, dass der Interessent seine Kurzangaben und gewünschten Leistungen nennen kann. Die Alternative wäre eine dafür angelegte E-Mail-Adresse zur Verfügung zu stellen.

Wenn individuelle Produkte in diversen Farben, vorgegebenen Ausführungen, Liefermengen und Größen angeboten werden, kann durchaus neben den Produktvorstellungen ein Preis genannt werden. Hier sollten dann auch, wenn angeboten, Rabatte folgen.

Footer mit Eigenleben

Der Bereich des „Footer“ hat sich seit den letzten Jahren immer mehr durchgesetzt. Es handelt sich

dabei um den unteren Bereich einer Website, der fast eigenständig zu betrachten ist und in den meisten Fällen farblich unterlegt wird, um ihn von der Homepage abzugrenzen.

Dort können noch Menüpunkte wie Lieferbedingungen, Kundenbewertungen, Referenzen, Partner, „Über uns“, „Kontakt“, „Hilfe“, „Impressum“, „Datenschutz“, „AGB“ etc. genannt werden. Damit bekommt ein Footer eine Art Eigenleben und kann so für noch wichtige Informationen genutzt werden. Der Besucher bekommt die Möglichkeit, sich schnell und unkompliziert über die wichtigsten Inhalte der Website mit einem einzigen Klick zu informieren!

***Tipp**: Ein Footer ist fast schon Pflicht auf jeder Website. Er bietet am Ende der Website im Fußbereich komprimierte Angaben, die alle mit nur einem Klick sofort einsehbar sein sollten.*

Viele neigen dazu, auch im Footer ihre privaten Aktivitäten, wie die Unterstützung eines Sportvereins oder ähnliches zu bewerben. Das sollte auf alle Fälle vermieden werden und hat auf einer geschäftlichen Website nichts zu suchen.

Der Blog und seine Vorteile

Das Schalten eines Blogs wäre am Anfang nicht unbedingt notwendig, kann aber einen sehr hohen

Stellenwert erreichen, um mit entsprechenden Texten bei den Suchmaschinen wie Google zu erscheinen. Wer sich als Experte in einem Nischenmarkt bewegt, wird dies als unterstützendes Instrument nutzen können. Denn SEO-basierte (Search Engine Optimication) Texte können mit entsprechenden Keywords versehen werden, die Interessenten auf den Plan rufen können. Hierzu mehr im Kapitel „Besseres Ranking in Suchmaschinen“.

Regelmäßige Blogbeiträge können nicht nur Interesse wecken, sondern schaffen auch Vertrauen. Der Kontakt zum Leser und/oder Kunden kann in gelockerter Form gepflegt und bei Fragen, kann schnell reagiert werden. Dies setzt allerdings voraus, dass man auf seinem Blog die Möglichkeit des Antwortens auf Beiträge freischaltet.

Generell sollte ein Blog einen informativen Wert haben und immer einen Mehrwert bieten. Das steht an erster Stelle! Und es fängt schon bei den simplen Dingen an. Man konnte den Kundenparkplatz erweitern, eine zusätzliche Telefonnummer wurde eingerichtet, zu saisonalen Festen werden Rabatte vergeben, ein begrenzter Lagerausverkauf wird geplant oder man bietet als Texter und Übersetzer nun auch technische Übersetzungen an. Du siehst, es ergibt sich allein aus dem laufenden Geschäftsbetrieb eine Art von „Informationsdienst“.

Man kann davon ausgehen, dass man durch seine Blogbeiträge auch gefunden wird. Je nach Keywords und Branche kann das allerdings einige Monate dauern. Ist man aber erst einmal an dem Punkt angelangt, wird ein Blog zur kostenlosen Werbung, die mehr Wert ist als alle auf Facebook, Google oder Twitter geschalteten Anzeigen.

Besseres Ranking in Suchmaschinen

Google legt mittlerweile mehr Wert auf gute und vor allen Dingen relevante Inhalte (Content). Die Zeiten, wo es im Text nur so von Links wimmelt, sind ebenso vorbei, wie auch die nicht vorhandene Zugehörigkeit von im Text eingebunden Links zum Hauptthema.
Das Motto ist, seriöse Artikel mit Informationscharakter zu erstellen. Wer das einhält, baut Vertrauen auf und wird mit der Zeit mit regelmäßigen Blogbeiträgen sein Ranking in den Suchmaschinen kontinuierlich verbessern.

Ein SEO-basierter Text – auch unter dem Begriff SEO-freundlich bekannt – ist nichts Weiteres als ein mit entsprechenden Keywords unterlegter Content. Der Text wird darauf ausgelegt, von Suchmaschinen wie Google verstanden und vor allen Dingen für gut befunden zu werden.

Wichtig dabei ist die Keyword-Dichte. In vergangenen Zeiten wurde ein Text mit Keywords so überladen, dass niemand mehr Freude beim Lesen hatte – und niemand konnte noch ernsthaft von Qualität oder Professionalität sprechen. Das gehört mittlerweile der Vergangenheit an.

Es fängt damit an, dass ein guter Text und ein guter Schreibstil erst einmal eine Nutzerfreundlichkeit produzieren und damit eine Keyword-Verwendung schlagen.

Des Weiteren sind folgende Dinge wichtig:

- Setze niemals gezwungenermaßen Keywords ein. Der Text muss flüssig bleiben.
- Verwende Keywords in allen Textabschnitten
- Wenn sinnvoll, auch in Überschriften
- Verwende Synonyme der Keywords
- Keywords zwanghaft oder zu oft einzusetzen, führt nicht zu einem guten Ranking
- Keywords können grammatikalisch an einen Textfluss angepasst werden, was früher nicht möglich war.
- Setze einige Keywords im Fettdruck
- Verwende Listen und Aufzählungen mit Bullet-Points zur Auflockerung (positive Nutzersignale, die sich positiv auf ein Ranking auswirken)

- Verwende Überschriften, die als Einleitung zum nachfolgenden Text passen müssen.
- Ein guter SEO-Text hat auch Absätze! Immer wieder sieht man Texte im Netz, die nahtlos aneinandergereiht sind. Das Auge wird überbeansprucht und das Lesen wird erschwert.
- Wähle eine klare Schriftart. Alle Schnörkel oder ähnliche Verunzierungen sind verpönt. Der Sinn dahinter ist, dass ein Text in jedem Browser gelesen werden kann.
- Als Faustregel gilt ein Text mit circa 500 Wörtern. Qualität geht vor Quantität. Auch ein Text mit 300 Wörtern, wenn er perfekt ist, wird im Ranking erscheinen. Ebenso verhält es sich mit Texten bis zu 1.000 Wörtern.
- Schreibe immer relevant und für deine Zielgruppe! Alles nebensächliche oder gar persönliche Erfahrungen haben in einem SEO-Text nichts zu suchen.
- Mehrwert, Mehrwert und abermals Mehrwert

Die Positionierung als Experte

Daneben sind aber auch Fachtexte sinnvoll, solange sie zum Geschäftsprodukt und -service passen. Wenn du planst, ein neues Produkt in deinem Sor-

timent aufzunehmen, sollte gleich ein entsprechender Text im Blog geschaltet werden. Wenn dies mit den Vorzügen, Merkmalen, technischen Daten und Preisstaffel versehen wird, umso besser. Auch kann hier ein Produktfoto den Informationswert nur erhöhen. Wenn hier nun noch deine kompetenten und fachlichen Ratschläge kommen, trägt dies zu deiner authentischen Außenwahrnehmung bei.

Wie oft man Blogbeiträge schaltet, ist erstens Geschmacksache und zweitens hängt es auch vom Geschäftsvolumen ab. Am Anfang wird man nicht unbedingt die Zeit haben, da ein Blog auch gepflegt werden muss. Das ist eines mit der Gründe, warum viele Firmen auf entsprechenden Portalen Texter suchen, die nach Vorgaben und Nennung von Keywords einen professionellen Beitrag schreiben.

Trotz allem, wer die Zeit hat, sollte einen Blogbeitrag mindestens einmal die Woche einplanen. Wer sein Geschäft nicht allein aufbaut und einen oder mehrere Partner hat, sollte eine Aufgabenverteilung anstreben.

Wichtig: Jeder einzelne Leser eines Blogs kann zum potenziellen Käufer werden.

Social Media: Facebook

Eine kostenlose Unternehmensseite ist bei Facebook schnell eingerichtet. Die Plattform eignet sich sehr gut dazu die eigene Reichweite langfristig in der Onlinewelt zu vergrößern und das Marken-Image zu verbessern. Beziehungen zu bereits bestehenden Kunden können gestärkt werden und neue Interessenten können dich leichter online finden. Je mehr 'Gefällt mir' Klicks du sammelst, desto bekannter wird deine neue Unternehmensseite.

Sobald du deine genaue Zielgruppe kennst, solltest du dir darüber Gedanken machen, was du auf deiner Facebook-Seite für Inhalte postest, die deine potenziellen Kunden interessieren. Soll beispielsweise eine Anwaltskanzlei gegründet werden, so bietet es sich an regelmäßig Antworten auf bestimmte Rechtsfragen zu geben, auf die man sich spezialisiert hat.

Wichtig ist es sich stets in die Sicht des Lesers hineinzuversetzen und herauszufinden, ob man selbst den kommenden Beitrag/Post interessant finden sowie teilen oder liken würde.
Antworte möglichst schnell auf Fragen, welche in Kommentaren unter den geposteten Beiträgen zustande kommen oder dich auf persönlichem Wege per Messenger erreichen, um so eine gute Interaktion mit den Lesern zu pflegen. Oftmals

bauen potenzielle Kunden so ihr Vertrauen zum Unternehmen auf.

Übrigens: Es ist möglich ein bereits bestehendes Facebook-Profil in eine Seite umzuwandeln.

Was macht eine gute Unternehmensseite bei Facebook aus?

- Ein ansprechendes Profil- und Titelbild (Logo des Unternehmens)
- Eine allgemeine Informationsseite
- Bei einem Shop: Zeige deine Produkte auf
- Verknüpfung zur eigenen Webseite
- Regelmäßig ansprechende Inhalte veröffentlichen
- Interaktionen von Unternehmen und Lesern unter geposteten Beiträgen
- Evtl. Werbeanzeigen schalten um die Reichweite zu vergrößern
- Kontaktanfragen von interessierten Nutzern verarbeiten (Austausch persönlicher Nachrichten z.B. durch den Messenger)
- Evtl. Veranstaltungen anlegen, wo Interessenten teilnehmen können

- Gute Bewertungen und Empfehlungen von zufriedenen Kunden

Social Media: Instagram

Ähnlich wie Facebook wird auch Instagram als Kommunikationsplattform zu potenziellen Kunden verwendet. Nach Einrichtung deines Unternehmensprofils wirst du schnell bemerken, wie gut sich Instagram eignet, um User über dein Unternehmen, deine Produkte oder diverse Dienstleistungen zu informieren.

Auch hier ist es möglich, sich anhand der Analyse von Storys, Beiträgen und den Profilen der eigenen Abonnenten, ein klares Bild über wichtige Zielgruppen zu machen. Darüberhinaus ist es möglich anhand von Echtzeit-Statistiken zu erkennen, wie die eigenen Beiträge und Storys bei den Usern ankommen und im Laufe des Tages abschneiden. Für Unternehmen spielt hier, wie auch in Facebook, das Schalten von Anzeigen ebenso eine immer größere Rolle.

Vor allem bei Plattformen wie Instagram spielen Influencer eine immer größere Rolle. Bei Influencern handelt es sich um Personen, mit einer großen öffentlichen Reichweite (vielen Followern). Suche dir Influencer, die sich mit Themen aus deiner

Branche beschäftigen und welche du für bezahlte Beiträge oder Postings kontaktieren kannst.

Beispiel: Eine Unternehmen, welches Augenlaserkorrekturen anbietet, kann Fashion-Influencern, die sich selbst behandeln lassen möchten, Vergünstigungen anbieten oder die Behandlungskosten komplett übernehmen.
Dafür wird der Influencer eine festgelegte Anzahl von Beiträgen und Storys im eigenen Profil veröffentlichen, um so Werbung für das Unternehmen bei seinen eigenen Followern zu machen. Das Ganze sollte selbstverständlich detailliert in einem Vertrag festgehalten werden.

Was macht ein gutes Unternehmensprofil bei Instagram aus?

- Das Verknüpfen der Facebook-Unternehmensseite mit Instagram. Dadurch werden alle Informationen inklusive der Bilder aus Facebook in das neue Unternehmensprofil auf Instagram importiert.
- Ein ansprechendes Profilbild (Logo des Unternehmens)
- Eine Kurzbio (Steckbrief zum Unternehmen)
- Ein Benutzername, welcher der selbe ist wie auf allen anderen Social Media Kanälen

- Verknüpfung zur eigenen Webseite. Gerade hier ist es wichtig, dass die eigene Webseite für mobile Endgeräte optimiert ist (responsive), da die meisten User auf Instagram die App benutzen und somit mit ihren Smartphones auf der Unternehmensseite landen
- Das Erstellen von eigenen Marken-Hashtags, welche die Follower verwenden können
- Regelmäßige Posts, die auch beworben werden können
- evtl. Der Kontakt zu einflussreichen Influencern

Achtung: Da die Benennung von weiteren Plattformen, wie LinkedIn, Xing, Twitter etc., den Rahmen sprengen würden, werden diese hier nicht behandelt. Dennoch solltest du dich auch über diese Plattformen informieren und dort ein Unternehmensprofil einrichten!

Landingpage

Wenn deine Website erst einmal implementiert ist und du die Besucherzahlen verfolgen kannst, musst du über eine Landingpage nachdenken. Dieser Schritt kommt erst später und ist daher am Anfang noch nicht so wichtig. Eine Landingpage ist im Grunde genommen nichts anderes als eine Art

Landebahn zur Erstinformation oder man könnte sie auch als Türöffner bezeichnen. Informationen und Wissen werden komprimiert vorgestellt. Sie wird speziell auf die Bedürfnisse der Besucher und Nutzer abgestimmt.

Sehr wichtig bei der Gestaltung einer Landingpage ist es, den Fokus auf Produkte und Service zu richten, die mit einem Keyword gekennzeichnet sind. Der Suchende wird genau mit diesem Keyword auf die Landingpage geleitet. Es ist also elementar wichtig, die richtigen Keywords zu benutzen. Auf einer Landingpage haben lange Texte, Beschreibungen oder irgendwelche anderen Ablenkungen nichts zu suchen.

Doch zunächst muss durch die Suchmaschinenoptimierung ein gutes Ranking angesteuert werden. Das bedeutet, dass Interessenten über die organische Suche auf z.B. Google auf die Landingpage geleitet werden. Sie wird damit die erste Verbindung zwischen deinem Produkt und dem Interessenten oder Kunden.

Was sollte eine Landingpage beinhalten?

Die oberste Prämisse ist, dass du deinem Besucher einen Mehrwert geben musst. Nehmen wir an, du bietest einen Fahrradanhänger an, der auch für Kinder geeignet ist. Deine Keywords wären also

Fahrradanhänger, Fahrradanhänger für Kinder, Kinderfahrradanhänger, Kinderanhänger, Fahrradzubehör. Es gibt sicherlich noch mehr mögliche Keywords. Wonach Interessenten im Netz wirklich suchen, kann man mit kostenlosen Online Tools herausfinden, um eine intensive Keyword-Suche zu betreiben. Wichtig ist, die Aufrufe mit den höchsten Prozentzahlen zu wählen, also wie oft nach einem bestimmten Produkt gesucht wurde.

Auf der Landingpage sollte es sich dann auch nur um den Fahrradanhänger drehen. So könnten Beschreibungen des Produktes wie Gewicht, Stabilität, Farben und Größe, ob für eine oder zwei Personen etc. aufgeführt werden. Abbildungen können ebenfalls das Interesse wecken. Wer auf seiner Landingpage auch Bestellungen erlaubt, muss dann sicherlich auch Preise nennen.

Achtung, rechtlicher Hinweis:
Wenn die Seite nur zur Information dient und der Suchende zur Hauptseite geleitet werden soll, müssen keine oder sollten lieber keine Preise genannt werden. Es sei denn, er wird von der Landingpage auf eine Unterseite geführt, um eine Bestellung mittels Formular aufzugeben! In diesem Fall ist die Preisangabe Pflicht.

Google My Business

Eine gute Möglichkeit, sein Unternehmen Online zu präsentieren, ist die Anmeldung bei Google My Business. Mit dem kostenlosen Tool kann man sein Unternehmen bei der Google-Suche und Google Maps verwalten. Das Unternehmen muss von Google bestätigt werden, bevor es potenzielle Kunden bei der Suche auf Google oder Google Maps finden. Insofern ist es ein sehr nützliches Tool, da der Firmeneintrag mit Namen und Logo auf Google Maps mit dem Standort erscheint. Unternehmen, die bei Google angemeldet sind, werden als seriös eingestuft!

Unter anderem lassen sich folgende Informationen im eigenen Unternehmensprofil bei Google My Business darstellen:

- Eine kurze Beschreibung des Unternehmens
- Verlinkung zur eigenen Webseite
- Bilder vom Unternehmen (z.B. Räumlichkeiten etc.)
- Adresse & Route auf Google Maps
- Öffnungszeiten
- Telefonnummer

- Terminmöglichkeiten
- Rezensionen von Kunden (wichtig)
- Fragen und Antworten
- Bewertungen aus dem Web (externe Webseiten)
- Stoßzeiten
- Bevorstehende Veranstaltungen

Firmen-Website und/oder Facebook?

Wer auf seine starke Markenbildung und Produktinformation Wert legt, kommt nicht darum herum, eine professionelle Website ins Netz zu stellen. Die Frage ist, wie sich deine Zielgruppe zusammensetzt und wo du sie findest, um sie weitestgehend breit abzudecken.
In manchen Fällen ist ein gesunder Mix ratsam. Facebook als alleinige Webpräsenz zu nutzen, wäre nur für einen sehr kleinen Teil der Unternehmer, wie zum Beispiel Event-Veranstalter, Musiker, Kneipen und Restaurants, kleine Snack & Coffee-Shops, Hundepensionen etc., geeignet.

Für diejenigen, die mit einem geringen Risiko sowie klein starten möchten, und ein selbsthergestelltes Produkt im Angebot haben, bietet Facebook eine gute Alternative. Der Vorteil liegt darin, dass man

mit geringen Mitteln einen Markteintritt starten kann, um erst einmal die Akzeptanz eines Produktes oder Services zu testen. Aber Vorsicht, es dauert, bis man auf Facebook bekannt wird und einen Kundenstamm aufgebaut hat.
Wichtig sind Follower und natürlich die damit verbundenen notwendigen Links. Wenn der Punkt eines guten Absatzes erreicht ist, kann dann entschieden werden, ob es nicht Zeit ist, eine Firmenwebsite einzurichten.

Die Erwartungshaltung auf Facebook setzt sich hauptsächlich aus der Kommunikation sowie einem Unterhaltungswert zusammen. Das wiederum heißt, dass interessante und aktuelle Inhalte gepostet werden sollten. Bei Fragen sollten Antworten prompt folgen sowie eventuelle Lösungen für Probleme. Es kann also zur Markenbildung beitragen.

Facebook zusätzlich zur Firmenwebsite:

Neben einer Firmenwebsite bieten Facebook-Seiten nur dann die meisten Vorteile, wenn sie sie gezielt zum Community-Building und für ein verbreitetes Marketing eingesetzt werden. Es steht also die direkte Kommunikation mit dem Nutzer im Vordergrund. Die Nutzer wiederum haben die Chance, mit dem Unternehmen den direkten Kontakt aufzunehmen. Es wird für den Facebook-Nutzer transparenter und Nähe wird aufgebaut.

Unternehmensdetails, Produktinformationen oder Fakten jeglicher Art sollten auf Facebook nicht veröffentlicht werden, da dies eindeutig Informationen und Inhalte sind, die auf eine Firmenwebsite gehören. Ebenso sollte auf Werbung – oder zu viel Werbung – auf Facebook verzichtet werden, da dies Facebook-Nutzer schnell abschrecken kann. Was wiederum im Widerspruch zum Bekanntwerden einer Facebook-Seite steht. Es ist eine Gratwanderung!

Aber aufgepasst: Die meisten Facebook-Seiten stehen immer noch im schlechten Ruf der regelmäßigen Berichterstattung der Befindlichkeitserklärung: „Habe heute festgestellt, dass meine Waschmaschine kaputt ist. Mein Tag ist gelaufen." Und ähnliche Kommentare. Hinzu kommen immer wieder negative Berichterstattungen über Verletzungen des Datenschutzes in Europa.

Es sollte auch beachtet werden, dass eine Facebook-Seite zeitintensiv ist, da sie regelmäßig gepflegt werden muss. Der Druck fast täglich dort präsent zu sein, kann Stress verursachen.

Es sollte also sehr gut überlegt werden, für welches Modell man sich entscheiden möchte. Auf alle Fälle kann man sich auf einer Firmenwebsite individueller und auch persönlicher präsentieren.

Wenn ich Hundefutter verkaufen will, muss ich erst einmal die Rolle des Hundes übernehmen; denn nur der Hund allein weiß ganz genau, was Hunde wollen.

\- Ernest Dichter (1907-1992), Pionier der Marktpsychologie

7. Rechtliche Pflichten

Bei der Erstellung einer Website ist eines mit der wichtigsten Dinge, dass alle rechtlichen Anforderungen penibel eingehalten werden. Es zählt mit zu den Informationspflichten ein Impressum zu führen. Ebenso wären die AGBs (Allgemeine Geschäftsbedingungen) sinnvoll, sind aber nicht verpflichtend. Trotzdem würden wir dazu raten. Des Weiteren ist der Datenschutz zu berücksichtigen.

Wenn Informationspflichten nicht eingehalten werden, kann dies mit Geldbußen geahndet werden. Dies trifft nicht nur bei vorsätzlichen, sondern auch schon bei fahrlässigen oder aus Unkenntnis heraus entstandenen Verstößen zu. Man sollte also genauestens informiert sein, um gleich von Anfang an keine unnötigen Probleme zu verursachen.

Impressum

Um es gleich vorweg zu nehmen: Nur Websites, die ausschließlich rein persönliche oder familiäre Zwecke verfolgen, sind von einem Impressum befreit. Ansonsten müssen von allen anderen Firmen, Organisationen, Institutionen etc. alle rechtlichen Anforderungen einer Website erfüllt werden. Nach TMG § 5 (Telemediengesetz?) gilt die allgemeine Informationspflicht. Dazu gehören Urheberrechte

bei Bildern und Texten. Wer Bilder von Portalen einkauft, muss die Bildquelle angeben. Das gleiche gilt für Artikel, wenn das Copyright beim Verfasser liegt. Texte dürfen nicht von anderen Webseiten kopiert werden. Es können aber Texte benutzt werden, solange man dies angibt. Bevor man dies tut, sollte man den Verfasser kontaktieren und um Erlaubnis bitten, um eventuelle Probleme von vornherein auszuschalten.

Wichtig: Wer auf sozialen Netzwerken ein Konto unterhält und es geschäftsmäßig betreibt, ist ebenfalls verpflichtet, ein Impressum zu führen.

Folgende Angaben müssen im Impressum erscheinen:

- Name und Anschrift des Website Inhabers
- Name des oder der Vertretungsberechtigten
- Angaben zur elektronischen Kontaktaufnahme, die eine schnelle Kommunikation ermöglichen (es muss eine E-Mail-Adresse angegeben werden; eine Telefonnummer wird nicht ausdrücklich im Gesetz genannt, sollte aber mitberücksichtigt werden)

- Nennung einer Aufsichtsbehörde, wenn eine behördliche Zulassung erforderlich ist. Die zuständige Aufsichtsbehörde muss mit Namen, Postanschrift und Telefonnummer angegeben werden.
- Angabe des Registers und der Registernummer
- Umsatzsteueridentifikationsnummer, Wirtschaftsidentifikationsnummer
- Pflichten nach dem Rundfunkstaatsvertrag: Beim Bereithalten von Content mit meinungsbildender Texten – auch bei einem Blog – muss nach § 55 RStV ein Verantwortlicher für die jeweiligen Inhalte genannt werden.

Die Darstellung dieser Informationen unterliegt ebenfalls gewissen Regeln. Alle Angaben des Impressums müssen unter dem Namen „Impressum“ oder „Kontakt“ eingestellt werden. Dies muss auf einer Seite übersichtlich dargestellt werden. Die Impressums-Seite sollte über einen gut sichtbaren Link von jeder anderen Seite der Website erreichbar sein.

AGB – Allgemeine Geschäftsbedingungen

Unter den Allgemeinen Geschäftsbedingungen (AGB)[15] versteht man die Vertragsbedingungen, die der Anbieter für eine Anzahl von Verträgen vorformuliert hat. Es sind also Regelungen, die bei jedem einzeln zustande gekommenen Vertragsabschluss ihre Wirkung zugrunde legen, ohne dass sie nach jedem Abschluss neu ausgehandelt werden müssen.

Generell gibt es keine Pflicht, seine AGB auf der Website einzustellen, da die Nutzung dieser allein im Interesse der Anbieters liegt. Es gibt aber Informationspflichten, die sich durch die Allgemeinen Geschäftsbedingungen am effektivsten erfüllen lassen, da sie bei jedem Vertragsabschluss einbezogen sind und damit zum Vertragsbestandteil werden. Damit kann bewiesen werden, dass die Informationspflicht erfüllt wurde.

Datenschutz

Dies ist ein sehr sensibles Thema, nachdem sich die Datenschutz-Grundverordnung (DSGVO)[16] immer mehr zum Datenschutz europaweit wie natürlich auch in Deutschland einschaltet. Das hat seinen guten Grund, nachdem wir alle in den vergangenen Jahren von Datenschutzverletzungen,

Skandalen von Datenleaks sowie von Missbrauch der Datenhoheit betroffen wurden, die samt und sonders von amerikanischen Weltunternehmen wie Facebook & Co. verursacht wurden.
Der hohe Standard, den Deutschland und andere europäische Länder vertreten, wird in Zukunft zum Schutze jedes einzelnen Bürgers ein großes Thema werden und sein. Darum sollte es für alle zukünftigen Unternehmer – ob nebenberuflich, hauptberuflich oder freiberuflich – selbstverständlich sein, seinen (zukünftigen) Kunden die Gewissheit zu geben, dass alle Datenschutzregeln zu 100 Prozent eingehalten werden.

Viele glauben, dass eine Datenschutzerklärung nur für Unternehmen gilt. Das ist allerdings nicht richtig. Das BDSG (Bundesdatenschutzgesetz)[17] sowie das Telemediengesetz verpflichtet jeden Website Betreiber (auch Privatpersonen), seinen Nutzern einen Datenschutz zur Verfügung zu stellen.
Das bedeutet, dass personenbezogene Daten nur erhoben und verwendet werden dürfen, wenn dies aufgrund einer Rechtsgrundlage erfolgt. Speziell die Benutzung von Cookies sollten analog zu den Cookie-Richtlinien[18] dem Besucher beim Aufrufen der Website offenkundig gemacht werden. Des Weiteren sollte jedem bewusst sein, dass immer mehr Daten vom Nutzer mittels Plugins und Google Analytics erfasst werden.

Es gibt zahlreiche Datenschutzerklärungs-Generatoren Online, die kostenlos sind. Aber Achtung: Der Anbieter sollte im Rahmen des DSGVO gemäß Artikel 13 seinen Dienst anbieten. Eine professionelle Informationsseite allgemein zum Datenschutz bietet ebenfalls Beratung und auch einen Generator an.

Wichtig zu wissen ist, dass schon die Darstellung eines Datenschutz auf einer Website bestimmten Regelungen unterworfen ist.
Dazu muss eine dafür zur Verfügung gestellte Unterseite existieren, die entweder mit den Begriffen „Datenschutz“ oder „Datenschutzerklärung“ betitelt werden kann. Ein zusätzlicher Text im Impressum sollte auf alle Fälle vermieden werden, um eine klare Trennung zwischen diesen wichtigen Informationen zu schaffen. Prämisse ist, dass in beiden Fällen eine leichte Auffindbarkeit gewährleistet ist.
Wer die Regelungen zum Datenschutz nicht einhält, kann sich leicht eine Abmahnung einhandeln. Die häufigsten Verstöße geschehen meist im Zusammenhang mit Online-Shops, da sie automatisch eine große Angriffsfläche durch eine vielschichtige Informationsebene bieten. Dabei kommen häufig unvollständige Preisangaben, fehlerhafte Angaben im Impressum, unvollständige oder fehlerhafte Informationen zum Widerrufs-/Rückgaberecht und unzulässige Klauseln in den AGBs, speziell beim Handel mit Privatkunden, vor.
Wer einen Online-Shop aufbauen möchte, sollte die

Informationspflichten also kennen. Hierzu ist es ratsam das Merkblatt „Rechtssichere Online-Shops“? durchzulesen.

Dass sich der Datenschutz bei einem Online-Handel im Ausland automatisch erweitert, ist wohl jedem klar. In den meisten Fällen geschieht das recht schnell, wenn man an die deutschsprachigen Länder denkt (Österreich, Schweiz, Liechtenstein etc.). Dazu gelten besondere, zusätzliche Regeln, die im Impressum genannt werden sollten.

Folgende Angaben sollten auf der Website integriert werden:

- Die korrekte Angabe einer Telefonnummer mit internationaler Vorwahl
- Eine Anfahrtsbeschreibung ausgehend von anderen Mitgliedsstaaten
- Die Angabe, dass Produkte oder/und Dienstleistungen in einem anderen Mitgliedsstaat angeboten werden
- Eine alternative Verwendung einer anderen Sprache sowie Währung, wenn nötig (wie beispielsweise für die Schweiz)

Broschüren der vom Bundesministerium der Justiz und für Verbraucherschutz geförderten Commerce-Verbindungsstelle bieten einen guten Überblick.[19]

***Tipp**: Behalte alle relevanten Themen zum Datenschutz und deren weitere Entwicklung im Auge. Informiere dich und bleib auf dem neuesten Stand. Wenn nötig, passe deine Website an und sorge für ein Update. Nimm den Datenschutz deiner zukünftigen Kunden ernst.*

8. Fazit & To-Do-Liste

Fazit

Selbständigkeit – ein breites Spektrum! Zu dem Thema der nebenberuflichen Existenzgründung kann noch sehr viel mehr geschrieben werden. Es würde vermutlich ein Buch mit mehreren tausend Seiten zustande kommen.
Wir haben nach sorgfältiger Überlegung die wichtigsten Aspekte herausgearbeitet, um denjenigen, die sich erfolgreich neben ihrem Beruf oder dem Studium selbständig machen wollen, die ersten wichtigen Informationen, Hinweise, Tipps und vielleicht auch Ideen zu geben.
Wir hoffen, dass sich der eine oder andere genau das herausziehen wird, um eine Vorstellung zu bekommen, was wann wie und wo notwendig ist. Die Anleitung wäre gegeben, die Verfolgung der Ziele und die Durchsetzung der vielen Aufgaben muss nun vom Leser erfolgen.

Um einen Tipp zu wiederholen: Schreibe alles auf. Führe ein Tagebuch oder ähnliches, füge Bilder ein, die dich bewegen, mach es bunt und schreibe rein, was dir in den Sinn kommt. Sieh es als dein ganz persönliches zweites „Gehirn“ an. Es wird zu einem Ort, den nur du kennst – sehr persönlich, sehr individuell, sehr aufregend. Lebe damit und leg es nicht aus der Hand.

Denke immer an das Ziel eines nebenberuflich selbstständigen: Ohne großes Risiko neben dem Beruf oder Studium das eigene Unternehmen aufbauen und dann, wenn es so gut läuft, dass du auf deine Hauptbeschäftigung verzichten kannst, hast du es geschafft!

Die folgende To-Do-Liste dient als Anreiz, das gelesene in die Tat umzusetzen. Dabei spielt die Reihenfolge der aufgelisteten Aufgaben nur bedingt eine Rolle. Je nach persönlichen Umständen und Zielsetzungen sind einige Aspekte weniger wichtig und chronologisch differenziert abzuarbeiten als andere.

Daher sieh die Liste nicht als verbindliche Aufgabenzusammenstellung, die du auf jeden Fall abarbeiten musst, sondern eher als eine Art Speicherort von zu erledigenden Aufgaben, bei denen du entscheiden musst, ob sie für dich und dein Business/ Geschäft wichtig sind oder nicht. So muss sich z.B. jemand, der freiberuflich arbeitet, keine Sorgen um eine Gewerbeanmeldung machen.

Unter der Spalte "Erledigt?" Kannst du beispielsweise das Datum angeben, an dem du eine Aufgabe erledigt hast oder bei Bedarf auch einige Notizen einfügen.

Mit dem **Link** oder dem **QR-Code** unter der Liste kannst du sie dir als PDF Dokument herunterladen und ausdrucken.

"Es ist nicht zu wenig Zeit, die wir haben, sondern es ist zu viel Zeit, die wir nicht nutzen."

- Lucius Annaeus Seneca (um 1 n.Chr. - 65 n.Chr.), römischer Philosoph, Dramatiker, Naturforscher und Staatsmann

Zum Abschluss möchten wir uns bei dir, lieber Leser, vielmals für deinen Kauf bedanken. Gerne kannst du uns eine Rezension hinterlassen. Diese sind die Grundlage für unseren Erfolg auf Amazon, daher würden wir uns sehr freuen, wenn du uns Feedback zu unserem Buch in Form einer Rezension gibst. Mit dem folgenden QR-Code oder Link gelangst du direkt auf die Rezensionsseite des Buches.

https://t1p.de/u761

Wenn du Fragen zum Thema, Feedback, Wünsche und weitere Anregungen hast, schreibe uns jederzeit einfach eine Email an: **startinguppublisher@gmail.com**

Wir wünschen allen Lesern sehr viel Glück bei der Durchsetzung ihrer Pläne – und damit ihrer Zukunft als nebenberuflich Selbständige!

To-Do-Liste

Aufgabe	Erledigt?
Was ist dein Ziel? Schreibe es möglichst genau auf.	
Erstelle eine Liste mit Namensideen für dein Unternehmen	
Überprüfe ob deine Favoriten-Namen bereits vergeben sein könnten (Patent, Markeneintragung, Domainname etc.)	
Überprüfe: Ist eine Markenanmeldung sinnvoll?	

Für Arbeitnehmer: Informiere frühzeitig deinen Vorgesetzten	
Erstelle einen ersten umfassenden Businessplan	
Geschäftskonto erstellt	
Gewerbe angemeldet (falls erforderlich)	
Passende Rechtsform ausgewählt (falls erforderlich)	
Finanzplan erstellt (u.a. Kapitalbedarf errechnen)	
Geldgeber und Förderungen kontaktiert (falls erforderlich)	

Private Versicherungen abgeschlossen (falls erforderlich)	
Marketing Online eigene moderne Website mit allen wichtigen Aspekten erstellt	
Marketing Online Unternehmensprofile auf versch. Plattformen erstellt (u.a. Facebook, Google My Business, Instagram)	
Marketing Offline Flyer, Visitenkarten drucken lassen (evtl. Plakate)	
Marketing Offline Annoncen für die örtliche Zeitung	

Professionelle Beratung (Existenzgründerseminar, IHK, Bundesagentur für Arbeit)	
Gegebenenfalls Steuerberater beauftragen	

Öffne folgenden Link oder scanne den QR - Code um die To-Do-Liste im PDF-Format zu erhalten:

https://t1p.de/yvq6

Quellenangaben

[1] Mobbing am Arbeitsplatz: Ein ernsthaftes Problem für alle Betroffenen
https://www.arbeitsschutzgesetz.org/ebook-mobbing.pdf

[2] KfW – KfW Research – Fokus Volkswirtschaft
Gründen mit Kindern: Mompreneurs bringen Familie und Beruf unter einen Hut
https://www.kfw.de/PDF/Download-Center/Konzernthemen/Research/PDF-Dokumente-Fokus-Volkswirtschaft/Fokus-2017/Fokus-Nr.-184-Oktober-2017-Mompreneurs.pdf
www.kfw.de/KfW-Konzern/KfW-Research/Mompreneurs.html

[3] Nixdorf Stiftung – Herausforderung Unternehmertum
https://www.stiftung-westfalen.de/foerderprojekte/demokratisches-staatswesen/offene-projekte/foerderprojekt-herausforderung-unternehmertum/

[4] KfW Research – Fokus Volkswirtschaft
Nachfolge-Monitoring Mittelstand: Entlastung bei Nachfolgen auch dank mehr Übernahmen – Externe Investoren gesucht
https://www.kfw.de/PDF/Download-Center/Konzernthemen/Research/PDF-Dokumente-Fokus-Volkswirtschaft/Fokus-2019/Fokus-Nr.-274-Dezember-2019-Nachfolge.pdf?kfwnl=Research.09-12-2019.558708

[5] IHK Nachfolgebörse nexxt-change
https://www.nexxt-change.org/DE/Startseite/inhalt.html

[6] KfW Economic Research – Studien und Materialien
Hemmnisse im Gründungsprozess: Gründer und verhinderte Gründer,
https://www.kfw.de/Download-Center/Konzernthemen/Research/PDF-Dokumente-Studien-und-Materialien/Gr%C3%BCndungshemmnisse-April-2013.pdf

[7] KfW Research - KfW Gründungsmonitor 2013
Gründungsgeschehen auf dem Tiefpunkt – kein Anstieg in Sicht https://www.kfw.de/PDF/Download-Center/Konzernthemen/Research/PDF-Dokumente-Gr%C3%BCndungsmonitor/Gr%C3%BCndungsmonitor-2013.pdf

[8] Bundesverband der freien Berufe (BFB)
Prof. Dr. Ewer: „Freie Berufe wachsen weiter“
https://www.freie-berufe.de/pressemitteilungen/prof-dr-ewer-freie-berufe-wachsen-weiter/

[9] Budesministerium der Justiz und für Verbraucherschutz, Gesetze im Internet, Einkommensteuergesetz (EstG), § 18
https://www.gesetze-im-internet.de/estg/__18.html

[10] Bundesministerium der Justiz und für Verbraucherschutz, Handelsgesetzbuch (HGB), https://www.gesetze-im-internet.de/hgb/

[11] Industrie- und Handelskammern (IHK)
https://www.ihk.de/

[12] DGUV, Deutsche Gesetzliche Unfallversicherung
https://www.dguv.de/de/bg-uk-lv/index.jsp

[13] Wie viele Personen muss ich bitten, an meiner Umfrage teilzunehmen? https://help.surveymonkey.com/articles/de/kb/How-many-respondents-do-I-need

[14] DIM, Deutsches Institut für Marketing
Markenpositionierung – Das macht erfolgreiche Marken aus! https://www.marketinginstitut.biz/blog/markenpositionierung/

[15] Smartlaw, Wann benötigt meine Webiste AGB?
https://www.smartlaw.de/rechtsnews/e-commerce/wann-benoetigt-meine-webseite-agb

[16] DSGVO, Datenschutz-Grundverordnung
https://dsgvo-gesetz.de/

[17] BDSG (Bundesdatenschutzgesetz)
https://dsgvo-gesetz.de/bdsg/

[18] Datenschutzbeauftragter - Cookie-Richtlinien
https://www.mein-datenschutzbeauftragter.de/faq/cookie-richtlinie-webseiten-fit-fuer-die-zukunft-machen/

[19] IHK – Rechtliche Pflichten für Webseiten
https://www.weingarten.ihk.de/recht/Auftreten-im-Geschaeftsverkehr/rechten-und-pflichten-fuer-websiten/3927166

Impressum

1. Auflage

Pseudonym "StartingUpPublisher" wird vertreten durch,
Kontakt: Filip Zilic
Wommelshäuserstraße 10
35080 Bad Endbach

Coverfoto: (depositphotos.com, Vektor ID 88738982)
Druckerei: Amazon Media EU S.à r.l., 5 Rue Plaetis, L-2338, Luxembourg

Die Benutzung dieses Buches und die Umsetzung der darin enthaltenen Informationen erfolgt ausdrücklich auf eigenes Risiko. Der Autor kann für etwaige Unfälle und Schäden jeder Art, die sich beim Besuch der in diesem Buch aufgeführten Orten ergeben (z.B. aufgrund fehlender Sicherheitshinweise), aus keinem Rechtsgrund eine Haftung übernehmen. Haftungsansprüche gegen den Autor für Schäden materieller oder ideeller Art, die durch die Nutzung oder Nichtnutzung der Informationen bzw. durch die Nutzung fehlerhafter und/oder unvollständiger Informationen verursacht wurden, sind grundsätzlich ausgeschlossen. Rechts- und Schadenersatzansprüche sind daher ausgeschlossen. Das Werk inklusive aller Inhalte wurde unter größter Sorgfalt erarbeitet. Der Autor übernimmt jedoch keine Haftung für die Aktualität, Korrektheit, Vollständigkeit und Qualität der bereitgestellten Informationen. Druckfehler und Falschinformationen können nicht vollständig ausgeschlossen werden. Für die Inhalte von den in diesem Buch abgedruckten Internetseiten sind ausschließlich die Betreiber der jeweiligen Internetseiten verantwortlich. Der Autor hat keinen Einfluss auf Gestaltung und Inhalte fremder Internetseiten. Der Autor distanziert sich daher von allen fremden Inhalten. Zum Zeitpunkt der Verwendung waren keinerlei illegalen Inhalte auf den Webseiten vorhanden.

Printed in Germany
by Amazon Distribution
GmbH, Leipzig

22870635R00075

Naturwissenschaft im dtv

William H. Calvin
Der Strom, der bergauf fließt
Eine Reise durch die Chaos-Theorie · dtv 36077
Wie der Schamane den Mond stahl
Auf der Suche nach dem Wissen der Steinzeit
dtv 33022

Luigi Luca Cavalli-Sforza
Gene, Völker und Sprachen
Die biologischen Grundlagen unserer Zivilisation
dtv 33061

Holk Cruse, Jeffrey Dean, Helge Ritter
Die Entdeckung der Intelligenz
oder Können Ameisen denken? · dtv 33064

Antonio R. Damasio
Descartes' Irrtum
Fühlen, Denken und das menschliche Gehirn
dtv 33029

Paul Davies, John Gribbin
Auf dem Weg zur Weltformel
Superstrings, Chaos, Komplexität · dtv 33076

David Deutsch
Die Physik der Welterkenntnis
Auf dem Weg zum universellen Verstehen · dtv 33051

Hoimar von Ditfurth
Im Anfang war der Wasserstoff
dtv 33015

Hans Jörg Fahr
Zeit und kosmische Ordnung
Die unendliche Geschichte von Werden und Wiederkehr · dtv 33013

Robert Gilmore
Die geheimnisvollen Visionen des Herrn S.
Ein physikalisches Märchen nach Charles Dickens
dtv 33049

Karl Grammer
Signale der Liebe
Die biologischen Gesetze der Partnerschaft · dtv 33026

Helmut Hornung
Astronomische Streiflichter
Sternbilder, Gestirne und ihre Geschichten · dtv 33059

Naturwissenschaftliche Einführungen im dtv

Herausgegeben von Olaf Benzinger

Brigitte Röthlein
Das Innerste der Dinge
Einführung in die Atomphysik
dtv 33032

Josef H. Reichholf
Der blaue Planet
Einführung in die Ökologie
dtv 33033

Stefan Greschik
Das Chaos und seine Ordnung
Einführung in komplexe Systeme · dtv 33034

Frank Grotelüschen
Der Klang der Superstrings
Einführung in die Natur der Elementarteilchen
dtv 33035

Claudia Eberhard-Metzger
Das Molekül des Lebens
Einführung in die Genetik
dtv 33036

Wolfgang Blum
Die Grammatik der Logik
Einführung in die Mathematik · dtv 33037

Brigitte Röthlein
Schrödingers Katze
Einführung in die Quantenphysik · dtv 33038

Monika Offenberger
Von Nautilus und Sapiens
Einführung in die Evolutionstheorie · dtv 33039

Uta Bilow
Auf der Spur der Elemente
Einführung in die Chemie
dtv 33040

Thomas Bührke
$E = mc^2$
Einführung in die Relativitätstheorie · dtv 33041

Jeanne Rubner
Vom Wissen und Fühlen
Einführung in die Erforschung des Gehirns
dtv 33042

Helmut Hornung
Schwarze Löcher und Kometen
Einführung in die Astronomie · dtv 33043